COURS PRATIQUE

D'ARBORICULTURE FRUITIÈRE

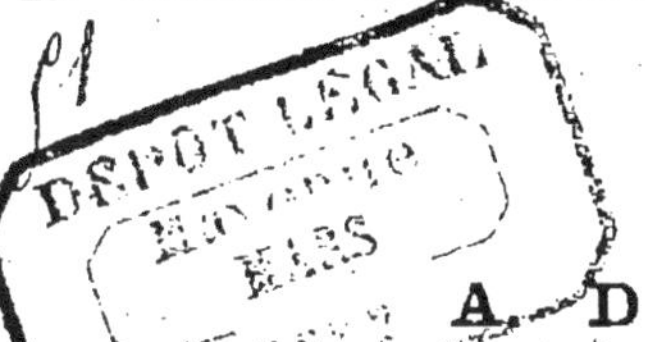

PAR

A. DELAVILLE Aîné

OFFICIER D'ACADÉMIE

Professeur de la Société d'Horticulture, de Botanique et d'Apiculture de Beauvais
Professeur d'Horticulture à l'Institut agricole, au Cours Normal de l'Oise
et au Collège de Beauvais
Membre honoraire de la Société Nationale et Centrale d'Horticulture de France
Ancien professeur et l'un des principaux fondateurs de la Société d'Horticulture de Compiègne
Ancien professeur et l'un des principaux fondateurs de celle de Clermont
Membre correspondant de celles de Chauny (Aisne) et du département du Loiret
Membre titulaire de celle de Troyes (Aube), etc., etc.

Illustré de 284 gravures intercalées dans le texte

DEUXIÈME ÉDITION

Ouvrage honoré de médailles de vermeil et d'argent de 1re classe
Ainsi que de rapports élogieux de diverses Sociétés d'Horticulture

A BEAUVAIS
CHEZ L'AUTEUR, 7, RUE SAINTE-MARGUERITE
DÉPOT A PARIS
Chez L. DELAVILLE, grainier, 2, quai de la Mégisserie
Chez A. GOIN, libraire-éditeur, 82, rue des Écoles, près le musée de Cluny
Et les principales librairies de Paris et de la province
1882

COURS PRATIQUE

D'ARBORICULTURE FRUITIÈRE

COURS PRATIQUE

D'ARBORICULTURE FRUITIÈRE

PAR

A. DELAVILLE Aîné

OFFICIER D'ACADÉMIE

Professeur de la Société d'Horticulture, de Botanique et d'Apiculture de Beauvais
Professeur d'Horticulture à l'Institut agricole, au Cours Normal de l'Oise
et au Collège de Beauvais
Membre honoraire de la Société Nationale et Centrale d'Horticulture de France
Ancien professeur et l'un des principaux fondateurs de la Société d'Horticulture de Compiègne
Ancien professeur et l'un des principaux fondateurs de celle de Clermont
Membre correspondant de celles de Chauny (Aisne) et du département du Loiret
Membre titulaire de celle de Troyes (Aube), etc., etc.

Illustré de 284 gravures intercalées dans le texte

DEUXIÈME ÉDITION

Ouvrage honoré de médailles de vermeil et d'argent de 1re classe
Ainsi que de rapports élogieux de diverses Sociétés d'Horticulture

---

A BEAUVAIS

CHEZ L'AUTEUR, 7, RUE SAINTE-MARGUERITE

DÉPOT A PARIS

Chez L. DELAVILLE, grainier, 2, quai de la Mégisserie
Chez A. GOIN, libraire-éditeur, 82, rue des Écoles, près le musée de Cluny
Et les principales librairies de Paris et de la province

1882

Tel qui connaît la sève et l'utilisera
Est certain de produire.
Au contraire celui qui toujours taillera
Ne fera que détruire.
(A. DELAVILLE AINÉ).

AVANT-PROPOS DE LA PREMIÈRE ÉDITION

En cédant aux vœux réitérés de mes nombreux auditeurs et en publiant l'ouvrage que j'offre aujourd'hui aux amis de l'arboriculture, j'ai voulu mettre sous leurs yeux un guide sûr et surtout pratique, essentiellement basé sur les lois naturelles de la végétation ; j'ai voulu donner au praticien des notions claires et précises, sans charger son esprit de théories plus ou moins embrouillées, appuyées le plus souvent ou sur des hypothèses très discutables, ou sur des précisions mathématiques dont la nature se joue presque toujours.

Grâce au concours bienveillant d'un amateur, membre de la Société d'Horticulture de Beauvais, qui m'a offert le secours de son crayon, mon livre est orné de deux cent soixante-neuf figures qui ont été faites avec le plus grand soin et qui sont la reproduction fidèle de la nature.

Les personnes les moins versées dans l'étude de l'arboriculture pourront, à l'aide de ces dessins qui parlent aux yeux, suivre très facilement les indications contenues dans cet ouvrage et se préparer à les mettre en pratique.

Que l'honorable membre dont je viens de parler, et qui ne désire pas être nommé, me permette de lui exprimer ici toute ma gratitude.

Ces dessins, intercalés dans le texte, sont, ainsi que l'ouvrage lui-même, spécialement applicables à nos régions. Je dis à nos régions, attendu qu'en culture il serait téméraire de croire à des procédés absolus et uniformes pour toute la France, lorsque chaque contrée nous montre tant de diversités qu'il faut étudier pratiquement et isolément pour composer un ensemble de faits particuliers au climat qu'on habite.

Les régions moyennes du Nord, de l'Est, de l'Ouest et du Centre m'ayant principalement servi d'études, c'est à elles que je destine ce travail qui renferme tout ce que m'ont appris vingt-cinq années de labeur quotidien et d'observations incessantes.

Si j'ai un souhait à former ici, c'est que mon ouvrage contribue à stimuler le goût si utile de l'arboriculture fruitière dans un pays aussi riche que le nôtre, qui pourrait devenir, pour les fruits à pépins surtout, le jardin fruitier de l'Europe et fournir par wagons entiers ces fruits de premier choix, objet de l'envie des nations voisines. Je voudrais surtout qu'il fît naître, dans les masses, le désir de faire partie des associations d'horticulture ; là elles se trouveraient en contact avec des hommes savants, dévoués et amis du progrès ; elles prendraient connaissance des bonnes méthodes de culture et, plus instruites et plus éclairées, elles tireraient un bien meilleur parti de la merveilleuse fécondité de notre sol.

Afin que cet ouvrage soit la reproduction exacte de mes leçons, je l'ai divisé en huit études principales, qui sont :

1° L'arbre fruitier et les diverses parties qui le constituent ; la sève en hiver, la mort de l'arbre ;

2° Les agents naturels utiles à la végétation ;

3° La pépinière et les greffes;

4° La création du jardin fruitier et du verger dans le Nord de la France;

5° Les meilleurs instruments, et l'établissement de la charpente des arbres fruitiers;

6° Le traitement des ramifications fruitières en général; les maladies et les insectes nuisibles;

7° La cueillette et la conservation des fruits;

8° Les abris mobiles et l'entretien du sol des arbres fruitiers.

Je livre ces études spéciales à l'appréciation du public, comme j'ai livré mes leçons elles-mêmes.

AVANT-PROPOS DE LA DEUXIÈME ÉDITION

La première édition de mon *Cours d'Arboriculture fruitière*, quoique tirée à un grand nombre d'exemplaires, est entièrement épuisée aujourd'hui.

Un pareil résultat me prouve qu'elle a été accueillie avec plaisir, non-seulement par les Sociétés d'Horticulture, mais aussi par de nombreux amateurs s'intéressant, se passionnant même à cette science.

Cette première édition est répandue dans beaucoup de nos écoles : elle a servi annuellement à récompenser nos instituteurs studieux comme prix scolaires d'horticulture. Les élèves de l'Institut agricole de Beauvais, ceux du cours normal de l'Oise, du cours professionnel du collège, ont concouru à répandre mon traité dans tout notre département et même dans nos nations voisines.

Encouragé par ce premier résultat, j'ai voulu dans *cette deuxième édition* devancer, s'il est possible, le progrès arboricole par des moyens culturaux éprouvés, simplifiant à la fois les méthodes employées jusqu'à ce jour.

Ces additions, je l'espère, seront admises favorablement du public, car en dehors d'un texte enrichi et retouché j'ai voulu *parler aux yeux*, en augmentant le nombre de figures (285 contre 269). J'ai aussi retouché la liste des fruits, supprimant les uns ou trop petits ou faisant double emploi, je l'ai augmentée par des gains plus récents admis par le Congrès Pomologique de France et notre Société d'Horticulture de Beauvais.

A. DELAVILLE AINÉ.

COURS PRATIQUE

D'ARBORICULTURE FRUITIÈRE

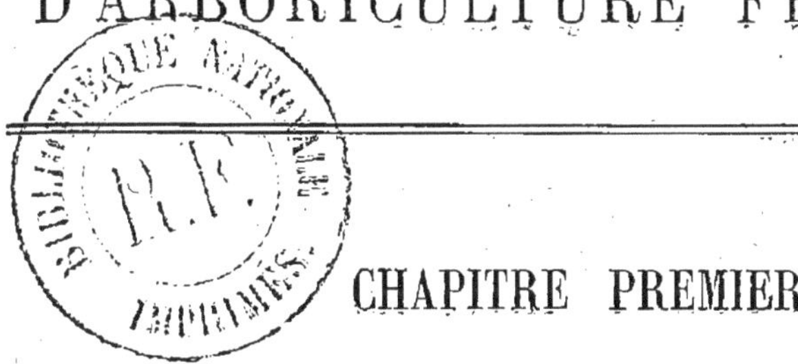

CHAPITRE PREMIER

L'ARBRE FRUITIER

SES PARTIES CONSTITUTIVES ET LEURS DIVERSES FONCTIONS

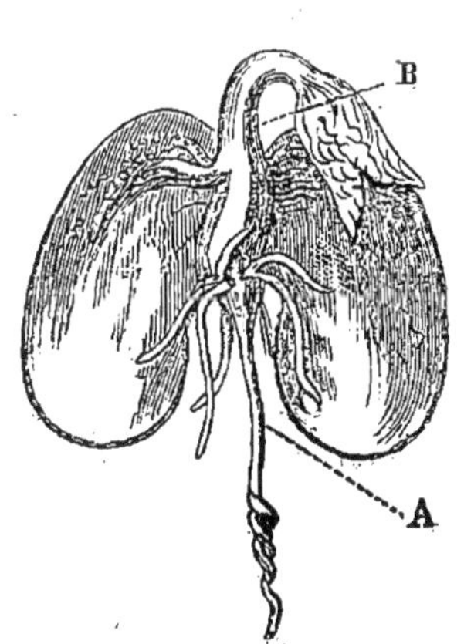

Fig. 1. — Haricot à l'état d'embryon.

Lorsque nous semons un pépin de poire, un noyau de pêche, etc., nous voyons, à l'époque de la germination, s'échapper de la graine une radicule (A, *fig.* 1) qui tend à descendre graduellement dans le sol, et, au point opposé, une tigelle ou plumule (B, *fig.* 1) qui tend, au contraire, à s'élever vers le ciel.

Ces deux parties, qui constituent plus tard l'arbre fruitier, se retrouvent, en effet, dans tous les jeunes arbres qu'on déplante; la radicule, en s'enfonçant dans le sol, se ramifie et prend le nom de racine principale ou pivot (C, *fig.* 2); la tigelle en se développant se ramifie dans l'air et se nomme tige (H, *fig.* 2).

On appelle collet (E) le point qui est ordinairement à fleur du sol, et où prennent naissance la radicule et la tigelle. Ces deux parties constitutives forment ainsi deux cônes réunis par leur base commune qui est le collet. Le collet joue un grand rôle dans la plantation des arbres fruitiers : nous aurons occasion d'y revenir.

L'arbre se compose donc de deux parties : la *racine* et la *tige*. La racine vit en se développant dans la terre; la tige vit en se développant dans l'air.

Plus un arbre est robuste, plus il trouve de nourriture, plus grand est l'espace mis à la disposition de ses racines, plus aussi ces deux parties prennent une grande extension. La vigueur d'un arbre dépend donc de sa nature, des soins qu'on lui donne et de l'espace qu'on lui laisse pour son développement. Nous allons passer en revue les deux éléments distincts de l'arbre : la racine et la tige.

LA RACINE.

Nous savons déjà que la racine est cette partie qui vit dans le sol, et qu'on nomme pivot ou partie centrale; dans un jeune arbre, elle paraît être la continuation de la tige qui pousse en sens contraire.

Le pivot, de même que toutes les fortes racines, se ramifie graduellement; sa plus mince ramification se termine par des radicelles très tenues formant une sorte de chevelu. Chaque radicelle est munie à son extrémité d'un renflement analogue à une éponge. Ce renflement est appelé *spongiole* ou *suçoir* (F, *fig.* 2), il a la propriété de puiser dans le sol l'eau chargée des matières minérales et salines qui sont nécessaires à la nutrition de l'arbre. Les spongioles sont en quelque sorte les bouches du végétal.

Le pivot et les grosses racines conduisent la sève aqueuse ou sève brute dans la tige; ils maintiennent en même temps l'arbre solidement fixé au sol et le défendent contre la violence des vents.

Les petites racines ou radicelles ont pour but, nous l'avons dit, de soutirer dans le sol la nourriture brute de l'arbre. Comme elles sont ses bouches nourricières, il faut les ménager avec un grand soin et éviter de les déranger dans les légères façons que réclame le sol où l'arbre doit trouver sa nourriture.

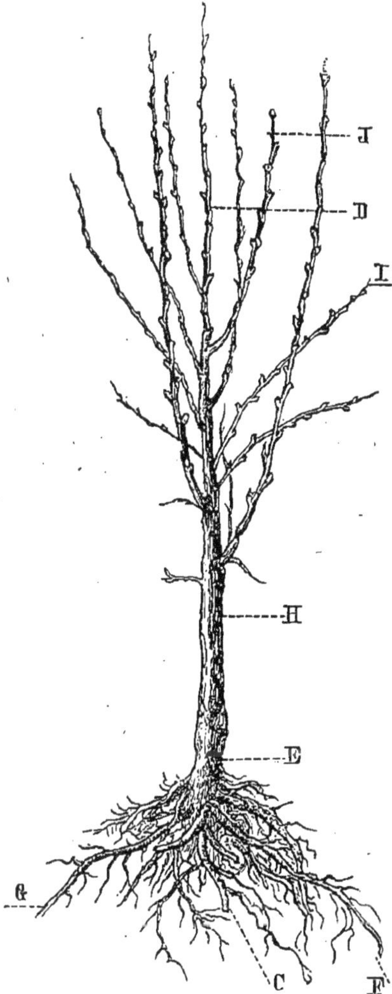

FIG. 2. — Jeune Poirier de 2 ans sortant de la Pépinière.

Dans les plantations, on aura soin, aussitôt le tassement des terres opéré, de fixer l'arbre à un tuteur. De cette manière, les radicelles, qui seules assurent la reprise de l'arbre, ne seront pas ébranlées par le vent.

On sait que chaque année ces radicelles s'éloignent de plus en plus du pied de l'arbre et puisent ainsi de nouvelles nourritures. C'est donc à l'arboriculteur d'agrandir graduellement le cercle des engrais et paillis, afin de donner la nourriture aux bouches mêmes de l'arbre.

La présence de l'air est également indispensable à la vie active des racines. Il faut donc faciliter son introduction dans le sol en rendant celui-ci léger à sa surface et en excitant, par des paillis annuels, le chevelu à venir se nourrir là où il pourra respirer. Les fréquents insuccès que nous voyons sont dus au manque d'observation de cette grande loi végétale.

Relativement à leur direction dans le sol, les racines sont de deux sortes : les unes, qui s'enfoncent verticalement sont appelées racines pivotantes (C, *fig.* 2) ; les autres qui rampent sur la surface du sol, sont dites racines traçantes (G, *fig.* 2).

Les racines pivotantes fournissent des arbres plus vigoureux que les racines traçantes, mais en même temps ces arbres se mettent plus lentement et plus longuement à fruit que ceux qui proviennent des racines traçantes. Cette différence doit nous guider dans nos plantations ; pour un sol sec et brûlant avec variétés fertiles, nous choisirons les premières, tandis que les autres seront réservées pour un terrain froid ou humide. Le succès dépend de l'observation de cette règle.

Dans la vie des arbres fruitiers, les racines aspirent continuellement les substances nutritives qui sont propres à ces arbres et absorbent ces substances aux dépens du sol. Il en résulte que pour planter un arbre jeune à la place d'un vieux, il faut ou changer totalement le vieux sol ou changer l'espèce. Ainsi on mettra des fruits à noyau à la place des fruits à pépins ou réciproquement.

LA TIGE.

La tige de l'arbre vit et se développe dans l'air, elle se nomme tronc (H, *fig.* 2); jusqu'au point où elle se subdivise en ramifications (I, *fig.* 2). Sur les tiges des arbres fruitiers, nous remarquons les yeux, les boutons, les feuilles et les bourgeons. Ces différentes parties donnent naissance aux branches, aux rameaux, aux fleurs et aux fruits.

LES YEUX.

On voit principalement les yeux (A, *fig.* 3) en été ; ils naissent à l'aisselle de chaque feuille bien développée et se forment en même temps que les jeunes bourgeons qui supportent les

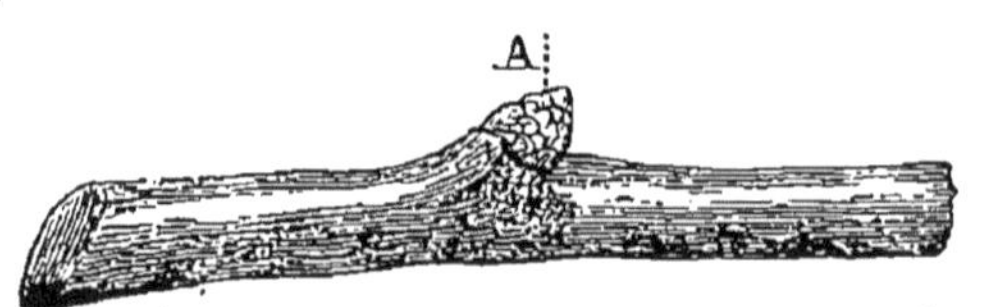

Fig. 3. — Œil à Bois proprement dit.

feuilles. Vers la fin de la végétation, il se dessine un œil parfait, du développement duquel il naît, le plus souvent, un bourgeon ; c'est pourquoi il a une configuration conique et aplatie et est recouvert de petites écailles imbriquées les unes sur les autres et qui garantissent ce bourgeon contre l'intempérie de l'hiver.

L'espace variable compris entre les différents yeux se nomme *mérithalle* ou entre-nœud (A, *fig.* 4) ; le rapprochement des yeux dénote toujours une fertilité plus grande.

LE BOURGEON.

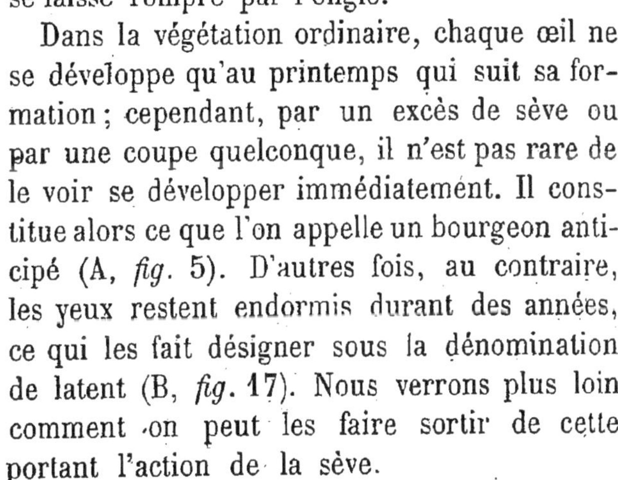

Au printemps, quand la végétation se réveille et que la sève fait pression sur un œil, cet œil s'allonge, se développe et prend le nom de bourgeon (A, *fig.* 4). Le bourgeon est dit herbacé tant qu'il reste tendre, d'une couleur verte, et qu'il se laisse rompre par l'ongle.

Fig. 4. — Bourgeon terminal de poirier.

Dans la végétation ordinaire, chaque œil ne se développe qu'au printemps qui suit sa formation ; cependant, par un excès de sève ou par une coupe quelconque, il n'est pas rare de le voir se développer immédiatement. Il constitue alors ce que l'on appelle un bourgeon anticipé (A, *fig.* 5). D'autres fois, au contraire, les yeux restent endormis durant des années, ce qui les fait désigner sous la dénomination de latent (B, *fig.* 17). Nous verrons plus loin comment on peut les faire sortir de cette léthargie, en y portant l'action de la sève.

LE RAMEAU BRANCHE.

Quand le bourgeon a fini sa croissance et qu'il est aoûté ; qu'il a la consistance du bois et que l'œil terminal est bien formé pour donner naissance, au printemps suivant, à un nouveau bourgeon ou à un fruit, selon sa constitution, ce bourgeon se nomme rameau (I et J, *fig.* 2). Le rameau est à bois ou à fruit.

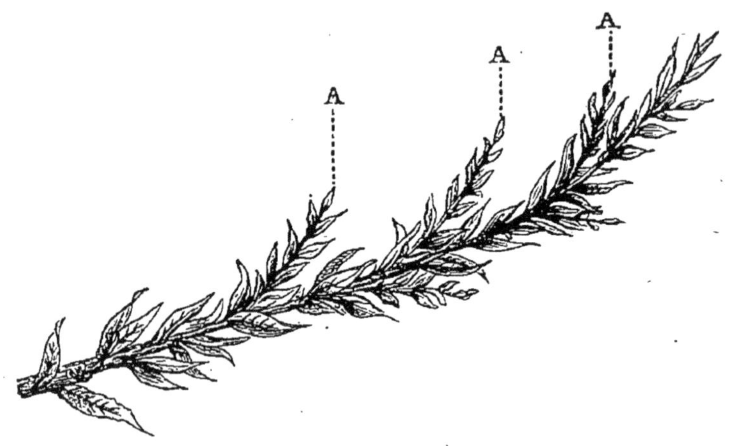

Fig. 5. — Bourgeon anticipé de pêcher, né sur bourgeon terminal de charpente.

Il ne prend le nom de branche que lorsque l'année suivante les bourgeons nouveaux, qui sont nés sur lui, ont fini leur croissance.

Les mots œil, bourgeon, rameau et branche servent, comme on le voit, à désigner les phases successives du développement des yeux ou germes.

LA FEUILLE.

La feuille (*fig.* 6) se compose de deux parties : la queue ou pétiole (B, *fig.* 6) et le disque (C, *fig.* 6). Ce disque est une lame très mince dont la face est recouverte de petits trous presque imperceptibles qui se nomment stomates.

Ces petits pores facilitent à la feuille les fonctions respiratoires qui sont nécessaires à la vie des arbres, fonctions qui ne peuvent s'accomplir que dans l'air et à la lumière. De là l'utilité d'espacer les branches pour que les feuilles soient placées de façon à pouvoir recevoir l'action des agents atmosphériques.

Les petites feuilles de la base des bourgeons sont improprement nommées folioles, nous préférerions les noms de *stipules foliacées*. Elles ne sont pas, comme les feuilles, munies à la base du pétiole d'un œil apparent; aussi dans les opérations qu'on fait sur les arbres fruitiers, il ne faut pas confondre ces petites folioles avec les feuilles proprement dites dont elles sont très distinctes, malgré leur ressemblance.

Fig. 6. — Feuille de poirier.

Les feuilles sont par elles-mêmes d'une grande utilité; on peut les nommer les racines de l'air, car elles soutirent les substances nutritives qui servent au gonflement de l'œil placé à la base du pétiole, et, par suite, au développement de l'arbre entier. Ce qui le prouve, c'est que par la suppression des feuilles, on affaiblit l'œil ou le bourgeon qui les porte.

Cette propriété est d'un grand secours pour l'équilibre des arbres; enfin, les feuilles servent à puiser dans l'atmosphère le gaz nécessaire à l'élaboration de la sève, à la végétation de l'arbre. En cela, elles sont si utiles, qu'une simple tablette ou auvent placé au-dessus d'un bourgeon vigoureux suffit pour arrêter sa vigueur. Par ce seul fait on gêne les fonctions vitales des feuilles de ce bourgeon.

LE BOUTON.

Comme nous l'avons dit plus haut, l'œil (A, *fig.* 3 et B, *fig.* 7) est un germe naissant à l'aisselle d'une feuille et est destiné à produire le bois. Le bouton (C, *fig.* 8) est un œil formé oviforme pour la fructification.

-Dans les fruits à pépins, les boutons à fleurs se distinguent facilement des yeux à bois, et cela dès l'été de leur formation. Les premiers en effet sont oviformes, c'est-à-dire en forme d'œufs, ils sont toujours comme étranglés à leur naissance, même sur le support (C, *fig.* 8).

L'œil à bois (A, *fig.* 3 et B, *fig.* 7) au contraire est allongé et comme aplati ; il est toujours large à la base et finit en pointe ; c'est ce qui fait dire qu'il est conique.

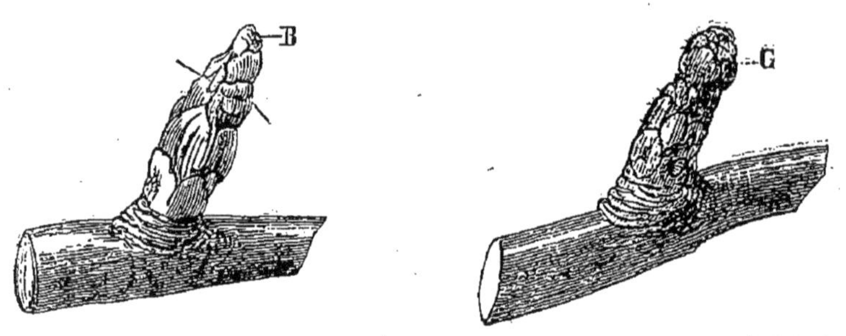

Fig. 7 et 8. — Lambourdes de Poirier, l'une avec œil à bois, l'autre avec œil à fruit.

LA FLEUR (A, *fig.* 9).

Le bouton épanoui forme la fleur. Dans presque tous les arbres fruitiers, les fleurs sont hermaphrodites, c'est-à-dire que les deux sexes sont réunis sur la même corolle ; l'organe mâle s'appelle étamine (H, *fig.* 9), l'organe femelle se nomme pistil (C, *fig.* 9).

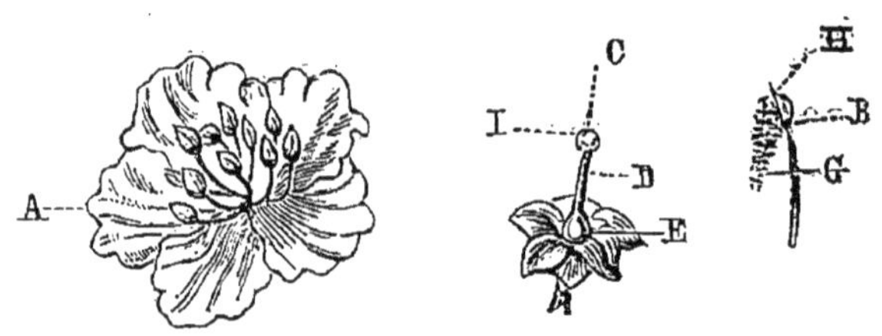

F. 9. — Fleur de Pêcher avec ses organes sexuels.

Les étamines entourent le pistil qui est placé au centre de la fleur et qui correspond, par son style (D, *fig.* 9) à l'ovaire (E, *fig.* 9). L'ovaire est une partie renflée contenant les ovules ou petites graines qui sont destinées à être fécondées par le pollen. Le pollen est la poussière fécondante (G, *fig.* 9) qui s'échappe de l'anthère (H, *fig.* 9) ou petite bourse des étamines ;

il est aspiré par le stigmate (I, *fig.* 9) qui est d'une nature pubescente, humide et attractive.

Au printemps, les brouillards, les pluies, les gelées blanches altèrent très facilement les organes sexuels des fleurs; alors le pollen est entraîné par l'eau, ou détruit par les intempéries et la fécondation n'a pas lieu; l'ovaire tombe, la fructification est nulle, comme par les effets de la gelée. Les brusques changements de température font aussi de grands dégâts dans la formation. Pendant une journée chaude, la sève agit et hâte la floraison qu'une nuit peut détruire s'il survient un froid subit et excessif, arrêtant brusquement l'essor de la sève et faisant avorter ce commencement de conformation d'où dépend la vie du fruit. C'est pourquoi il est de toute nécessité d'abriter l'arbre contre les intempéries du printemps.

On reconnaît qu'un fruit est bien fécondé, lorsque la défloraison s'opère bien, que le calice des fruits à noyau se trouve déchiré promptement par le grossissement du jeune fruit; aussi l'arboriculteur qui, à cette saison, veille attentivement sur l'avenir des récoltes, se rejouit en reconnaissant que le fruit grossit promptement et avec régularité.

LE FRUIT (A, *fig.* 10).

Lorsque la fécondation est achevée, les enveloppes florales et les organes sexuels se flétrissent et tombent; l'ovaire fécondé constitue le fruit. Le fruit considéré d'une manière générale est composé de deux parties distinctes : le *péricarpe* et la *graine*.

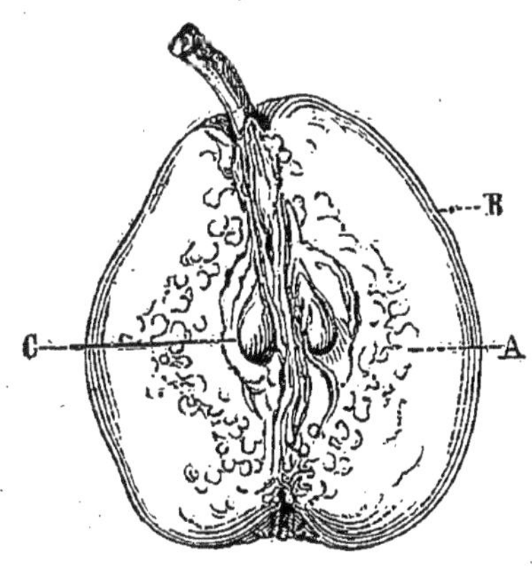

FIG. 10. — Coupe d'une Poire avec ses organes intérieurs.

Le *péricarpe* ou enveloppe externe et pulpeuse (B, *fig.* 10) est quelquefois sec comme dans le fruit du noisetier; il est charnu dans la généralité des fruits. Il se compose lui-même de trois parties, qui sont : l'*épicarpe*, ou la pellicule des fruits, le *mésocarpe* (A, *fig.* 10) ou partie intermédiaire, pulpeuse, charnue et succulente, celle qu'on mange, comme dans la pêche, la poire, la pomme, etc., et l'*endocarpe*, partie qui protège la graine elle-même, elle est cartilagineuse dans les fruits à pépins et osseuse formant les fruits à noyau, la pêche, la cerise, etc.

La graine (C, *fig.* 10) présente une enveloppe qu'on nomme *testa*; elle recouvre immédiatement l'embryon ou fœtus végétal.

Le fruit n'agit pas comme la feuille sur la vie de l'arbre; il est pour celui-ci un gourmand qui lui prend tout. C'est pourquoi on ne doit laisser à l'arbre que la quantité de fruits qu'il peut nourrir sans affaiblir ses forces, et sans l'empêcher de continuer sa vigueur et sa production future. Enfin, le fruit proprement dit est cette partie conservatrice de l'espèce qui renferme dans l'embryon les deux organes essentiels à la vie de l'arbre : la radicule et la tigelle (A et B, *fig.* 1). Ces deux organes se développent dès l'ouverture des cotylédons, partie charnue de la graine qui nourrit l'arbre dès sa formation, en attendant qu'il s'affranchisse lui-même et qu'il vive de sa propre existence.

LA COMPOSITION ET LA CONSTITUTION DE LA TIGE.

Après avoir passé en revue les parties extérieures du végétal, nous devons l'examiner intérieurement, voir son organisation, non dans les détails compliqués qui embrouillent plutôt qu'ils n'aident à l'instruction, mais simplement pour faire connaître le passage de la sève et son influence sur l'organisme de l'arbre et afin d'aider les opérations de l'arboriculteur. En coupant un arbre transversalement, on voit se dessiner sur la coupe cinq parties très-distinctes qui sont : la *moelle*, le *bois parfait*, l'*aubier*, l'*écorce* et le *liber*.

1° La *Moelle* (A, *fig.* 11) est renfermée dans un canal

cylindrique que l'on nomme canal médullaire, elle est composée dans les jeunes arbres d'un tissu lâche et spongieux, se solidifiant graduellement avec la croissance même du végétal ; la moelle communique à l'écorce et à travers le bois par des rayons médullaires.

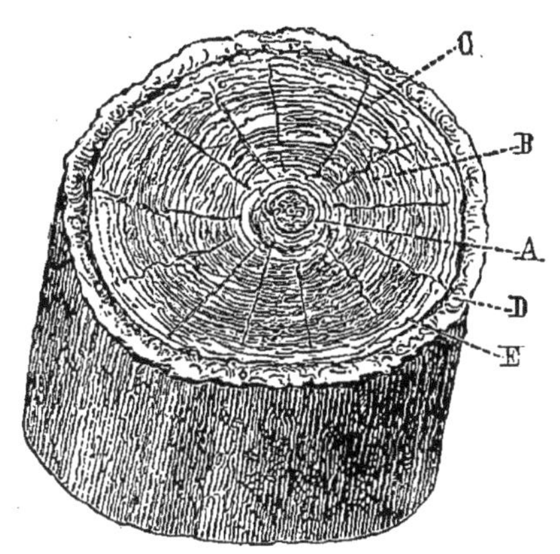

FIG. 11, — Tronçon d'arbre avec les cinq parties principales qui le composent.

2° Le *bois* (B, *fig.* 11) est composé de couches superposées, dont chacune est le produit d'une sève annuelle ; le nombre de ces couches indique à peu près l'âge de l'arbre lorsqu'on le coupe près du collet. Plus haut ces couches ligneuses n'existent pas, puisque ce n'est qu'après quelques années que l'arbre atteint une hauteur plus ou moins élevée, selon l'espèce à laquelle il appartient.

Les couches les plus âgées sont celles qui sont le plus rapprochées du canal médullaire ; elles constituent le bois parfait qui est plus coloré et plus dur ; les couches situées près de l'écorce sont les plus nouvellement formées et constituent l'*aubier* (C, *fig.* 11) qui est d'une couleur pâle, moins serré et permettant mieux la circulation de la sève.

4° L'*écorce* (D, *fig.* 11). Dans la formation de l'écorce, le contraire a lieu, car malgré cette même superposition, la couche la plus extérieure est la plus vieille, tandis que la plus rapprochée est la plus jeune. Cette dernière couche en contact avec la plus jeune couche d'aubier ressemble aux feuillets d'un livre et constitue le *liber* (E, *fig.* 11) où circule habituellement la sève élaborée.

Un fait digne de remarque, c'est que l'épaisseur des couches concentriques de bois n'est pas la même chaque année. A quoi cela tient-il ? A plusieurs causes :

1° A la plus ou moins bonne qualité du sol, lorsque les racines le traversent, à telle ou telle profondeur ou circonférence autour du pied de l'arbre; 2° à la moins grande quantité de nourriture que rencontre l'arbre à mesure que la racine pivote de plus en plus dans le sol; 3° à la grande circonférence de l'arbre qui fait que l'épaisseur est plus étendue; et 4° à l'endurcissement de l'écorce qui, en cet état, obstrue beaucoup le passage de la sève. Pour s'en rendre compte, il suffit d'enlever, au mois de mai, les écorces rugueuses, inertes qui recouvrent l'écorce proprement dite et, avec la pointe de la serpette, opérer une incision longitudinale sur l'écorce vive. A l'œil nu, nous verrons cette écorce s'ouvrir et, de serrée qu'elle était, elle laissera passer librement la sève et formera, cette même année, une couche plus grande, annuelle, d'aubier. Cette couche due à l'incision sera la plus épaisse de l'arbre.

RAPPORTS ENTRE LA RACINE ET LA TIGE.

Nous allons examiner de quel secours la racine et la tige sont l'une à l'autre dans la marche de la sève.

CIRCULATION DE LA SÈVE.

Au printemps ou à toute autre saison, sous l'influence d'une chaleur naturelle ou artificielle, la sève contenue dans le végétal entre en mouvement, stimule le développement des boutons et des feuilles, favorise la formation des radicelles et le fonctionnnement des spongioles qui aspirent dans le sol les matières propres à la vie de l'espèce. La sève brute passant par les vaisseaux les plus extérieurs de l'aubier, produit l'élongation des arbres; élaborée ensuite par les feuilles soumises à l'action du gaz qu'elles pompent dans l'air, elle se transforme en un suc nouveau qui prend le nom de cambium. Le cambium fixe dans l'arbre le carbone qui, en se solidifiant, constitue l'aubier. Cette sève, se fixant alors par les couches du liber, c'est-à-dire entre l'écorce et l'aubier, contribue à la nutrition, à l'accroissement en diamètre de l'arbre, ainsi qu'au développement des racines.

Nous avons dit que c'est au printemps que la sève entre habituellement en mouvement. Cependant les années de grande sécheresse, où elle fait son évolution en peu de temps, il n'est pas rare après une petite pluie du mois d'août, que les yeux terminaux des bourgeons aoûtés reprennent vigueur, qu'une nouvelle feuillaison et qu'une élongation de bourgeons nouveaux apparaissent. Dans ce cas se trouvent des arbres à pépins, principalement les pommiers, quelquefois même les pêchers. Ainsi, en 1865 nous avons vu des pêchers de *Grosse mignonne hâtive* produire des fruits qui avaient, à l'automne, le volume d'un œuf de pigeon.

Quand cette sève a lieu, nous la nommons sève d'août. Il est bon de s'en méfier dans la pose des écussons à œil dormant, et dans des greffes de boutons à fruits sur les arbres à pépins. A la taille d'hiver, on aura soin de ne pas conserver comme prolongement de charpente des rameaux produits par cette sève tardive, car ils seraient d'une constitution molle et herbacée; quelquefois même, sur les espèces délicates, les fortes gelées les détruiraient.

LA SÈVE EN HIVER.

On croit vulgairement qu'en hiver la sève est tout à fait suspendue ; il n'en est pas ainsi. Pour s'en convaincre, il suffit, aussitôt que la chute des feuilles a eu lieu, d'examiner les boutons à fruits, principalement sur les pêchers vigoureux où ils se distingueront à peine des boutons à bois. Quelques mois plus tard, c'est-à-dire en plein hiver, on verra ces boutons très gros et faciles même à reconnaître par des personnes peu exercées. La sève n'est donc que sommeillante.

MORT DE L'ARBRE.

L'énergie vitale donne aux molécules, qui arrivent dans les tissus des arbres, une force telle qu'ils résistent à la mort, jusqu'à un certain point. Tant que cette force vitale prédomine, la matière organisée l'emporte. Comme cette énergie se ralentit tôt ou tard, la vie cesse ; quoi qu'on fasse, l'organisation disparaît et la nature reprend ses droits. Mais si le temps peut amener la mort des arbres, une foule de circonstances accidentelles accélèrent leur destruction. Nous mettrons en première ligne les brutalités exercées par la main de l'homme qui se plaît à torturer les arbres fruitiers plutôt qu'à les aider dans leur développement. Ainsi, couper continuellement les radicelles d'un arbre, prétextant qu'on a besoin d'en bêcher le pied; couper d'un seul coup toutes les productions herbacées en guise de taille en vert ou de pincement; ne pas laisser une quantité de branches proportionnée aux racines, en prétendant que l'arbre ne doit pas dépasser l'emplacement qu'on lui a accordé en le plantant; lui laisser une trop grande abondance de fruits relativement à ses forces; le planter dans un sol calcaire s'il a besoin d'un sol argileux; enterrer ses racines trop profondément au-dessous de la surface du sol, où elles ne pourront respirer, etc., etc.; voilà des causes accidentelles de la mort prématurée des arbres fruitiers.

Quelques espèces cependant paraissent plus promptement désorganisées que d'autres. Celles qui ont un bois dont le tissu est moins serré et moins dur, sont plus facilement atteintes par les causes destructives et les maladies qui réagissent constamment sur elles.

CHAPITRE II

LES AGENTS NATURELS UTILES A LA VÉGÉTATION

Parmi les agents qui sont utiles à la végétation, nous devons placer en première ligne le *sol* qui, tout en nourrissant l'arbre, sert de support aux végétaux. C'est également dans le sein du sol que germe la semence et que les plantes puisent une grande partie des matériaux nutritifs qui contribuent à leur développement progressif. En effet, l'arbre vit dans le sol auquel on le confie, il ne peut aller chercher sa nourriture où bon lui semble; et par conséquent, il est obligé de vivre et de mourir dans le cercle restreint où on l'a planté.

Un bon sol se compose en parties égales de silice, d'argile et de chaux. La *silice* provenant de la décomposition des grès, l'*argile* provenant de la décomposition des roches argileuses, et le *calcaire* ou carbonate de chaux, forment ensemble un sol riche généralement pour tous les arbres fruitiers. Cependant, les arbres à pépins aiment mieux un sol argileux qu'un sol calcaire ; l'inverse a lieu pour les arbres à noyau ; la vigne préfère un sol graveleux et sec, surtout dans les pays du Nord. Mais en général les fruits sont toujours meilleurs dans un sol siliceux.

Toutes ces terres s'épuiseraient vite et n'auraient par leur composition qu'une faible vertu, si elles n'étaient mélangées en plus ou moins grande quantité avec de l'humus ou terreau. Cette matière, provenant de la décomposition des végétaux et des animaux, doit être considérée comme la base de la fertilité du sol. Elle doit être abondante à sa surface, afin que ses molécules soient continuellement et graduellement entraînées par l'eau, aux spongioles qui doivent y soutirer les matières propres à l'espèce.

En ajoutant aux terreaux l'oxyde de fer et quelques matières salines, nous aurons un sol qui conviendra à presque tous nos arbres fruitiers.

En examinant l'argile pure, nous trouvons qu'elle est compacte, difficile à diviser, imperméable à l'eau et qu'elle ne se laisse pas pénétrer par l'air. En hiver, elle est collante et humide, surtout sur un sous-sol impénétrable; en été, elle se crevasse et est d'une dureté extraordinaire. Il devient donc très utile de la diviser : 1° par une addition de silice et de calcaire; 2° par une addition, avant l'hiver, de terreau de feuilles et par des bêchages.

Si l'on a à sa disposition des cendres de tourbes ou de bois, des platras et démolitions de maisons, des cendres de houille que l'on trouve toujours près des usines ou des chemins de fer, on peut employer avec succès ces matériaux en mettant les proportions nécessaires, afin que l'argile n'entre, jusqu'à un mètre de profondeur, qu'en quantité suffisante à chaque espèce.

Si le sous-sol est une terre forte et humide, un drainage de matériaux au-dessous de 70 cent., et de 30 cent. d'épaisseur, assainira le sol, surtout si l'on a eu soin de disposer en pente, sur la longueur ou sur la largeur, le fond des tranchées afin que l'eau ne séjourne pas au pied du mur ou des contre-espaliers. En agissant ainsi sur des terrains qui par leur nature trop argileuse n'auraient produit que des arbres rachitiques et des fruits de mauvaise qualité, on aura, au contraire, des fruits savoureux et des arbres à longue vie qui seront en même temps d'une grande fertilité.

En examinant un sol siliceux, on remarque qu'il est composé de sable en grande partie, d'humus gris et d'oxyde de fer, surtout dans les sols colorés en rouge. Les sols de cette nature sont trop friables, trop perméables à l'air et pour lors trop vite desséchés par l'effet de la chaleur. Il faut donc, pour rendre ces terrains propres à la culture des arbres fruitiers, les mélanger très profondément à du calcaire ou du chaulage et une grande quantité d'argile sèche, autant que possible. On pourra prendre, par exemple, de vieilles constructions en terre, des argiles brûlées, des boues de ville, des plaques de dégazonnement, provenant d'accotements de routes ou de chemins, assis sur un sol argileux.

Les terrains calcaires, formés en grande partie de carbonate de chaux, sont, de tous les sols, les plus mauvais pour la culture des arbres fruitiers, en ce que leur couleur blanche repousse les rayons du soleil, qu'ils absorbent une grande quantité d'eau et se dessèchent très promptement. Les arbres à pépins refusent totalement d'y croître, les arbres à noyau y vivent peu ou pas; il n'y a que le cerisier qui s'y maintient. Mais en mélangeant à un sol calcaire une forte portion d'humus et de terre noire ou foncée dont la couleur facilite l'introduction de la chaleur, sans nuire aux plantes, et en ajoutant encore une certaine quantité de sable coloré et ferrugineux, et une égale proportion d'argile, on fera de ce sol rebelle une terre de première qualité, surtout pour les Pêchers, les Pruniers, les Cerisiers, les Abricotiers et la Vigne.

Avant le mélange des trois parties essentielles, aucune terre prise isolément n'est favorable à la végétation; deux de ces parties ne sont encore que peu productives, tandis que le mélange des trois parties, dont l'une ou l'autre sert de base selon les espèces, constitue un sol généreux, surtout avec le secours des amendements et des engrais.

Nous avons dit plus haut que l'humus ou terreau est de la plus haute importance. En effet, il fournit aux plantes l'azote provenant des végétaux ou des animaux; il fournit également le gaz acide carbonique qui forme au pied de la plante une espèce d'atmosphère. Par sa constitution poreuse, l'humus a la faculté de s'emparer du gaz qui l'environne; il est une sorte de véhicule nutritif où l'arbre puise continuellement les matières qui lui sont propres, et par lui nous pouvons être certains à l'avance du succès de nos plantations.

L'EAU.

L'eau est l'un des agents les plus utiles à la végétation des arbres fruitiers. Dans le sol, elle dissout les substances nutritives et leur sert de véhicule en les introduisant dans le corps de l'arbre où s'opère un développement nouveau. C'est par l'eau qu'une graine qui est livrée au sol se gonfle, se ramollit et permet à l'embryon de se développer. A l'état de vapeur, elle produit ces salutaires rosées qui entretiennent la végétation des arbres et des plantes dans les longues périodes de sécheresse de l'été.

Si l'eau est utile dans de justes proportions, elle nuit à la formation du bois et du fruit si elle est en trop grande abondance. Ainsi, dans un sol trop humide, le bois est mou, il ne s'aoûte jamais et l'on est obligé d'avoir recours aux drainages et à l'exhaussement. Un été pluvieux activant toujours la végétation foliacée, ne laisse pas aux bourgeons le temps de mûrir avant l'hiver, ni au bouton celui de se former; alors la fructification future est compromise. Pour peu que le printemps ressemble à l'été précédent, la fécondation ne sera pas possible, puisque les organes de la fructification seront continuellement mouillés; la récolte sera nulle. Aussi l'arboriculteur qui comprend les tristes suites d'un excès d'humidité, a bien soin de garantir ses arbres par l'emploi des auvents, au moment de la floraison, il sait aussi se garantir de la sécheresse par le secours des paillis sur le sol et des bassinages aériens dans les grandes chaleurs de l'été, afin que le sol conserve la juste proportion d'eau qui est aussi utile aux arbres que nécessaire aux fruits.

L'AIR.

L'air est indispensable aux végétaux et influe sur le développement de leurs parties radiculaires. Ce qui le prouve, c'est qu'un arbre planté trop profondément meurt, ses racines étant asphyxiées au fond du sol. A sa déplantation, on voit souvent de nouveaux chevelus qui se forment près de la surface du terrain ; aussi faut-il bien se garder de faire une plantation trop profonde, dans la crainte de priver les racines des effets bienfaisants de l'air. L'air est composé de deux éléments nécessaires à la vie des plantes : le gaz oxygène et le gaz acide carbonique.

LA LUMIÈRE.

Si l'air est utile à la vie des racines, la lumière est indispensable à celle des parties aériennes. C'est à elle qu'est due la couleur verte des feuilles, ainsi que la nutrition dans les végétaux, l'action absorbante des spongioles, la consistance du bois, sa dureté, enfin la qualité et le coloris des fruits.

Pour nous rendre compte de l'utilité de la lumière sur la vie des plantes, donnons un coup d'œil aux arbres sur la lisière des bois : nous verrons que tous se penchent en avant pour profiter de la lumière et qu'ils sont beaucoup plus gros, plus durs, plus robustes, plus ramifiés que ceux du centre. En examinant aussi les arbres fruitiers sous forme de pyramides, de vases, on ne voit de fruits qu'aux parties qui vivent à la circonférence. Ne plaçons-nous pas aussi nos fruits d'hiver à la meilleure exposition du jardin plutôt qu'au Nord où ils ne recevraient pas de lumière et où ils n'auraient aucune saveur, aucune maturation ?

C'est bien encore en exposant les fruits à l'action solaire par des effeuillements gradués que l'on obtient, dans le Nord de la France, de bons fruits et notamment de bons raisins.

LA TEMPÉRATURE.

C'est à la chaleur que l'on doit, au printemps, le réveil de la végétation, la germination des graines, le départ de la sève, la floraison, la fécondation, la formation des fruits, leur maturation plus ou moins précoce, la qualité de chacun d'eux. C'est aussi au refroidissement subit de la température qu'est due, au printemps, la perte des récoltes, des fleurs, des jeunes fruits. C'est encore au froid de l'automne et de l'hiver que l'on doit le repos des arbres, la formation complète des boutons fruitiers, la facilité des plantations. La chaleur et le froid peuvent donc être ou très utiles ou très nuisibles. La chaleur peut être utile si elle est combinée avec un sol tenu humide, si elle arrive graduellement sur les feuilles, sur les fruits; en un mot, si les racines soutirent dans le sol cette humidité qui est nécessaire à la grande évaporation des feuilles, des parties herbacées qui sont exposées à la sécheresse de l'air; surtout si, chaque soir, on a soin de rafraîchir les parties vertes du végétal par une aspersion bienfaisante, au moyen de la pompe à main, d'eau limpide. Au contraire, la chaleur peut être très nuisible aux arbres en les obligeant à faner, et aux fruits en arrêtant leur croissance, si l'on ne prend pas la précaution de rafraîchir l'atmosphère, de pailler le sol, de le tenir frais et de couvrir de feuilles de l'arbre les fruits pendant leur développement.

Le froid est bienfaisant pour les arbres plantés dans un sol qui leur permet d'accomplir les phases normales de leur végétation en ce qu'il repose et prépare ces arbres sains, robustes, à reprendre de nouveau l'accomplissement d'un développement plus étendu et d'une fructification nouvelle.

Le froid est nuisible à un arbre planté dans un sol trop humide pour son espèce ou qui, ayant supporté en été une extrême sécheresse, reprend trop tardivement une recrudescence de sève automnale, au lieu de se préparer au repos. L'été froid et humide de 1879, a été la principale cause de la mort d'un tiers des arbres fruitiers qui ont péri par les gelées de 26 à 30 degrés centigrades, qui ont sévi fin d'automne et commencement d'hiver sur des végétaux, encore et trop tardivement en végétation. Il est encore nuisible, au printemps, pour les fleurs, les bourgeons, les jeunes fruits, si l'on n'a pas été prévoyant à profiter des abris que nous citerons plus loin, ou si l'on a planté les variétés fruitières en contre-sens de leur tempérament.

CHAPITRE III

LA PÉPINIÈRE

Cet ouvrage étant destiné spécialement aux amateurs, aux producteurs, jardiniers praticiens, et aux élèves de différentes écoles, quelques conseils sur l'art du pépiniériste ne seront pas déplacés ici, surtout parce que jamais la pépinière n'a été mise à la portée du simple particulier. Qui donc cependant n'a dans son jardin ou aux alentours un carré préparatoire pour élever des arbres utiles à l'entretien de ses plantations et pour la multiplication de quelques fruits à l'étude ?

Quel est l'instituteur qui n'a pas une petite pépinière en faveur de ses élèves, dont il doit surtout initier les plus grands aux *semis*, *boutures*, *marcottes* et greffes ? C'est dans la pépinière de l'école que l'instituteur doit puiser les récompenses pour des élèves qui ont mérité, par leur petit travail horticole, d'obtenir un arbre écussonné et greffé par eux. Cet arbre planté par l'enfant dans le jardin de ses parents, grandira sous les yeux de l'élève, et l'attachera, dès son jeune âge, à la culture des champs et à celle des jardins.

Si nous avons le choix, n'oublions pas qu'un sol destiné à une pépinière d'arbres fruitiers doit être de première qualité, afin que l'arbre s'y développe rapidement. Ce sol, ni trop sec ni trop humide, doit être placé à l'abri des grands vents, mais aussi dans un endroit découvert. Il sera en novembre, bien défoncé à la pioche et à la pelle, comme nous le verrons plus loin au jardin fruitier ; il devra être amendé afin qu'il devienne d'une bonne consistance et se rapproche d'une bonne terre à blé. Enfin, il devra être nourri, s'il est possible, de boues de ville et d'engrais à décomposition lente, tels que : râclures de corne, bourres de laine, etc., et préservé de la sécheresse par un bon paillis.

Cette pépinière d'entretien doit être d'une faible dimension, mais augmentée chaque année, afin de remplacer les arbres qui sont élevés et transportés à demeure.

CHOIX DES SUJETS POUR PÉPINIÈRE.

Les arbres fruitiers doivent être multipliés comme il suit :

Le Pêcher, par écussons sur amandier et sur prunier,

L'Abricotier, sur prunier de préférence,

Le Prunier, par greffes et écussons sur prunier,

Le Poirier, sur franc de préférence, et sur coignassier,

Le Pommier, sur doucin, sur franc et paradis,

Le Cerisier, sur merisier et sur Sainte Lucie (ou prunus Mahaleb),

La Vigne, par marcottes et par boutures, de préférence,

Le Groseillier, par boutures,

Le Framboisier, par drageons,

Et le Figuier, par marcottes et par boutures.

Ces sujets devront, par suite, être élevés par les procédés usités dans les grandes pépinières.

Si donc, on veut établir de suite une pépinière de sujets, afin de greffer le plus tôt possible, on doit avoir recours à des pépiniéristes qui s'occupent spécialement de l'élevage des plants. Cependant il n'est pas difficile d'obtenir tous ces sujets soi-même. Ainsi, le *Poirier* et le *Pommier* francs nommés *égrains* proviennent de graines lavées qu'on a tirées du marc de cidre et autre; l'*Amandier* est obtenu de graines d'amandes à coque dure ; le *Prunier* de quatre variétés de prunes, nommées : *Saint-Julien*, *Damas de Tours*, *Sainte-Catherine* de semis, et *Myrobolan* de boutures ; le *Cerisier* de graines du merisier commun et du prunus Mahaled (ou Sainte-Lucie). Les graines de ces sujets doivent être stratifiées avant l'hiver.

Si on a peu de graines de chacune de ces espèces, le meilleur mode de conservation est sans contredit celui qui consiste à faire un mélange de sable fin pour les graines fines, comme les poires et les pommes, et des lits alternatifs pour les noyaux, comme les amandes, les prunes, les cerises, les pêches. On met le tout dans des pots à fleurs qu'on recouvre d'une tuile ou d'une ardoise, et on enterre le tout à 30 ou 40 centimètres de profondeur, dans du sable frais, dans la cave ou mieux encore dans le sol du jardin au pied d'un mur, exposé à l'Est. Dans cet état les graines se gonflent, et font céder l'enveloppe qui permet à l'embryon de s'allonger plus tard.

Cet acte merveilleux de la germination s'opère pendant tout l'hiver. Au printemps ces graines sont semées selon leurs espèces. Les graines de *Poiriers* et de *Pommiers* sont semées en lignes espacées entre elles de 35 centimètres, la rigole aura de 18 à 20 millimètres de profondeur sur 8 centimètres de largeur, et son fond devra être garni de terreau de fumier. Les graines devront être très espacées et recouvertes de terre légère. Chaque rayon devra être battu légèrement avec le dos du râteau ou de la pelle, puis paillé à l'aide de fumier à demi consumé, ou mieux à l'aide de crottin de cheval. Les noyaux de prunes et de cerises devront être plus espacés. Tous ces plants sont repiqués l'hiver suivant en pépinière, où ils sont greffés en écussons lorsqu'ils ont 25 à 35 millimètres de circonférence à 10 centimètres du sol. Chaque plant est épointé d'un tiers en le plantant et placé à la distance de 50 à 60 centimètres et en quinconce, les tiges à 70 centimètres. Les *Amandes* stratifiées sont semées directement sur place où elles sont greffées l'automne même de leur plantation. Avant de déposer chaque graine dans le sillon, on a soin d'épointer la radicule afin d'exciter le développement des racines latérales. La distance de plantation est aussi de 50 à 60 centimètres en tous sens et en quinconce.

D'autres sujets se multiplient par la division de leurs rameaux : ainsi le *Coignassier* se multiplie par cépées et par boutures, le *Doucin* et le *Paradis* par cépées.

Pour obtenir de bonnes cépées, on plante des pieds mères dans un petit carré affecté spécialement à l'obtention de plants; la distance varie de 1 mètre 20 à 1 mètre 50 centimètres environ. Quand la tige est grosse de 8 à 15 centimètres de circonférence, on la coupe la première année, à 20 centimètres du collet (A, *fig.* 12). En ce point elle produit de suite une quantité

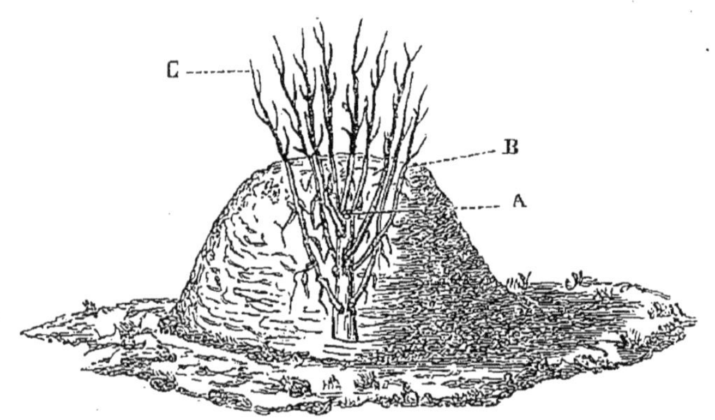

Fig. 12. — Cépée de Coignassier buttée et enracinée.

de rameaux qui sont buttés le même été ou le printemps suivant d'un cône de terre de 30 à 35 centimètres d'élévation (B, *fig.* 12) et où chacun d'eux s'enracine et fournit l'hiver suivant autant de sujets à mettre en pépinière.

On laisse sur le pied mère un nouveau rameau se développer près du sol (C, *fig.* 12) et plus tard on le tronque à son tour.

En ayant soin chaque année de se réserver quelques pieds mères à butter, on peut entretenir sa petite pépinière de sujets de poiriers et de pommiers sains et vigoureux.

Nous avons dit plus haut que le coignassier reprenait facilement par boutures. Il suffit, au printemps, de couper des rameaux, de les planter dans une rigole en les enterrant par leur base de 10 centimètres, de les distancer sur le rang de 15 à 20 centimètres. On aura l'hiver suivant de très-beaux plants enracinés qui seront bons à être mis en pépinière où ils recevront la greffe le mois d'août de l'année suivante.

Les vignes sont multiples par marcottes simplées et multiples dites chinoises, par crossettes ou par boutures. Nous ne parlerons pas des semis d'yeux qui sont plus utiles entre les mains des multiplicateurs et des primeuristes qu'entre celles des arboriculteurs qui travaillent pour leurs produits fruitiers en plein air. Nous entendons par marcotte ou chevelée un sarment de l'année précédente qui a été enterré à la sortie de l'hiver dans le fond d'une rigole, puis recouvert de terre sur une longueur de 35 à 50 cent. de façon que les deux extrémités sortent du sol. L'une de ces extrémités tient au pied mère; l'autre est taillée sur deux yeux au-dessus du terrain; seulement, sur la partie enterrée, on a eu soin de couper les bourres ou yeux et d'enlever trois à quatre petites bandes longitudinales d'épiderme inerte. Cette opération s'appelle décortiquer; elle est des plus favorables au développement du chevelu; sur toute la partie enterrée une torsion du sarment enterré augmente aussi l'enracinement.

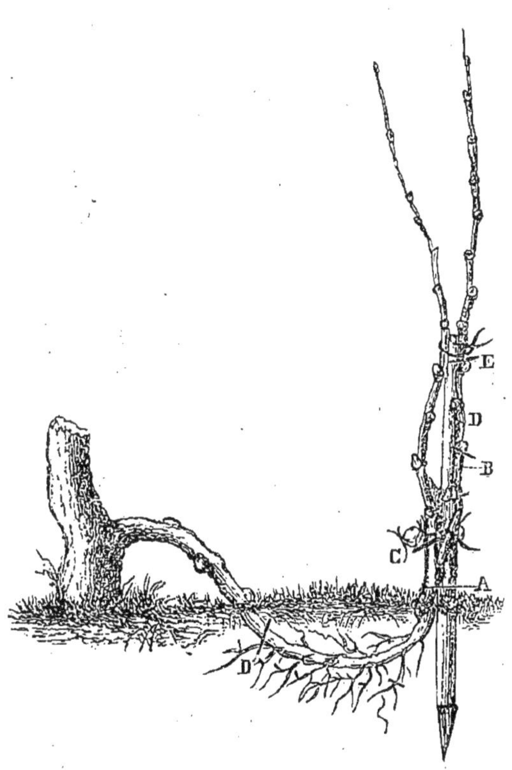

FIG. 13. — Marcotte de Vigne après l'enracinement et habillée pour la mise en place.

Nous recommandons également de recouvrir chaque marcotte de quelques centimètres de terreau de fumier qui stimulera le développement d'un nombreux chevelu. L'automne suivant, on sévrera ces marcottes au rez du sol et elles pourront en temps voulu fournir de très-beaux plants.

Nous rejetons complètement la marcotte en panier, à moins

qu'elle ne soit faite par celui qui doit la planter, car le prix de revient, les frais de transport, sans compter d'autres mécomptes, ne sont jamais compensés peut-être par plus de deux grappes (plutôt deux grapilles), qu'elle produit la première année.

Nous préférons la marcotte multiple ou chinoise, la crossette idem; l'opération consiste à coucher horizontalement un long sarment dans une rigole profonde de 6 à 10 centimètres, de le recouvrir de 1 à 2 centimètres de sable et de 5 centimètres de fumier gras qu'on retirera lors du développement des jeunes bourgeons que l'on butte à mesure que leur élongation a lieu. Ces bourgeons se développeront d'autant mieux que le sarment aura été décortiqué, soumis à la torsion, et que chaque œil aura été séparé par moitié du sarment même, à l'aide du sécateur qui coupera à mi-bois, à 2 centimètres de distance, en deçà et au-delà de l'œil, mais la lame tournée de son côté; enfin, que la serpette aura taillé en biseau le mérithalle du sarment qui est placé latéralement dans la rigole sur une couche recouverte de 30 centimètres de sable, terre et terreau.

La crossette et la bouture diffèrent l'une de l'autre, en ce que la première est munie d'une crosse de vieux bois, tandis que la seconde est coupée sous un œil. Elles se multiplient l'une comme l'autre.

Toutes deux sont choisies sur un sarment vigoureux, et sont coupées sur une longueur de quatre yeux équidistants. Elles doivent être enterrées pour ne laisser sortir du sol que deux yeux. Sur la longueur de la partie enterrée, on décortique et on ébourre les yeux comme sur la marcotte.

Pour la plantation de ces boutures, on prépare une couche sourde dans un carré bien exposé. Dans cette opération, on creuse une petite fosse d'une longueur indéfinie, large de 1 mètre à 1 mètre 50 et profonde de 15 centimètres; on la remplit de 30 centimètres de fumier chaud bien mélangé, mouillé, tassé avec les pieds et recouvert ensuite de terre, on y ajoute 5 centimètres de sable, et 10 centimètres de terreau de fumier. On a ainsi une épaisseur totale de 30 centimètres, qui est nécessaire pour planter les boutures. Un bon paillis doit exciter la sortie d'un nombreux chevelu, et quelques arrosements en été suffiront pour que les boutures présentent à l'automne des sarments aussi forts que par le procédé du marcottage. Ce procédé est bien plus économique, parce qu'avec peu de sarments on obtient beaucoup de plants.

La distance de plantation varie de 30 à 40 centimètres et l'époque du bouturage est ordinairement à la fin de mars ou d'avril. La bouture annelée, due à l'incision l'été précédent (*fig.* 254), est de beaucoup préférable aux deux précédentes, en ce que : un amas de cambium est déjà formé à hauteur de la plaie, là où les racines prennent naissance.

La bouture dite : *en fer à cheval*, due à M. Aubry, viticulteur du département de Seine-et-Marne, récompensée d'un premier prix par la Société d'Horticulture de Meaux, est peut-être ce qui surpasse toutes les méthodes connues, en ce qu'elle pousse, l'année du bouturage, de 1 mètre 50 à 2 mètres, d'avril en novembre, et que la multiplication se fait sur place même, où la vigne doit produire.

Cette bouture s'obtient à l'aide de longs sarments de deux ans, comme ceux de la bisannuelle, par exemple, l'hiver qui suit la récolte (*fig.* 14). Pour cela, on les coupe à la chute des feuilles, on les fait stratifier, comme il est dit (à la *p.* 28), où ils passent l'hiver et jusqu'en avril, époque où on les coupe définitivement d'une longueur de 0,50 à 0,70 centimètres; on en rompt les deux extrémités, on décortique, on supprime les sarments autres que celui né au milieu, qu'on taille à deux yeux, qui après plantation, *en fer à cheval* (A, *fig.* 14), se trouvera sur la partie coudée, à fleur du sol, d'où les deux yeux visibles (même figure), s'allongeront en traversant la petite butte de sable (B, même *fig.* 14) et constitueront deux beaux sarments, comme il est dit ci-dessus, sarments vigoureux, dus aux deux siphons, en quelque sorte, aspirant dans le sol beaucoup plus d'humidité utile à la végétation active de cette excellente méthode.

Afin d'avoir sous la main des sarments qui doivent servir

chaque année à la multiplication, nous conseillons de planter dans la pépinière autant de pieds mères qu'on a de variétés de

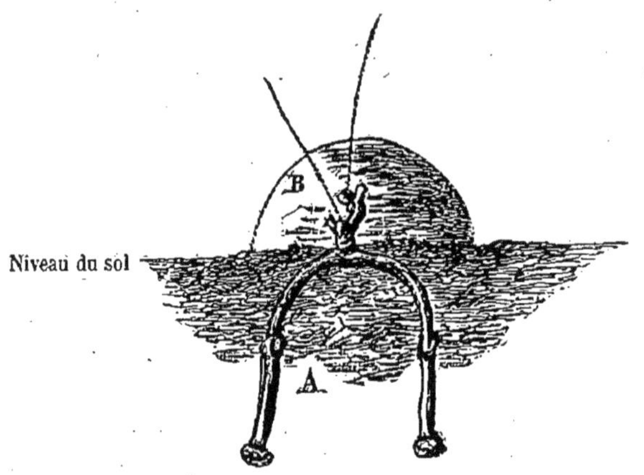

FIG. 14. — Bouture de Vigne, dite en fer à cheval (sys. Aubry).

raisins mûrissant dans la région qu'on habite. Il faut que chaque pied soit distant de 1 mètre 50 centimètres de son voisin.

Une autre méthode, due à feu M. Rivière, professeurj-ardinier en chef au palais du Luxembourg, consiste à couper en novembre, dans toute leur longueur, les sarments qui doivent servir au bouturage du printemps suivant et de les stratifier, c'est-à-dire de les coucher sous 30 centimètres de terre dans une petite fosse creusée à cet effet dans le sol, où elles passeront la saison d'hiver, ce qui aidera au renflement du bois et ramollira l'écorce. On les retire du sol au mois de mars ou d'avril, avant que les yeux se débourrent, puis on les coupe par petits fragments de trois yeux environ, et on les enterre debout dans le sol, de manière que l'œil terminal disparaisse d'un centimètre sous le niveau du terrain. Nous préférons à la pleine terre la multiplication sur couche tiède, recouverte de terre sableuse et terreautée, et le buttage de sable de chaque bouture à la hauteur de deux yeux au-dessus du niveau du sol de la couche même ; la *fig.* 15 en montre tous les détails.

Comme nous l'avons dit, nous conseillons aussi de décortiquer et de rompre ce fragment de sarment enterré et d'ébourrer les yeux latéraux, excepté les terminaux qui devront être buttés et paillés.

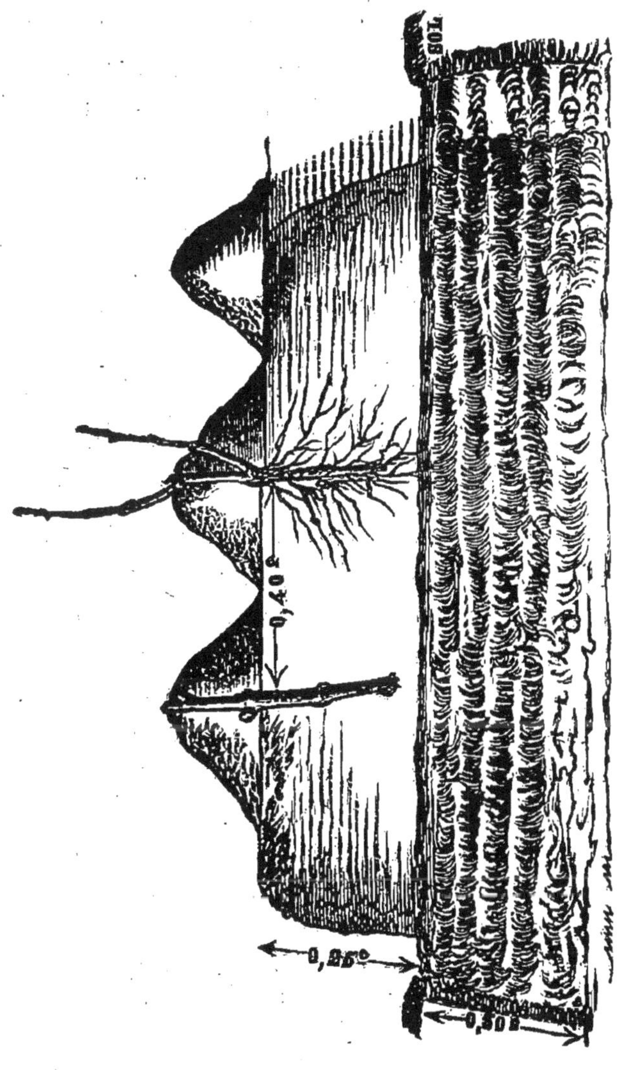

Fig. 15. — Bouture de Vigne sur couche tiède.

L'emploi de la couche tiède aide considérablement au développement des racines et à l'aoûtement du bois avant l'hiver.

Des mères de Groseilliers doivent être aussi plantées à 1 mètr-30 centimètres avec autant de variétés à grappes et à maquee reaux que l'on peut en avoir besoin. Outre leurs produits, elles servent encore chaque année à couper le jeune bois pour en obtenir des plants qui sont multipliés par boutures et par marcottes. Je dis marcottes, attendu que les Groseilliers épineux traînent souvent leurs branches sur le sol, et qu'il suffit de les enterrer légèrement pour obtenir de très beaux plants. La bouture s'enracine facilement avec les deux espèces : on plante des rameaux de deux ans à 30 centimètres de distance en quinconce, on les enterre de 12 à 18 centimètres, et on taille le jeune bois à trois yeux de la base, ce qui fournit des plants beaucoup plus robustes que par la multiplication par drageons.

Sur le *Framboisier*, la multiplication consiste à avoir autant de pieds mères qu'il y a de variétés, de les planter à deux mètres environ et en dessous du niveau du sol comme : (*fig.* 273), et si on a le soin de mélanger au sol du terreau de fumier, les drageons produisent l'hiver suivant de très beaux plants.

Nous ne pouvons mieux faire comprendre la multiplication du *Figuier* par bouture, qu'en copiant textuellement ce qu'a écrit notre savant collègue, M. Rivière, du Luxembourg, dans le journal de la Société nationale et centrale d'horticulture de France, au mois de décembre 1865 : « J'ai l'honneur, dit-il, de « mettre sous les yeux de la Société quelques sujets du figuier « commun (*Ficus carica* L.) obtenus de boutures faites à l'air « libre.

« Voici le procédé qui a été employé par un des ouvriers « attachés au jardin du Luxembourg, et spécialement chargé « de la taille des arbres fruitiers.

« L'année dernière, vers le 15 décembre, il eut la pensée « de couper des branches de figuier et de les enterrer horizon- « talement dans l'une des plates-bandes de la pépinière, à « environ 40 ou 50 centimètres de profondeur. Ces branches « restèrent ainsi sous cette couche de terre jusqu'au 10 mai « suivant. A cette époque, il les retira de la fosse et il en coupa « les extrémités par petits tronçons de 15 à 20 centimètres de « longueur, en ayant bien soin toutefois d'y conserver l'œil « terminal. Ces tronçons furent ensuite enfoncés perpendicu-

« lairement dans un coin de terre préalablement labouré, à une « distance de 25 centimètres environ les uns des autres et de « manière que chaque extrémité fût complètement recouverte « d'une couche de terre de 3 centimètres d'épaisseur. Après « la plantation, un léger arrosement fut donné et l'on « attendit.

« Au bout de quelque temps, les bourgeons de ces boutures « sortirent de terre et ces pousses se développèrent bientôt « avec une telle rapidité, que dans l'espace de quatre mois, elles « atteignirent la hauteur de 50 à 97 centimètres et se couvrirent « en même temps de fruits, très-tardifs, il est vrai, puisqu'ils « n'arrivèrent pas à maturité, mais cela fait supposer qu'en « couchant cet hiver ces jeunes rameaux dans des fosses pré- « parées comme cela se pratique à Argenteuil, on pourrait, dès « l'été prochain, obtenir peut-être quelques fruits qui parvien- « draient à maturité. On peut, du reste, juger du résultat « probable par des échantillons que je soumets à l'appréciation « de la Société.

« Je dirai de nouveau que cette opération a été faite à l'air « libre, c'est-à-dire sans le secours d'aucune cloche, d'aucun « châssis, et que sur cinquante boutures préparées d'après ce « système, pas une n'a manqué. Je ferai remarquer en outre « que malgré la sécheresse prolongée et exceptionnelle que « nous avons eue cette année, ces jeunes boutures n'ont été « arrosées que deux fois seulement pendant toute la durée de « leur végétation. »

ENTRETIEN DES SUJETS, DES SCIONS ET DU SOL DE LA PÉPINIÈRE.

Nous diviserons les sujets en deux parties bien distinctes : les *nains* destinés à la greffe près du sol, et ceux à *tiges* et *demi-tiges*.

Les sujets qui doivent recevoir les écussons à 10 centimètres du sol, comme le *Pêcher*, *Poirier*, *Pommier*, le *Prunier*, l'*Abricotier* et le *Cerisier*, après avoir été plantés à 50 centimètres en quinconce environ, doivent encore être soignés de manière

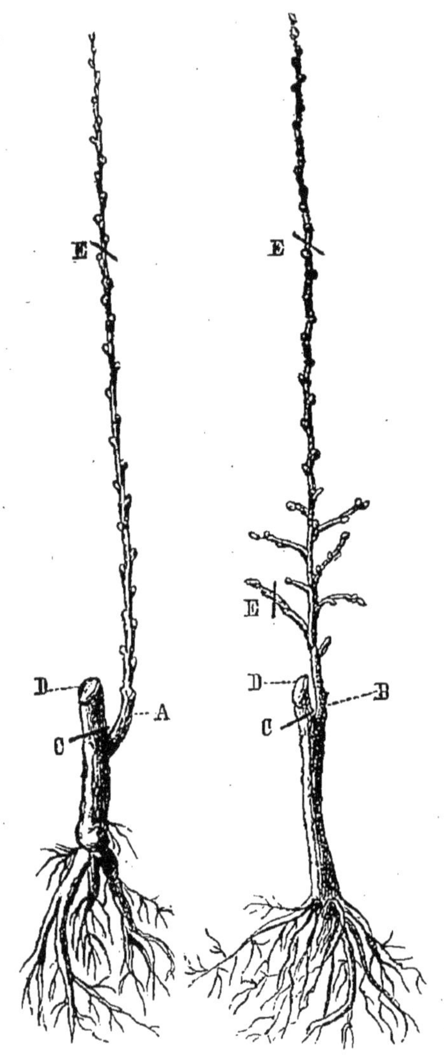

Fig. 16 et 17. — Jeunes Poiriers d'un an de greffe sur franc, le premier mal orienté et mal dressé.

qu'aucune ramification, ni bifurcation, ne prenne naissance plus bas que 20 à 25 centimètres ; si quelques yeux voulaient s'y développer, on aurait bien soin de les éborgner avec la pointe de la serpette ; si quelques sujets d'entre eux restaient faibles, endurcis, ne prenant de développement ni en longueur, ni en diamètre, il faudrait opérer, avec la pointe de la serpette, une incision longitudinale sur l'épiderme, d'un côté de la tige, depuis le collet jusqu'au sommet du sujet. Il va sans dire que cette incision serait faite du côté exposé à la lumière, là où passe abondamment la sève de l'arbre.

Cette incision ne gênerait en rien la pose des écussons, puisque nous les plaçons de façon qu'ils soient le plus possible opposés au soleil. Ce n'est pas que nous soyons plus partisan du Nord que du Midi pour la reprise de l'œil, mais l'expérience nous a démontré, qu'afin d'exciter le scion à se redresser naturellement, il fallait que l'œil soit opposé à la lumière ; car, dans cette position, le jeune bourgeon en s'allongeant au printemps s'incline préférablement du côté du soleil et alors il reprend la position qu'occupait le sujet auparavant ; tandis qu'en sens contraire, il forme un coude dès son point de départ au printemps.

En pépinière, les jeunes scions de fruits à noyau ont l'inconvénient, lorsqu'ils sont greffés sur des sujets vigoureux, de produire une foule de bourgeons anticipés depuis la base jusqu'au sommet (A, *fig.* 18).

(La *figure* 16 en A, montre un scion coudé à sa naissance par la pose de l'œil du côté Sud, tandis que le scion de la *fig.* 17 est droit en B par le seul fait de la pose de l'écusson au nord du sujet).

Si l'on a la faiblesse de choisir, pour les plantations, des *Pêchers*, *Pruniers*, *Cerisiers* d'un fort diamètre, destinés aux arbres à grande envergure qui doivent être coupés sur plusieurs yeux combinés, afin d'obtenir, à 30 ou 35 centimètres du sol, les premières charpentes latérales inférieures, il ne reste après la coupe qu'un long onglet dénudé; cela tient naturellement à ce qu'il n'existe à la base des bourgeons anticipés aucun œil stipulaire de remplacement. Pour remédier à ce défaut naturel dû à ces sortes d'arbres, nous conseillons : 1° de couper, au printemps, les jeunes feuilles des scions vigoureux sitôt leur développement et sur une hauteur de 35 à 40 centimètres de la greffe, et d'enlever les stipules foliacées sitôt leur développement, ce qui obligera les yeux de la base des bourgeons anticipés à rester stationnaires, pour servir à la formation de l'arbre l'année de sa plantation; 2° de palisser (avec du jonc) sur le jeune scion le premier vigoureux bourgeon anticipé de la base (B, *fig.* 19), qui, sitôt développé de 40 centimètres, remplacera le scion principal qu'on supprimera près de ce dernier (C, *fig.* 18).

Par l'une de ces deux méthodes, le jeune arbre sera garni d'yeux à la base, comme le Pêcher le mieux constitué, c'est-à-dire tel que pourrait l'exiger le connaisseur le plus difficile.

Quant à l'*Abricotier*, le développement des bourgeons anticipés n'est pas plus à craindre que sur les arbres à pépins, puisqu'ils sont, comme ces derniers, munis à la base d'yeux stipulaires de remplacement.

Une recommandation spéciale pour la pose des écussons sur les coignassiers et les pommiers paradis qui sont destinés surtout aux arbres nains, c'est de ne jamais les placer plus bas que 10 à 12 centimètres du sol ; car chacun sait que par le

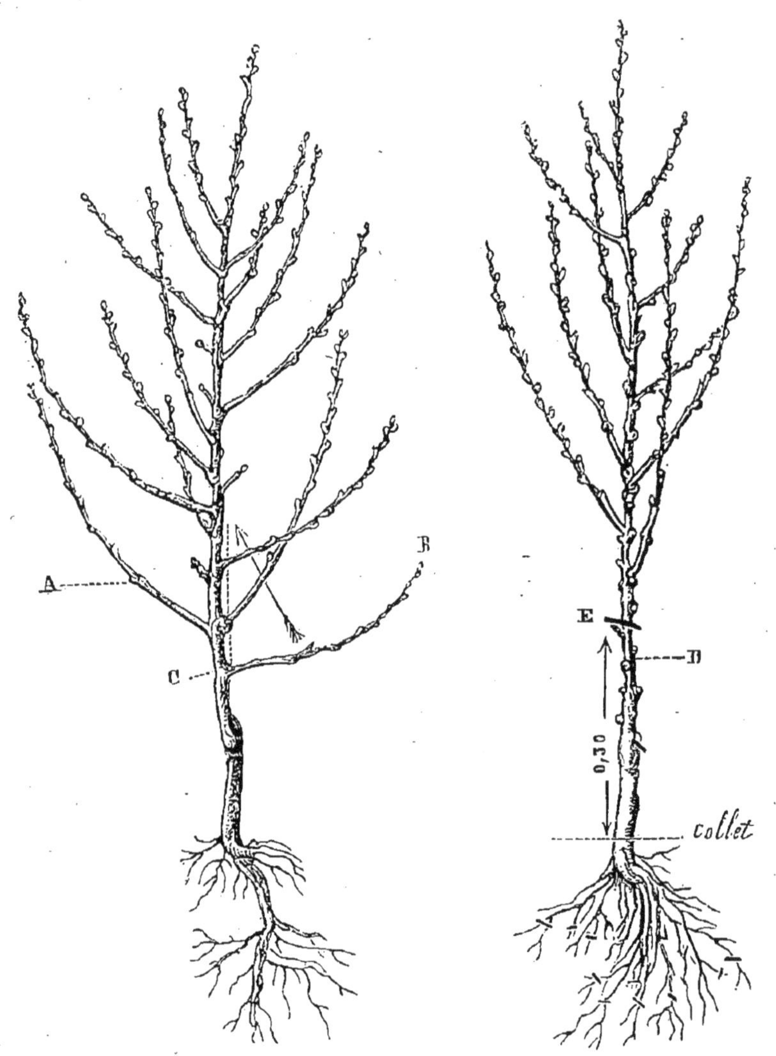

Fig. 18 et 19. — Pêchers d'un an (de pépinière). La fig. 18 dégarnie d'yeux vu le développement de bourgeons anticipés.

mode de greffe des pépiniéristes, les pommiers s'affranchissent quelques années après leur plantation, surtout parce qu'on a toujours la mauvaise habitude de planter trop profondément.

Quant au mode de greffe qui convient le mieux, c'est la greffe en écusson à œil dormant. L'époque où l'on doit la pratiquer, suivant l'espèce, n'est pas déterminée ; elle varie suivant la température, la nature du sol qui conserve plus ou moins de fraîcheur ou de sécheresse, et surtout suivant la nature de chaque sujet. Mais il est un moyen infaillible de ne pas se tromper, c'est de poser l'écusson sur un sujet dont la sève se ralentit, ce qui est facile à voir, le sommet des bourgeons latéraux se lignifiant, au lieu de conserver une constitution herbacée : le bouton terminal commençant à se former à ces bourgeons, tandis que la sève est encore très active sur les bourgeons terminaux des mêmes sujets. L'on peut comprendre que si la sève active permet à l'écorce de se soulever aisément pour y enclaver l'œil de l'écusson, elle n'est plus assez fougueuse pour le faire se développer, surtout si l'on a bien soin de garder dans leur longueur toutes les ramifications au-dessus de l'écusson posé ; le reste de la sève est alors employé en haut à la formation complète des rameaux et des boutons, et n'a plus assez de force pour faire développer l'œil posé à la base.

Passant maintenant en revue l'élevage des sujets tiges et demi-tiges qui ont été plantés en pépinière, à la distance de 60 ou 70 centimètres en quinconce, nous dirons que le *Pêcher* ne doit pas être greffé sur tige, attendu qu'à l'air libre son produit n'est nullement avantageux pour nos régions, et que, palissé près de hauts bâtiments, son existence est souvent compromise. Il ne sera bien placé que près des murs de jardin, qu'il garnira promptement, malgré la grande hauteur qu'ils pourraient avoir, en le soumettant aux formes relevées, dont il sera parlé plus loin.

L'*Abricotier*, le *Prunier*, le *Cerisier* seront greffés sur tiges et sur demi-tiges : sur tiges pour garnir de hauts murs ; l'expérience nous en a démontré les bons résultats, surtout pour l'*Abricotier* planté dans les cours, basses-cours, ainsi que nous le verrons plus loin. Le *Cerisier* et le *Prunier* pour verger seront élevés demi-tiges et non à des hauteurs extraordinaires, comme dans la pratique routinière de nos pays où il faut des échelles pour cueillir les premiers fruits. Dans cette belle vallée de Montmorency et à Montreuil-aux-Pêches, où les Cerisiers anglais hâtifs sont cultivés dans les champs, ces arbres sont faciles pour la récolte puisque les femmes et les enfants des cultivateurs peuvent, sans danger de se blesser, monter sur les branches qui sont moins éloignées du sol.

Les arbres à hautes tiges auront leurs places marquées, seulement, et à cause de la dent des bestiaux, dans les cours de fermes, aux herbages et sur la grande route, à la place des arbres stériles que persiste à planter encore de nos jours, l'administration des ponts-et-chaussées.

Pour élever ces jeunes arbres, nous préférons les écussonner en pied comme des arbres nains, afin d'obtenir, à l'aide du scion, une tige vigoureuse, lisse et sans nœuds, qui, taillée à hauteur d'un mètre environ pour demi tige, et de 2 mètres 30 pour haute tige, développera trois branches latérales qui seront destinées à former la tête de l'arbre. On comprend facilement l'avantage de ce mode d'opérer.

Les sujets de *Poiriers* sont élevés selon la plantation que l'on veut créer, et suivant qu'on les greffe sur franc ou sur coing : on sait qu'un Poirier tige greffé sur franc avec la variété qui lui convient est un arbre de vie, mais à la condition qu'au lieu d'être dirigé en vase, il soit sous forme pyramidale. Il convient donc d'obtenir en pépinière des sujets sains, vigoureux et sans nodosité. Il faut avoir soin, un an après la plantation, et mieux deux ans si les sujets sont faibles, de rabattre les sujets francs à 10 ou 12 centimètres au-dessus du sol, afin d'obtenir des scions vigoureux ; on fera choix du plus fort et du plus rapproché du sol pour le palisser, si besoin en est, sur l'onglet qui servira de tuteur ; on pincera les autres pour appeler la sève des racines sur celui qu'on aura choisi ; puis lorsque le bourgeon conservé sera assez muni d'organes foliacés, on supprimera ceux qui avaient été pincés. Au mois d'août suivant, on coupera l'onglet tout près de la tige et on couvrira la plaie d'une couche de peinture.

(Une méthode très avantageuse pour les sujets difformes, chétifs, c'est de les écussonner en pied avec des races vigoureuses qui serviront d'intermédiaires et fourniront des tiges droites, robustes, avec le *Beurré d'Amanlis*, *Jaminette*, *Beurré Hardy*, *Curé*, *etc.*).

Au printemps suivant, on visitera l'œil terminal de chacun des poiriers : s'il est bien formé, porté par un rameau bien mûr, bien aoûté, il faudra s'abstenir de tailler cette flèche, mais on appellera la sève et on l'obligera à faire pression sur cet œil terminal, à l'aide d'une légère incision longitudinale dont nous avons parlé plus haut.

Ce même été s'il se développe quelques bourgeons latéraux à cette même flèche, on aura soin de les pincer à 10 ou 12 centimètres pour conserver seulement les parties foliacées qui sont utiles à la végétation ; l'année suivante, ces mêmes ramifications seront encore pincées afin d'établir de cette tige, une sorte de fuseau, qu'on supprimera graduellement à mesure que les ramifications prendraient du corps, alors on les supprime près de la tige avec une serpette bien tranchante. On ne laissera que les petits dards, mais à la condition qu'ils ne donneront que des feuilles, afin d'aider au développement du diamètre de la tige. Le printemps suivant, la même opération se fera sur les tiges de deuxième pousse, et lorsque la flèche sera arrivée à 40 centimètres au-dessus du point où doit être posé l'écusson, elle sera pincée, opération qui a pour but de fortifier la tige de l'arbre.

Sitôt que la circonférence de la tige, à hauteur de tête, aura de 25 à 35 millimètres on placera à l'automne un écusson de la variété qn'on destine au verger, avec les mêmes soins que pour les arbres nains. Si l'écusson venait à manquer, on aurait alors recours à la greffe en fente Bertemboise, à celle dite anglaise, en couronne perfectionnée Dubreuil et enchassée Delaville.

Pour les sujets francs qu'on destine aux arbres nains, ils seront traités comme les sujets coignassiers, qui ont été plantés à 50 ou 60 centimètres en quinconce, épointés avant la mise en place, écussonnés la deuxième année à la même hauteur et à la même orientation que les arbres à noyau, et rabattus en février suivant, en laissant un onglet de 8 à 12 centimètres au-dessus de l'écusson.

Au même printemps, le développement de ces yeux sera surveillé pour que les jeunes scions soient bien droits ; on les fixera à l'onglet du sujet à l'aide de jonc ou de rafia et l'on pincera les bourgeons qu'ils développeraient, comme nous l'avons dit plus haut, afin de conserver leurs feuilles, mais ils seront supprimés sitôt que les jeunes scions pourront absorber la sève des racines ; l'onglet lui-même sera supprimé en août de ce même été (C, *fig.* 16 et 17).

Pour les variétés dont la sève s'allie mal au coignassier, comme le *Beurré Bretonneau*, d'*Apremont*, etc., nous conseillons d'avoir recours à un intermédiaire, comme la *Jaminette*, le *Curé* et autres. Ce dernier mode est aussi très utile pour élever des poiriers demi-tiges sur coignassier et qui doivent fournir des formes pyramidales pour le verger, comme il en sera parlé plus tard.

Le sujet franc pour arbre nain comme pour ceux tige est bien préférable au coignassier qui n'est utile que pour quelques variétés vigoureuses, et les sols par trop riches, ce qui est bien rare.

Un auteur, M. Ch. Baltet, conseille d'employer, pour ces sortes de terres, un stratagème : greffer en fente le coignassier sur aubépine, pour écussonner les poiriers. C'est un essai à tenter !

Le Pommier à haute tige greffé sur franc rend de grands services, dans nos régions, pour la culture des fruits à cidre, et aussi pour les pommes dites *ménagères* ; son élevage est le même à peu près que pour le poirier franc, mais au lieu de le recéper, nous préférons à 10 centimètres du sol, la deuxième année de la plantation de l'égrain, l'écussonner avec une race vigoureuse intermédiaire, pour obtenir promptement une tige droite et robuste, qui recevra à 2 m. 30 centimètres du sol l'écusson définitif de la variété de fruit qu'on désire multiplier ; comme les pommes : *Reinettes de Caux*, *Calville de Mauxion*, *Pigeon d'hiver*, *Châtaignier*, de *Salé*, *Court-Pendu*, etc., etc.

Nous aimons bien les sujets de *Doucin* pour obtenir des arbres à fruits qui produisent beaucoup et qui ne demandent presque aucun travail au verger, que la précaution de les élever et de les planter comme les Poiriers demi-tiges, seulement on les dirige sous forme de vases naturellement élevés à la hauteur de 1 mètre, ou on laisse se développer toutes les branches sans jamais les tailler une fois l'arbre formé, lorsqu'elles sont distancées entre elles de 30 ou 40 centimètres.

Pour les obtenir tels, dès leur jeunesse et en pépinière, il faut avoir soin de tailler la tige de l'arbre à 1 mètre et de faire de petites incisions longitudinales au-dessous des trois ou cinq yeux terminaux (*fig.* 108), de supprimer tous les autres bourgeons latéraux qui voudraient s'allonger plus que des dards le long de la tige.

Le *doucin* est encore très utile pour la multiplication des meilleures variétés de pommes à couteau cultivées sous des formes relativement restreintes, surtout dans les sols rebelles au développement du sujet paradis, qui devra toujours être préféré lorsqu'un sol riche le permettra.

L'élevage en pépinière, la greffe de ces deux sujets, étant les mêmes que pour le poirier sur coignassier, nous y renvoyons.

Les soins du sol de la pépinière se distribueront ainsi : en novembre, la première année, on répandra à la surface une fumure de boue de ville, le plus fertilisant de tous les engrais, et souvent le moins cher ; à défaut, on employera les balayures de basses-cours, les produits mûris de curage de mares ou d'étangs qui seront mélangés à la surface du sol à l'aide de la houe fourchue ou du crochet à deux dents, mais jamais à la bêche. Dans cet état, l'hiver fera le reste et on attendra le printemps où un léger béquillage au crochet sera fait, afin d'ameublir le sol qui sera préservé des sécheresses par un bon paillis de fumier à demi décomposé, ou, à défaut, d'une couche de feuilles ramassées avant l'hiver et mises en tas jusqu'en mi-mars, ce qui serait encore préférable à tous les genres de paillis, en ce qu'elles ne coûtent presque rien, qu'elles tiennent la terre fraîche et légère, empêchent l'invasion des herbes annuelles, *et surtout la ponte des hannetons.*

Ces feuilles qui se décomposent tout l'été sont, à l'automne, mêlées au terrain par un béquillage au crochet, où elles facilitent encore, sous forme d'humus, le développement du chevelu, tout en échauffant le sol.

On aura soin, à cette époque, si le terrain est envahi dans quelques endroits par quelques mauvaises herbes, telles que chiendent, liseron, etc., de les secouer à la fourche et de les retirer de la pépinière ; ces soins doivent se répéter chaque année.

GREFFES USUELLES.

Les greffes faisant partie intégrante de la pépinière, nous ne pouvons mieux terminer que par ce chapitre indispensable également au jardin fruitier.

Quant à l'histoire de la greffe, qu'il suffise de dire que du moment qu'elle est soudée sur le sujet, elle fait corps avec lui, au point que si les sèves sont de même force, si le sujet et la greffe ont la même vigueur, il devient très difficile de reconnaître le point où elle a été placée. Par exemple, il nous est arrivé bien souvent de regarnir de coursons toute une branche charpentière, à l'aide de greffes par approches herbacées, et cela avec des bourgeons du même arbre et de la même vigueur, et, quelques années après, il nous a été impossible de savoir si les coursons étaient nés naturellement ou artificiellement. Cela ne nous montre-t-il pas que nous devons nous attacher à réunir le plus possible des espèces de même tempérament, de même vigueur, et de la même époque de maturité, si nous voulons que nos arbres vivent longtemps ?

Toute règle cependant a des exceptions, exceptions qui se trouvent créées par les besoins de chacun : on sait, en effet, que le poirier d'*Epargne*, entr'autres, est celui qui réclame le sujet franc pour acquérir, aux dépens de sa fertilité, de la grosseur et de la qualité de ses fruits, les dimensions formidables qui le distinguent ; tandis que, greffé sur coignassier, avec lequel il ne sympathise que difficilement, et sur lequel il forme un bourrelet énorme sur le sujet au point de jonction de la greffe, par la gêne de circulation des sèves et leur peu d'accord, il procure, dès la deuxième année de plantation, des

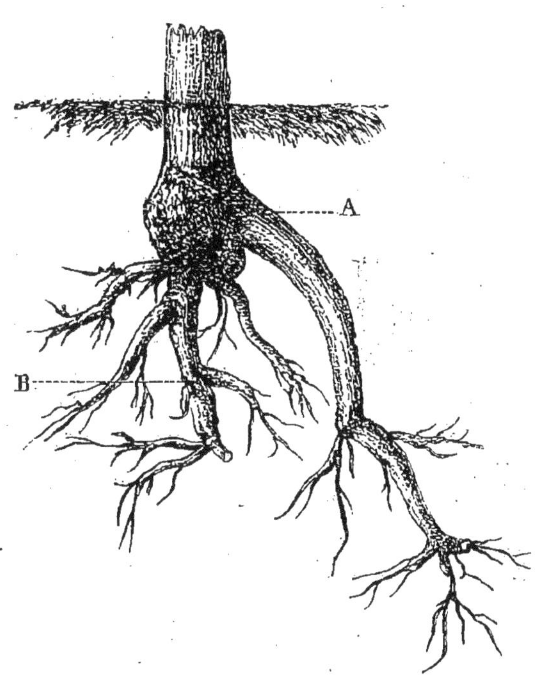

FIG. 20. — Vieux Poirier Epargne affranchi ayant été planté trop profond.

fruits gros et savoureux. On ne doit pas le planter profondément, dans la crainte qu'il ne s'affranchisse, comme cela est arrivé à l'arbre qui a servi de modèle à la (*fig.* 20, A). Cet arbre, jadis très fertile, n'a produit depuis cette époque, aucun fruit. Cette figure montre la vigueur prépondérante d'une racine née au-dessus de la greffe A, tandis que celle du sujet coignassier s'atrophie de plus en plus (B).

Les instruments utiles pour la greffe sont : *le Greffoir ordinaire* monté sur un manche en corne de cerf ou d'ivoire, et composé d'une lame bien tranchante et d'une spatule en ivoire : cet outil sert à lever les écussons, à tailler toutes les greffes ligneuses ou herbacées; la spatule sert à lever les écorces pour y introduire la greffe ou l'écusson.

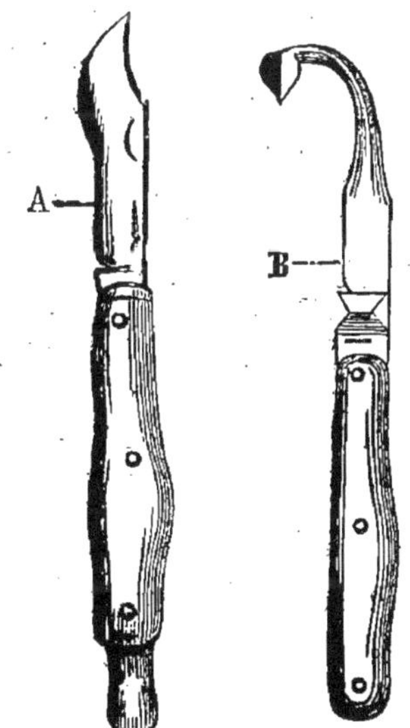

FIG. 21. — Greffoir ordinaire. FIG. 22. — Greffoir Rivière.

Le Greffoir Rivière, du nom de l'auteur, est appelé à rendre des services pour la greffe à emporte-pièce nommée greffe Lée. Cet instrument est un perfectionnement du greffoir noisette, en ce qu'avec le même outil on opère sur le sujet et sur le greffon, en obligeant ce dernier à faire corps avec le sujet, ce qui forme un juxtaposé. Cette greffe est donc obligée, à cause de l'outil, de reprendre quand même, puisque les filets ligneux et corticaux sont forcés de se rencontrer.

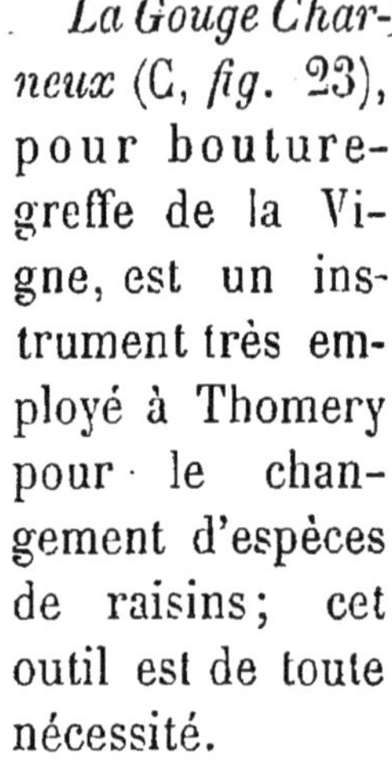

La Gouge Charneux (C, *fig*. 23), pour bouture-greffe de la Vigne, est un instrument très employé à Thomery pour le changement d'espèces de raisins; cet outil est de toute nécessité.

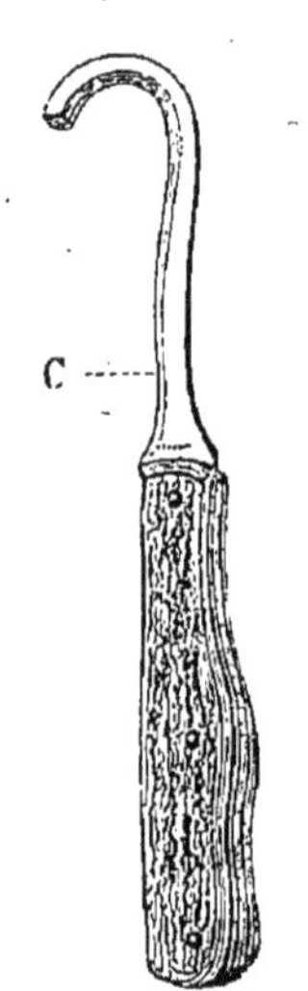

Fig. 23. — Gouge (Charneux).

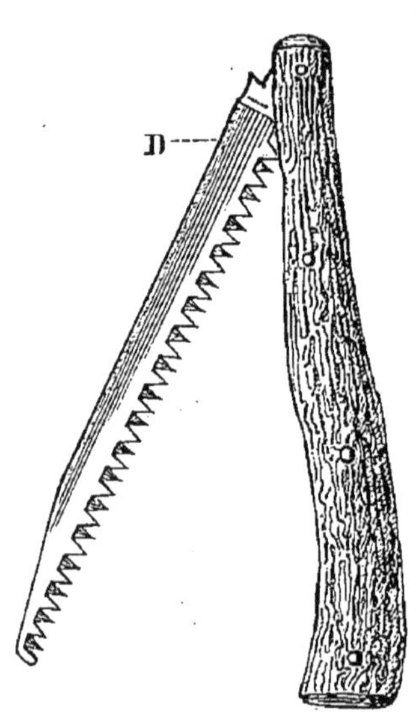

Fig. 24. — Egoïne à dents de Brochet.

L'Egoïne ou scie à main (D, *fig*. 24), à dents de brochet inclinées vers le manche et qui obligent à ne scier qu'en tirant à soi, est utile pour opérer sur les branches qui ne peuvent être coupées au sécateur ou à la serpette. Mais nous espérons que cet outil sera peu employé : il vaut beaucoup mieux greffer sur une jeune branche d'un faible diamètre, le sujet s'assimilant mieux avec le greffon.

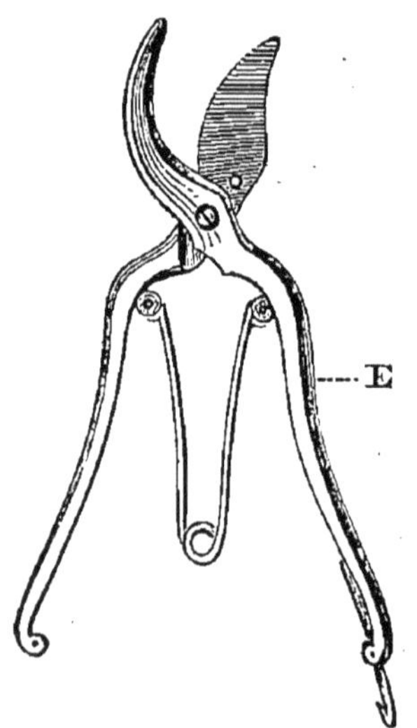

Fig. 25. — Sécateur Rivière avec ressort de rechange.

Le sécateur Rivière (*fig*. 25, E) pour les greffes par rameaux, est plus utile que l'égoïne, en ce qu'il coupe facilement toutes les branches assez grosses pour recevoir une greffe.

Le Sécateur-Perfectionné (syst. Hardivillé) (*fig.* 26) est ce qu'il y a de plus moderne et de plus facile à tous. Le dessin en dit plus que nous ne pourrions le faire par toute description.

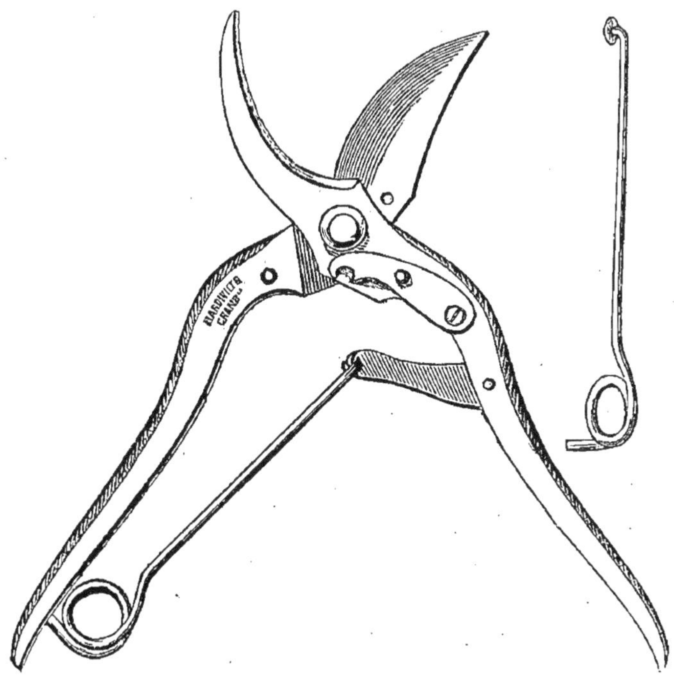

FIG. 26. — Sécateur à fourchette, perfectionné (syst. Hardivillé).

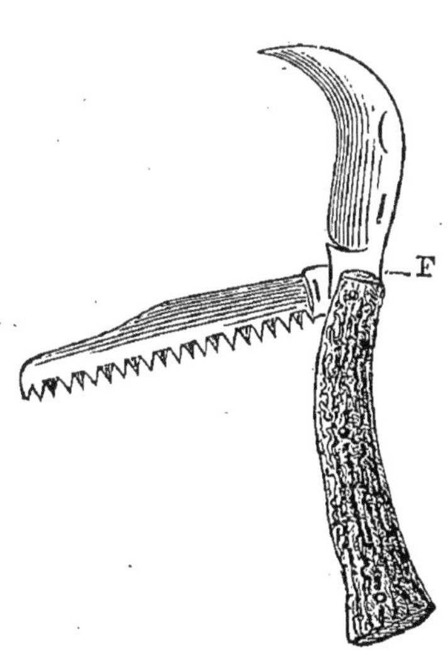

FIG. 27. — Serpette scie corne de Cerf.

La Serpette-Scie (*Brassoud*) corne de cerf (E, *fig.* 27) remplace avantageusement ces deux derniers outils pour couper toutes les branches destinées à être greffées ; le coin d'ivoire ou de buis a encore sa petite utilité, qui disparaît facilement quand on comprend l'inconvénient de greffer de grosses branches.

Il reste à parler de la cire à greffer, ou *Mastic Lhomme Lefort.* Ce mastic, qui a fait ses preuves, est bien encore celui qu'on doit employer et de préférence à tout autre ; il vaut mieux ne s'en procurer que la quantité qu'on peut à peu près avoir besoin d'employer, car ce qui reste d'une boîte entamée durcit. Il devient cependant facile de le rendre malléable en y ajoutant quelques gouttes d'alcool au moment de s'en servir, et après l'avoir fait chauffer au bain marie.

Pour ligatures, nous avons *la laine corde*, bien préférable au chanvre en ce qu'elle étrangle bien moins le sujet, *les Carex*, *Typheas* qu'on rencontre dans les marais : on les coupe en août et on les conserve dans les greniers. Ils fournissent une ligature souple, économique, pour les écussons, si on les trempe dans l'eau au moment de s'en servir ; ces roseaux qui pourrissent l'hiver suivant ne blessent jamais les sujets, ni ne causent de gomme, par étranglement, aux arbres à noyau.

Le Raphia tadigœra, fibre d'un palmier, est aussi solide que souple, d'un prix modique et qu'on se procure facilement chez les marchands grainiers.

Il y a cinq sortes de greffes pour la multiplication des arbres dans l'aubier et sous l'écorce :

La greffe en écusson à œil dormant,
La greffe en fente Bertemboise et enchâssée,
Celle dite greffe anglaise simple et compliquée,
De côté Rivière ou Lée,
Et celle en couronne perfectionuée Dubreuil, et enchâssée Delaville.

Ce sont bien les cinq meilleures pour la multiplication de toutes les variétés fruitières, celles qui font les moins de plaie aux arbres, ont le plus de chance de reprise et dont on peut se servir alternativement sur le même sujet, si l'une d'elles venait à manquer, sans pour cela perdre une année de végétation. Ainsi donc, si l'écusson ne reprenait pas à l'automne, il serait facile en mars d'employer la greffe en fente Bertemboise et celle enchâssée ainsi que la greffe de côté Rivière ; puis, sur de faibles sujets, la greffe anglaise ; enfin, si par un fait ou par un autre, celles-ci ne reprenaient pas encore, on pourrait, à la première végétation, et lorsque l'écorce pourrait facilement se lever de dessus l'aubier, pratiquer la greffe en couronne perfectionnée Dubreuil, et enchâssée Delaville.

L'écusson Décemet ou double sert habituellement à préparer les branches opposées du premier étage, ou à changer une variété par une autre.

Pour la vigne, les greffes sont de trois sortes : *la greffe bouture*, *la greffe Boisselot*, nouvelle greffe appelée à rendre de grands services, en ce qu'on peut greffer à toute hauteur et même dans l'aisselle de chaque courson fruitier, sans être obligé de tronquer le cordon, et *celle dite Baltet*, que l'on peut pratiquer dans l'aisselle de l'œil d'un jeune sarment.

Par approche, les greffes sont de quatre sortes :

La greffe herbacée Jard, pour regarnir des coursons sur une branche charpentière, lorsqu'on est obligé de faire plusieurs greffes avec le même bourgeon, ou bien de placer une branche latérale comme remplacement.

Celle dite de Pointe, nommée aussi en arc-boutant avec bourgeon, qui remplace les coursons sur un pêcher, presque sans plaie et faisant gagner une année sur le coursonnage et la fructification.

Celle herbacée Leberryais.

Et la greffe Tschuody qui est employée utilement dans le recépage des pêchers, ou d'autres qui boudent très-souvent lorsqu'ils sont tronqués. Quoique la sève fasse pression sur le tronçon, il ne se forme souvent que des amas de sève, sans pour cela obtenir aucun œil nouveau. Sans cette greffe, l'arbre mourrait faute de n'avoir ni bourgeons, ni feuilles pour élaborer la sève.

Les greffes de côté sont de deux sortes :

La greffe Richard à long bois, nommée greffe en coulée par Philibert Baron, à cause de l'emploi d'une jeune branche quelquefois longue de deux mètres, *et la greffe de côté Girardin*, nommée aussi greffe Luiset, nom du propagateur. Elle est surtout appliquée avec succès à la pose des boutons fruitiers sur la base de gros coursons de jeunes arbres vigoureux ou sur ceux des arbres rebelles à la fructification, par l'effet d'un mauvais traitement ou d'une variété peu fertile. Les fruits qui proviennent de ces greffes sont souvent énormes en grosseur, attendu qu'ils absorbent une grande partie de la sève élaborée par l'arbre, le fatiguant et le prédisposant à fruits à son tour ; mais il ne faut pas abuser de cette sorte de greffe pour appliquer directement l'écusson sur la charpente de l'arbre, car il se formerait, à chaque endroit, des excroissances qui gêneraient la circulation de la sève.

ÉCUSSON A ŒIL DORMANT.

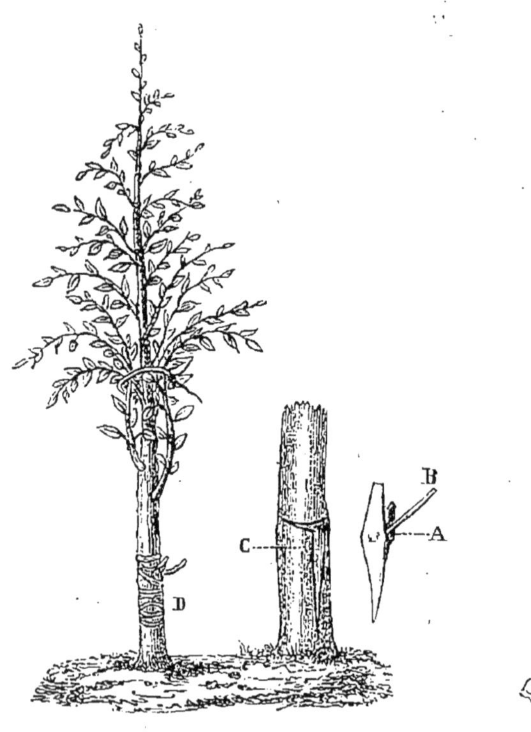

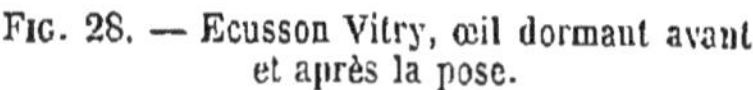
FIG. 28. — Ecusson Vitry, œil dormant avant et après la pose.

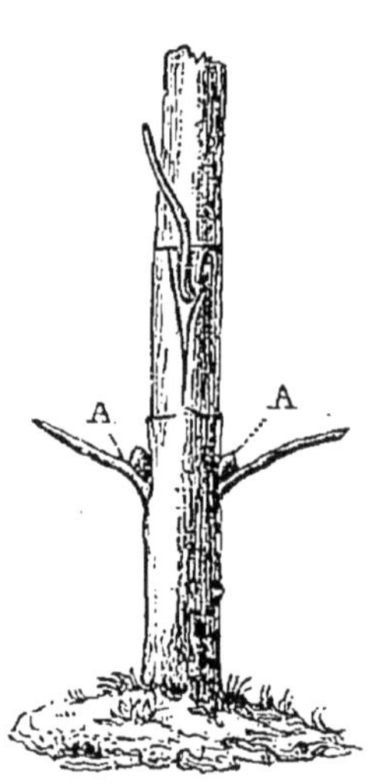

FIG. 29. — Ecusson double (Décemet).

L'écusson à œil dormant pour les arbres fruitiers est celui que nous préférons. L'époque favorable à cette greffe ne peut être exactement fixée, pour chaque arbre en particulier, attendu qu'un sol donné peut conserver sa végétation plus longtemps qu'un autre.

Le meilleur moment, qui n'a jamais été bien déterminé et qui cependant est facile à connaître pour chaque sujet, de quelque âge, de quelque espèce, de quelque diamètre qu'il soit, est celui où se *forme l'œil terminal* des bourgeons latéraux, lorsque, comme nous l'avons vu plus haut, au lieu de continuer leur élongation comme les bourgeons terminaux et de présenter leurs feuilles en faisceaux, ils les montrent distancées. On peut alors opérer sans crainte la pose de l'écusson à la base du sujet. Quant au rameau-greffe, la maturité des fruits de l'arbre à multiplier montre assez que les rameaux sont mûrs, qu'ils sont aoûtés. On peut aussi les pincer afin de hâter leur formation.

Pour le choix des yeux, on doit prendre, le plus possible, ceux de la partie moyenne des rameaux ; ils sont les mieux constitués.

Pour le poirier, on a soin d'éviter les yeux qui sont composés de plusieurs feuilles et qui sont saillants ; nous les nommons *dards*, ils forment un coude dès le départ de l'œil en bourgeon. Ils sont utiles pour l'écusson Décemet (A, *fig.* 29) afin d'obtenir les branches opposées d'une palmette simple Verrier.

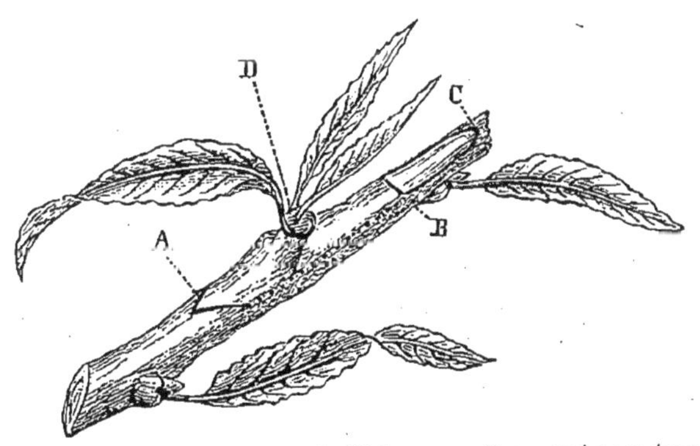

FIG. 30. — Fragment de bourgeon de Pêcher avec œil composé pour écusson.

Sur le pêcher, au contraire, on prend toujours un œil composé de plusieurs feuilles (D, *fig.* 30) parce qu'une feuille simple peut n'être accompagnée que d'un bouton à fruit seulement, ce qui ne remplirait pas le but qu'on veut atteindre.

Un sujet sain, vigoureux, à écorce lisse, sans nodosité au-dessous du point où doit être placé l'écusson, est celui qu'on doit préférer; le sujet n'est tronqué qu'au mois de février suivant, à la hauteur de 12 ou 15 centimètres au-dessus de l'œil, afin d'obtenir un onglet qui sert d'appui au jeune bourgeon qui y est fixé à l'aide d'un jonc (D, *fig.* 16 *et* 17). Les bourgeons du sujet sont pincés, puis supprimés, et cet onglet coupé quelques mois après au-dessus de l'empâtement du rameau; la plaie est enduite de peinture qui est moins épaisse que la cire à greffer, cette dernière produisant des exostoses sur la circonférence du sujet.

Pour enlever l'écusson, on choisit sur le rameau l'œil dont on veut faire la greffe, et dont on a coupé la feuille au-dessus du pétiole. On fait, avec la pointe du greffoir, à 12 ou 18 millimètres au-dessous de l'œil, selon le diamètre du rameau, deux petites incisions en V ouvert sur l'écorce jusqu'à l'aubier, pour rendre aiguë la base de l'écusson et faciliter l'introduction de cet œil sous l'écorce du sujet. Une incision transversale, à la même distance, au-dessus de l'œil, est également pratiquée; puis on enlève avec la lame du greffoir, au-dessus de cette dernière incision, une lanière d'écorce plus longue que la largeur de la lame du greffoir (ABC, *fig.* 30), afin qu'elle pose bien à plat sur l'aubier. On la glisse obliquement sous l'écorce jusqu'à hauteur de l'œil; on relève alors légèrement le dos de la lame qui, en passant obliquement, détache l'épaisseur de l'amande, c'est-à-dire la racine de l'œil, où la lame continue de glisser sous l'écorce, jusqu'à la base de l'écusson, qui est alors levé et auquel on ne doit plus toucher (A, *fig.* 26). Pour l'abricotier, au contraire, on appuie le dos du greffoir sur l'aubier afin d'éviter d'enlever trop de bois, attendu que chaque œil forme une sorte de nodosité. On le tient par le pétiole (B, *fig.* 28) sous les lèvres, pendant qu'on se hâte d'opérer, au nord du sujet, l'incision en forme de T (C, *fig.* 28), à 10 centimètres au-dessus du sol, pour des arbres nains, ou à hauteur de tige ou demi-tige.

L'abricotier peut aussi être écussonné sur des rameaux d'un prunier quelconque, toutefois que ces rameaux ne dépassent pas la grosseur d'une plume à écrire et sont de l'année même, afin de pouvoir être greffés le printemps suivant comme intermédiaire soit en fente ou à l'anglaise sur des sujets trop gros pour l'écusson de l'abricotier.

L'incision horizontale à l'écorce doit être faite jusqu'à l'aubier, sur un diamètre du tiers à la moitié de la circonférence. L'incision longitudinale commence à hauteur de la première et a une longueur, à peu près, de 5 millimètres plus courte que l'écusson. On lève alors légèrement, avec la spatule du greffoir, les deux écorces et on descend perpendiculairement l'écusson jusqu'au bas de l'incision longitudinale ; on coupe le trop long de l'écusson, on le remonte afin qu'il coïncide avec l'écorce supérieure à l'incision ; lorsqu'il est bien ajusté, on rapproche par dessus les deux lèvres de l'entaille, qu'on appuie avec les deux pouces et on ligature le tout, excepté l'œil, avec de la laine-corde ou laine à greffer, ou mieux encore avec des lanières de roseau des marais ou du raphia, dont il a été parlé plus haut (D, *fig.* 28). Deux ou trois incisions longitudinales à l'épiderme, de la longueur, chacune, de 0,06 à 0,10 centimètres sur le contour du sujet, au-dessus de l'écusson sont indispensables aux arbres à noyaux, afin d'épancher toute sève à l'extérieur, ce qui évite qu'elle se coagule autour de l'écusson, le fasse périr malgré une excellente reprise.

Il est utile quelque temps après de s'assurer de la reprise qui s'indique par la chute du pétiole ; dans le cas contraire, on placerait immédiatement un autre écusson au-dessous de la plaie, et la sève du sujet serait au besoin mise en mouvement par le crôchetage du sol autour du pied, par un paillis et un arrosoir d'eau.

ÉCUSSON DOUBLE DÉCEMET.

Cette sorte d'écusson est en tout semblable au précédent (*fig.* 28 et 29) ; seulement on en pose un de chaque côté de la tige d'un arbre, pour obtenir deux branches opposées (A) afin de former, dès la deuxième année de plantation, le premier étage inférieur, comme si l'arbre avait été pincé en pépinière, ou encore pour changer l'espèce fruitière d'un arbre en voie de formation.

Les jeunes dards, longs de 5 à 15 millimètres, sont très utilisés dans ce cas pour former les branches opposées d'une palmette Verrier. Leur constitution horizontale par rapport à l'axe, en fait une précieuse ressource.

Ces deux sortes d'écusson peuvent être posés soit en vert, à l'automne, comme il est dit plus haut, soit aussi en sec au réveil de la végétation. Pour ce dernier mode, il suffit d'avoir soin, comme pour les greffes par rameaux, de faire reposer les porte-greffes jusqu'à l'époque d'opération.

Les écussons ne servent pas seulement à la multiplication des arbres fruitiers, ils sont encore d'une grande ressource sur une branche faible pour changer l'espèce d'un arbre fruitier ou pour appeler la sève en plaçant un œil de variété relativement plus vigoureux à la pointe de chacune des branches latérales d'un arbre, comme sur la tige, à hauteur voulue.

GREFFE EN FENTE SIMPLE (BERTEMBOISE).

Cette greffe est plus utilisée pour les arbres fruitiers à pépins que pour ceux à noyau, parce que sur ces derniers, on évite le plus possible de déchirer le bois qui, comme on le sait, est très sujet à la gomme.

Elle se pratique au printemps, lorsque les boutons du sujet commencent à grossir. Quand celui-ci est décapité, on le taille en biseau peu allongé (C, *fig.* 32) terminé par une surface horizontale : ce biseau oblige la sève à se porter avec plus de force où est placé le greffon. On opère, au sommet, une fente longitudinale qui ne partage que le biseau et non le diamètre du sujet, qui n'est fendu que d'un côté (D, *fig.* 32). En opérant cette ouverture, on a soin de baisser le manche de la serpette, afin que le tranchant de la lame coupe l'écorce avant l'aubier.

Le greffon doit avoir une longueur de deux yeux au-dessus

de la partie greffée et 3 à 5 centimètres de longueur introduits dans la fente du sujet. Il doit présenter surtout une lame de couteau (E, *fig.* 32) dont la partie la plus épaisse sera placée du côté du périmètre du sujet, afin que le premier œil latéral du greffon se trouve juste au-dessus de l'ouverture (F, *fig.* 31).

Pour l'introduction de cette greffe, on ouvre légèrement l'incision avec la pointe d'une vieille serpette ; on y introduit le greffon de manière qu'il puisse, au sommet, entrer facilement dans l'aubier, et que la base sorte en dehors de l'écorce, afin de donner un point de jonction aux vaisseaux séveux qui, sans cette précaution, pourraient fort bien ne pas se rencontrer.

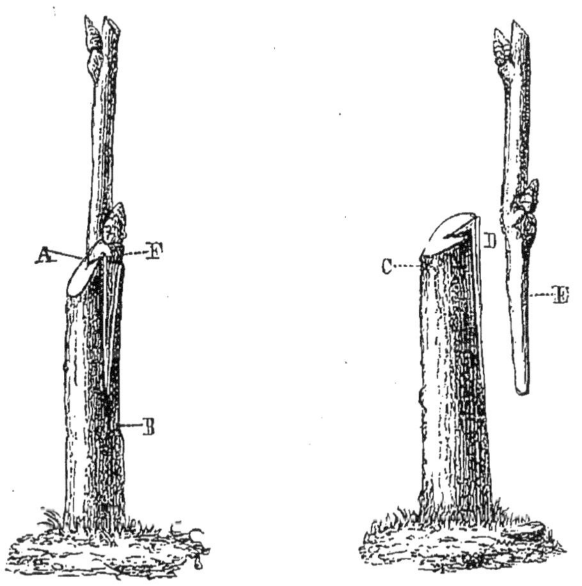

Fig. 31 et 32. — Greffes en fente Bertemboise ordinaire.

(La figure 31 montre un greffon bien placé, puisqu'en A il est légèrement introduit dans l'aubier, tandis que sa base en B reste à l'extérieur du sujet).

Il n'est pas besoin de ligaturer cette greffe, puisque le sujet se resserre très solidement sur le rameau greffé. Mais, comme il faut enduire les plaies du sujet et le sommet de mastic à greffer, une légère ligature empêche le mastic de couler au soleil. On badigeonne le greffon d'un lait de chaux pour le préserver des rayons solaires et du hâle, mieux d'une bouillie composée de blanc d'Espagne délayé dans du lait, ce qui est préférable à la chaux qui s'écaille trop promptement.

GREFFE EN FENTE, (ENCHASSÉE).

La greffe Bertemboise enchâssée diffère de la précédente en

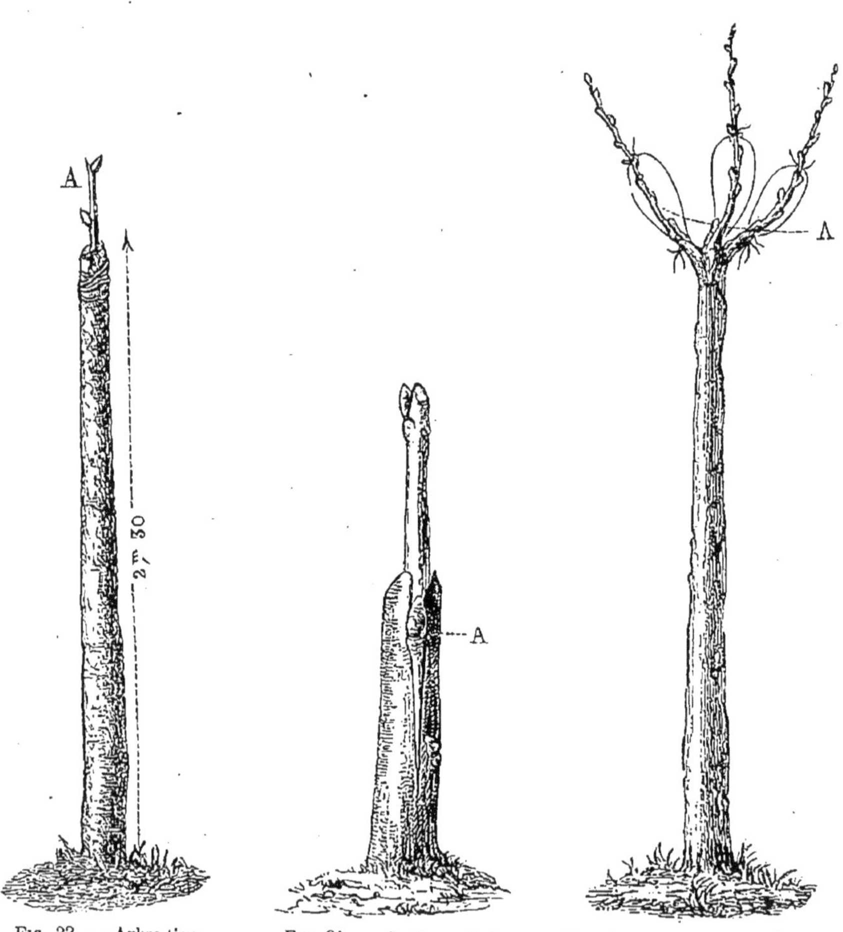

Fig. 33. — Arbre tige greffé sur axe.

Fig. 34. — Greffe en fente Bertemboise enchâssée.

Fig. 35. — Arbre tige dont les rameaux ont été greffés : on voit encore les trois perchoirs.

ce qu'on laisse au greffon un œil sur le dos du biseau qui, dans l'ouverture du sujet, se trouve enclavé latéralement entre les écorces de ce dernier, comme le serait un écusson (A *fig.* 34), présentant alors plus de solidité et de vigueur que les bourgeons nés au sommet du rameau du système précédent.

Si on opère sur un arbre tige, il est bon de fixer une baguette en arceau sur chaque tige et de l'attacher avec un lien en osier, ce qui sert à défendre les greffes de la pose des oiseaux. Elle sert encore à fixer, avec un jonc, le jeune bourgeon des greffes au départ de la végétation.

GREFFE EN FENTE ANGLAISE.

Parmi les greffes pour lesquelles on est dans l'obligation de

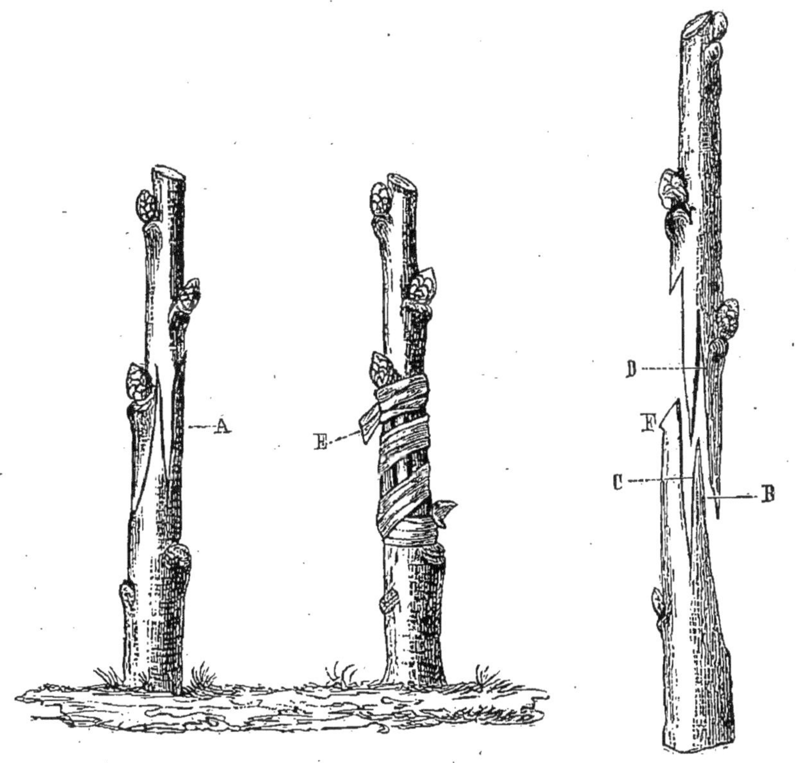

Fig. 36. — Deux greffes anglaises, l'une soudée et l'autre ligaturée seulement.

Fig. 37. — la même au moment de son application sur le sujet

fendre plus ou moins le sujet, la greffe en fente anglaise offre sur toutes les autres une grande solidité et une reprise assurée ; si elle est ajustée sur un sujet à peu près de la même grosseur, il sera difficile, à la fin de l'été, de découvrir aucune trace de soudure (*Fig.* 36, A).

Elle se pratique au même moment que celle en fente Bertemboise, et plus tard, s'il y a besoin. Pour opérer, on coupe le sujet comme pour la greffe Bertemboise, mais avec un biseau allongé au moins de 6 à 8 centimètres (B, *fig.* 37) selon la grosseur du sujet. Ce biseau est fendu longitudinalement et de part en part, sur sa moitié supérieure (C. *fig.* 37). Le greffon est taillé en bec de flûte, de même longueur que la plaie du sujet, mais de bas en haut (D, même *fig.*) formant esquille du sujet. Puis, on applique le biseau du greffon en introduisant l'esquille dans la fente de ce dernier (C) ; on ajuste l'écorce du greffon avec celle du sujet, ou au moins d'un côté si celui-ci était un peu plus fort que le greffon. On ligature le tout avec de l'écorce de tilleul, de roseau des marais, ou de raphia (E, *fig.* 36), on enduit de mastic à greffer et on badigeonne également le greffon.

Pour les autres soins, ce sont les mêmes que pour les greffes ci-dessus. La greffe nommée *Anglaise compliquée* ne diffère de la précédente qu'en ce qu'un épaulement court est pratiqué au revers du biseau du sujet (F), afin d'y agrafer le greffon par une esquille courte pratiquée également au revers du rameau, à la hauteur où commence la plaie du long biseau. Cela donne une solidité et une reprise encore plus assurée qu'à la greffe décrite précédemment.

GREFFE DE COTÉ, RIVIÈRE OU GREFFE LÉE.

La greffe de côté Rivière ou greffe Lée, (*fig.* 38), est une excellente ressource pour les sujets de peu de hauteur et ayant déjà un certain diamètre ou redoutant les plaies, comme le prunier, le cerisier, etc. Sa réussite assurée, même par des mains peu expérimentées, en fait une méthode précieuse à ré-

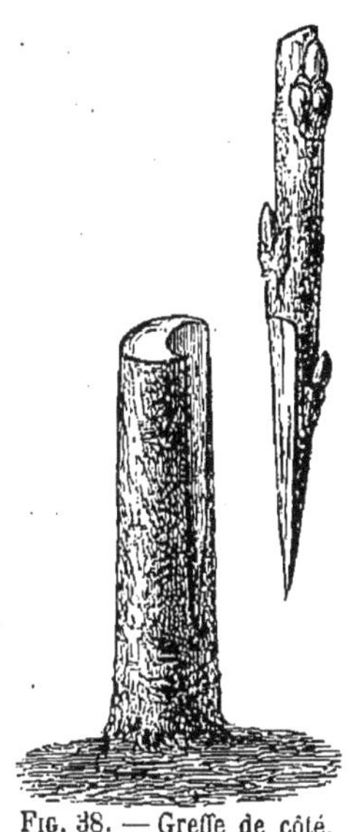
Fig. 38. — Greffe de côté, Rivière, ou Greffe Lée.

pandre dans le public; surtout que l'outil, pour l'exécution agit, plus par lui-même que par la direction de l'opérateur. La (*fig.* 38), et celle du greffon en diront davantage que toutes les explications que nous pourrions en donner.

Il faut à cette greffe une bonne ligature, seul auxiliaire pour faire adhérer le liber du greffon à celui du sujet, cela en sus du mastic employé.

L'époque d'opérer est la même que pour les méthodes précédentes, (de février en avril selon qu'on opère sur les arbres à noyau ou sur ceux à pépin).

GREFFE EN COURONNE PERFECTIONNÉE (DUBREUIL).

Sans le perfectionnement apporté à cette greffe par l'éminent professeur, M. Dubreuil, les greffes en couronne seraient tombées en oubli, mais celle-ci réunit tous les avantages: elle se soude très-bien, n'oblige pas à fendre l'aubier et reste solidement fixée, principalement sur un jeune sujet à noyau qui redoute les greffes en fente.

On la pratique d'avril en mai, moment où l'écorce peut facilement se détacher de l'aubier ou, pour mieux dire, à l'époque de la floraison des arbres.

Comme pour la greffe Bertemboise, le sujet est coupé en biseau (A. *fig.* 31), mais sans l'épaulement; puis, un peu sur le côté, on pratique sur l'écorce, avec la pointe du greffoir, une incision longitudinale, et avec la spatule, on lève le côté le plus large de l'écorce (B, même *fig.*). On taille la base du greffon en biseau allongé (C) en ayant soin de pratiquer avec le greffoir une agrafe ou languette (D) s'adaptant exactement sur le biseau du sujet (B). Il ne reste plus qu'à entailler légèrement un des côtés du biseau du greffon (E) qui doit s'adapter au côté de

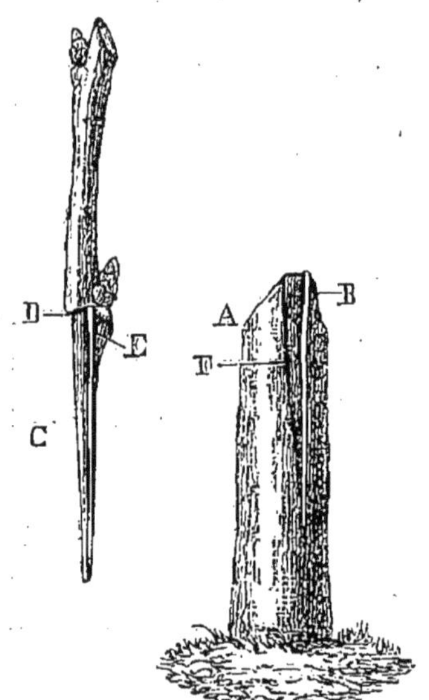

Fig. 39. — Greffe en couronne perfectionnée (Dubreuil), sujet et greffon préparés.

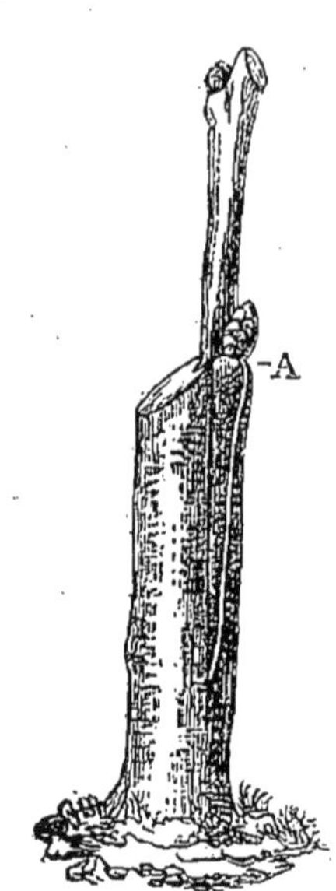

Fig. 40. — La même terminée avant la ligature.

l'écorce non soulevée (F), de le glisser sous l'écorce levée (B) et de le descendre assez pour que l'agrafe chevauche sur le sommet du sujet (A, *fig.* 39.). On ligature ensuite avec des écorces de tilleul, de la laine, du roseau ou du raphia ; on enduit la greffe de mastic et on termine par les autres soins détaillés plus haut.

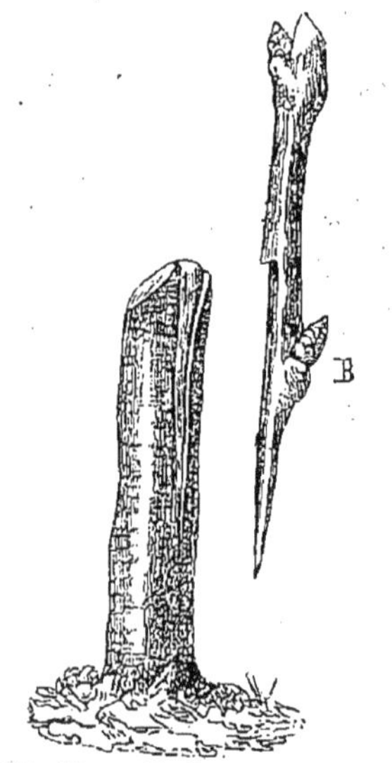

Fig. 41. — Greffe en couronne enchâssée (Delaville).

GREFFE EN COURONNE ENCHASSÉE (DELAVILLE).

Cette greffe diffère de la précédente en ce qu'un œil est conservé sur le biseau et enclavé latéralement dans le sujet, ce qui donne une plus grande solidité et une plus grande vigueur au jeune arbre, en le formant avec le bourgeon qui s'y développe. La figure suivante le fera mieux comprendre que toute description.

LES GREFFES SUR PLACE

1° GREFFE-BOUTURE DE LA VIGNE.

La greffe-bouture de la vigne s'opère en mars avec un sarment crossette, aussi gros que possible, coupé et reposé depuis un mois environ. Cette greffe est utile pour changer d'espèce une vieille vigne tout en la rajeunissant. On déchausse la vigne,

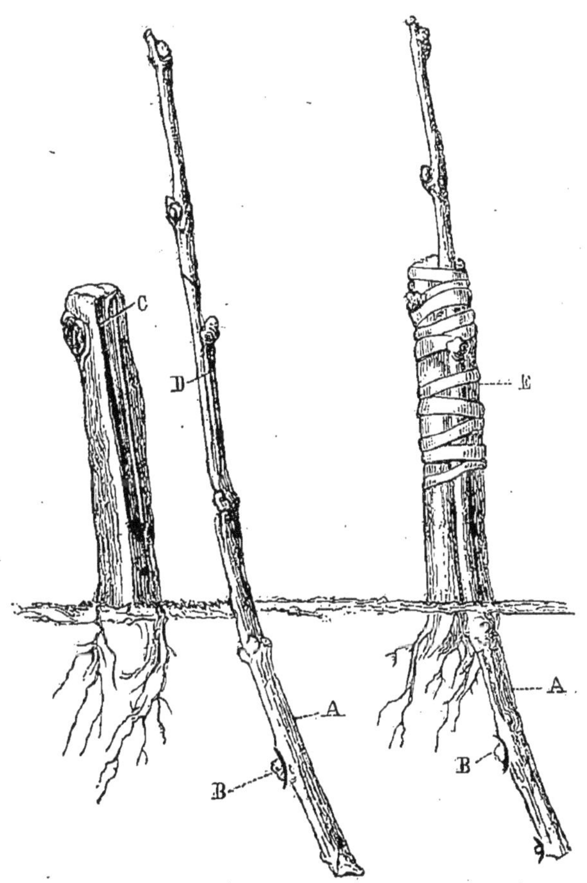

Fig. 42. — Greffes-boutures de la vigne (Charmeux).

nous ne dirons pas à 30 centimètres sous le sol, car il serait malheureux qu'elle fût plantée aussi profondément au pied des murs, mais, sous le sol à 30 ou 40 centimètres de distance du mur, on la taille en biseau presque aussi allongé que dans la greffe anglaise (*fig.* 37) et on fait une fente sur la moitié du biseau ; puis, on entaille la crossette vers le milieu de sa longueur, en pénétrant jusqu'au quart environ de son diamètre, commençant à rien et finissant de même. Au milieu de cette première entaille, on en fait une seconde, de bas en haut, longue de 35 à 40 millimètres ; on l'introduit dans la fente de la souche, de manière à faire coïncider les libers au moins d'un côté. On ligature fortement à l'aide d'un osier fendu qui pourrit en terre, on recouvre le tout de bon terreau de fumier qui excite le développement du chevelu à la base de la crossette, surtout si on l'a décortiquée (A, *fig.* 35) et ébourrée comme en B. Enfin on coupe le sarment à un œil ou deux au-dessus du sol et on couvre l'onglet de mastic à greffer.

La greffe *Charmeux* (E, *fig.* 42) diffère peu de la précédente. On opère au-dessus du sol même, à hauteur de 1 mètre. Sur le sujet, la plaie est faite au côté C (*fig.* 42) à l'aide de la gouge (*fig.* 23) et au moyen du greffoir ordinaire sur le sarment (D), où l'on arrondit un peu la plaie qui doit remplir celle du sujet. Nous préférons cette dernière greffe à la précédente.

2° GREFFE EN FENTE BOISSELOT.

Nous donnons ici la copie textuelle de l'auteur : « Au printemps, avant que la Vigne ne pleure, mais préférablement à « l'automne, au moment où les premières feuilles commencent « à jaunir, on choisit les deux bifurcations formées par les « branches coursonnes qui sont les plus rapprochées du sol. « On taille au-dessus du premier œil les branches qui sortent « des tronçons, on fend au milieu à l'aide d'un instrument, ou « on fait simplement éclater avec les mains la bifurcation « qu'elles forment à leur centre commun (A, *fig.* 43), on y « place un sarment aminci en biseau ou en lame de couteau « (B), comme on le fait pour la greffe en fente ordinaire ; toutefois, il est préférable de donner à l'un des côtés du biseau

« une épaisseur qui excède sensiblement celle de l'autre côté.
« Le greffon étant placé, on ligature fortement (C, *fig.* 44) et
« on mastique.

« Lorsque l'analogie qui existe entre un jeune sujet et un
« greffon un peu fort favorise le contact des écorces des deux
« côtés, la soudure est presque invisible à la fin de la première
« année ; dans tous les cas, elle ne tarde pas à le devenir. La

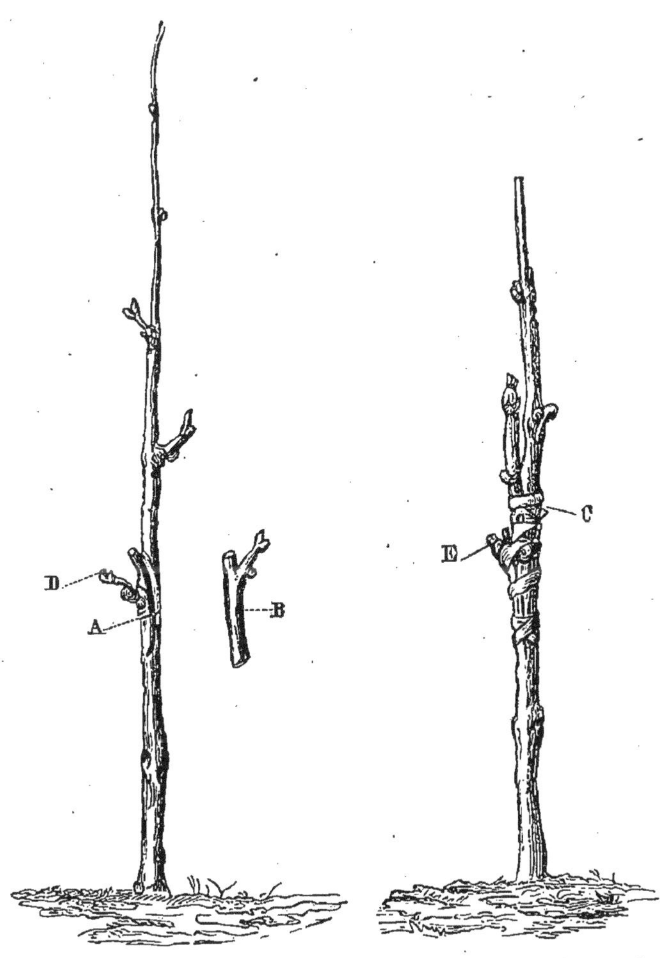

Fig. 43. — Greffe en fente Boisselot pour la Vigne.

Fig. 44. — Id. Ballet pour les jeunes ceps.

« greffe étant ainsi disposée, tels sont les soins qu'elle réclame
« pendant le cours de la végétation : pour en aider le dévelop-

« pement, on concentre la sève en modérant par le pincement « les pousses qui sortent des deux chicots dont la fourche a « reçu le greffon (D, *fig.* 43), on fouille au pied du sujet trois, « quatre et même cinq fois dans l'année pour extirper des « drageons souterrains qui naissent successivement au collet « des racines. On ne rabat définitivement les chicots (D) que « lorsque la reprise est absolument assurée et même après « deux ou trois ans. M. Boisselot expérimente ce mode depuis « cinq ans et l'expérience qu'il a acquise le persuade des avan- « tages qui doivent le faire préférer à ceux qui sont suivis géné- « ralement. Les deux pousses qui s'élèvent sur le vieux bois au- « dessus du point d'insertion de la greffe procurent un appel « de sève assez énergique pour faciliter singulièrement la « reprise ; et d'un autre côté l'absence de toute mutilation per- « met de conserver le sujet et de le retrouver intact dans le « cas où l'opération viendrait à manquer. En n'ayant rien sup- « primé sur le sujet, on s'est ménagé la précieuse ressource de « pouvoir faire sur le même cep les expériences comparatives « les plus faciles et les plus concluantes sur la nature, la qualité « et surtout la précocité relative des variétés diverses.

« En outre, ce procédé a l'avantage incontestable de convenir « aux greffes qui doivent se faire au-dessus du sol. »

Nous l'avons expérimentée à toute hauteur dans l'aisselle des coursons de nos treilles, et la réussite a été aussi complète que près du sol.

« Le vide que peut causer l'irrégularité du sujet et de la greffe « se remplit avec du mastic en attendant qu'il disparaisse natu- « rellement.

« Ce qui est même un avantage propre à ce procédé, c'est que « l'appel de sève produit par les deux pousses issues de la bifur- « cation est tellement efficace, qu'on ne voit jamais s'altérer « l'écorce sur le revers opposé au côté où la jonction s'opère « avec précision. »

Cette greffe sitôt inventée fut perfectionnée par MM. Baltet frères, savants horticulteurs à Troyes (Aube), qui dirent que cette greffe pouvait se faire même dans l'aisselle d'un œil latéral d'un jeune sarment (E, *fig.* 44), l'année qui suit la première récolte d'une jeune vigne, afin d'en changer l'espèce, si elle ne convenait pas.

Nous avons expérimenté ce dernier mode, et nous pouvons dire qu'il a parfaitement réussi.

3° GREFFE PAR APPROCHE HERBACÉE JARD.

Cette ancienne greffe, dont nous avons fait ressortir plus haut l'utilité, s'opère sur un bourgeon qu'on choisit le plus voisin d'une partie de charpente dénudée de plusieurs coursons fruitiers. On saisit le moment où il est allongé de 15 centimètres de plus que le premier vide à garnir près de lui. On l'incise sur une longueur de 4 à 5 centimètres ; puis à l'endroit que l'on désire regarnir, on fend l'écorce par une incision longitudinale de 5 centimètres et terminée, aux deux extrémités, par une incision transversale. Si l'écorce est épaisse, on l'amincit par l'entrée et la sortie et on ne lève qu'un côté de l'écorce, afin que le bourgeon vienne s'appliquer près du côté encore adhérent à l'aubier.

Pour mettre le bourgeon en contact, on aura soin de l'inciser un peu sur le côté. On ligature avec la laine-corde ou raphia et, lorsque le bourgeon est allongé de nouveau, on greffe encore plus haut, et ainsi de suite. L'hiver suivant, on sèvre ces greffes près des soudures et elles constituent alors autant de coursons fruitiers.

Cette greffe est très utilisée en été pour regarnir de coursons les cordons de vignes ; mais, au lieu de lever l'écorce, comme sur les autres arbres, on pratique une rainure (C, *fig.* 42) avec la gouge Charmeux (C, *fig.* 23) et on prépare le bourgeon avec le greffoir, de manière que la plaie coïncide avec les côtés de la rainure et que le bourgeon remplisse la cavité sans excéder la circonférence du cordon. Il faut aussi que l'œil du bourgeon soit placé juste au milieu de sa longueur et que le sous-œil qui l'accompagne soit conservé.

4° GREFFE PAR APPROCHE DITE DE POINTE.

(Ou en arc-boutant avec bourgeon anticipé. A *fig.* 46).

Cette greffe encore nouvelle, propagée par M. Chevalier, arboriculteur à Montreuil-aux-Pêches, présente tous les avantages qu'on peut exiger. Nous avons fait ressortir plus haut son mérite. Lorsque, sur la charpente d'un Pêcher, il existe des vides (*fig.* 45 B) et qu'on a à sa disposition assez de bourgeons pour regarnir chacun des coursons manquants, l'opération est des plus faciles. Quelques jours avant de greffer, on accole sur la branche (B), à l'aide d'un jonc, le bourgeon qui se prête le

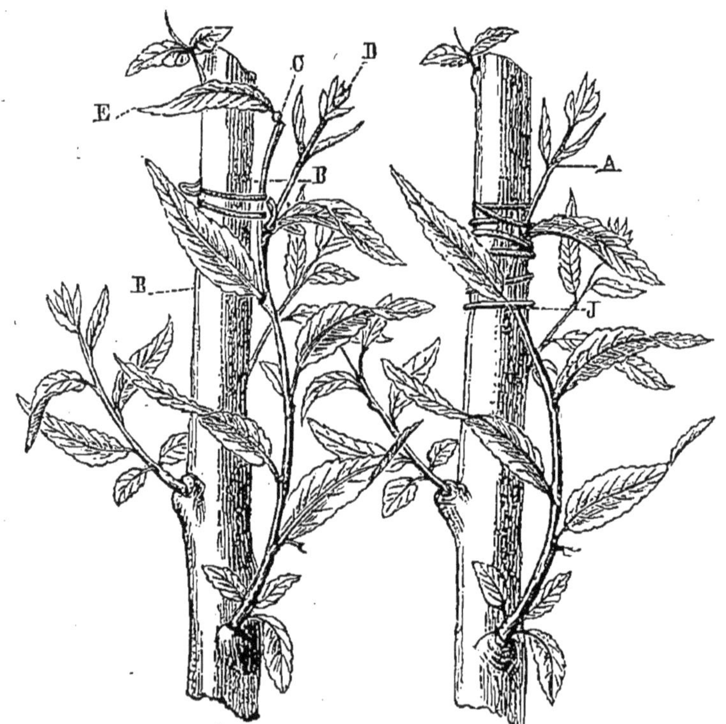

Fig. 45. — Bourgeon de Pêcher palissé et tronqué pour greffe en approche de pointe.

Fig. 46. — Le même après être greffé.

mieux à cette opération (C), afin de lui faire prendre le pli. Il ne s'agit plus que de faire choix, sur ce bourgeon, d'un œil composé de plusieurs feuilles (D) et de tronquer ce bourgeon au-dessus de l'œil sur une feuille (E) en enlevant l'œil placé à la base du pétiole. Cela favorise le départ de l'œil placé au-dessous et qui s'allonge de suite en bourgeon anticipé (D) ; on le greffe, dès qu'il a une longueur de quelques centimètres (A, *fig.* 46). Cette opération se fait en coupant à 10 ou 15 millimètres le bourgeon principal (C, *fig.* 45) et en le taillant en (F, *fig.* 47). On voit aussi la plaie terminée en bec de plume (G) s'enclaver sous l'écorce, dans une incision en forme de ⊥ renversé (H) auquel on a taillé l'écorce en biseau, à la base de l'incision (I) pour faciliter l'enclavement de l'œil sous les écorces levées avec la spatule du greffoir.

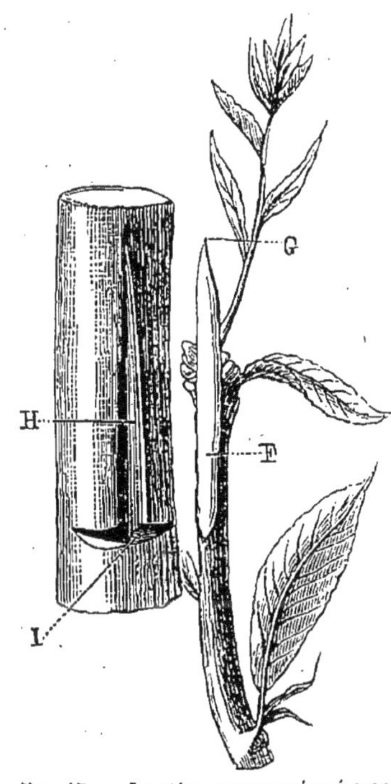

FIG. 47. — Le même encore préparé avant son introduction sous les écorces du sujet.

Si l'on greffait sous une écorce épaisse, on enlèverait, par deux incisions longitudinales, une très-petite lanière d'écorce, afin que l'œil de la greffe puisse librement se développer. La greffe faite, on ligature ensuite avec de la laine corde, du raphia qu'on desserre dix jours après, afin d'éviter l'étranglement, et qu'on supprime l'hiver suivant en sevrant la greffe (J, *fig.* 46). Il vaut mieux opérer quand l'œil est déjà allongé en bourgeon anticipé.

5° GREFFE LEBERRYAIS.

Cette greffe est employée par les amateurs pour faire grossir les fruits. Il s'agit de greffer en approche un bourgeon vigoureux encore herbacé sur le pédicelle ou sur les rameaux des arbres à noyau portant fruits. Ce bourgeon fournissant plus de sève à ces derniers, ils grossissent davantage.

Malgré son utilité, on s'en sert peu à cause du temps qu'elle fait passer, elle s'opère presque comme la greffe herbacée Jard. Seulement ce sont deux plaies rapprochées par la ligature, d'où résulte une agglomération de cambium *formant bourrelet*. Celui-ci, formant arrêt à la sève, est plus utile au développement des fruits que l'action même du rameau greffé.

6° GREFFE TSCHUODY.

Cette greffe se pratique en pleine sève, là où il manque une branche charpentière. Pour opérer, on fait, sur le côté choisi de la branche mère, une entaille verticale exactement comme pour la greffe par approche Jard. On coupe une branche de l'espèce qu'on désire, ou bien on profite d'une qu'on a conservée et mise au repos depuis l'hiver, ce qui vaut mieux ; on l'entaille sur le côté de manière à enlever plus de la moitié du diamètre de son bois ; on l'approche de la plaie faite à la charpente et près de l'écorce non soulevée, on ligature fortement avec de l'écorce de tilleul ou d'osier fendu. On enduit le tout de mastic à greffer et on introduit toute la base dans une bouteille, carafe ou cruchon en grès qu'on remplit d'eau à laquelle on ajoute un peu de charbon de bois pulvérisé, afin de tenir l'eau toujours limpide, jusqu'à parfaite reprise de la greffe.

On enveloppe le vase d'un tissu blanc qui repousse les rayons solaires et qui conserve la fraîcheur de l'eau.

Sitôt la reprise assurée, il faut supprimer le vase et sévrer la branche près de la partie soudée.

7° GREFFE EN COULÉE BARON.

(Ou de côté Richard à long-bois).

Il arrive souvent que, sur un arbre à fruits à pépins soumis à une forme quelconque, un de ses membres meurt par une cause ou un autre. Si, en hiver, on a prévu le cas, on a dû mettre de côté les jeunes rameaux de la dernière végétation, les plus longs possible, afin d'en profiter à la première sève. Si ce long rameau doit être posé en remplacement d'une charpente latérale d'une palmette, on a dû, l'été précédent, couder un long bourgeon herbacé à angle droit, sur une longueur de 20 à 30 centimètres de sa base pour pouvoir être greffé le long de la tige et remplacer la branche horizontalement, comme l'était la précédente (A, *fig.* 48).

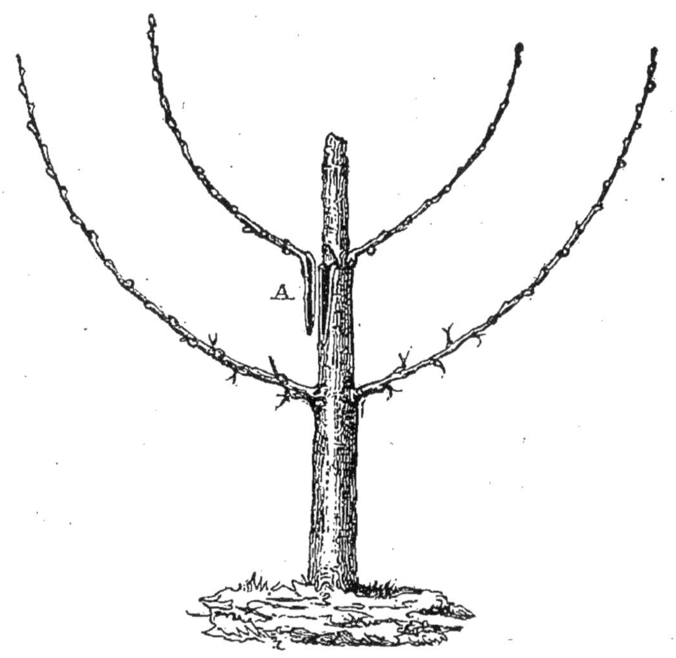

Fig. 48. — Greffe Baron ou de côté Richard, à long bois.

De façon ou d'autre, il faut, sitôt la floraison des arbres, opérer un peu au-dessous où était l'ancienne branche, comme pour l'écusson, une incision sur l'écorce, en forme de T; mais la verticale doit avoir au moins 10 centimètres de longueur, et une entaille oblique au-dessous de la transversale, pour faciliter l'introduction de la greffe sous les deux écorces. Cette greffe est taillée à la base en biseau très allongé ; on la ligature fortement après avoir glissé sous l'écorce et on enduit la plaie de mastic à greffer ; on palisse la greffe dans la position qu'elle doit occuper par la suite, en la badigeonnant de blanc d'Espagne délayé dans du lait.

REPOS DES GREFFONS.

Pour toutes les greffes de printemps, les rameaux sont coupés en hiver, liés par paquets d'espèces numérotées, et conservés au repos par les moyens suivants : on ouvre, le long d'un mur exposé à l'Est, une tranchée profonde de 30 cent., de 20 cent. de large seulement et d'une longueur approximative, de 1m50 cent. environ. Aux extrémités, on forme un petit talus de sable afin d'y planter horizontalement, et de 5 cent., la base de chacune des bottes des greffes, qu'on abrite d'une large planche posée obliquement près du mur ; cette planche recevra comme couverture la terre enlevée de la fosse, mais en laissant ouvertes les deux extrémités de la tranchée.

Un deuxième mode consiste à ficher simplement les greffons sur le sol près d'un mur au Nord, en ayant soin de les recouvrir soit de grands pots à fleurs renversés, soit de tout autre vase.

Quelques personnes couchent leurs greffons sur le sol d'une cave ou d'un cellier, en les recouvrant de sable sec ; la première méthode doit être celle à préférer.

8° GREFFE DE COTÉ GIRARDIN.

(Ou greffe Luiset, dite de boutons à fruits. *Fig.* 49).

Avant l'arrêt de la sève, en août ou au commencement de septembre, on choisit, comme pour l'écusson à œil dormant, des boutons fruitiers de poiriers. Il est facile de les distinguer des boutons à bois, ces derniers étant aussi larges à leur naissance que le rameau et brièvement pointus, en forme de cône ; ceux à fruits étant étroits à la base, arrondis au milieu plus ou moins selon les variétés de fruits, et très courts relativement à ceux de la même variété. En d'autres termes, les boutons à fruit sont oviformes.

Ces boutons coupés, on fait la section des feuilles et on les dépose au frais jusqu'au moment d'être greffés, ce qui doit être le plus promptement possible.

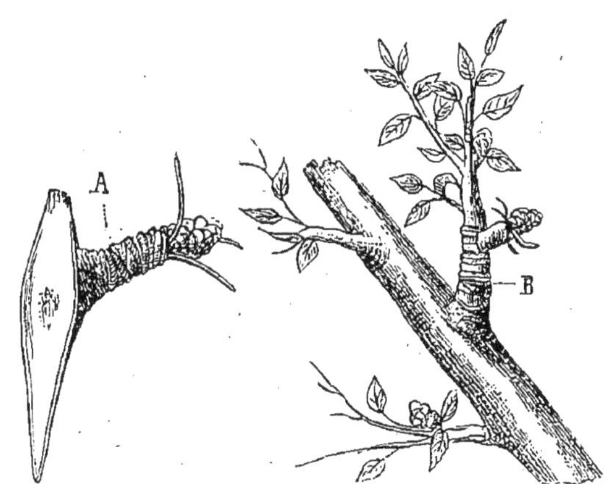

Fig. 49. — Greffes de boutons à fruits latéraux sous l'écorce.

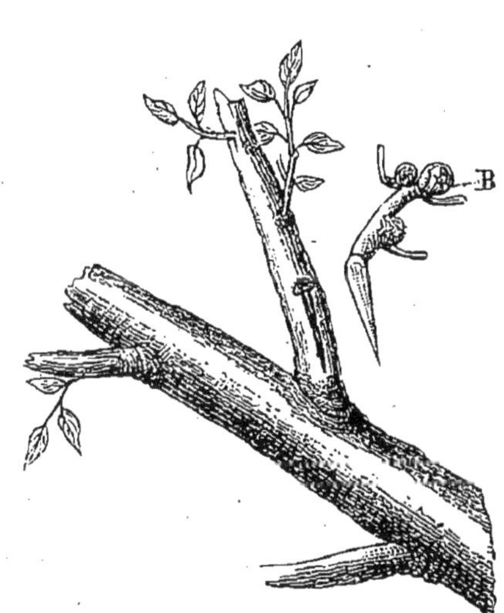

Fig. 50. — Greffe de boutons à fruits terminaux, idem.

Il y a deux sortes de boutons : le latéral (A, *fig.* 49) et le terminal (B, *fig.* 50). Le terminal est celui qu'on trouve le plus facilement, puisqu'à la taille d'hiver, il doit être retranché, et le latéral ne peut être taillé qu'autant qu'on est dans l'obligation de ne laisser que le bouton à la base du rameau fruitier, à cause de la grande fertilité de l'arbre qui le porte.

On pose le bouton terminal simple ou composé, exactement comme pour le greffe Richard (*fig.* 48), on ligature et on enduit la plaie de mastic à greffer. Le bouton latéral se lève à la manière de l'écusson (*fig.* 28), en glissant obliquement la lame du greffoir sous l'épiderme, mais appuyant fortement afin d'enlever une lame mince d'aubier à hauteur de l'œil. On l'introduit sous l'écorce à la base d'un gros courson (B, *fig.* 50), comme pour un écusson ordinaire, avec les mêmes soins que pour le bouton terminal. On badigeonne ces boutons d'un lait de blanc d'Espagne et on ne supprime la ligature qu'en juin suivant. Il ne faut opérer ces greffes qu'à la base des coursons, jamais sur la charpente des arbres, à moins qu'on ne veuille regarnir des endroits dénudés.

Pour réussir ces excellentes greffes, il faut opérer juste au moment où la sève n'est plus assez active pour faire épanouir d'automne les boutons fruitiers, mais cependant assez forte pour les faire adhérer à l'aubier. Ce moment juste a toujours empêché l'application en grand de cet infaillible procédé de la mise à fruit des arbres rebelles ou vigoureux. Cette difficulté a suggéré l'idée du procédé suivant : on opère, sève encore active ou non, pendant une partie du mois de septembre, les greffes dans l'aubier (*en fente Bertemboise et Anglaise*) des rameaux fruitiers simples ou composés de plusieurs boutons sur les gros coursons, comme s'il s'agissait de celles du printemps pour la multiplication des végétaux.

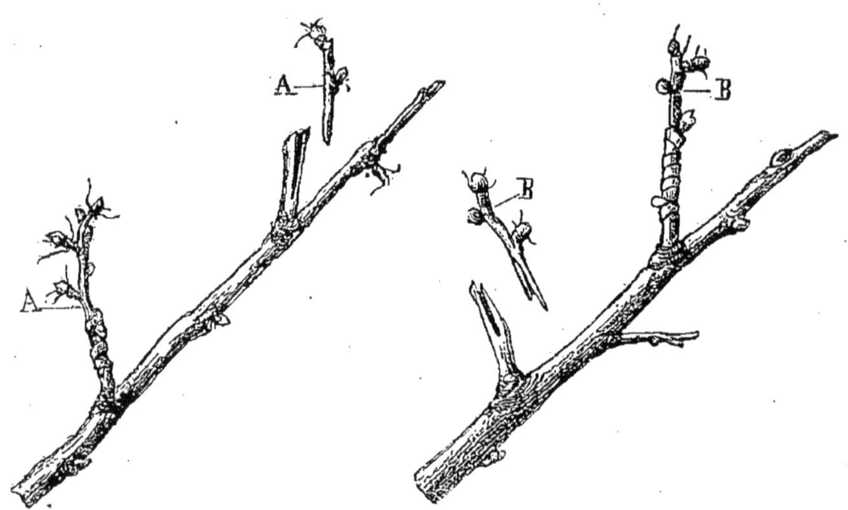

FIG. 51. — Greffe de boutons à fruit en fente (Bertemboise).

FIG. 52. — Greffe de boutons à fruit en fente (Anglaise).

Ces greffes de la mise à fruit (*fig.* 51, A et *fig.* 52 B), qui se préparent comme celle des fig. (*fig.* 31 et 32) et qui donnent de si beaux résultats, ne doivent être faites qu'avec des boutons des plus gros fruits, qui gagnent beaucoup encore en volume. Les meilleures variétés sont : la *Poire Belle Angevine*, le *Beurré d'Hardenpont*, la *Crassane*, le *Beurré Diel*, *William*, *Souvenir du Congrès*, *Beurré de l'Assomption*, *Doyenné d'hiver*, etc. Il est essentiel que l'arboriculteur sache assimiler les mêmes époques de maturité à la variété qu'il place et au sujet qui la reçoit ; une seule exception serait possible, celle où le sujet appartiendrait à une variété plus tardive que la variété qu'il doit nourrir.

Nous insistons fortement sur cette heureuse méthode de faire produire des fruits aux arbres rebelles et surtout aux coursons vigoureux, qui permet aussi d'obtenir des fruits sains où souvent on ne récolte que des fruits tavelés, pierreux, par des espèces plantées en plein air lorsqu'elles réclament impérieusement l'espalier.

Par la greffe des boutons à fruits, on a obtenu des poires saines sur des arbres qui ne produisaient que des fruits pierreux. Ce fait s'explique assez à cause du bourrelet de cambium qui se forme à la plaie du greffon, procurant au fruit une exubérance de sève élaborée, toute favorable à la bonne constitution des jeunes Poires, et surtout à celle de l'épiderme.

CHAPITRE IV

CRÉATION DU JARDIN FRUITIER

SON EMPLACEMENT

Le jardin fruitier est celui où il doit n'entrer que des arbres fruitiers, ceux-ci étant incompatibles avec les légumes, avec les fleurs. Si, dans un jardin potager, on était obligé d'admettre des arbres, ils devraient toujours être réunis, afin qu'aucune plante herbacée ne vînt, par son port, priver l'arbre de la lumière ou, par ses racines, absorber les substances nutritives contenues dans le sol et qui sont utiles au développement de ses radicelles, vivant toujours à la surface du terrain. D'ailleurs, l'ombre projetée par les arbres nuit également aux autres plantes, surtout aux légumes. Les fleurs sont encore nuisibles, en ce qu'il faut, pour leur culture, remuer souvent la terre et l'arroser continuellement pour activer leur développement, ce qui est contraire, encore une fois de plus, à la culture des arbres fruitiers desquels on tient à obtenir une belle végétation, une longue existence et une production de bons fruits. Il faut donc, avant tout, un jardin affecté spécialement à leur culture. Seuls les *fraisiers* et l'*asperge* trouvent grâce au jardin fruitier. attendu que ces plantes ne développent leur feuillage qu'après l'époque des gelées printanières. Dans les bois les fraisiers sympathisent parfaitement avec les racines vivant à fleur du sol.

Si l'on a le choix, un terrain plat au pied d'une colline vaut mieux que les endroits élevés, en ce que les arbres sont moins tourmentés par les vents qui déchirent les fleurs et enlèvent les abris. L'endroit le plus mauvais est, sans contredit, un terrain marécageux et humide, entouré de prairies, où les brouillards nuisent à la fécondation des fleurs et occasionnent la perte des récoltes par des gelées printanières. Dans ces terrains, les fruits acquièrent difficilement des qualités, les arbres eux-mêmes sont bien moins fertiles, la végétation se prolongeant trop tard en été, le bouton fruitier n'acquérant qu'incomplètement sa formation ne peut fleurir au printemps suivant ; l'arbre pousse chaque année de plus en plus et est de moins en moins fertile, puisqu'aucune production ne vient le fatiguer. Aussi, une bonne terre à blé, de consistance moyenne et profonde, assise sur un sous-sol perméable, au pied d'un coteau, à l'abri de la violence des vents, est-elle bien l'emplacement d'un jardin vraiment fruitier.

ÉTENDUE DU JARDIN FRUITIER.

Il n'est pas besoin, pour avoir des fruits, d'un jardin fort étendu, comme anciennement où la moitié des murs était dégarnie pendant des temps fort longs, où des mélanges d'espèces différentes se nuisaient réciproquement et où, dans les carrés, de grandes quenouilles, à bois dénudé, des gobelets de pommiers déformés ne donnaient que de mauvais fruits. Aujourd'hui, un jardin fruitier de 8 à 10 ares peut parfaitement produire des fruits pour toute une famille, quelque grande qu'elle soit, et même procurer au propriétaire la satisfaction de tirer parti d'une portion de sa récolte, s'il le juge à propos.

ORIENTATION DES MURS, LEUR CONSTRUCTION.

L'exposition d'un mur faisant face au Sud est trop brûlante surtout pour l'écorce des Pêchers et la pellicule des fruits à pépins. Elle n'est utile dans nos pays que pour les raisins de table. Le Nord est trop froid, peu de fruits y acquièrent leurs qualités ordinaires, même les fruits d'été.

L'exposition de l'Est est la meilleure, mais quelquefois trop sèche, surtout dans les sols brûlants. Enfin, l'Ouest trop humide; les Pêchers y ont presque toujours la cloque et les fruits à pépins à pellicule fine y sont souvent tavelés et pierreux. Si nous avons le choix, nous orienterons les murs du jardin de telle sorte qu'ils soient collatéraux, recevant alors le Nord-Est, Nord-Ouest, Sud-Est, Sud-Ouest, les angles des murs regarderont les quatre points cardinaux.

On ne doit jamais non plus construire les murs pour qu'ils servent seulement de clôture, ce qui obligerait à ne planter qu'à l'intérieur du jardin, mais les construire en les rentrant de 3 mètres, ce qui permettra de les utiliser en plantant des deux côtés. Une haie vive extérieure et entrecroisée servira de clôture à la costière. On utilisera celle-ci par une plantation, à 1 mètre 25 centimètres du mur, d'un cordon de Pommiers sur trois fils horizontaux et un rang de Groseilliers à 75 centimètres de la haie, au choix.

Un jardin fruitier doit avoir, si cela est possible, la forme d'un rectangle une fois plus long que large, ce qui facilite la construction des murs de refend, ainsi que celle des contre-espaliers et cordons dans les carrés. Les murs de refend seront à la distance de 10 mètres à 10 mètres 60 centimètres environ, afin de concentrer la chaleur, surtout au printemps, au moment de l'épanouissement des fleurs et de la formation des fruits. Par là, on prévient aussi le dégât causé par les gelées blanches, qui ont tant d'intensité dans les jardins trop espacés, puis d'obtenir aussi une dose de chaleur plus forte dans la journée, en ce que le soleil, frappant sur un mur, réfléchit jusque sur celui qui lui fait face. La bonne construction des murs, leur hauteur, leur chaperon ou larmier, leur crépi, la couleur influent beaucoup sur la réussite des récoltes.

Il faut donc que les murs aient 3 mètres 20 centimètres au-dessus du sol naturel, que près d'eux, et sur une largeur de 1 mètre 65 centimètres, le sol soit de 20 centimètres plus haut que le niveau des allées (A, *fig*. 53).

Par cette combinaison, les murs n'ont donc réellement que 3 mètres sous chaperon (B, *fig*. 53). On leur donnera 35 ou 40 centimètres d'épaisseur (C) selon les matériaux qu'on y emploiera ; briques, moëllons, etc. Nous rejetons absolument les murs en terre, quoiqu'ils soient les plus chauds, attendu qu'ils servent continuellement de refuge aux insectes, limaces,

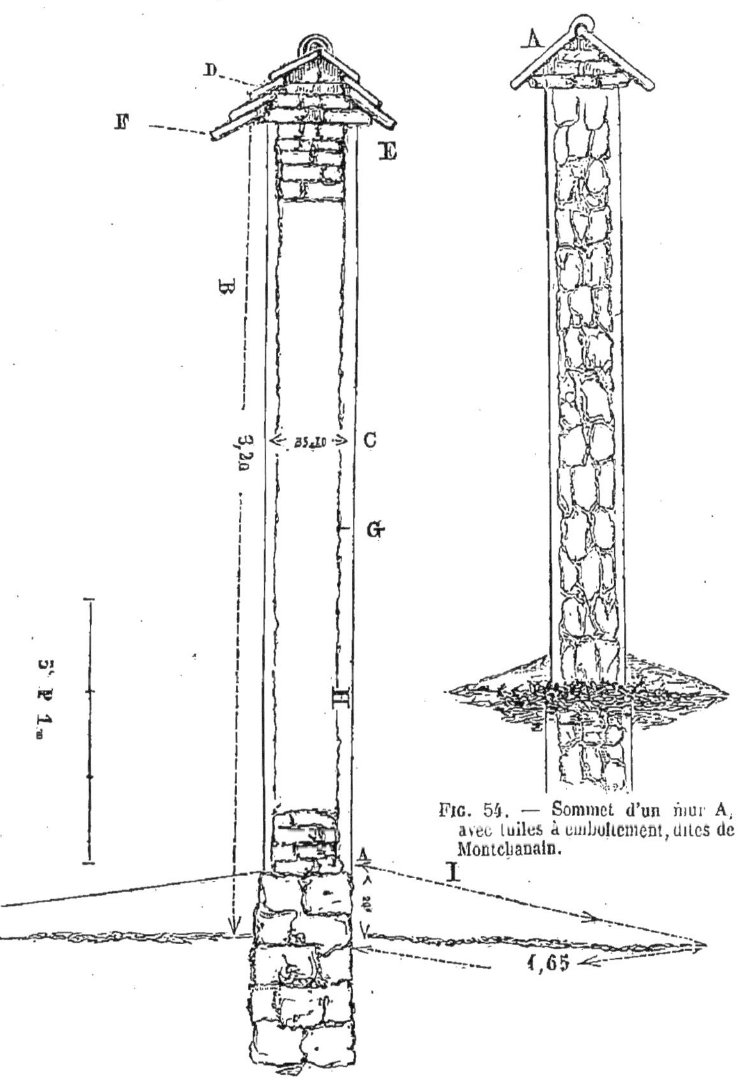

Fig. 54. — Sommet d'un mur A, avec tuiles à emboîtement, dites de Montchanain.

Fig. 53. — Mur de Jardin Fruitier.

rats, mulots et loirs, et que le crépi n'y tient pas ; les scellements eux-mêmes n'ont aucune résistance, et les arcs-boutants de l'échelle à palisser y font des trous. Nous donnerons toujours la préférence aux murs construits avec des matériaux secs, recouverts d'un bon crépi et surmontés d'un larmier et chaperon plein (D), afin de ne laisser aucune cavité sur les murs. Que ce chaperon soit couvert en plâtre, comme à Montreuil, en briques ou en tuiles, il ne doit pas laisser infiltrer l'eau des pluies dans l'intérieur des murs ; il doit être aussi imbriqué jusqu'au larmier. La largeur de ce larmier sera, à l'exposition Nord-Est et Sud-Est, de 15 centimètres (E); au Nord-Ouest et Sud-Ouest de 20 centimètres; et même, pour l'exposition où seront plantées les vignes, la largeur de 25 cent. sera nécessaire (F).

Depuis plusieurs années, nous recouvrons nos murs de jardin avec les tuiles à emboîtement dites de Montchanain, tuiles à peu près identiques à celles employées dans les gares et stations de la plupart de nos voies ferrées, selon (*fig.* 54).

Cette excellente couverture, beaucoup plus légère, beaucoup plus simple et solide, est d'une économie incontestable sur la méthode ancienne avec tuile et faitière (*fig.* 53). Nous avons compté qu'avec chaperon double, ou à deux versants, l'économie était de 1 franc par mètre linéaire, ce qui n'est pas à dédaigner, avec bien moins de réparations. Comme on le voit par la (*fig.* 54) en (A) le chaperon a bien moins d'inclinaison que par l'ancienne méthode. La pente nécessaire seulement à l'égout fait que l'eau tombe plus loin du pied du mur.

On place ces tuiles appliquées sur mortier de plâtre et sable gâché peu serré afin que ce dernier en garnissant la cavité inférieure de la tuile, lui donne toute la fixité nécessaire contre les plus grands vents. Quelques personnes les clouent sur des traverses de bois blanc, dans ce cas l'intervalle de ces traverses devra être garni d'une sorte de béton, chaux et pierraille, afin d'éviter toutes cavités qui serviraient de refuges aux rongeurs.

Si ces murs sont destinés à être crépis par une couche de 25 à 30 millimètres de plâtre (G) pour palisser les arbres aux clous et à la loque, il faudra que la fondation, plus épaisse, excède le sol déjà relevé de 15 à 20 centimètres, en formant une retraite juste de l'épaisseur de la couche de plâtre (H), afin que le mur, une fois crépi, soit d'aplomb avec la fondation. Si le crépi n'est pas en plâtre, celui qu'on adoptera devra être bien uni, afin de pouvoir badigeonner la face du mur avec un lait de chaux qui, par sa couleur blanche, réfléchira les rayons du soleil sur les fruits de l'espalier et des carrés. *Les treillages en bois devront être exclus*, car ils coûtent cher et éloignent les arbres de l'abri du mur, servent de refuge aux insectes, blessent les fruits et réclament tous les dix ans des réparations

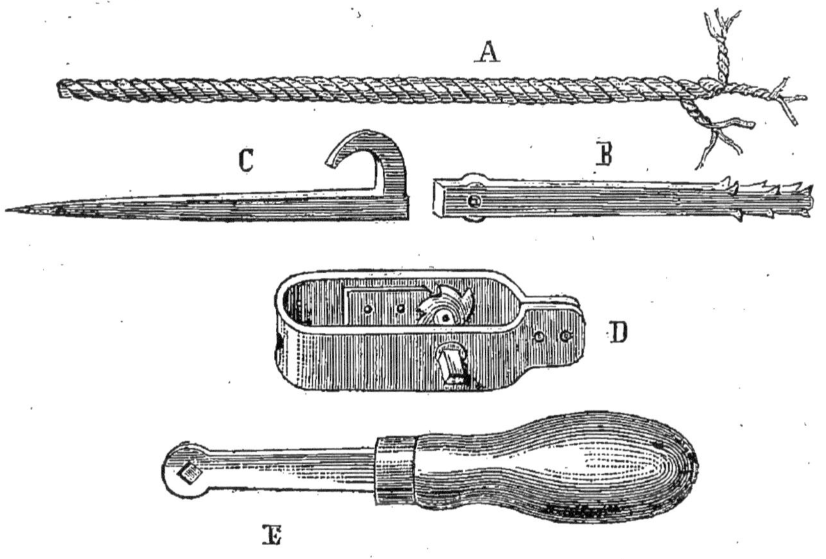

FIG. 55. — Fil de fer corde N° 16 galvanisé (Système Louet). — Piton d'extrémité galvanisé à scellement et à trous. — Support à queue intermédiaire galvanisé. — Raidisseur à queue galvanisé. — Clé des raidisseurs (ces quatre derniers système Thiry).

onéreuses et peu faciles, lorsque les arbres garnissent l'espalier. Le treillage en fil de fer corde galvanisé, n° 16 (syst. Louet), de 1re qualité surtout, est préférable à tous les autres (A, *fig.* 55). Les fils seront placés horizontalement, excepté le long des pignons plus hauts que larges où on les disposera verticalement en face les prolongements des branches des arbres ; pour les murs, les fils seront toujours horizontaux, quelle que soit la forme des espaliers adoptée, puisque, à l'aide de baguettes, il est facile d'obtenir toutes les formes qu'on désire.

La distance entre les fils sera toujours de 20 à 25 centimètres, selon leur division, eu égard à la hauteur des murs. Le premier doit toujours être près du sol, à 30 ou 35 centimètres, et le dernier, en haut du mur, à 10 ou 13 centimètres sous le larmier. Le numéro des fils varie entre 16 et 18 pour le fil-corde, selon la longueur des murs, le numéro 16 est cependant le plus généralement employé. Ces fils se fixent à l'aide de pitons galvanisés à scellement et à trous (B, *fig.* 55), à l'angle des murs, tandis que tous les 5 ou 6 mètres, de petits pitons à queue (C, *fig.* 55), également galvanisés, les supportent. Sur les murs en pierre dure où le placement de ces derniers n'est pas facile, on les remplace par une chaînette qu'on fait en petit fil de fer n° 6, posée perpendiculairement et cordelée, de manière qu'en passant sur chaque ligne, le fil soit pris dans une maille de la chaînette qui lui sert d'appui. Elle est tendue aux deux bouts à de petits crochets-supports, dont l'un est fixé sous le larmier et l'autre au-dessus du sol. Chaque fil des lignes horizontales est tendu à son extrémité par un raidisseur galvanisé et à queue (syst. Thiry) (D, *fig.* 55), à l'aide d'une clef (E).

Si on emploie du fil simple en place de fil-corde, on devra choisir celui n° 15, 1re qualité, galvanisé, et surtout le distendre brusquement avant de l'employer, le raidisseur étant impuissant à le dresser.

TERRE, ENGRAIS ET AMENDEMENTS.

Les murs terminés, avant toute distribution intérieure des carrés, et avant toute plantation, il faut arrêter un plan d'ensemble des espèces avec lesquelles on désire garnir son jardin fruitier ; il faut savoir à l'avance où l'on plantera les Vignes, les Poiriers, les Pommiers, les Pêchers et autres fruits à noyau. Cela permet de déposer sur le sol les engrais et amendements qui conviennent à chaque espèce.

Le Poirier sur franc aime une couche de terre végétale profonde, plutôt ferme que légère, rougeâtre, colorée par l'oxyde de fer et assise sur un sous-sol perméable. Comme engrais et amendements : les plaques de dégazonnement, les platras de démolitions, les déjections animales, le fumier léger consumé et les sables d'alluvion.

Le Poirier sur coignassier, moins vigoureux que le franc, plus fertile dans sa jeunesse, avec des racines plus traçantes, demande à peu près le même sol, mais moins profond, un peu plus frais, plus gras, plus mélangé de sable d'alluvion, et surtout plus noir ou plus rouge; l'excès de porosité du sol, lorsqu'il n'est pas sur un sous-sol frais, lui est contraire. Comme amendements et engrais, il aime les gadoues de ville, les curures d'étangs, les terres de gazon, les déchets de laine, un peu de fumier de vache et des débris d'animaux ou de végétaux.

Le Pommier aime une terre franche, assez forte, graveleuse, calcaire, un peu humide, mélangée de sable d'alluvion, avec les mêmes engrais que le Poirier.

Le Pêcher, greffé sur amandier, demande un sol léger, profond, mélangé de calcaire, assis sur un sous-sol composé de silex et ne retenant pas d'humidité. Lorsqu'il est greffé sur prunier, il est moins difficile : un sol un peu plus substantiel mélangé de calcaire, quoique un peu humide, lui convient parfaitement. On devra tout faire pour préférer le Pêcher sur Amandier. Comme engrais, le Pêcher aime, avant tout, la gadoue de ville.

L'Abricotier se plaît dans toutes les basses-cours, adossé aux bâtiments, écuries, granges, étables. Il aime un sol pavé ou caillouté et mélangé de calcaire, mais sur un sous-sol perméable et siliceux. En plein air, il lui faut une position abritée, éloignée des vallées humides. Le Centre de la France lui plaît mieux que le Nord.

Le Prunier se plaît dans le même terrain que le Pêcher greffé sur Prunier.

Le Cerisier aime un sol léger, fortement calcaire, sur un

sous-sol perméable; les gadoues de ville lui conviennent comme engrais, mais lorsqu'elles sont à demi-décomposées.

La Vigne, outre l'exposition la plus chaude des espaliers, réclame impérieusement un sous-sol très perméable. L'épaisseur de la couche supérieure, dans laquelle on la plante, doit être peu considérable, mais élevée au-dessus du sol naturel du jardin. On la compose d'un terrain factice, formé de sable fin, de terre normale, de calcaire, de débris de démolitions, déblais de carrière et de silex, mélangés avec du vieux terreau, des cendres de bois, des bourres de laine, rognures de cornes, râpures d'os, etc. Toutes ces matières employées comme fumures lui sont très avantageuses et donnent au terrain la couleur noire la plus favorable à l'absorption de la chaleur.

Le Groseillier, quoique peu difficile, aime un terrain siliceux, calcaire et frais.

Le Framboisier préfère un sol substantiel et frais, il redoute les sols trop brûlants. Mais il n'est pas fertile, et ses fruits n'ont aucune qualité lorsqu'on le plante à l'ombre, comme on le fait encore trop souvent.

Le Figuier se plaît très bien dans un sol où prospère la Vigne, sans qu'on soit obligé, cependant, de lui préparer un sol factice; il ne devra pas être planté en espalier, mais bien dans un carré fruitier, à la méthode d'Argenteuil. Nous y reviendrons plus loin.

On aura donc soin de déposer sur le sol toutes ces terres, engrais et amendements, à l'emplacement destiné à chaque plantation.

(*Fig.* 56) A, sol non remué; B, bande de terre de 30 centimètres d'épaisseur, C destinée à être piochée à chaque tranchée jusqu'au bas pour aider le mélange, elle est de nouveau reprise à la pelle et lancée sur le glacis D, où les grosses pierres, par leur propre poids, roulent en bas E, les moyennes F au-dessus, et la terre douce G à la surface, comme on le verra au chapitre suivant.

Fig. 56. — Tranchée ouverte pour défonce du sol, en partie plane, à l'aide de la pioche et de la pelle.

DÉFONCE ET DRAINAGE.

Si le fonds naturel est siliceux, le défoncement se fera au moins à 1 mètre; s'il est de consistance moyenne, il ne sera que de 80 centimètres; mais en général mieux vaut large que profond. Il ne faut jamais défoncer un terrain à la bêche, car le mélange n'est pas possible, puisque le dessus tombe en dessous et réciproquement, ce qui équivaut à un travail nul; c'est avec la pioche et la pelle qu'on mélange toute la partie du sol avec les engrais et amendements mis à la surface.

Pour faire une bonne opération, on commence, si besoin est, par enlever dans les allées la terre végétale de la surface du sol. On ouvre ensuite, à une extrémité du jardin, sur toute la largeur d'un carré, une tranchée de 1 mètre 60 cent. de large; on porte cette terre à l'autre bout où on doit finir, afin de fermer la jauge. L'ouvrier descend dans le fond de la tranchée, pioche de haut en bas l'épaisseur du sol et les matières étrangères mises à la surface (A, *fig.* 56), afin de les faire tomber rapidement à ses pieds; par leur chute précipitée, elles se mélangent déjà entre elles. Il les reprend avec la pelle et les lance en arrière, jusqu'au niveau du sol D, ce qui oblige les grosses pierres à descendre les premières au fond de la tranchée où elles forment drainage, surtout si on a soin de lancer la terre en forme de talus rapide D, incliné à 50 degrés. Le défoncement est continué de tranchée en tranchée jusqu'au bout du carré où se trouve la terre déposée pour combler la dernière ouverture H. On nivelle le tout et on laisse reposer le sol pendant quinze jours ou trois semaines, afin qu'une bonne pluie finisse le tassement. A cette époque, on répand une couche de bon fumier à demi consumé et on opère un bêchage, comme sur un sol de potager.

Le défoncement près d'un mur se fait habituellement sur

une largeur de 1 mètre à 1 mètre 65 centimètres (A, *fig.* 57). La profondeur varie avec celle de la fondation ; mais elle

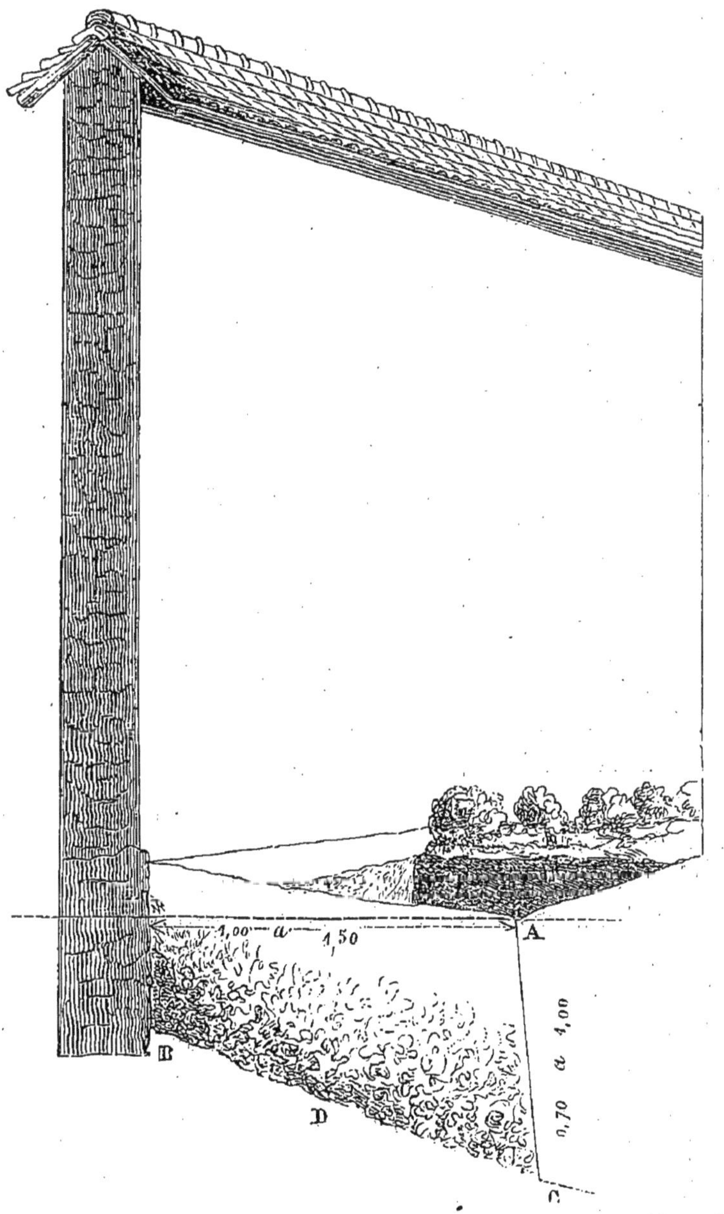

Fig. 57. — Coupe d'une tranchée creusée obliquement près d'un mur pour défonce et assainissement du sol.

doit avoir 10 centimères en moins (B) près du mur, afin de

ne pas le déchausser; elle peut atteindre 70 centimètres à 1 mètre (C) à l'extrême largeur de la tranchée, afin que le fond soit en talus (D). Cette disposition éloigne les eaux du mur et aide beaucoup à l'assainissement du sol de l'espalier, sans fatiguer la muraille. Il faut toujours commencer à défoncer de manière que l'ouvrier en jetant la terre à la pelle soit tourné du côté de la muraille.

Lorsqu'il s'agit d'une plantation à faire isolément, soit dans le jardin fruitier, soit dans le verger, où il y a impossibilité de défoncer le sol par tranchées continues, on est obligé d'ouvrir, à l'endroit même où l'on doit planter l'arbre, des trous circulaires ou de forme carrée. La forme ronde est plus en rapport avec l'appareil radiculaire, mais comme le diamètre du trou doit être beaucoup plus large que profond, on attache peu d'importance au mode d'opérer ; la largeur varie entre 1 mètre 20 centimètres ou 2 mètres au moins de diamètre, la profondeur de 0,70 à 1 mètre suffit, selon la nature du sol. Les racines n'atteignent pas cette profondeur ; mais le sol étant plus léger devient plus pénétrable aux agents atmosphériques qui entretiennent la végétation ; il sèche moins vite, les molécules terreuses, étant moins serrées entre elles, ne laissent évaporer que difficilement la fraîcheur, qui concourt au profit de l'arbre, au lieu d'être aspirée par le rayonnement du soleil, comme cela a lieu sur un sol plombé.

Pour le tracé d'un trou circulaire pour une plantation isolée, au verger, à l'herbage comme au jardin fruitier, on plante un piquet (*fig.* 58) juste à la place où doit être le pied de l'arbre ; puis, à l'aide d'un autre piquet mobile et d'un bout de cordeau à deux boucles, on trace sur le sol une ligne formant la circonférence des trous. Alors, avec la bèche ou la pioche et la pelle, on creuse le sol, non pas perpendiculairement, mais en minant les côtés des trous (même *fig.*), de manière que la base soit de 30 centimètres plus large que l'orifice. L'ouverture d'un trou isolé doit avoir environ 1 mètre 20 centimètres de diamètre au niveau du sol, en A, 1 mètre 50 centimètres de diamètre dans le fond B, avec une profondeur de 0,50 centimètres seulement au milieu C, tandis que la profondeur au contour est de 0.70 centimètres en D, ce qui conservera un mamelon destiné à isoler toute humidité possible sous la plantation. Comme l'indique la (*fig.* 58), ce volume de terre est jeté sur un des côtés en forme de tas conique, pour que le sol de la dernière couche du fond du trou recouvre entièrement toute celle de la surface ; si cette dernière couche du fond est mauvaise, elle doit être mise de côté et remplacée par des terres étrangères. Le fond de ces trous ne devra jamais être à plat, bien moins encore en cuvette, mais il devra toujours former, au contraire, une surface bombée au milieu, afin d'éviter tout amas d'eau causé par les pluies ou par les infiltrations du sol environnant, qui ne manqueraient pas de venir y séjourner, comme dans un réservoir.

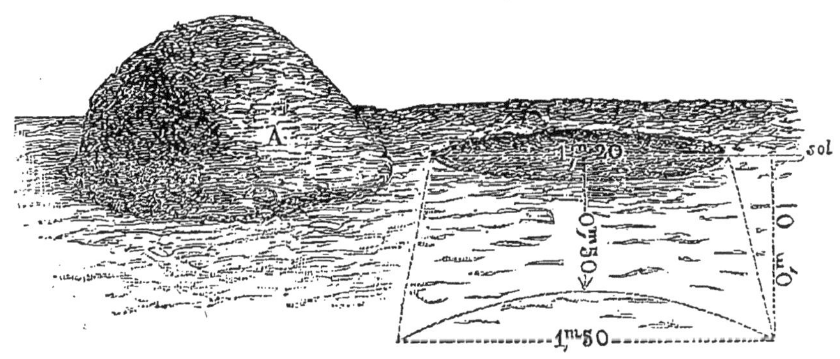

FIG. 58. — Défonce d'un trou isolé, A, terre mélangée sur berge.

S'il est possible de creuser les trous bien avant d'opérer la plantation, on les laissera le plus longtemps possible exposés aux influences des agents atmosphériques qui en mûriront les parois circulaires intérieures. Cependant à cause du tassement des terres (10 centimètres pour un mètre) nous préférons combler totalement et pendant trois semaines avant d'ouvrir la cavité destinée à la mise en place de l'arbre qui remplacera le piquet du tracé. Il faudra aussi déposer sur les tas coniques des terres qui en proviennent et qui ont été déposées à côté, lors de leur extraction, tous les amendements et engrais, comme il a été dit en traitant du défoncement par tranchées. On mélangera ensuite avec de bon fumier pourri, à l'aide de la pioche, avant de s'en servir pour combler les trous.

Il y a des sols qui, par leur position marécageuse ou par la constitution grasse du sous-sol ou même de sa surface, retiennent beaucoup d'humidité et, par cela même, sont nuisibles à la culture des arbres fruitiers, comme à la qualité des fruits. Dans un sol bas, humide, mais perméable, un simple exhaussement du sol, de 20 à 30 centimètres au-dessus du niveau des allées, suffira à assainir le terrain. Dans les sols qui retiennent l'eau par leur consistance grasse et humide, le drainage est de toute nécessité. On peut l'exécuter de deux manières ; à l'aide de matériaux ou de drains. Nous rejetons totalement les drainages faits avec des fagots, fascines ou autres mauvais bois, même sulfatés ; ils pourriraient infailliblement après un temps donné et, outre qu'ils n'auraient aucune utilité, ils diminueraient d'épaisseur en pourrissant et occasionneraient un affaissement du sol au préjudice des arbres qui y seraient plantés. Les drainages demandent à être faits avec des matériaux solides et indestructibles, tels que : pierres, silex, grosse marne, démolitions, etc. ; on en mettra dans le fond une épaisseur de 30 centimètres en dessous du sol de la plantation, c'est-à-dire à 60 centimètres de la surface du terrain ; le fond des tranchées sera creusé de manière que, loin du mur, il soit au moins de 10 centimètres plus creux que ceux de l'espalier, ce qui formera une pente douce pour l'assainissement. On recouvrira ces grosses pierres d'une couche de plaques de gazon retourné, afin d'éviter que la terre ne bouche les interstices.

Le drainage par tranchées est bien préférable à celui qu'on fait à chaque trou, en ce que l'eau ne séjourne jamais au pied de l'arbre ; mais il faut se servir alors de *tuyaux en terre cuite ou drains*, longs de 30 centimètres, à parois épaisses, d'un diamètre intérieur de 6 à 8 centimètres, les plus grands servant de drains collecteurs. Tous seront posés bout à bout dans les allées qui longent les carrés fruitiers, afin qu'aucune racine ne vienne y pénétrer; ils rejoindront, avec la même pente, le drain collecteur placé dans l'allée transversale la plus en pente du jardin et en même temps la plus rapprochée de quelque fossé communal, d'un cours d'eau, d'un puisard, etc.

Les tranchées pour ces tuyaux auront de 70 centimètres à 1 mètre de profondeur au plus, avec une pente de 4 à 6 millimètres par mètre. Au niveau du sol, on leur donnera une largeur de 30 à 45 centimètres, le fond ne devant avoir qu'environ 5 centimètres de plus que le diamètre extérieur des tuyaux, largeur utile pour déposer sur chaque joint quelques pierrailles ou petits cailloux, afin d'éviter l'attérissement qui obstrue le passage de l'eau. Comme les allées ont habituellement 2 mètres de large, chaque tranchée sera faite pour qu'on les suive obliquement sur la largeur, afin que l'eau s'entraîne plus facilement du côté de la pente du collecteur.

Par exemple, si la pente du collecteur s'incline vers l'Est, le tuyau du drain qui était posé en haut de l'allée, à l'Ouest de sa largeur, viendra obliquement rejoindre le collecteur à l'Est de l'allée qu'il aura suivie.

DISTRIBUTION DU JARDIN FRUITIER.

Autour des murs, on laisse une largeur de terrain de 1 mètre, nommée costière (I, *fig.* 53), utile pour le service de l'espalier, pour la taille, les pincements, les palissages, ainsi que pour la pose de l'échelle; elle est utile surtout pour recevoir les paillis et engrais qui entretiennent la fraîcheur du sol et nourrissent les radicelles des arbres. Ce terrain n'est jamais cultivé que par des béquillages légers. A côté de cette costière, on trace une plate-bande de 65 centimètres de largeur environ; on y établit une ligne simple ou double de fils de

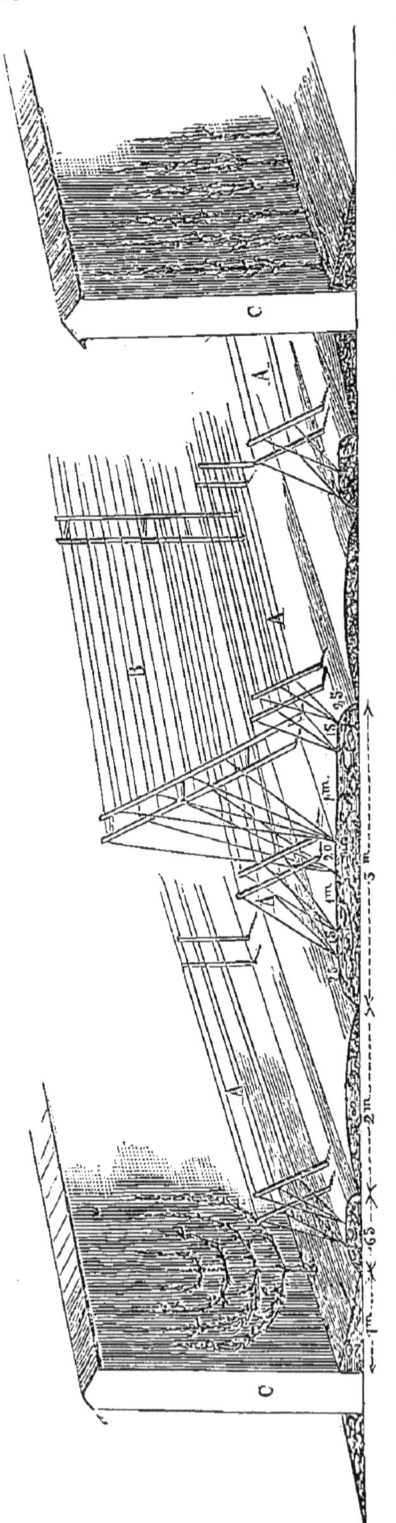

Fig. 59. — Carré des formes appliquées sur fil de fer. — A. Cordons horizontaux doubles à trois fils. — B. Contre-espalier double, fer rond (syst. Tourin). — C. Murs de refend.

fer (A, B, *fig.* 59 et 60) à la distance de 1 mètre 30 centimètres de l'espalier et à trois fils superposés, dont le premier à 35 centimètres du sol de la plate-bande et les deux autres à 25 centimètres chacun, ce qui donne 85 centimètres d'élévation. (*fig.* 59 et 60). Ces fils seront portés, à chaque extrémité de lignes, par des barres-entonnoirs galvanisées en ∽ renversé ou en barres-entonnoirs (syst. Thiry), posées à pleine force et inclinées en arrière, à angle de 45 degrés, en arcs-boutants, sur deux briques avec un contre-poids formé d'une grosse pierre enterrée de 40 à 60 centimètres, selon son poids (C). Nous employons, maintenant en place de pierres ou bois, *les Dés en pierres artificielles*, faits en *ciment de Portland*, mélangés de petits briquetons ou de petits silex, et coulés dans un moule de bois blanc, vieille caisse par exemple. Pour cordon chaque Dé revient à 0,40 centimes, et à 0,60 centimes pour contre-espaliers. Les fils seront portés, dans leur parcours, par de petites barres-entonnoirs posées verticalement dans le sol, et reposant sur une brique (D). On doit dire en passant qu'afin de rendre chaque fil plus souple, plus délié, plus docile à l'appel du raidisseur, il faut, si

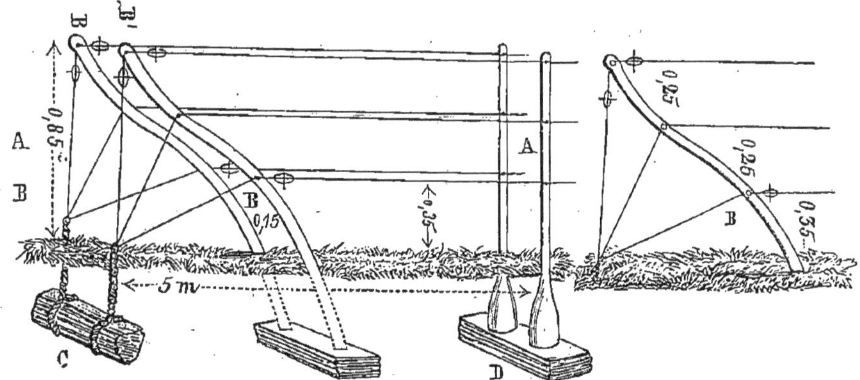

Fig. 60 — Lignes double et simple pour trois fils.

c'est un fil simple, comme nous l'avons dit plus haut, le détirer avant de le fixer. Cette petite opération se pratique en attachant solidement le fil par un de ses bouts à un point fixe et résistant, par l'autre bout, à l'extrémité d'un gros pieu arc-bouté sur le sol ; cela fait, il devient facile à l'ouvrier de le distendre par un mouvement fort et brusque imprimé au pieu auquel ce fil est fixé.

Aujourd'hui, nous nous servons plus avantageusement du fil de fer corde (système Louet), n° 16, décrit plus haut, qui n'a pas besoin d'être détiré préalablement, qui est plus souple, plus fort, et autour duquel les ligatures ne glissent pas. A Beauvais, la maison Dupuis frères, marchands cordiers, en première main, fabrique et fournit des fils-corde bien supérieurs à ceux du commerce.

A côté de cette petite plate-bande régnera une allée de 1 mètre 85 centimètres à 2 mètres; cette largeur est utile pour le service du jardin; elle encadrera, au centre de ce carré de 10 mètres, une autre grande plate-bande, qui aura une largeur de 2 mètres 80 centimètres à 3 mètres. Au milieu de cette largeur, on établira une ligne de contre-espaliers doubles de la hauteur de 2 mètres 50 centimètres. Ce système est en forme de S superposés ; par sa combinaison, il peut être placé en une ou deux fois, selon le désir ou le besoin. Cet ensemble

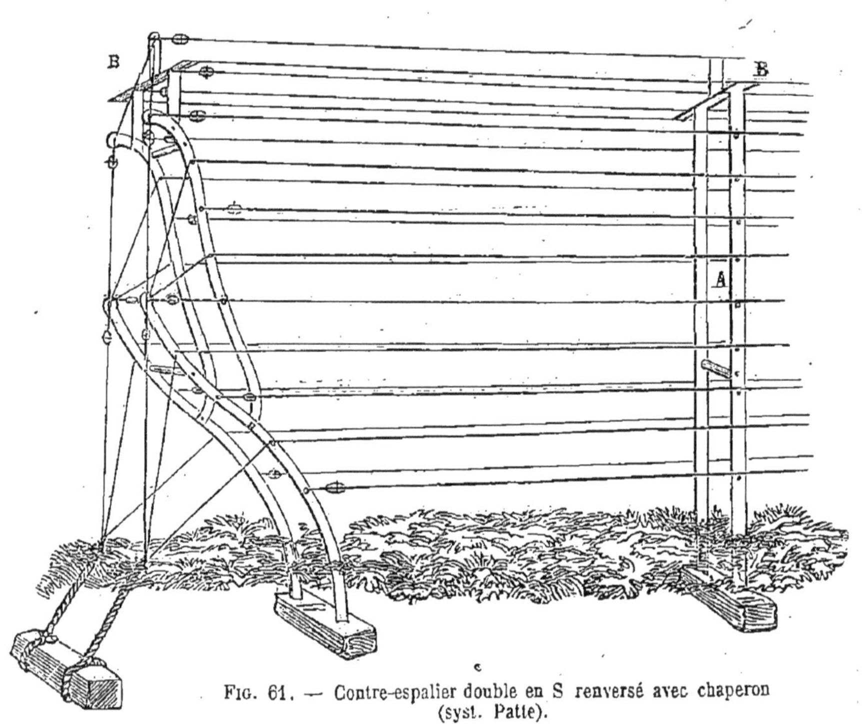

Fig. 61. — Contre-espalier double en S renversé avec chaperon (syst. Patte).

ne peut être décrit, la figure seule peut en donner l'idée (*fig.* 61). Les intermédiaires (A) portant les fils sont en fer plat et fixés sur de courtes planches en cœur de chêne, enterrées a peu de profondeur dans le sol; ces supports intermédiaires sont distancés de 5 à 6 mètres, divisés selon la longueur du contre-espalier qui supportera 10 fils de fer sur chaque face, le premier à 35 centimètres au-dessus du sol, et le dernier, celui du haut, à 1 centimètre du sommet des barres, les autres distancés entre eux de 24 centimètres. Nous avons fait adapter un chaperon de trois fils de fer (B) formant larmier, dont l'un au-dessus est placé à 15 centimètres plus haut que le contre-espalier, et les deux autres à 15 centimètres de chaque côté, ce qui permet d'abriter avec une toile les arbres fruitiers, contre

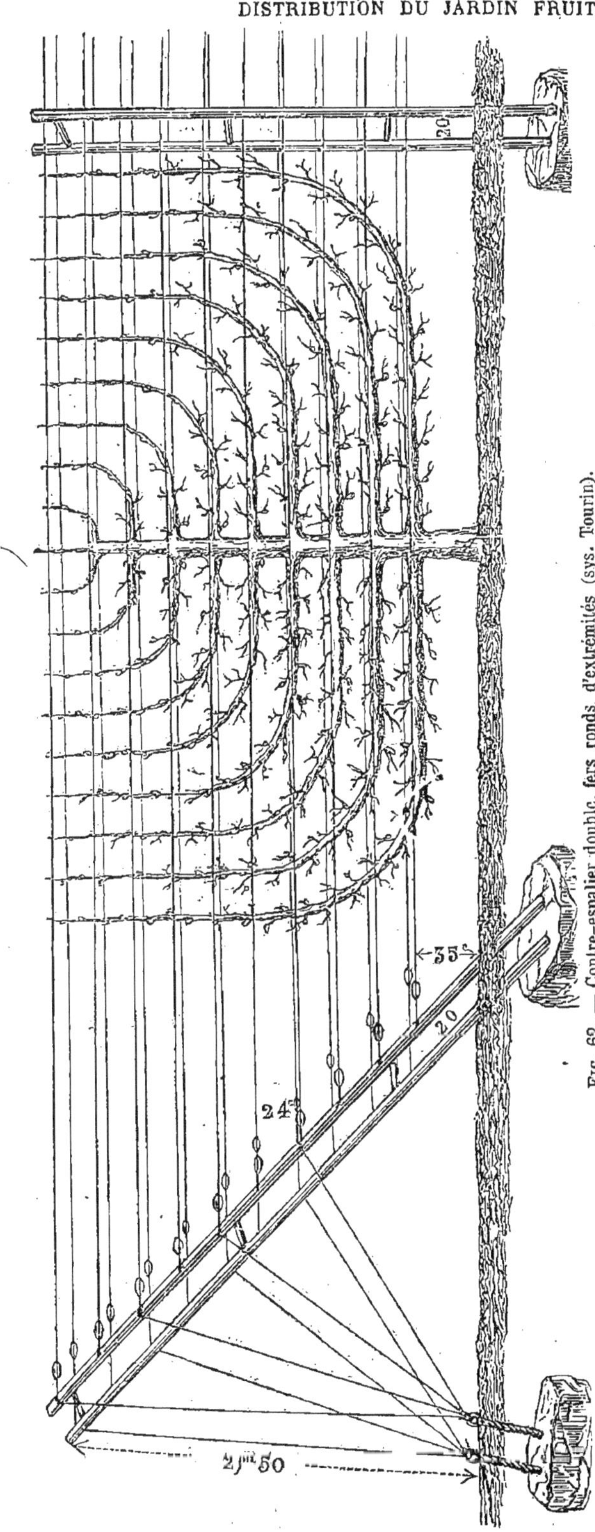

Fig. 62. — Contre-espalier double, fers ronds d'extrémités (sys. Tourin).

les intempéries du printemps, sans que la toile touche sur les branches des arbres. Ce chaperon fait corps avec le contre-espalier. Le contre-espalier double, en fer rond (sys. Tourin) moins compliqué, rend les mêmes services. Il est moins léger à l'œil mais plus facile à fabriquer et à placer alors plus à la portée de tous (*fig.* 62). Deux cordons doubles ou simples (*fig.* 60), à trois fils de fer superposés, avec barres-entonnoirs, en tout semblables à celle des espaliers, seront établis à 1 mètre de chaque côté du contre-espalier et à 25 ou 30 centimètres des allées.

Cette distribution fruitière pourra être modifiée pour les formes appliquées selon la (*fig.* 59), dans un ou plu-

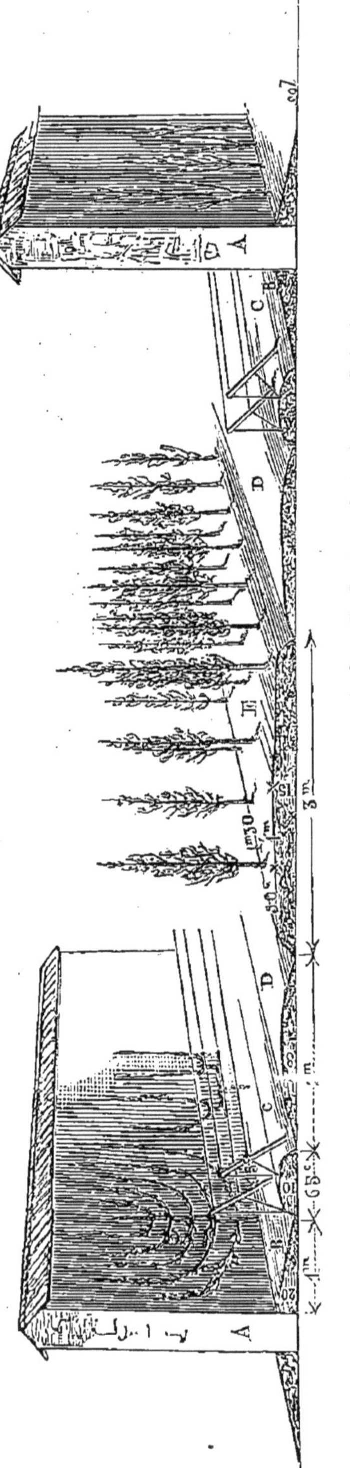

Fig. 63. — Carré des Poiriers fuseaux avec cote de nivellement du sol. — A. Murs de refend. — B. Costières de 1 mètre. — C. Petite plate-bande de 0,65 pour cordons doubles de pommiers calville blanc. — D. Allée de 2 m. — E. Larges plates-bandes de 3 m. de fuseaux.

sieurs carrés du jardin, selon les besoins. Les autres carrés libres seront utilisés l'un pour les magnifiques poiriers fuseaux, forme aussi simple que productive et facile à diriger. La (*fig.* 63) en dira plus que toutes les descriptions.

Les autres carrés seront pour les arbrisseaux fruitiers, tels que : Groseilliers, Framboisiers, Figuiers. Ainsi, la plate-bande de l'un des carrés de 2 mètres 80 centimètres étant occupée par une ligne de Framboisiers, cultivés d'après la méthode hollandaise (A, *fig.* 64), on établira autour d'elle, à 25 centimètres de l'allée, deux fils de fer superposés : le premier à 30 centimètres au-dessus du sol, pour Groseilliers en cordons horizontaux (B), le deuxième à 30 centimètres au-dessus du premier pour servir à fixer les tiges fructifères des Framboisiers (C) plantés sur un rang au milieu du terrain (A). Une pareille plate-bande, soit au bout de celle-ci, soit dans l'un des carrés voisins, recevra les Figuiers et les Groseilliers de toute espèce.

Les figuiers, n'ayant besoin d'aucun support et étant plantés au milieu d'une de ces plates-bandes de 2 mètres 80 cent., ou 3

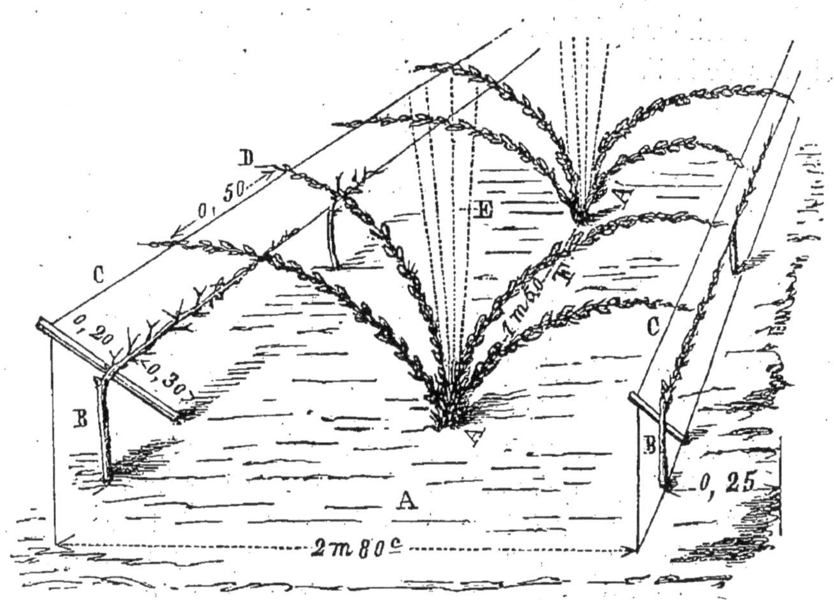

FIG. 64. — Plate-bande garnie d'une ligne de Framboisiers (Méthode hollandaise) et de 2 cordons unilatéraux de Groseilliers.

mètres 10, on établira de chaque côté, à 30 cent. du bord de l'allée, deux lignes à trois fils de fer superposés, comme il a été dit plus haut (*fig.* 60), pour recevoir les groseilliers, sous forme de cordons obliques simples par exemple, ou autres au choix.

LES MEILLEURES FORMES ET L'EXPOSITION SUIVANT LES ESPÈCES ET VARIÉTÉS.

Lorsque tout est prêt pour recevoir les arbres et les arbrisseaux, il faut savoir placer ceux-ci à l'exposition que chaque espèce réclame, ne faire rien au hasard. C'est une étude qui coûte trop cher. Les arbres doivent être soumis à des formes rationnelles en rapport avec leur végétation ou leur mode de fructification; il ne faut pas oublier surtout que l'exposition d'un arbre fruitier varie selon la région où il est planté. Dans cet ouvrage, nous nous attachons spécialement aux cultures des trois régions principales de la France.

POIRIER.

Ainsi le poirier, qui est un arbre de si haute importance pour notre climat, dont les fruits estimés du monde entier, alimentent la table du riche et celle de l'artisan, et dont les variétés se succèdent de juillet en juin de l'année suivante, le poirier, disons-nous, vient à presque toutes les expositions, mais beaucoup de ces variétés ne réusissent qu'autant qu'elles sont placées dans des conditions favorables soit à leur développement, soit à leur qualité. Les variétés à pellicule fine et délicate, sujette à la tavelure, comme le Saint-Germain, le Doyenné d'hiver, la Crassane, le Beurré gris, le Beurré d'Hardenpont, le Bon chrétien d'hiver, le Passe-Colmar, le Doyenné blanc, etc., doivent être placées en espalier au Sud-Ouest, au Sud-Est, à l'Est, à l'Ouest ou au Sud. Les variétés suivantes, à cause de leur maturité tardive, sans réclamer impérieusement l'espalier, ont besoin d'être plantées à bonne exposition, ce sont : Beurré de Luçon, Joséphine de Malines, Fortunée Boisselot, Bergamotte Esperen, etc. La belle Angevine a besoin, pour acquérir du coloris, du secours de l'espalier au Sud, Est, Sud-Ouest ; le Beurré Clairgeau n'y serait pas déplacé, non plus que les pommes Calville blanc et les Pommes d'Api rose qui obtiennent là le coloris et la qualité qui les distinguent. Les murs exposés au Nord recevront parfaitement les fruits à pépins d'été et d'automne : Doyenné de Juillet, Epargne, Beurré Giffard, Louise bonne d'Avranches, William, etc., ainsi que les Cerisiers Anglaise hâtive et impératrice Eugénie qui préfèrent cependant le verger.

Auprès des contre-espaliers de 2 mètres 50 centimètres, on placera les Poires rustiques de toutes saisons, mais dont l'épiderme est peu délicat, et dont les fruits sont mieux acclimatés, comme : la Duchesse d'Angoulême, Beurré Diel, Triomphe de Jodoigne, Beurré Hardy, Bonne de Malines, Doyenné du Comice, etc.

Le Poirier vient sous toutes les formes ; cependant celle en *cordon horizontal* lui est moins favorable qu'au Pommier quoique cependant la manière de l'élever influe beaucoup sur les résultats. Ainsi, s'il est terminé par un rameau annuel redressé en hémicycle, il réussira très-bien, à condition que les arbres seront greffés pour la plupart sur coignassier, que les espèces seront très-fertiles. L'Olivier de Serres sur franc, la William qui se ramifient parfaitement, et aussi très généreuses, plantées à une distance qui permettra au moins 3 mètres de branches, comme pour les lignes de cordons à trois fils sur les plates-bandes des carrés (*fig.* 143 et 144). Une autre forme, celle en *cordons obliques simples*, est favorable aussi au Poirier, avec des variétés très-fertiles également, les arbres plantés à 40 centimètres (*fig.* 70) étant inclinés à 45 degrés, la pointe redressée en hémicycle. Cette forme peut être appliquée aux contre-espaliers de 2 mètres 50 centimètres à 3 mètres de hauteur, sur des lignes assez longues.

La forme en *cordon vertical simple*, plantée à 30 centimètres de distance (*fig.* 91) conviendra aux murs très-élevés, comme pignons de bâtiments, etc., où ils pourront être dirigés soit perpendiculairement, soit en serpentin. Le cordon vertical avec des variétés très fertiles peut très bien garnir fructueusement des murs de trois mètres et des contre-espaliers.

La forme en *U simple*, dont les arbres sont plantés à 45 ou 50 centimètres de distance (*fig.* 92), rend aussi des services très importants ; celle en *U double* (*fig.* 93) plantée à 1 mètre est une forme très-élégante et très-productive qui rend des services pour garnir uniformément des murs très-élevés, de longueur restreinte.

La demi palmette oblique (*Delaville*) est surtout utile près des murs et contre-espaliers en pente (*fig.* 89). Sous cette forme, la distance des arbres est égale à la hauteur des murs et contre-espaliers.

La palmette Cossonnet (*fig.* 88) est peu employée maintenant, cependant elle à encore ses partisans. La distance de plantation varie de 2 mètres 50 centimètres à 3 mètres, selon la hauteur de l'espalier, dont un arbre sur deux alternativement est élevé avec des branches obliques, tandis que son voisin est à branches horizontales. Tous deux ont leurs branches opposées sur l'axe.

Une autre bonne forme, *la palmette jumelle* (*Forney*), mais modifiée (*fig.* 87) est une grande amélioration de la palmette double (*fig.* 85). Elle est formée par deux arbres plantés à 30 centimètres l'un de l'autre, ayant des branches latérales, l'une à droite, l'autre à gauche. Elle ne rend de services qu'autant que ses branches remontent verticalement à leur extrémité. La distance de plantation varie de 4 à 6 mètres.

Une dernière de toutes les meilleures formes appliquées est, sans contredit, la *palmette double* et mieux encore la *palmette simple* (*Verrier*) à branches opposées (*fig.* 80). Rien de plus beau, en effet, de plus rationnel avec la végétation du Poirier et même avec celle de tous les arbres fruitiers que les charpentes nées au même point, sur une tige unique, à l'exemple du frêne, et se redressant uniformément à leur extrémité en disputant à l'axe la sève qui d'habitude était emportée par lui. La distance de plantation varie entre 5 à 6 mètres et même 8 mètres. Toutes les palmettes et autres grandes formes devront être greffées sur franc de préférence.

Nous ne parlerons pas ici du Poirier dirigé sous forme de *pyramide* (ou cône), sa vieillle réputation ne peut entrer en comparaison avec les espaliers et les contre-espaliers de formes appliquées au jardin fruitier. Les difficultés de dressage, la hauteur souvent disproportionnée, l'emplacement que réclame cette forme, l'embarras du travail à l'intérieur des charpentes, l'emploi de baguettes et d'osier de tirage, des arcs-boutants pour dresser les branches, la chute des fruits par les vents d'automne, renvoient cette forme au verger où on devra simplement l'utiliser en demi-tige avec des variétés moyennes et tenant bien attachées à l'arbre. Nous la retrouverons comme demi-tige pyramidale à haut vent où elle rendra des services signalés.

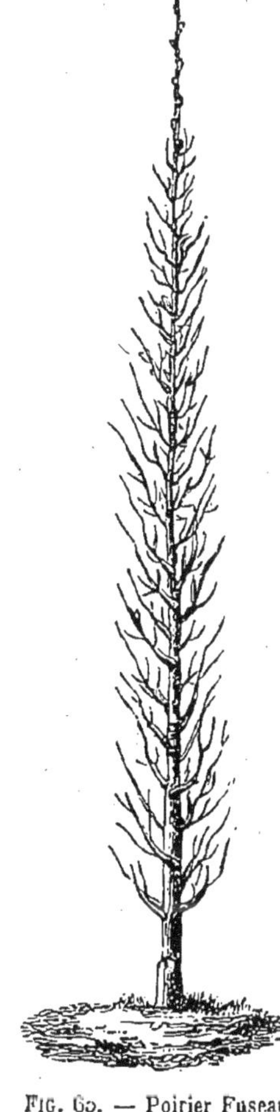
Fig. 65. — Poirier Fuseau adulte.

FUSEAU.

Il nous reste à parler *du fuseau ou colonne* (*fig.* 63 et 65), forme due à M. Lhomme, jardinier à l'École de médecine, à Paris. Cette forme rend de grands services dans les terrains pauvres où d'autres formes ne pourraient se développer, faute d'une nourriture abondante, ou encore dans des jardins de ville enveloppés de constructions élevées. Sa place est aussi marquée dans les jardins d'expériences pour l'étude des nouveautés.

Cette excellente petite forme devra envahir une grande partie des jardins fruitiers; elle est, comme nous l'avons dit, facile à conduire sans support, elle est des plus productive, etc., etc.. Dans l'un ou l'autre de ces cas, nous conseillons de réunir les fuseaux dans un même carré et non de les disséminer avec d'autres cultures; il ne faut choisir que des variétés très fertiles de préférence. On disposera des plates-bandes élevées de 15 centimètres, au-dessus du sol du jardin, qui auront chacune 3 mètres 20 centimètres, séparées par une contre-allée de 60 à 80 centimètres. Si plusieurs plates-bandes sont réunies dans le même carré, chacune d'elles sera garnie de trois lignes de fuseaux, leur distance sera de 1 mètre 50 centimètres sur la ligne. On plantera en quinconce, ce qui permettra trois lignes de petits arbres, les lignes de chaque côté à 60 centimètres des allées (voir *fig.* 63). De bons tuteurs en chêne peints ou sulfatés au cuivre maintiendront les tiges qui, plus tard, n'auront besoin d'aucun soutien. On plantera des pieds de fraisiers entre chaque fuseau ; ils recevront, au printemps, en même temps que les arbres, un bon paillis.

POMMIER.

On soumet le pommier à plusieurs formes, selon le sujet sur lequel il est greffé. Le Pommier sur paradis, le meilleur sujet fruitier qui donne de beaux et bons fruits et qui n'acquiert jamais de grandes dimensions, se cultive avec succès en *cordon horizontal*, et en petit candélabre à quatre branches verticales. Il est facile à conduire et à préserver des intempéries printanières, et son élégance en fait l'ornement du jardin fruitier. La distance de plantation varie selon les terrains. En général, il doit parcourir 3 mètres de longueur environ : palissé sur un fil, il doit être planté à 3 mètres (*fig.* 141) ; sur deux fils à 1 mètre 50 centimètres et sur trois fils à 1 mètre (*fig.* 143 et 144 *bis*).

Il y a plusieurs systèmes de *cordons*. Nous n'en admettrons que deux. Le premier est dû à M. Jamin, de Bourg-la-Reine ; il a la forme d'un T avec deux branches latérales mais redressées verticalement à leurs extrémités, l'une à droite, l'autre à gauche, et ne doit être utilisé que pour un fil (*fig.* 141). Le deuxième, dû à M. Dubreuil, consiste à coucher tous les arbres sur le fil du bas, et d'un même côté (*fig.* 143), mais de manière à obtenir une branche sur le coude de chacun d'eux (A *fig.* 144). On fait remonter cette branche en sens contraire sur le second fil (B) et ainsi de suite. Les branches sont relevées à leur extrémité. Le premier des deux systèmes est très-utilisé en espalier, entre et sous des arbres de grande envergure. On en obtient (avec le pommier sur paradis) de beaux fruits transparents et colorés, surtout en pommes de Calville blanc et d'Api rose.

Le pommier greffé sur doucin peut être soumis à ces mêmes formes, dans un sol où le Paradis ne prospère pas, mais nous l'utiliserons avec grand profit dans le verger.

PÊCHER.

Le Pêcher, excepté dans le midi de la France, est spécialement cultivé en espalier. L'Est et le Sud-Est sont les expositions qu'il préfère. Presque toutes les formes appliquées au poirier en espalier lui conviennent, mais il a, de plus que ce dernier, une élégance qui en fait l'ornement d'un jardin fruitier. La distance de plantation varie selon les terrains, mais généralement sur amandier elle sera de 8 mètres, et sur prunier de 6. Sur prunier il sera peu employé.

Rien n'est plus beau qu'un pêcher soumis à la forme de *lyre* (syst. Lepère, *fig.* 162), seulement on redressera les branches latérales comme pour la palmette Verrier (*fig.* 158). Une ancienne bonne forme aussi, la plus généralisée à Montreuil-aux-Pêches, l'*éventail carré*, dû à M. Lepère, le grand maître français dans l'art de diriger le pêcher, a le seul défaut d'avoir, au-dessus du V ouvert, des branches verticales, tandis que celles du dessous sont horizontales. Pour rétablir l'équilibre, au lieu de laisser les branches supérieures verticales, on les inclinera comme pour la forme suivante :

La forme *candélabre* présente plusieurs systèmes, tous beaux à l'œil : celui à branches verticales, celui à branches croisées, enfin celui à branches obliques. Le premier, quoique bon, laisse trop de prise à la sève des branches avoisinant le pied. Le second présente des angles trop aigus, et les coursons fruitiers n'y trouvent pas assez de place et de vie. Le troisième (système Dubreuil) (*fig.* 162) modifié, est très beau et très rationnel ; toutes les branches placées obliquement sont bien équilibrées, bien distancées entre elles. Cette forme a toujours rendu des services signalés et a fait partout l'admiration des connaisseurs. Cette belle et fructueuse forme a eu les honneurs avec ses beaux et nombreux fruits, au moment de leur maturité, d'être photographiée par la Société d'horticulture de Beauvais dans son jardin d'expériences. On ne peut donc que la recommander à l'exclusion de la précédente.

Ces grandes et belles formes sont spéciales au pêcher. On peut aussi lui appliquer celle du poirier.

Dans les petites formes, comme le *cordon oblique*, la distance de plantation varie selon que les pêchers sont destinés à la taille avec palissage, ou au pincement mixte. Pour le premier système, ils seront plantés à 75 centimètres, ce qui donnera 50 centimètres entre chacune des charpentes inclinées à angle de 45 degrés et permettra de palisser les rameaux fruitiers, comme ceux soumis aux grandes formes, sur des murs très élevés qui donnent le moyen d'utiliser leur sève. Dans le second système, on les placera à 40 centimètres, en laissant 25 centimètres entre les charpentes, comme pour les poiriers (*fig.* 70). Ce dernier système, pour le pêcher oblique, est préférable au premier, à cause du rapprochement des arbres qui ne leur permet pas autant de vigueur. Malgré ce qui précède nous préférons de beaucoup à l'oblique, les formes : en U simple et surtout en U double des figures (92 et 93) avec les charpentes distantes de 0.25 ou 0.45 selon le système adopté.

PRUNIER

Le prunier aime l'exposition du Sud-Est et du Sud-Ouest. En espalier, les variétés de Reine-Claude y acquièrent de grandes qualités. Il vient encore bien en contre-espalier ; mais sa place est surtout dans le verger, lorsque celui-ci est bien exposé. Les formes qui lui conviennent lorsqu'il est soumis à la taille, c'est-à-dire dans le jardin fruitier (de préférence les vieux), sont les mêmes que pour le poirier. La distance de plantation est de 6 mètres pour grande envergure, 4 mètres pour contre-espalier.

CERISIER.

Le Cerisier se plaît à toute exposition dans un sol qui lui convient. Cependant les variétés tardives n'acquièrent que peu de qualités au Nord. Comme le prunier, il vient sous toutes les formes, mais la position horizontale lui est antipathique. On a voulu l'y contraindre ces dernières années, mais il souleva les fils de fer et montra que sa fière nature n'était pas habituée à ramper. *La Palmette Verrier* plus haute que large, *l'*U *simple et l'*U *double* pour les murs élevés, sont donc des formes rationnelles avec sa manière de végéter. Les distances sont les mêmes que pour le prunier, lorsqu'il est greffé sur Sainte-Lucie, mais elle doit être de 8 mètres au moins lorsqu'il est sur merisier, pour Palmette Verrier.

Comme le prunier, le verger lui est préférable ; il rend des services signalés.

ABRICOTIER.

L'Abricotier, arbre méridional, ne donne de bons fruits en plein vent, dans les autres régions de la France, que bien exposé à peu de distance des murs, ou adossé à de grands bâtiments exposés au Sud, Sud-Est, Sud-Ouest. Depuis plus de trente-cinq ans que nous étudions le tempérament délicat de cet arbre, nous l'avons soumis aux cultures les plus diverses, même les plus originales. Nous avons retardé son entrée en végétation, la floraison, etc. ; à cet effet, nous avions établi un contre-espalier, de 30 mètres de long.

Les racines et les branches des arbres étaient, à un moment donné, exposées, les premières au Nord d'une fondation, et les secondes au Nord d'auvents mobiles. La végétation et la floraison furent retardées d'un mois, et les jeunes fruits soustraits aux intempéries du printemps qui, chaque année, détruisent les fleurs trop précoces sous notre climat.

Nous avons complètement réussi quant au retard de floraison et nous pensions avoir du fruit qui mûrirait chaque année en plein air à notre gré. Mais, pendant l'hiver les ramifications fruitières s'annulèrent, périrent, ainsi que les branches charpentières elles-mêmes et enfin, nous reconnûmes avec regret que cet arbre, trop délicat pour nos contrées, se jouait de nos efforts et réclamait les murs les plus chauds, les bâtiments les mieux abrités et autres abris naturels.

Plus encore que le Cerisier, l'Abricotier réclame les formes verticales. Le grain serré de son bois ne laisse passer que difficilement la sève des racines vers les pointes et, contrairement aux autres arbres, les gourmands ne se développent que dans les parties les plus rapprochées du pied. *L'U simple et double, la palmette Verrier*, plus haute que large, sont les formes qu'il affectionne (*fig.* 201). De plus, la forme verticale donnée aux branches permet, autant que cela est possible, d'obtenir des fruits presque aussi savoureux que ceux des arbres en plein vent du centre de la France. Cela vient de ce qu'il est facile, dix ou quinze jours avant leur entrée en maturité, et à l'aide d'un arc-boutant, d'éloigner les branches de l'espalier, ce qui favorise le passage de l'air et de la lumière et endurcit la pellicule; la pulpe, au lieu de rester molle, devient croquante et savoureuse.

La distance de plantation est la même que pour le Prunier, attendu que dans nos régions froides, les Abricotiers ne doivent être greffés que sur ce dernier sujet.

Nous engageons les habitants des villes, dont souvent les petits jardins sont enfermés par de hauts bâtiments, à y planter l'Abricot-Pêche, sous forme de demi-tige en plein air. Cet arbre citadin rendra les plus grands services par ses récoltes annuelles et la saveur de ses fruits.

VIGNE.

Sous notre climat septentrional et dans le centre, les vignes ne seront cultivées que près des murs les plus chauds, près des habitations bien exposées de nos jardins et sur la voie publique, à l'exposition Sud, Sud-Est, ou à défaut Sud-Ouest. Nous serions très heureux de pouvoir faire disparaître de pauvres vignes de ces mauvaises expositions, où le plus souvent on les relègue, comme le long des murs à l'Est, l'Ouest, Nord, celles surtout qui couronnent les constructions des jardins, où les raisins restent verts et sont plus nuisibles qu'utiles à la santé, surtout dans l'Est, l'Ouest et le Nord de la France, où le raisin au-dessus des murs reste à peu près en verjus.

Si la construction peu étendue des murs de jardins ne permet pas d'établir assez de vignes pour le but qu'on se propose, on plantera une ligne de vignes, mais dans un sol rendu tel qu'il a été dit plus haut, à 1 mètre 30 centimètres de l'espalier d'un mur chaud. Les rayons solaires frappant sur le mur et refléchis sur les raisins, donneraient encore de très bons fruits. On disposera ces vignes en *cordon bisannuel horizontal* (système Delaville) (*fig.* 245). Chaque pied ne produira que tous les deux ans alternativement; on ne conservera qu'une longueur de sarment de 1 mètre 30 centimètres à 1 mètre 50 centimètres au plus (A), ils seront palissés horizontalement à une hauteur de 40 centimètres sur le premier fil de fer du bas (B). Ce sarment, chargé de ses fruits, sera coupé à la fin d'octobre, afin de conserver l'hiver, à l'aide de bouteilles d'eau, les raisins à l'état frais (système Rose Charmeux). Chaque pied voisin ne devant produire que l'année suivante sera taillé à deux yeux et fournira un sarment vigoureux qu'on laissera se développer jusqu'à la longueur de 1 mètre 30 centimètres à 1 mètre 50 centimètres et qui sera palissé horizontalement sur le fil de fer second placé à 25 centimètres au-dessus du premier; ce fil servira aussi au palissage des bourgeons fruitiers des pieds voisins (C).

Près des murs, les meilleures formes sont : *le cordon horizontal* (*Charmeux*) (*fig.* 229), très bonne modification de l'ancien système Thomery pour des espaliers de 2 à 3 mètres de haut, et d'une grande longueur ; chaque pied forme un cordon plus élevé de 45 à 50 centimètres que le cordon voisin (D); la distance de plantation sera de 45 à 50 centimètres (E). Cette forme déjà ancienne est très longue à établir.

Le *cordon vertical simple* à coursons alternes (*fig.* 234) est une forme très utilisée de nos jours. Elle est très bonne, mais à la condition que le mur n'aura que 2 mètres ou 2 mètres 50 centimètres de hauteur. Les coursons seront distancés de 22 à 25 centimètres. La distance de plantation est de 70 centimètres environ (*fig.* 234.). Pour les murs plus élevés, on emploiera encore avec le même succès le *cordon vertical* à coursons alternes (Charmeux) mais la distance de plantation ne sera que de 40 centimètres au lieu de 70 centimètres, où un pied, alternativement sur deux, produira des fruits sur la moitié inférieure du mur, et le pied voisin sur la moitié supérieure (*fig.* 239.). Les deux mêmes systèmes de cordons sont aussi cultivés à coursons opposés, chaque paire de coursons distancée doublement, c'est-à-dire à 44 centimètres et 50 centimètres (*fig.* 240).

Cette disposition de coursons est beaucoup plus régulière et plus en harmonie avec les efforts qu'on se donne pour contenir la sève à la base des cordons ; on sait, en effet, qu'une vigne laissée en liberté entraîne avec elle, aux plus longues extrémités, ses ramifications fruitières. Toutes les formes adoptées ont donc pour but de concentrer près du pied la sève qui doit produire de beaux sarments, les seuls donnant de beaux fruits. Les coursons opposés sur les vignes sont, comme les branches charpentières des arbres, en palmettes simples, un obstacle à l'entraînement de la sève vers l'extrémité de la tige ; à surface égale, un espalier de jeunes vignes à coursons opposés produit moins abondamment et moins promptement qu'un espalier à coursons alternes, mais on voit, dans ce dernier système, les coursons fruitiers de la base perdre de leur vigueur, de leur fertilité, la vigne en vieillissant, ce qui n'a pas lieu lorsque les coursons sont opposés.

La distance de plantation est la même que précédemment.

Le cordon oblique (*Forney*) (*fig.* 242) est utile aussi pour les longs murs, d'une hauteur de 1 mètre 50 cent. à 2 mètres au plus. On ne devra laisser de coursons fruitiers qu'à la partie supérieure du cordon (A, *fig.* 242) qui, lui-même, sera incliné à angle de 50 degrés, et plus bas, si faire se peut.

La distance de plantation est de 50 centimètres.

Cordon bisannuel (*Delaville*). Il y a environ une vingtaine d'années que, frappé de la lenteur nécessaire pour élever les vignes à garnir un espalier, et sachant aussi que les raisins ne viennent que sur de beaux sarments de l'année précédente, nous avons essayé un tout autre mode de culture plus en rapport avec la végétation de la vigne et la production de ses fruits, mode qui a réussi au-delà de toute espérance. Après des succès répétés, nous n'avons plus hésité à le faire connaître en le nommant cordon bisannuel (*fig.* 243). Cette forme a été récompensée, publiée et figurée dans différents recueils. Outre la simplicité de sa culture et sa prompte production, elle devient indispensable à la conservation du raisin frais en hiver.

Les murs ne doivent pas avoir plus de 2 mètres à 2 mètres 50 cent.; la distance de plantation est de 40 cent. (*fig.* 243). Tandis qu'un pied, alternativement sur deux, donne des fruits, le pied voisin produit un sarment vigoureux qui fructifiera l'année suivante (A, *fig.* 344).

Cordon horizontal (*Quesnel*). Il arrive quelquefois qu'on a besoin de planter des vignes sur un mur ou un pignon de 3 à 4 mètres de hauteur, et n'ayant que quelques mètres de longueur. Il serait difficile d'adopter les formes citées plus haut; aussi recommandons-nous le *cordon horizontal Quesnel*, dont la distance de plantation est de 50 centimètres. Chaque tige converge vers le centre de la longueur de l'espalier où elle se divise pour former un cordon horizontal, comme dans le système horizontal (Charmeux).

GROSEILLIER.

On sait que les Groseilliers, Framboisiers, Figuiers, doivent être plantés dans des carrés spéciaux : la forme que le Groseillier préfère au jardin fruitier, est le *cordon vertical* (*fig.* 263) pour les petits murs exposés au Nord, Nord-Est et Nord-Ouest. La distance de plantation est de 20 cent. ; mais pour les contre-espaliers simples ou doubles, de 90 cent. à 1 mètre 50 cent. de hauteur, la forme *oblique* est préférable, à la distance de 25 à 30 cent.

Le Groseillier étant un arbre buissonneux qui donne naissance chaque année à de nouveaux bourgeons radicaux, mieux nourris par la sève que les anciens, nous conseillons de laisser développer à chaque pied, la quatrième ou la cinquième année, un de ces bourgeons vigoureux qui, l'année suivante, devra remplacer les branches épuisées qui ne produisent que des fruits petits et sans saveur.

Il n'en est pas de même des cordons horizontaux qui sont à 30 cent. du sol, et plantés à 1 mètre 50 cent., comme nous l'avons vu plus haut (*fig.* 64) ; cette position est plus en rapport avec la végétation de cet arbuste rampant ; aussi, pendant plus de dix ans, donne-t-il de beaux et bons fruits.

Nous reparlerons du groseillier sous forme de vase simple parmi les arbres du verger, là où sa place est de beaucoup à préférer.

FRAMBOISIER.

On divisera les framboisiers en deux séries distinctes : les framboisiers remontants et ceux qui ne donnent qu'une saison.

Les premiers, comme fruits de dessert, seront cultivés dans le jardin fruitier, parce qu'ils réclament une culture spéciale, car les rameaux de l'année précédente (D, *fig.* 64) ne produisent que jusqu'à la moitié de l'été et sont remplacés par les bourgeons nouveaux qui continuent à produire jusqu'aux gelées (E, *fig.* 65). Il leur faut donc beaucoup d'air et de soleil pour que les fruits acquièrent les qualités qui les font rechercher. Nous cultiverons, par conséquent, ces variétés remontantes par la méthode hollandaise, sur un seul rang au milieu d'une plate-bande (A, *fig.* 64), bordée d'un cordon de groseilliers horizontaux (B), ou de pommiers sur paradis, comme nous en avons parlé (*fig.* 64). Leur distance de plantation sera de 1 mètre 50 centimètres.

Quant aux Framboisiers qui ne produisent qu'une récolte servant habituellement pour les confitures, nous les retrouverons parmi les cultures du verger.

FIGUIER (*fig.* 278).

De tous les arbrisseaux fruitiers, le Figuier est malheureusement celui qu'on cultive peu encore, excepté dans le midi de la France et à Argenteuil ; on en voit bien quelques pieds dans plusieurs jardins de château, mais tous, ou presque tous, relégués dans les angles de muraille où les bourgeons poussent en s'étiolant, et ne produisent alors presque rien ; on est obligé chaque hiver de les envelopper de paille pour les garantir des gelées, aussi, tous ont gelé dans l'hiver 1879-1880. Cette méthode vicieuse étant contraire à la récolte de ces arbrisseaux, nous les placerons, comme nous l'avons dit plus haut, au milieu d'une plate-bande d'un des carrés fruitiers (comme le Framboisier (*fig.* 64), et sur un seul rang. Ils produiront alors abondamment de très bons fruits, car, tout en restant à l'air libre, les murs rapprochés les tiendront à l'abri des vents du Nord, du Nord-Est et du Nord-Ouest.

La distance de plantation est de 4 mètres 50 c. à 5 mètres, pour cépées doubles, et de 2 mètres 50 c. pour celles dites simples qu'on couche d'un seul côté, ce qui est préférable.

CRÉATION DU VERGER.

En dehors du jardin fruitier, le verger, même dans nos pays septentrionaux et du centre, rend des services importants, lorsque l'on a à sa disposition des terrains abrités des vents du Nord, Nord-Est et Nord-Ouest. Le verger réclame également un terrain au pied d'une colline, mais avec un sol plutôt sec qu'humide, ou dans une plaine abritée soit naturellement, soit artificiellement par des plantations de conifères; par exemple, il ne faut pas oublier qu'un verger ne doit point généralement être dans une vallée humide, trop exposée aux gelées printanières et soumise à l'influence des brouillards qui, par leur condensation, empêchent les fruits de prendre de la consistance et de former du sucre.

Les arbres du verger demandent aussi à être groupés en famille et non mélangés à des cultures potagères feuillées ou fourragères. Celles-ci, par leurs parties herbacées et leurs feuilles, exhalent des vapeurs, et par leur rayonnement causent un abaissement de température qui amène la rosée et même des gelées tardives qui détruisent l'avenir des récoltes au moment de l'épanouissement des fleurs, ou de la formation des fruits. Comme le jardin fruitier, le sol du verger pourra recevoir les fraisiers et les asperges à la méthode d'Argenteuil.

POIRIER TIGE SUR FRANC.

Si l'on peut préparer le sol, comme pour le jardin fruitier, par un bon défoncement, des engrais et des amendements en rapport avec la nature de chaque espèce, on ne fera qu'y gagner. Les Poiriers tiges, à cause de leur port pyramidal, seront plantés au premier plan, sur un ou plusieurs rangs, afin de garantir des mauvais vents froids les autres arbres moins robustes. Leur distance de plantation varie selon le sol, mais en général elle est de 12 à 15 mètres, le tout en quinconce.

Toutes les variétés de Poiriers produisant sur franc seront choisies parmi les plus rustiques, dont les fruits tiennent bien aux arbres et résistent contre la violence des vents comme : le *Messire Jean*, le *Catillac*, *Martin sec*, *Bon Chrétien-Rans*, *Curé*, *Rousselet de Reims*, *Olivier de Serres*, *Courte-queue d'Hiver*, *Bonne de Malines*, *Roux-Carcas*; etc., etc.

POMMIER TIGE SUR FRANC.

Le Pommier sur franc sera placé au second plan. Sa tête, plus arrondie et moins haute que celle du Poirier, coupera encore les mauvais vents. Il sera également planté en quinconce et à une distance à peu près égale à celle du Poirier, mais toujours selon la nature du sol. Comme variétés qui produisent bien, nous citerons : le *Châtaignier*, le *Rambour*, la *Pomme Pigeon*, celles qu'on nomme dans l'Oise *Pomme écarlate*, *Pomme de Salé*, *Pomme de Cave*, la petite *Reinette Duret*, la *Reinette Franche*, la pomme *Verdun*, surtout les *Calville de Mauxion*, et *Reinette de Caux*; etc. Si nous conseillons les hautes tiges pour le Poirier et le Pommier greffés sur franc, avec des espèces robustes, c'est afin de préserver le verger des rafales froides du vent ; en formant avec ces arbres une sorte d'amphithéâtre avec ceux qui vont suivre ils rendront les plus grands services, si on a soin de les diriger comme il en sera parlé aux articles qui traiteront de la conduite des arbres de verger.

On plantera ensuite les *Poiriers greffés sur franc* et *sur Coignassier* et selon la vigueur des variétés, mais préférablement sur franc et élevés sur *demi-tige* (*fig.* 135), qui formeront une tête pyramidale avec des espèces robustes de premier choix, et ne redouteront pas la violence des vents, comme : le *Doyenné de Juillet* (sur franc), *Beurré d'Angleterre*, *Beurré d'Amanlis*, sur coignassier, *Beurré Capiaumont*, sur franc, *Louise bonne d'Avranches*, sur franc, *Beurré Millet*, sur franc, *Zéphirin-Grégoire* (sur franc), *Doyenné d'Alençon*, sur franc idem, *Passe Crassane* (sur franc), *Bonne de Malines*, sur franc, *Figue d'Alençon*, sur franc, *Doyenné du Comice*, sur coing, *Beurré Diel*, etc., etc. La distance de plantation variera de 6 à 8 mètres.

Le *Pommier greffé sur doucin*, élevé en vase demi-tige (*fig.* 145) et planté en quinconce, à la distance de 4 à 5 mètres, continuera cet amphithéâtre et formera une très belle et très productive Normandie dans le verger. Presque toutes les bonnes variétés cultivées dans le jardin fruitier produiront presque sans soins, excepté les *Calville blanc* et *Api* qui réclament l'abri.

Cet amphithéâtre sera suivi par des espèces à noyau, en commençant par les *Cerisiers* dont la place est grandement marquée dans le verger. Leur utilité n'a pas besoin d'être démontrée.

On les divisera en deux séries bien distinctes : ceux à branches verticales, comme la *Cerise Anglaise*, *Royale tardive*, *Bigarreau Esperen*, etc., qui seront plantés, les premiers à la suite des Pommiers, les seconds, à branches divergentes, avec tête arrondie, comme les *Montmorency*, *Reine Hortense*, etc., seront plantés ensuite, toujours en quinconce, à la distance de 6 mètres, et greffés sur mérisier ou sur Sainte-Lucie, mais surtout à demi-tige et non à tige élevée, comme nous en voyons trop souvent dans beaucoup de nos départements. Imitons donc les cultivateurs de Montmorency qui comprennent qu'il est bien plus facile de faire la récolte à quelques mètres du sol, que d'employer des échelles qui ne doivent servir qu'à la construction d'édifices.

Le Prunier est aussi un arbre précieux pour le verger, mais élevé à demi-tige et cultivé comme nous l'indiquerons à l'article de la taille des arbres de verger.

Les rangs de ces arbres suivront ceux des Cerisiers ; leur distance de plantation sera de 6 à 8 mètres selon la qualité du sol, mais surtout ils seront greffés sur des sujets robustes et non sur des bourgeons radicaux ou drageons.

Le drageon est moins vigoureux, plus maladif, il se tue lui-même à produire près de son pied de nouveaux drageons qui absorbent sa sève et l'épuisent. Toutes les variétés de Prunes doivent prendre place dans le verger.

Dans d'autres régions plus chaudes de la France, on cultive encore avec succès dans le verger, les *Amandiers*, *Pêchers* ; mais la prudence et la pratique nous commandent ici de ne pas prendre des exceptions très-rares pour des règles, et comme l'a dit un savant : « Les cultures fruitières de la France devraient être divisées en plusieurs régions, attendu que les cultures du Nord ne ressemblent en rien à celles du Midi. »

Si le sol de ce verger peut être planté en entier en arbrisseaux fruitiers, tout sera pour le mieux : les *Groseilliers et les Framboisiers* garniront le dessous de ces arbres par rangs espacés de 2 mètres, et à 1 mètre 50 centimètres sur le rang en quinconce : les Groseilliers formant des vases simples (*fig.* 266) sans cerceaux ni baguettes, mais simplement vidés au milieu, afin que l'air et le soleil puissent y pénétrer. Les trois séries comme *maquereaux* variés, *à grappes et cassis* devront être plantées chacune en famille.

Les Framboisiers non remontants, comme la *Hornet*, la *Gambon*, etc., destinés aux confiseurs, seront plantés par cépées (*fig*. 273) à la même distance.

Si tout ce terrain ne pouvait être planté en arbrisseaux, on pourrait admettre, comme à Argenteuil, une plantation *d'asperges,* mais par buttes isolées, à la distance de 1 mètre à 1 mètre 50 centimètres ; au printemps, cette plante ne possédant pas encore de feuilles, n'occasionnerait pas de gelées.

Des Fraisiers pourraient encore y être cultivés, car outre leurs récoltes, ils aideraient à la destruction des vers blancs, d'autant mieux qu'ils exigent l'emploi d'un paillis qui, pendant l'été, préservera le sol de la sécheresse et aidera la végétation des arbres et celle des Fraisiers.

CHOIX DES ARBRES DE PÉPINIÈRES.

Le choix des arbres, surtout si on achète, réclame une grande attention. Le pépiniériste a besoin d'écouler ses produits, quels qu'ils soient, le planteur a besoin d'arbres et de variétés susceptibles d'un beau développement et de produire d'amples récoltes vraiment rémunératrices. Il faut donc au dernier tout le savoir pour discerner ceux qui seront de son choix.

Ne déplantons pas d'arbres avant que les premières gelées blanches aient suspendu totalement la sève : avant que les feuilles soient *totalement tombées.* Le pépiniériste qui connaît l'impatience du planteur abuse déjà de trop, sans que nous l'entraînions à commettre cette faute, à nos dépens. Ceci dit, passons au choix même de nos arbres fruitiers.

Pêcher (*fig*. 19). Il doit être un scion de l'année, *et être beau*, sans être trop gros. Il doit être très droit, sans onglet, ni blessures à la plaie faite à hauteur de l'écusson (méfions-nous d'un ongletage au sécateur et plus tard *qu'en août* précédent) une plaie ronde, à hauteur de greffe, à l'aide de la serpette et n'avoir aucune déchirure. Méfions-nous d'un arbre récépé, il doit être sain et avoir poussé d'un seul jet. Méfions-nous d'un pêcher avec ramifications anticipées à la base (comme celui de la *fig*. 18). Il devra être, au contraire, garni d'yeux depuis la greffe, sur une longueur de 35 à 40 centimètres, comme celui de la (*fig*. 19), afin, que la coupe faite à hauteur d'œil on obtienne facilement comme on le voit à la (*fig*. 69) les charpentes nécessaires à l'établissement de la forme désirée, ce qui serait impossible sur celui n'ayant que des rameaux anticipés puisque leur base n'a aucun œil de reproduction. Payons le prix, mais soyons connaisseurs !!... Quant à l'appareil radiculaire, l'épiderme doit être *vif*, ce qui indique que l'arbre vient de quitter le sol qui l'a nourri, ou que, par les soins du pépiniériste, les racines ont été soustraites à l'action corruptible de l'air. Méfions-nous que les grosses racines aient été blessées par le hoyau, ces plaies contuses occasionneraient plus tard la perte du pêcher ; il faut que l'arbre ait été *déplanté*, alors muni de toutes ses racines, et non pas *arraché*, comme cela arrive trop souvent.

Prunier — *Cerisier*. Ces deux espèces ayant en tous points les qualités et les défauts du pêcher nous y renvoyons pour leur choix.

L'abricotier. Cet arbre, à noyau comme les précédents, a de différence, qu'il possède à la base de ses rameaux anticipés des yeux de remplacements, aussi actifs que ceux des arbres à pépins ci-dessus.

Poirier — *Pommier*. Pour les formes à grandes envergures, comme *Palmette simple*, *et autres*, on choisira des *scions vi-*

goureux (*selon la variété*), attendu que toutes sont loin de se développer uniformément en pépinière. Exemple : Le poirier sur *coignassier*, les scions de l'année sont en général très vigoureux. Celui *sur franc*, les scions sont souvent le contraire. Cependant le *poirier franc* constitue dans les plantations un arbre d'un grand développement, *un arbre d'avenir*, tandis que celui sur coignassier, la plupart du temps s'affaiblit avant l'âge adulte, par trop de récoltes, dans son jeune âge, récoltes qui le tuent, le plus souvent, soit par des Étés de grande sécheresse, ou par un sol qui n'est pas à sa convenance (son tempérament difficile n'en trouve de convenable que bien rarement).

Pour les *palmettes doubles sans branches-mères* et jumelles, on choisira les mêmes scions, mais plus *allongés* et *flexibles*, afin de pouvoir les plier l'année de plantation comme on le voit aux (*fig*. 85 et 87).

Pour les petites formes verticales et obliques (*fig*. 70, 89) on pourra prendre, en sus des scions vigoureux décrits plus haut, les poiriers qu'on nomme *de deux ans sans tailles*, déjà disposés, par leur coursonnement naturel, à la fructification, malgré leur jeune âge.

Pour les poiriers sous formes de pyramides demi-tige (*fig*. 135) les précédents seront préférés à ceux récépés en pépinière, que nos jardiniers nomment : *quenouilles*, c'est-à-dire ces pauvres patients, qui ont, *dans moins d'une année*, reçu, par les pieds et la tête, deux exécutions : le *recépage et l'arrachage*, aussi n'en peuvent-ils...., mais ils s'endurcissent pour la plupart, *boudent et meurent* ! Pour faire de bons arbres il faut des jeunes et non mutilés.

Le pommier, *sur paradis*, pour cordons, doit être flexible, quoique vigoureux, afin de pouvoir le plier la permière année de plantation. *Le même sur doucin*, pour vase demi-tige (*fig*. 145) doit être droit, vigoureux, avec un pied robuste.

Tous les arbres pour tiges au verger doivent avoir 2 mètres 30 centimètres sous tête, et avoir de 11 à 14 centimètres de circonférence, à 1^{m} du sol, avec une jeune tête déjà formée.

L'épiderme étant plus rugueux, résistera davantage à l'action du grand air et à l'ardeur du soleil, d'une plaine ou d'un verger. Méfions-nous de cette teinte *comme vernissée de l'écorce*, l'arbre n'est encore qu'à l'âge de l'adolescence, il n'est pas assez robuste pour supporter le milieu qui n'est plus celui de la pépinière, ni d'un jardin fruitier.

Vigne. Nous avons dit plus haut que les boutures de vignes alors non enracinées pouvaient, au besoin, servir aux plantations définitives, toutefois qu'elles seraient préparées comme nous l'avons décrit au chapitre : *Pépinières* ; mais comme choix de celles enracinées, nous préférons les marcottes simples (A *fig*. 13), et, par économie d'acquisition, munies de deux sarments, pouvant aider à obtenir deux pieds près du mur avec une seule marcotte, toutefois qu'en les plantant, on les couchera comme on le voit (*fig*. 71). Il est bien entendu que les sarments précités devront, par la maturité du bois, être robustes, ce qu'on reconnaît parfaitement en imprimant une légère torsion au jeune sarment qui laissera entendre un certain craquement que ne donne pas le bois mal aoûté. Quant au chevelu, n'y attachant pas grande importance, nous ne nous y arrêterons pas.

La Marcotte en panier ne doit pas faire le sujet d'un choix commercial, ni d'exportation ; nous avons dit notre opinion à son sujet, son utilité est dans les mains de celui qui la fait et qui la plante. Pour le choix des *Groseilliers*, *Framboisiers*, *Figuiers*, nous renvoyons à l'article pépinière.

DÉPLANTATION DES ARBRES EN PÉPINIÈRE.

Quand toutes nos dispositions sont prises, que notre sol est défoncé et remis en place, enfin que notre distribution est faite, que les arbres ont été choisis et marqués dans la pépinière, on doit savoir les déplanter sans mutiler les radicelles (le mot arracher doit disparaître lorsqu'il s'agit de retirer du sol un arbre fruitier). Comme ce sont pour la plupart des arbres greffés depuis seize ou dix-huit mois, c'est-à-dire des scions d'une année de végétation et plantés à 50 centimètres environ en quinconce, il est constant que chaque arbre a pris nourriture dans le plus grand espace qui lui a été accordé; il faut donc prendre toutes les précautions nécessaires pour enlever l'appareil radiculaire qui doit fixer au sol le jeune arbre dans le jardin fruitier. L'outil le plus propice est une sorte de houe étroite, nommée hoyau, la lame a 0,10 de partie tranchante, 0,30 centimètres de longueur, avec manche de 0,90 centimètres de longueur. A l'aide de cet outil, on ouvre d'un côté de l'arbre et à une certaine distance du pied, sans trop approcher des arbres environnants, une petite tranchée plus profonde que les racines des arbres. Cette tranchée facilitera leur déplantation, à condition qu'un coup de hoyau, enfoncé dans le sol en arrière du scion, sera donné adroitement. En tirant l'outil à soi, l'arbre est non-seulement soulevé, mais il possède toutes ses radicelles. On dépose sur le sol, espèces par espèces, étiquetées et numérotées avec soin, les arbres ainsi arrachés. Les racines seront le plus possible mises à l'abri du hâle, au besoin mises en jauge, si les arbres ne doivent être plantés que quelques jours après. S'ils sont destinés à voyager, ils ne devront pas être emballés sans que préalablement les racines aient été trempées dans une bouillie très-claire, composée d'argile fine délayée dans de l'eau; on jettera ensuite dessus un peu de terre sèche très-fine, qui formera autour d'elles une sorte de prâlin et empêchera toute évaporation. Si ce moyen était plus employé, on n'aurait pas tant d'insuccès. Si on expédie les arbres au loin, l'emballage devra être fait de manière que de la mousse fraîche enveloppe greffe et racine, en s'interposant entre elles. Le ballot sera bien serré lui-même de nattes de paille et torchis, fortement ligaturé de gros osier, se croisant dans tous les sens.

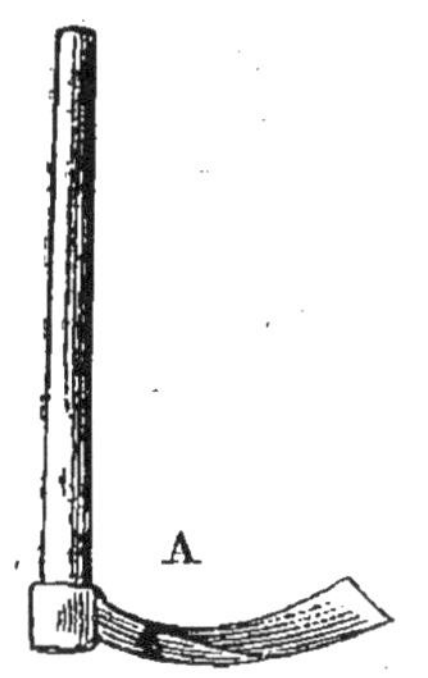

Fig. 66. — Hoyau pour déplantation des arbres de pépinière.

Malgré ce soin, si les arbres étaient surpris dans un long voyage par une gelée intense, il faudrait les faire dégeler graduellement en ne les déballant pas de suite, mais en les déposant quelques jours dans la cave et en les enterrant ensuite dans le jardin sous une couche de terre de 50 centimètres, pendant une dizaine de jours, ce qui ranimerait la sève surprise un instant par le froid. Il est toujours préférable d'élever les arbres dans la localité qu'on habite et de les mettre en place aussitôt qu'ils quittent la pépinière.

Il y a plusieurs opinions sur la végétation des arbres après leur transplantation, suivant que le sol d'où on les tire est meilleur ou plus mauvais que celui où on les transplante. Les uns prétendent que sortant d'un mauvais sol, ils prospèrent mieux dans un terrain meilleur ; d'autres, au contraire, soutiennent que nés dans un sol riche et saturé d'engrais, ils résistent mieux dans un sol mauvais ; d'autres encore disent que venant d'un sol humide et mis dans un terrain brûlant, l'arbre ne résiste pas.

Nous répondrons à ces versions différentes qu'un arbre né vigoureux a la force de résister à tout, qu'il trouve de quoi vivre où un arbre caduc ne trouve rien à son goût. S'il sort d'un terrain humide, et qu'il soit planté dans un sol siliceux, brûlant, la constitution molle, spongieuse des racines, fera que ces racines ne trouvant plus la même humidité, l'arbre pourra languir ; cependant, si au lieu d'être un sol siliceux, brûlant, ce qui est une rare exception, ce terrain était argileux et sec, un bon paillis au pied, un chaulage sur la tige, assureraient une réussite meilleure que pour un arbre pauvrement constitué, né dans un sol semblable au sol de transplantation.

HABILLAGE DE L'ARBRE.

Avant de planter, il faut avoir soin de visiter toutes les racines, dont quelques-unes sont souvent mutilées par une déplantation mal faite, ou mortes par l'effet d'un long voyage. Il faut les couper jusqu'à la partie vive, à l'aide d'une serpette bien tranchante. Cette opération est des plus utiles ; car, en la négligeant, il pourrait en résulter une production de gomme aux arbres à fruits à noyau, ou la formation de chancre sur ceux à pépins.

Depuis quelques années, des discussions ont eu lieu entre plusieurs écrivains : les uns prétendaient qu'il fallait couper les grosses racines très courtes, même en supprimant le chevelu; d'autres, au contraire, faisaient remarquer l'avantage de conserver l'appareil radiculaire. Nous avons voulu nous en rendre compte et, par l'expérience comparative de grand nombre d'années nous pouvons affirmer qu'un arbre reprend beaucoup mieux lorsqu'il est muni d'une grande quantité de bouches, aspirant dans le sol les substances qui lui sont propres. Par exemple : un poirier ou un pommier sur franc, ne reprendra que très-lentement la première année, tandis que, sur coignassier et sur paradis, outre la reprise, on obtient encore des bourgeons quelquefois très vigoureux ; le pêcher sur amandier pousse moins la première année que lorsqu'il est sur prunier ; de jeunes arbres reprennent mieux que les vieux, et cela tient à ce que ces derniers n'ont que des pivots dénudés. Il faut donc conserver toutes les racines et radicelles fraîches et bien constituées. On les taillera à la serpette, mais de façon que la section soit nette et sans biseau apparent, afin que lorsque l'arbre sera planté, les plaies touchent le fond de la tranchée, ce qui excite la formation d'un bourrelet de cambium, où prennent naissance les radicelles munies de spongioles qui, par aspiration, nourrissent l'arbre tout en le fixant à sa nouvelle demeure.

A mesure que les racines d'un arbre sont préparées, on doit faire subir aux rameaux une taille analogue, mais appropriée aux différentes espèces de fruits et aux formes que doivent recevoir les arbres. Quelques discussions se sont encore élevées, dans ces dernières années, à l'effet de savoir s'il fallait ou non retrancher une partie des rameaux des arbres au moment de la plantation ; il nous a été facile de reconnaître que les feuilles étaient aux racines ce que les racines étaient aux feuilles, c'est-à-dire que si les unes sont coupées, il faut raccourcir les autres avant la plantation. Cela permet encore de mieux placer l'arbre, surtout si on le destine pour l'espalier.

HABILLAGE DES POIRIERS ET POMMIERS.

Comme les yeux des arbres à pépins restent latents et ne s'éteignent jamais, on peut en profiter pour laisser les arbres s'attacher au sol la première année et bien souvent la seconde, avant de demander la force nécessaire à la formation de leurs premières charpentes latérales qui devront être d'autant plus vigoureuses, qu'elles auront, plus tard, à redouter la concurrence de celles placées au-dessus d'elles et alimentées par une sève abondante fournie par un arbre de plus longue date de plantation. Aux arbres peu vigoureux, nous conseillons même de ne les rabattre que l'année subséquente, on y gagnera par la suite. Pour toutes les formes sans exception, on ne supprimera que le tiers supérieur du scion (E, *fig.* 16 et 17) et de chacune des ramifications anticipées (E) de chaque arbre, s'il en était pourvu, excepté sur les arbres de 2 ans sans taille, destinés au petites formes, auxquels on cassera en fin de mai. et à trois yeux pour la mise en fruit (A, *fig.* 90), les ramifications latérales, se réservant, pour l'hiver suivant, de tailler l'axe à la hauteur nécessaire pour préparer la forme assignée, lors de la distribution du jardin.

Les *Pommiers greffés sur paradis*, et même sur doucin, réclament, quant aux sujets, un habillage particulier, attendu que ses derniers s'enracinent jusqu'à la greffe elle-même, par le fait seul de l'humidité de la surface du sol. Aussi, et afin d'éviter cet enracinement qui serait l'affranchissement de l'arbre (comme on le voit à la *fig.* 20), conseillons-nous de supprimer, à l'aide de la serpette, toutes les nodosités ou amas de cambium, ainsi que les radicelles qui garnissent le sujet, des racines à la greffe. Cette suppression sera faite sur une longueur de 8 cent., au moins au-dessus de cette dernière, afin que, lors de la plantation cette greffe se trouve placée à 5 cent. au-dessus du sol le plus relevé de la plate-bande de mise en place.

On sait que la déplantation et la plantation durcissent l'écorce des rameaux et des arbres. Elle est alors peu disposée à se distendre pour permettre librement le passage de la sève. Il faut donc, avec la pointe de la serpette, opérer sur l'épiderme des rameaux et des grosses racines, une incision longitudinale. Cette incision légère dilatera l'écorce endurcie, livrera passage à la sève et par la formation de bourrelets de cambium le long de l'incision, donnera naissance à de jeunes radicelles.

HABILLAGE DES PÊCHERS, ABRICOTIERS, CERISIERS, PRUNIERS.

Avant la plantation, tous ces arbres doivent être traités de même, selon les formes auxquelles ils doivent être soumis. Si les Poiriers et les Pommiers ont l'avantage de donner une vie nouvelle aux yeux latents, il n'en est malheureusement pas de même des arbres à noyau, à l'exception de l'Abricotier qui perce très bien sur vieux bois. Donc, si tous ces arbres sont destinés à de grandes formes devant donner naissance, à 30 centimètres du sol, à des branches latérales inférieures, on sera obligé malgré soi de couper la tête de ces pauvres patients à 30 centimètres au-dessus du collet, en ayant bien soin surtout que la coupe, faite avec une serpette bien tranchante, soit en biseau très court et opposé à l'œil terminal combiné (E, *fig.* 19). La partie la plus basse du biseau sera à la hauteur de la naissance de l'œil et la partie la plus élevée juste à sa pointe. On recouvrira de suite ce biseau de mastic à greffer, ou mieux de peinture ; sans cette précaution indispensable, l'air pénétrant continuellement dans les tissus mêmes du bois occasionnerait la décomposition de la plaie et par cela causerait la carie.

Pour les formes en cordons obliques simples et cordons verticaux, on ne doit couper à l'arbre que le tiers supérieur de sa longueur et sur un œil bien constitué qui deviendra l'œil de prolongement, mais à la condition que les ramifications anticipées du dessous auront chacune à leur base un œil de remplacement. Dans le cas contraire, l'arbre serait raccourci jusqu'au dessous de ses ramifications dénudées. Quant à l'œil de prolongement de la charpente, on le choisit, le plus possible, du côté où l'écusson a été posé sur le sujet. On doit le choisir parmi ceux qui sont nés sur bois bien aoûté, ce dont on se rend facilement compte par le changement de couleur de l'écorce de l'arbre. De la base au sommet, l'écorce est de moins en moins foncée et souvent, dans les Pêchers, principalement sur l'amandier, elle conserve nne couleur verte comme herbacée. Cela explique comment, en se servant d'un œil terminal né sur cette partie peu lignifiée de l'arbre, le prolongement qui en naîtrait serait pauvrement constitué.

HABILLAGE DE LA VIGNE.

La Vigne reçoit un habillage particulier et des plus utiles à sa végétation ; on se sert de plusieurs sortes de plants : la marcotte en panier, la marcotte simple à racines nues, et la crossette ou bouture ; il y a bien encore le semis d'yeux, mais il n'est profitable qu'au pépiniériste, ou au multiplicateur de nouveautés.

La marcotte en panier a ses racines dans la terre de la motte, on taille à la serpette celles qui peuvent sortir du panier.

Les racines nues de la marcotte simple ont besoin d'être visités et taillées à la serpette, sans avoir égard à la longueur à supprimer : le retranchement ne cessera qu'autant que l'outil sera arrivé à la partie vive des radicelles. L'extrémité du vieux sarment enraciné détaché du pied mère sera coupée au-dessous et près d'un nœud de la jeune marcotte, afin de favoriser l'émission des radicelles. Parmi les sarments de la marcotte, on choisit celui qui est le plus vigoureusement constitué (*fig.* 13, B), et on supprime les autres (C), on conserve quelquefois les deux plus vigoureux par économie dans les plantations, comme nous l'avons dit plus haut. Par une torsion adroitement faite, on rompt toutes les fibres du sarment. On ébourre les yeux inférieurs jusqu'à la hauteur de 80 centimètres à 1 mètre, y compris la partie enracinée (D, *fig.* 13) ; on décortique la partie ébourrée du sarment au-dessus des racines, c'est-à-dire qu'on supprime l'écorce dure et inerte qui enveloppe le sarment ou au moins quatre petites bandelettes parallèles d'épiderme. Cette opération, pratiquée à la serpette (A, *fig.* 42), a pour but de mettre le tissu sous-épidermique en contact avec l'humidité du sol, ce qui facilite la prompte sortie des racines, aussi bien dans l'entre-nœud, au mérithalle, qu'au nœud même, et elle procure à une marcotte simple plus de sève que la marcotte qu'on achète en panier et que le pépiniériste vend cher.

Les boutures et crossettes sont habillées comme les marcottes simples, si elles ont acquis, en pépinière, la même constitution; dans le cas contraire, elles ne seraient décortiquées que sur du bois bien mûr, en conservant deux bons yeux pour asseoir la taille au-dessus du sol après la plantation (A, *fig.* 71, et D, *fig.* 13).

HABILLAGE DU GROSEILLIER.

Pour une plantation de Groseilliers, on se sert le plus communément de plants élevés de quatre manières différentes : par semis, par éclats de vieilles souches, par marcottes et par boutures.

Nous ne nous occuperons pas du plant de semis qui doit rester dans les jardins des amateurs cherchant à obtenir quelque nouveauté parmi des milliers de pieds; le plant provenant d'éclats de vieilles souches ne peut nous servir davantage, car il est épuisé par le pied mère ou il a une propension à drageonner, nous préférons les marcottes et boutures qui sont saines, bien enracinées et vigoureuses.

La suppression à faire aux racines et sur la tige est la même que pour les fruits à noyau, avec cette différence que, s'ils sont destinés à former des vases simples ou composés, on doit les couper à 20 centimètres au-dessus du collet (A, *fig.* 265), afin que le vase ne commence à se bifurquer qu'à cette hauteur; il faut éviter surtout que les branches prennent naissance à fleur du sol (B, *fig.* 264), ce qui salirait les fruits et empêcherait plus tard la facilité d'un rajeunissement.

HABILLAGE DU FRAMBOISIER.

Le plant doit provenir naturellement de drageons arrachés autour de cépées, drageons premiers-nés au printemps et laissés exprès ; ils peuvent être mis en place de suite ou plantés un an en pépinière, mais nous ne conseillons ce mode qu'autant qu'on pourra, l'année suivante, les lever en motte ; il vaut mieux favoriser le jeune plant par quelques arrosements, quelques façons ou paillis au sol où il s'élève et l'hiver suivant le planter en place. Alors, comme habillage, on taille avec la serpette les racines comme aux arbres fruitiers, mais on ne doit retrancher sur la tige que le tiers supérieur simplement avec le sécateur et conserver beaucoup de feuilles qui aideront à la reprise du pied et favoriseront l'émission des bourgeons radicaux qui doivent constituer les tiges fructifères de l'année suivante.

On aura soin l'année de plantation de supprimer les fruits que pourraient donner le vieux bois ou les nouveaux bourgeons.

HABILLAGE DU FIGUIER.

Si l'on plante les figuiers par drageons enracinés, par boutures Rivière ou par marcottes en panier, on ne retranche guère que l'extrémité des racines, comme il a été dit pour la vigne ; le tronçon inférieur de la tige, enraciné et détaché du pied-mère, n'est que rafraîchi à la serpette. La tige ne réclame aucune suppression.

PRALINAGE.

Au moment de la plantation, le prâlinage est une opération des plus utiles à la reprise de l'arbre : on procure ainsi aux racines cet engrais bienfaisant où les spongioles puisent leur première nourriture. Le prâlinage préserve aussi les racines du hâle pendant les préparatifs utiles aux plantations. Aussi, aucun arbre ne doit être planté si ses racines n'ont été préalablement plongées dans une bouillie ainsi composée : on se procure un baquet ou tinette plutôt profond que large, on y dépose une quantité d'argile fine, de bouse récente de vache, de crottin de cheval, de purin ou urine de bestiaux, de sulfate de fer pulvérisé, ce dernier déposé dans la bouillie au moment de plonger les racines des arbres, qui ne seront mis en place qu'après adhérence du prâlin aux racines.

Proportion gardée pour 30 litres de contenu : argile fine ou rendue telle, 18 *litres*, bouse de vache et crottin de cheval, 12 *litres*, du purin en quantité nécessaire pour délayer ces substances en bouillie, et le sulfate de fer ou couperose verte à raison de 250 grammes.

DISPOSITIONS PRÉALABLES A LA PLANTATION.

Avant de planter les arbres et les arbustes fruitiers, on doit prendre ses dispositions et amener près des plantations tout ce qui est utile pour l'opération : de bon fumier de basse-cour à demi décomposé, ou, si on peut, des gadoues de ville, et pour les vignes de bon terreau de couches. Si l'eau n'est pas à portée, il faudra en amener à l'aide de tonneaux.

De petits piquets seront aussi mis à la place que l'arbre doit occuper, si l'on opère isolément. Ces petits piquets qui marquent juste l'endroit de la plantation servent plus tard de tuteurs, soutiennent le jeune arbre contre les vents et dressent la jeune pousse terminale, l'année de la plantation. Si la plantation doit se faire près d'un mur ou d'un contre-espalier, la place de l'arbre sera marquée exactement au moyen d'un jonc, d'un brin d'osier ou d'une trace de crayon.

On ouvrira ensuite le sol par tranchées continues ou par trous isolés, selon que les arbres devront être rapprochés ou éloignés. Le fond des trous devra toujours être de forme convexe (A, *fig.* 68). Tout devra être disposé à l'avance, afin que la plantation se fasse rapidement.

Si les arbres doivent être rapprochés, comme lorsqu'on les

dispose en cordons obliques, verticaux, etc., on ouvrira une tranchée dans le sol défoncé, comme il a été dit, tout le long des murs ou des contre-espaliers. Sa largeur sera de 45 à 60 centimètres et sa profondeur de 30 à 40 centimètres. Le fond de la tranchée devra être plus élevé près du mur et présenter la forme d'ados.

Pour les *poiriers*, destinés à de grandes formes et devant, par suite, être plantés à des distances plus ou moins éloignés, on ouvrira le sol par trous isolés, larges au moins de 60 centimètres et profonds de 40 à 50 centimètres (toujours un sol défoncé préalablement).

On agit de même pour les arbres tiges et demi-tiges dans le verger.

Les *pommiers* qui doivent être disposés en cordons horizontaux, n'ayant relativement que peu de pied, les trous isolés n'auront qu'une profondeur de 30 centimètres sur une largeur de 45 à 60 centimètres. Mais s'ils sont placés le long des espaliers pour formes rapprochées, on ouvrira une tranchée de cette dimension le long du mur.

Pour les *Pêchers*, *Pruniers*, *Cerisiers*, *Abricotiers*, la même préparation des trous ou des tranchées aura lieu. La profondeur des trous variera suivant que les arbres seront greffés sur des sujets à racines pivotantes ou traçantes. Il faut surtout que les trous soient plus larges que profonds.

Les *Groseilliers et les Framboisiers* demandent à être plantés au-dessous du niveau du sol. Les trous auront alors 40 centimètres de profondeur sur 45 à 60 centimètres de largeur, à cause du rechaussement annuel qu'ils réclament. On conservera un petit bassin autour de chacun des pieds après la plantation.

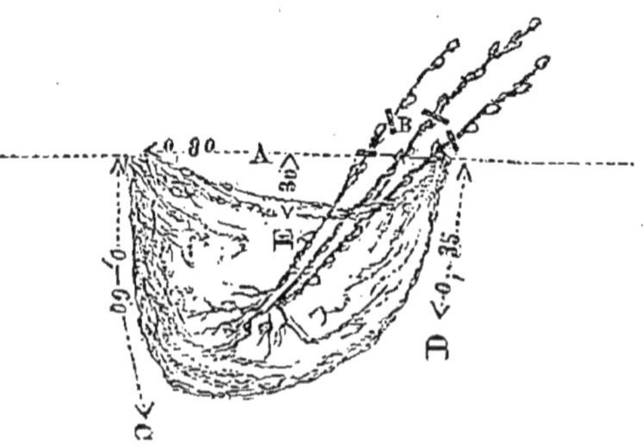

Fig. 67. — Trou et bassin avec jeune Figuier après sa plantation.

Pour les *Figuiers* les

petites fosses destinées à les recevoir auront une disposition toute particulière. On leur donnera une longueur de 80 cent. (A, *fig.* 67) et une largeur de 60 c. La profondeur, à l'un des bouts, sera de 60 c. (C); au bout opposé par lequel devront sortir obliquement les jeunes branches, elle ne sera que de 25 cent. (D).

Un bassin de 30 centimètres de profondeur sera pratiqué autour de l'arbuste, après la plantation, afin de conserver plus de fraîcheur aux jeunes plants.

ÉPOQUE DE PLANTATION.

L'époque de la plantation varie selon les terrains. On peut la pratiquer depuis l'arrêt de la sève de la fin d'été jusqu'au réveil de la végétation. Il nous est arrivé d'effeuiller des Poiriers en septembre et en octobre pour des transplantations obligées; la reprise a été parfaite, et l'été suivant, ils étaient presque aussi vigoureux que ceux non transplantés. D'autres fois, nous avons planté au printemps, à l'époque où les boutons commencent à s'ouvrir, en ayant soin de prâliner les racines, de chauler les branches, de couvrir le sol d'un bon paillis, de bassiner les feuilles pendant les grandes chaleurs, et la reprise a été aussi bonne que si l'arbre avait été planté en novembre. Il a fallu seulement en prendre un peu plus de soin.

Nous concluons donc qu'il vaut mieux planter tôt que tard, et que si on était dans l'obligation d'effectuer une plantation tardive, il faudrait placer les arbres en jauge, dans un terrain froid, à l'exposition Nord, afin d'en retarder la végétation. En règle générale, dans un sol chaud et léger, on doit planter avant l'hiver, et dans un terrain froid et humide, en février. Pour la Vigne, les Framboisiers et autres bois mous, la plantation en février est préférable à celle d'automne.

MISE DES ARBRES EN PLACE.

La plantation d'un arbre influe beaucoup sur son existence, aussi ne prend-on jamais trop de précautions. Le collet doit être placé au-dessus du sol environnant et n'être jamais enterré (B, *fig.* 68) ; il doit être à 8 centimètres du pied de la

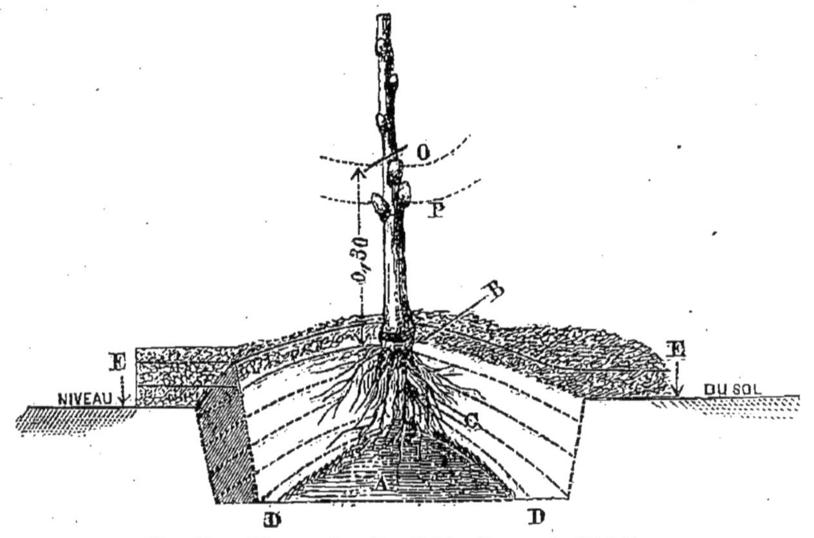

FIG. 68. — Mise en place d'un Poirier d'un an de Pépinière.

muraille, de sorte que la coupe faite à la tige s'appuie auprès d'elle (A, *fig.* 69), ce qui donne à l'arbre une position oblique, de façon que les racines s'éloignent du mur et puisent leur nourriture (B, *fig.* 69) dans le sol plus facilement.

On ne s'arrête pas à la position de la greffe, mais bien à celle des yeux qui doivent servir à l'établissement des branches charpentières latérales (C, *fig.* 69) à moins que cet arbre ne soit destiné à des formes simples, comme le cordon vertical, etc., cas où la greffe pourra être placée en avant. Pour les Poiriers obliques, la greffe, toujours, sera placée au-dessous, afin d'éviter, en baissant l'arbre, qu'il ne forme un coude à hauteur du premier fil de fer. Ce qui vient d'être dit s'applique aux contre-espaliers, mais si les plantations sont isolées, les arbres seront placés d'aplomb, en conservant le collet toujours au niveau du sol exhaussé relativement au sol environnant (B, *fig.* 68).

Pour les arbres en forme oblique, principalement les Poiriers de deux ans sans taille, que nous recommandons instammen pour la mise à fruit prompte et assurée, on doit placer les arbres dans la position que montre la (*fig.* 70) où on voit l'arbre

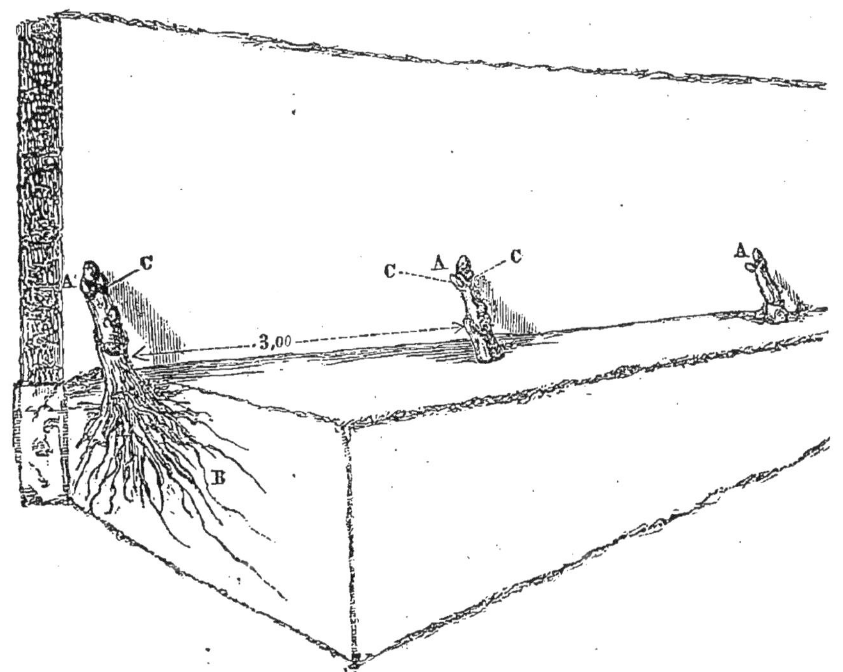

Fig. 69. — Plantation de Pêchers pour palmettes.

incliné à droite de 10 centimètres de la perpendiculaire, à hauteur du premier fil de fer (D), afin de l'habituer à s'incliner graduellement et aussi à mieux placer ses racines que s'il était de suite incliné à 45 degrés. Les palmettes jumelles, de la (*fig.* 87), se placent afin qu'ils se convergent à hauteur du premier fil de fer avec un œil sur le coude. On voit aussi que le jeune arbre est palissé en hémicycle (D), la pointe presque d'aplomb avec son pied, pour faciliter l'ascension de la sève et éviter le développement des gourmands à sa base, en favorisant aussi le prolongement.

Il faut toujours être deux pour opérer la plantation. L'un

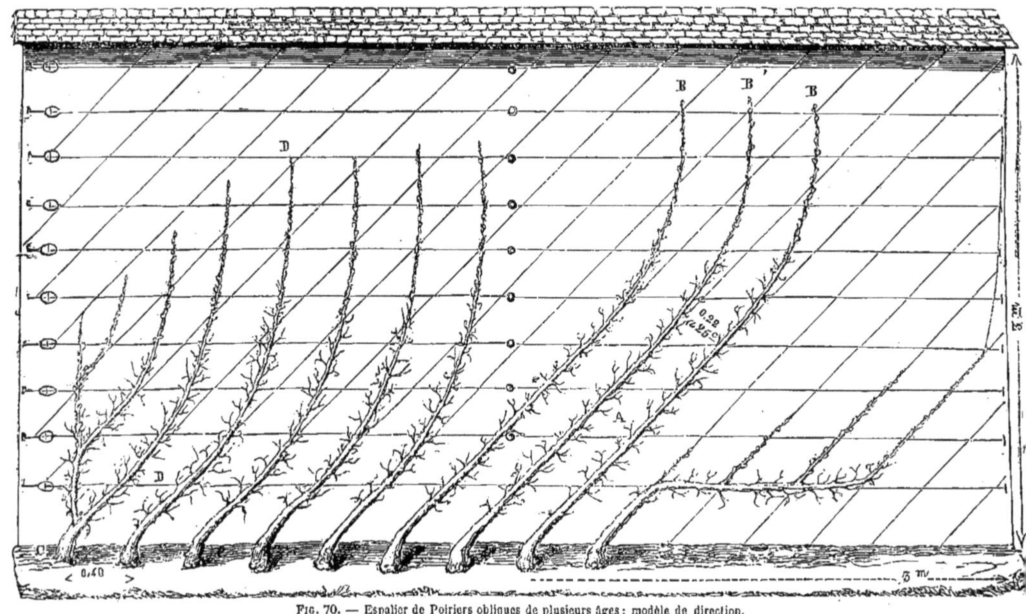

Fig. 70. — Espalier de Poiriers obliques de plusieurs âges ; modèle de direction.

place l'arbre, reçoit la terre et l'introduit dans les racines, en remplissant les cavités avec les doigts, de manière qu'il ne reste aucun vide et que les racines soient posées obliquement, telles qu'elles étaient dans la pépinière (C, *fig.* 68), l'autre jette la terre, la plus légère qu'il ait à sa disposition, à l'aide de la bêche, qu'il a soin de secouer au-dessus de la main de celui qui plante. Ce résultat pratique s'obtient en serrant et tournant fortement d'une main la pomme de la bêche par un va et vient, tandis que l'autre main, près de la lame, ne fait que porter la charge ; la terre la plus douce tombe alors entre les racines et facilite beaucoup la mise en place. Ceci fait, on couvre l'appareil radiculaire d'un cône de même terre de 5 centimètres d'épaisseur, pour qu'il ne reste aucun vide (D, *fig.* 68); on verse de l'eau avec l'arrosoir à pomme ou à disque régulateur (système Tierce) bien préférable aux anciens arrosoirs, pour servir de véhicule aux molécules terreuses et pour les introduire directement dans la cavité entre les racines (C, *fig.* 68). Il faut bien se garder de secouer l'arbre et de piétiner la terre, ce qui placerait les racines en faisceau et plomberait le sol en pressant l'arbre comme dans un étau. On enveloppe aussitôt le cône d'une couche de quelques centimètres de bon fumier fait, jusqu'à 10 centimètres près du collet. On finit de remplir de terre la cavité restant au sommet du cône, jusqu'à hauteur du niveau du sol (E, *fig.* 68).

Par ce mode de plantation, le fumier se décompose lentement, et lorsque les racines traversent la première couche de terre, elles rencontrent un sol saturé d'humus. Gardons-nous bien de mettre du fumier au-dessous des arbres en les plantant, ce fumier pourrissant et diminuant de volume ferait enfoncer l'arbre dans le sol, et le placerait ainsi dans une position des plus mauvaises, puisqu'il serait en contre-bas même de l'extrémité de ses racines. Ce fumier serait d'ailleurs inutile, l'humus ne remontant jamais. Un cône de terre sera établi autour des arbres tiges et demi-tiges du verger, afin de les maintenir d'aplomb pendant le tassement du sol et jusqu'à ce qu'un tuteur soit placé définitivement.

En février ou mars suivant, lorsqu'il n'y a plus à craindre de tassement, on peut palisser l'arbre et le badigeonner d'un lait de chaux qui, par sa couleur blanche, évite l'évaporation de la sève qu'il contient et le préserve des hâles de mars si préjudiciables à sa reprise. Ce lait est composé de deux tiers de chaux vive et un tiers d'argile fine délayés dans l'eau : on emploie cette bouillie claire avec un gros pinceau, en le promenant de bas en haut, dans la crainte de casser les yeux ou les rameaux. Le blanc d'Espagne, délayé dans du lait, est préférable.

La plantation de la Vigne différant de celle des autres arbres, nous allons l'expliquer séparément. Il y a à ce sujet diverses opinions : les uns prétendent que pour avoir des vignes vigoureuses, il faut un long sarment enterré, la vigne étant deux fois couchée avant d'arriver à l'espalier ; d'autres, au contraire, ne laissent de racines à la jeune bouture que près des murs. Là encore, il faut avoir expérimenté pour répondre, et comme la nature n'a pas deux chemins, il nous a été facile d'adopter l'une et de rejeter l'autre. Ainsi nous avons vu des marcottes vivant quelques années par le chevelu développé sur tout le parcours enterré à 1 mètre du mur ; mais, graduellement, celle de l'extrémité s'atrophièrent et il ne resta plus que les racines près du mur, et à une distance de 40 ou 50 centimètres qui conservèrent un bon diamètre, contribuant seules à la nourriture des cordons. Il s'ensuit donc qu'on ne doit jamais planter les vignes loin des murs, mais directement près de l'espalier (A, *fig.* 71), avec un sarment décortiqué (B, *fig.* 71) long de 80 centimètres, pour que les racines nées sur tout le parcours hâtent l'établissement de la jeune vigne qui, plus tard, ne puisera plus sa nourriture que par les seules racines situées près du mur.

On ouvre donc une tranchée, tout le long de l'espalier, sur une largeur de 1 mètre ; le fond, incliné en s'éloignant du mur, aura 30 centimètres de profondeur et 0 seulement près de la muraille. On pourra ainsi planter obliquement la marcotte, ce qui facilitera beaucoup l'ascension de la sève. Chaque vigne, habillée et pralinée, sera couchée transversalement sur toute la largeur de la tranchée, en face la place qu'on lui a destinée. La personne qui plante pose un pied sur l'extrémité du sarment

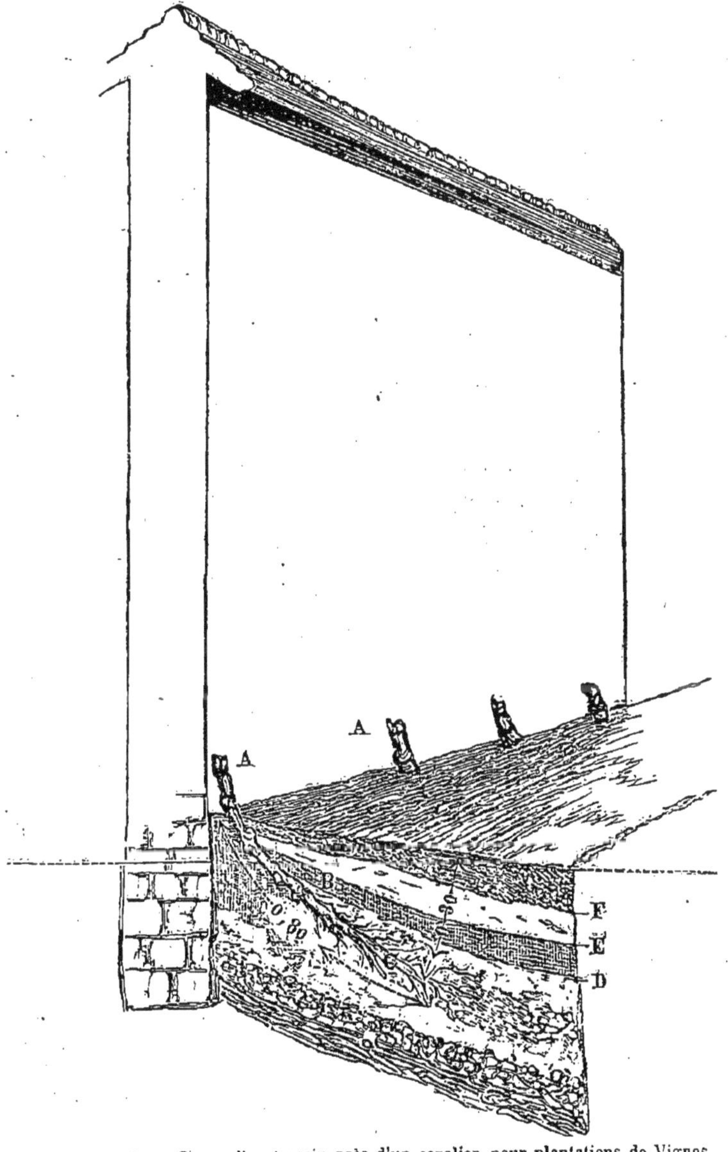

FIG. 71. — Coupe d'un terrain près d'un espalier pour plantations de Vignes.

(C, *fig.* 71) et l'autre près du mur, afin d'aider à la formation d'un coude qui permet de la redresser près de la muraille;

l'ouvrier jette sur les pieds du planteur une bêchée de terre pour consolider le sarment dans sa position, comme le faisait les pieds eux-mêmes; on recouvre la marcotte de 5 centimètres de bon terreau de fumier (D), puis de 5 centimètres de terre (E); on arrose le tout; on garnit la tranchée d'une couche de quelques centimètres de fumier à demi décomposé (F) et on la remplit avec la terre qui en provenait.

Vers la fin de février, on coupe les jeunes vignes à deux yeux au-dessus du sol, en ayant bien soin de ménager un onglet (A, *fig.* 71). On buttera de sable en (A, *fig.* 71) chaque vigne nouvellement plantée et aussitôt coupée à 2 yeux, les sarments qui en proviendront seront bien plus vigoureux que par les anciens procédés. A la fin de mars, il faut garnir les costières d'un bon paillis de vieux fumier demi-décomposé, où, à défaut, on emploiera de vieilles feuilles, de la litière, enfin tout ce qui peut contribuer à maintenir la fraîcheur et la porosité du sol de toutes les plantations. Avant d'étendre le paillis on dépose sur le sol, une légère couche de bicarbonate de potasse des ménagères, qui agira activement en faveur de la végétation des vignes.

EFFETS D'UNE PLANTATION ROUTINIÈRE.

Beaucoup de personnes ont été à même d'apprécier, à leurs dépens, ce chapitre. En effet, que de poiriers chlorosés, que d'arbres rachitiques, malgré leur jeunesse, que de pommiers plantés antérieurement sur paradis et aujourd'hui affranchis par une plantation vicieuse! Comme ce Poirier d'Epargne de la (*fig.* 20), qui planté trop profondement, s'affranchit et ne produisit plus. Que de pêchers perdus faute d'une plantation bien comprise! Que de vignes ne donnant que du verjus pour avoir été élevées et palissées au-dessus des murs de jardin, là où règne la température la plus froide, jointe à une plantation faite dans un sol trop substantiel! Que de Poires tavelées et pierreuses, produites par des arbres en plein vent lorsqu'elles exigeaient le mur le mieux exposé! Les *Doyennés d'hiver, Saint-*

Germain, *Crassane*, *Beurré gris*, *Beurré d'Hardenpont*, ne sont-ils pas les premiers victimes de cette ignorance, tandis qu'aux bonnes expositions, on plantait des poires à cuire, comme : *Catillac*, *Curé*, *Chaumontel*, *Martin sec*, *Messire Jean*, *Bon chrétien d'Espagne*, et autres qui s'accommodent si bien du verger ?

Que de Pommiers remplis de chancre, comme le *Canada*, *Calville* et autres pour avoir été greffés sur franc, lorsqu'ils réclamaient le sujet paradis, etc., etc.

CHAPITRE V

INSTRUMENTS ET OUTILS UTILES A LA CONDUITE DES ARBRES.

En première ligne, nous devons mettre l'antique *Serpette*, avec les perfectionnements modernes dus à un coutelier habile, M. Brassoud, de Paris, suivis par MM. Récamier de Carrière Saint-Denis (Seine-et-Oise) et Hardivillé de Chambly (Oise). Elle est formée d'une lame de 8 à 9 centimètres de long, recourbée obliquement jusque vers la pointe, ce qui oblige à faire une coupe nette. Elle est solidement montée dans une garniture de fer recouverte d'un manche rugueux en corne de cerf. Une petite scie à dents de brochet, inclinées vers le manche et qu'on nomme passe-partout, à cause de sa grande utilité, y est aussi adaptée. C'est l'outil indispensable qui sert à la coupe des rameaux, aux cassements, aux rafraîchissements des plaies où la scie a passé, à l'enlèvement des chancres, de la gomme, etc. (*fig.* 27). Une autre petite *Serpette simple* est aussi nécessaire pour pratiquer les incisions longitudinales, couper les bourgeons et pour toutes les petites opérations en vert sur le Pêcher.

Les *Sécateurs Rivière et Hardivillé* (*fig.* 25 et 26) sont deux instruments qui se recommandent d'eux-mêmes, tant par le fini que par la combinaison des lames de rechange, de la rugosité du manche, qui fait qu'il ne glisse jamais dans la main, par les ressorts de rechange qu'on remet soi-même surtout celui perfectionné de Hardivillé qui a aussi un genre de fermeture que chacun apprécie aujourd'hui.

Le sécateur est surtout utile pour la coupe des rameaux fruitiers du pêcher et de la vigne, pour le rapprochement des rameaux fruitiers des arbres à pépins, etc.

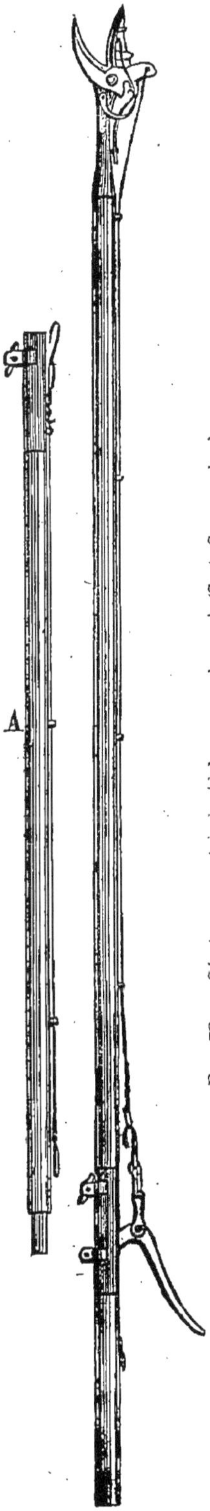

L'égoïne (*fig.* 24) est un instrument utile pour la suppression des grosses branches, etc. ; mais il ne faut pas en abuser, c'est-à-dire qu'il faut éviter de laisser pousser des branches inutiles pour être obligé de l'employer. En effet, elle laisse de grandes plaies où se forme la carie, malgré les soins qu'on apporte pour les soustraire à l'action de l'air par une couche de substance grasse dont nous avons déjà parlé.

Fig. 72. — Échelle simple à palisser.

Une Échelle simple (*fig.* 72), en sapin, avec échelons plats en chêne ou en fer creux, deux arcs-boutants en fer rond avec boutons A, adaptés au sommet de l'échelle, pour l'éloigner du mur lors qu'elle est appliquée, afin de ne pas blesser les arbres, sert encore au palissage près des espaliers.

Une Echelle double a aussi son utilité pour le travail et la cueillette des arbres du verger.

Le *Sécateur-emporteur à pédale* (Sys. Gourguechon) pour la cueille des poires, la taille, l'échenillage, etc. à de grandes hauteurs (*fig.* 73), en fait un outil de première nécessité pour nos vergers.

Fig. 73. — Sécateur-emporteur à pédale avec prolonge A (Syst. Gourguechon).

Un *Marteau* rond à palisser, monté à clavettes (*fig.* 74), un *Panier* (*fig.* 75), des *Clous* (A, *fig.* 76) et des loques (B) sont

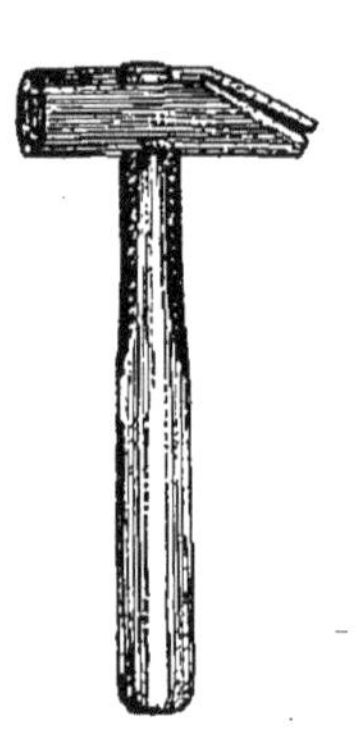

Fig. 74. — Marteau à Palisser.

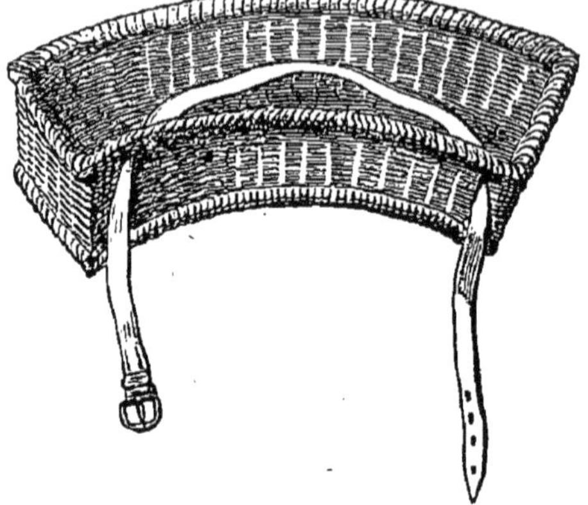

Fig. 75. — Panier à palisser (Montreuil).

très-utiles pour le palissage des Pêchers sur les murs crépis en plâtre (C, *fig.* 76).

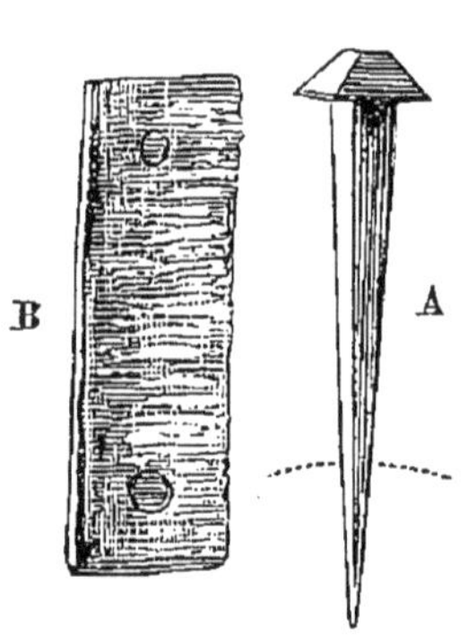

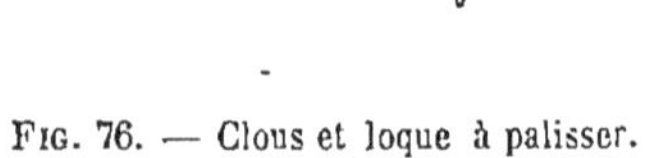

Fig. 76. — Clous et loque à palisser.

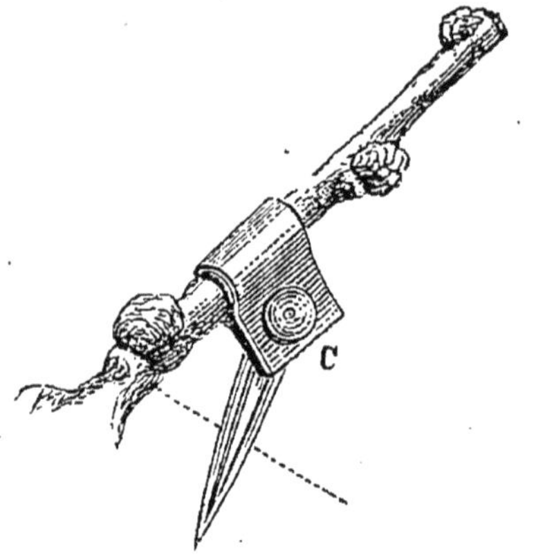

Fig. 77. — Palssage d'un mur plâtré.

Des baguettes sont de toute nécessité pour diriger les branches charpentières, et pour aider aussi l'équilibre de l'arbre plus efficacement que ne pourrait le faire aucun instrument.

L'*osier jaune* s'emploie pour le palissage en sec des branches charpentières sur les baguettes.

Le *jonc* de marais, cultivé à mi-ombre et en bordure sur le terrain le plus frais du jardin où il acquiert plus de qualités qu'à l'état sauvage, doit être coupé à la fin de l'été, mis au grenier pour y sécher et où il se conserve indéfiniment. Pour l'employer, on le met la veille de s'en servir dans l'eau froide, ou, quelques moments seulement avant dans l'eau bouillante. Le Raphia Tadigœra (fibre d'un palmier) est une de nos ligatures précieuses pour les jeunes bourgeons.

MANIÈRE DE SE SERVIR DES INSTRUMENTS.

On doit faire la section avec onglet, si l'on opère sur la Vigne ou des bois à large étui médullaire. La plaie ne se cicatrisant jamais à la hauteur de la section, il devient utile de couper plus haut que l'œil combiné, pour que cet œil conserve toute la vigueur nécessaire. La section se fait à 15 millimètres environ de la naissance de l'œil (A, *fig*. 78).

Sur toutes les autres espèces, au contraire, cette coupe doit être faite juste à la hauteur de la naissance de l'œil (B, *fig*. 78).

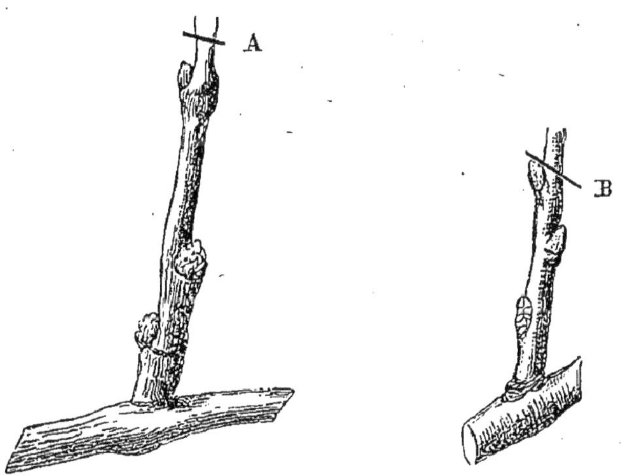

Fig. 78. — A, Sarment de Vigne. B, Rameau de Poirier; manière de couper.

Autrement, la mortalité gagnant de proche en proche, il en résulterait affaiblissement du rameau de prolongement de la charpente, la carie gagnerait l'empâtement même, et ce rameau, privé de sève, enveloppé de toutes part de bois mort, finirait par mourir dans un temps plus ou moins rapproché. Il faut, au contraire, que la plaie soit recouverte par la sève le plus promptement possible.

Pour opérer, on tient le rameau de la main gauche, le pouce appuyé sur l'œil, et de la main droite, on pose la base de la lame sur la face opposée et juste à la hauteur de l'œil. On tire la serpette vers sa droite et le rameau est tranché net sans laisser d'onglet. Il faut éviter de faire la section avec biseau plus bas que l'œil, ce qui le priverait de la moitié de la sève, puisque le rameau ne vivra qu'à l'aide des vaisseaux placés au-dessous de lui.

La serpette sert aussi aux cassements complets des rameaux fruitiers. On place à plat, sur le rameau, la lame de la serpette, le tranchant à la hauteur où l'on veut casser. On maintient la lame avec le pouce, on rompt le rameau en lui imprimant un mouvement brusque dans le sens du tranchant de la lame. La pointe de la serpette sert aussi à opérer des incisions longitudinales sur l'épiderme des rameaux, des branches et du tronc de l'arbre, afin de faciliter l'ascension de la sève (A, *fig.* 79). Pour agir promptement, la main droite doit tirer l'outil en descendant, tandis que le pouce de cette même main dirige l'instrument.

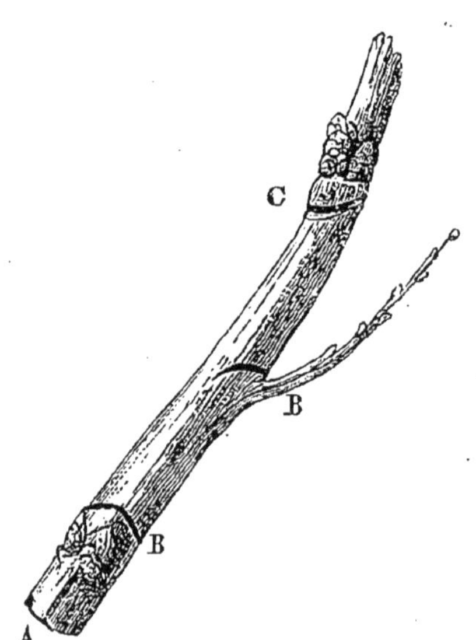

Fig. 79. Fragment de branche avec cran et incision.

La serpette sert encore, à l'époque de l'ascension de la sève, à aider le développement d'un œil latent ou d'une branche faible, par une entaille en croissant faite à l'écorce en entamant la circonférence de l'aubier au-dessus de cet œil ou de cette branche (B, *fig.* 79) ou, au contraire, à dévier la sève d'un œil ou d'une branche placée trop favorablement par une même entaille au-dessous (C, *fig.* 79). Pour bien opérer, il faut, avec la main droite, tenir la pointe de la lame transversalement à la branche, juste au-dessous ou au-dessus du point donné, et appuyer le pouce de la main gauche sur le dos de la lame pour la faire pénétrer dans l'épaisseur de l'écorce et de l'aubier. Puis, reprenant une double incision parallèle, en forme de croissant, près de la première, on enlève un petit fer à cheval de ce même bois, ce qui refoule brusquement la sève de son passage habituel et affaiblit le rameau ou l'œil trop vigoureux au profit de l'œil déshérité jusqu'alors.

La coupe au sécateur est des plus faciles si, lorsque l'outil est posé dans la main, le dos de la lame regarde le sol et si le crochet du sécateur est au-dessus.

La main doit tourner à volonté, afin que la lame soit du côté de l'œil ou de la bifurcation pour qu'en pressant, le crochet ne mutile pas le rameau ou l'œil. Avec le sécateur Rivière, aucune pression n'est à redouter, surtout si on ne coupe que de petites branches fruitières et jamais celles d'un fort diamètre, car on ne doit opérer sur ces dernières qu'à l'aide de la petite scie ou de l'égoïne. Pour se servir de ces derniers instruments, on doit introduire la lame de la scie du côté de la bifurcation ou de l'œil, afin de finir la coupe où il y a moins de danger de déchirer l'épiderme ; on ne doit pas non plus appuyer la lame, il ne faut agir qu'en tirant à soi.

CONDUITE DES ARBRES FRUITIERS, SON BUT, SON UTILITÉ.

C'est à dessein que nous supprimons le mot taille qui laisse croire en général que pour conduire la charpente d'un arbre, il ne s'agit que de couper plus ou moins court. Cette habitude de couper les arbres était si bien passée à l'état de routine que les soins d'été semblaient, pour la plupart, superflus. La sève alors, faisant pression partout où elle trouvait une issue, développait des gourmands qui dévoraient le peu de force des parties faibles ; et, l'hiver suivant, chacun se hâtait encore de couper ce que l'arbre avait poussé : la gomme sur les arbres à fruits à noyau et le chancre sur ceux à pépins étaient la récompense de ceux qui agissaient ainsi. Il faut donc effacer le mot *taille* d'hiver, puisque réellement elle se résume à un épluchage de l'arbre, à un rapprochement des rameaux fruitiers. On taille bien quelques prolongements aux charpentes, mais plutôt à l'axe qu'aux branches latérales, principalement sur les arbres à pépins.

La conduite de l'arbre a pour but son équilibre d'abord, qui consiste à placer l'extrémité de toutes les charpentes sous le même niveau, afin que la sève au printemps soit régulièrement distribuée sur toutes les branches charpentières, et qu'à son passage, elle n'agisse sur les yeux, les boutons, les rameaux fruitiers, que pour les forcer à la fructification.

La conduite de l'arbre a encore pour but de l'obliger à prendre des formes élégantes, en rapport avec les lois de la végétation de chacune des espèces fruitières, avec la vigueur de chacun des sujets sur lesquels l'arbre est greffé, afin d'occuper, depuis le sol, tout l'espace qui lui a été réservé, lors de la plantation et d'obtenir de lui une prompte mise à fruits. Ces soins doivent se renouveler chaque année, car l'arbre fruitier, abandonné à lui-même, possède, dans la première période de sa vie, une sève fougueuse qui entraîne ses charpentes latérales vigoureuses à hauteur de sa flèche, abandonnant les faibles moins favarablement placées. Dans la seconde période, au contraire, il n'a de forces que pour produire des récoltes intermittentes de milliers de petits fruits amers qui le vieillissent avant l'âge, et, s'il lui reste un peu de sève, elle est aspirée par les charpentes supérieures qui tuent les branches de la base, et l'espalier se trouve dégarni. Les murs, les contre-espaliers, les abris deviennent inutiles, les arbres sont emportés au-dessus des chaperons. A la troisième période, ce n'est que la décrépitude et la mort, triste conséquence de ces années passées ainsi à végéter et à ne produire que des fruits sans valeur !

Il devient donc de toute nécessité de diriger l'arbre dès son plus jeune âge, et d'en obtenir ces belles formes qui le font tant admirer et tant aimer par la richesse de ses admirables produits rémunérateurs.

Chacun ne peut avoir de serre chaude, de plantes tropicales, de produits à contre-saison, tandis qu'un bel arbre et un bon fruit peuvent embellir le pignon de la chaumière, et nourrir la famille de l'ouvrier laborieux qui comprend qu'au foyer domestique seulement, se trouvent les jouissances vraies et pures du bon père de famille.

POIRIER

Palmette simple Verrier a branches opposées : Établissement de sa charpente.

Dans ce chapitre, nous passerons en revue l'obtention et la direction, soit en hiver, soit en été, de toutes les branches charpentières de l'arbre, sur les formes qui sont propres au poirier dans le jardin fruitier et dans le verger.

Nous avons dit plus haut qu'une des meilleures formes et une des plus belles, aussi bien pour l'équilibre que pour la fructification, était la forme palmette simple (Verrier) à branches opposées.

Si, pour la plantation, on a fait choix d'un scion d'un an bien constitué (*fig.* 68), parfaitement droit, il ne sera pas difficile d'obtenir les premières branches latérales inférieures opposées, à la condition que, en le plantant, on aura eu soin de placer en avant un œil bien constitué, et deux yeux latéraux à hauteur du premier étage (comme on le voit O, *fig.* 68), avec le soin l'été suivant d'écussonner deux yeux-dards opposés (P) latéralement à l'œil. Cette opération réussira également si ces yeux ne sont posés qu'au départ de la sève du printemps subséquent, c'est-à-dire au moment du recépage du poirier au-dessus de l'œil placé en avant et dont il a été parlé plus haut.

Une nouvelle méthode permet d'obtenir des branches opposées, sans le secours des écussons. Le deuxième printemps après la plantation, l'année du recépage, on coupe transversalement

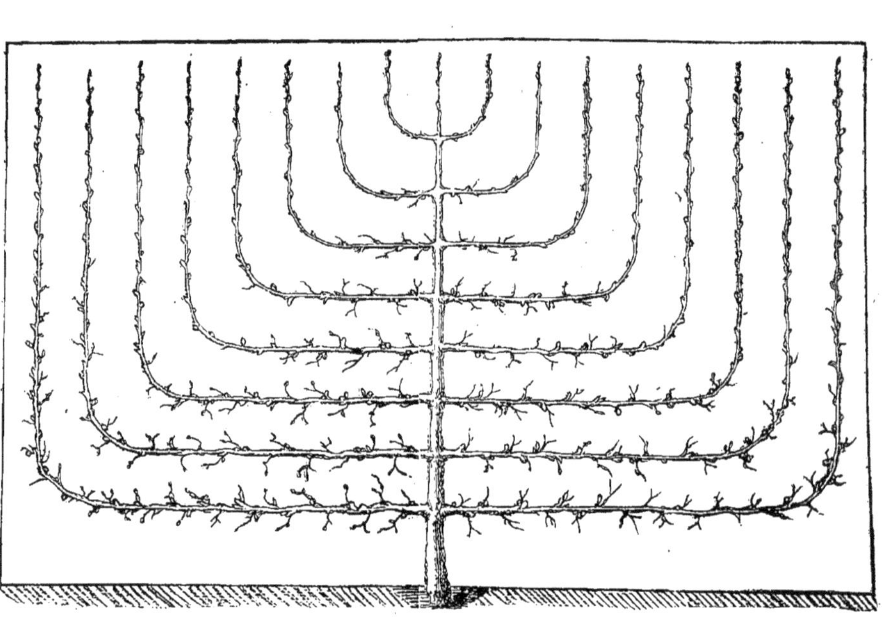

FIG. 80. — Poirier palmette simple Verrier à branches opposées.

l'œil terminal en deux, toutefois qu'il a été placé à hauteur d'étage à 2 centimètres de longueur, ce qui oblige les deux yeux stipulaires à se développer et à pousser aussi vivement que l'œil principal.

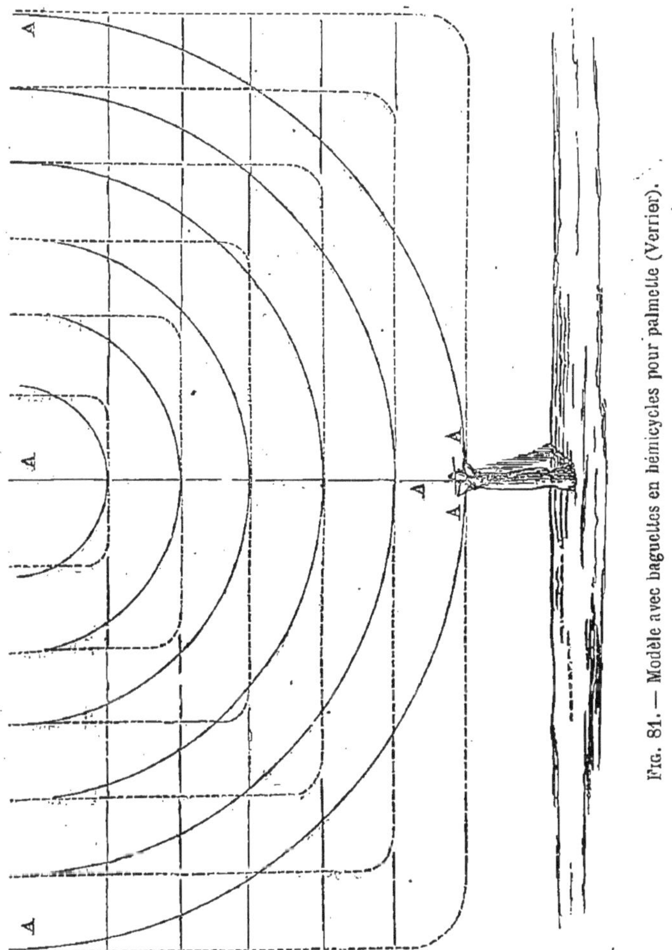

Fig. 81. — Modèle avec baguettes en hémicycles pour palmette (Verrier).

Une méthode toute récente pour l'obtention de branches opposées, consiste à la descente d'un œil alterne supérieur de deux, en face de son parallèle à hauteur d'étage (*fig.* 68), facile à opérer, en passant la lame de la serpette dans le corps extérieur, cela en commençant à cinq millièmes au-dessus de l'œil à opérer ; cette coupe descend jusqu'à la hauteur de l'œil opposé.

On remplace la serpette, dans l'ouverture, par *un très petit*

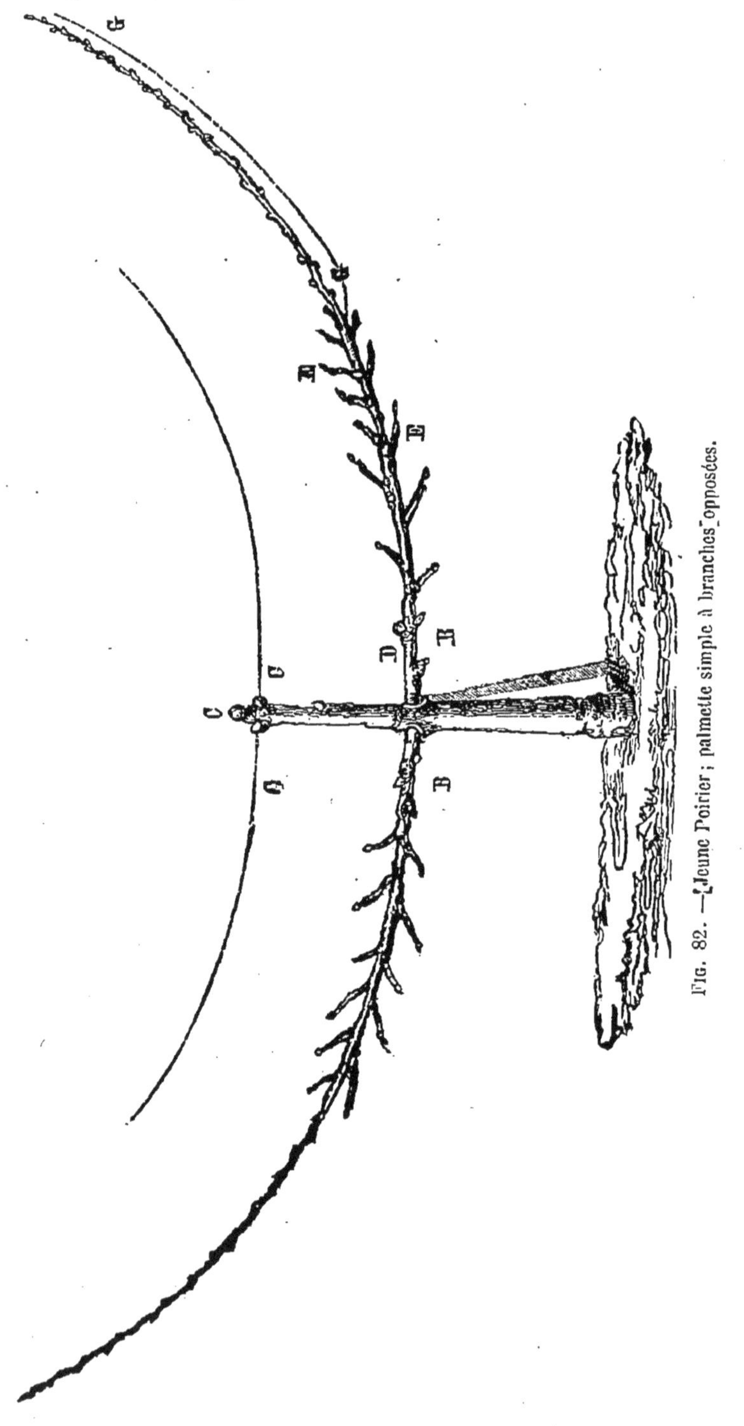

FIG. 82. — Jeune Poirier ; palmette simple à branches opposées.

coin de bois, qui éloigne déjà l'œil et l'habitue, en quelque sorte, à son abaissement qui ne viendra définitivement horizontal qu'autant que la sève aura commencé à couvrir la plaie. Sitôt le coin placé, on garnit la plaie de mastic à greffer. Le coin sera enlevé aussitôt que la jeune charpente herbacée permettra de la palisser dans sa position définitive, elle ne tarderait pas à devenir la plus vigoureuse, si, au moment de l'opération, on avait pratiqué une incision longitudinale *au-dessous* de l'œil opposé.

Cette nouvelle méthode est si rationnelle avec l'action de la sève, qu'une année suffit pour qu'on n'aperçoive plus l'endroit de l'opération.

Par une méthode ou par une autre, si un poirier planté depuis un an ou deux ans, est assez vigoureux, on le coupera en février, au-dessus des trois yeux combinés ou de l'œil placé à 30 centimètres (O, *fig.* 68). On fixera des badines au moyen de brins d'osier en face de ces trois yeux (A, *fig.* 81). Les plus longues seront posées en face des deux yeux latéraux et placées horizontalement jusqu'à 25 centimètres, et relevées ensuite en hémicycle, afin d'équilibrer la sève des bourgeons ; la baguette du milieu sera placée perpendiculairement en face de l'œil terminal combiné de la tige de l'arbre.

Dès le départ de la sève, on veillera à maintenir l'équilibre de ces trois bourgeons naissants qui seront palissés avec un jonc sur les baguettes, lorsqu'ils auront à peine 15 centimètres de long, afin de leur faire prendre la position définitive qu'ils devront toujours conserver à leur naissance sur la tige (B, *fig.* 82).

Nous insistons fortement sur cette manière d'opérer, car il est déplorable de voir autant de coudes et de ruptures sur les branches charpentières, difformités et accidents qui sont causés par l'abaissement gradué des anciennes méthodes. L'ombrage d'une planchette sur un jeune bourgeon rebelle au palissage dès sa naissance, le forcera de lui-même à suivre la baguette sans nul secours de ligature et sans aucun danger de le rompre, comme cela arrive par la ligature.

L'équilibre des bourgeons sera facile lorsque ceux de chaque étage auront au moins chacun le double de la longueur de l'axe.

L'obtention en vert d'yeux stipulaires est aussi très utilisée pour préparer l'étage de l'année suivante. Il suffit de laisser allonger le prolongement de l'axe susdit à une longueur de 15 centimètres au-dessus du fil de fer placé à hauteur de l'étage combiné, en palissant ce bourgeon de manière à ce qu'il présente à cette hauteur (mieux vaut en dessous que dessus) une feuille en avant. On le coupe lui-même au-dessus de cette feuille qui, par l'action de la sève retenue, obligera l'œil du dessous à se développer en bourgeon anticipé, formant à sa base deux yeux opposés, destinés l'année suivante à la formation de deux branches latérales supérieures (A, *fig.* 83).

Si ce bourgeon prenait proportionnellement plus de force que les bourgeons latéraux, il serait très facile de ralentir sa végétation par une petite planchette posée momentanément au-dessus, ou mieux par la coupe de la moitié des feuilles du bouquet terminal de ce bourgeon. Ces moyens sont aussi efficaces que faciles à employer.

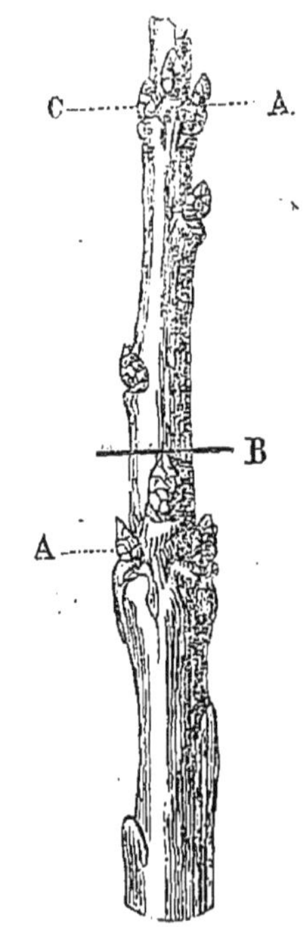

Fig. 83. Axe de jeune palmette avec yeux opposés pour charpente latérale.

Il arrive souvent aussi que l'équilibre n'existe pas toujours entre les deux bourgeons latéraux. Il faut alors profiter de l'action de la sève et la dévier d'un point au profit de l'autre, c'est-à-dire du bourgeon fort au profit du faible. Ce sera chose facile, car on n'aura qu'à couper, comme on vient de le dire, une partie de chaque feuille du bouquet terminal, et quelques grandes feuilles alternes du bourgeon fort; au besoin, on lui donnera une position horizontale, etc. Pour aider, au contraire, le développement du bourgeon faible, on le redresse sur la verticale, on l'éloigne du mur au besoin en le fixant à un tuteur. On lui fait même, ce qui appellera abondamment la sève sur lui, une légère incision longitudinale à son empâtement sur la charpente. L'équilibre rétabli, on pourra repalisser les bourgeons sur les baguettes conductrices, mais en ayant soin que leurs pointes soient toutes au même niveau (*fig.* 82). L'étage inférieur d'une palmette devra être *totalement terminé* avant de songer à obtenir les étages supérieurs comme en B, B (*fig.* 82).

En février des années suivantes, si l'équilibre a été bien dirigé, il ne restera qu'à couper le rameau anticipé de l'axe, au-dessus des trois yeux combinés destinés à la formation de

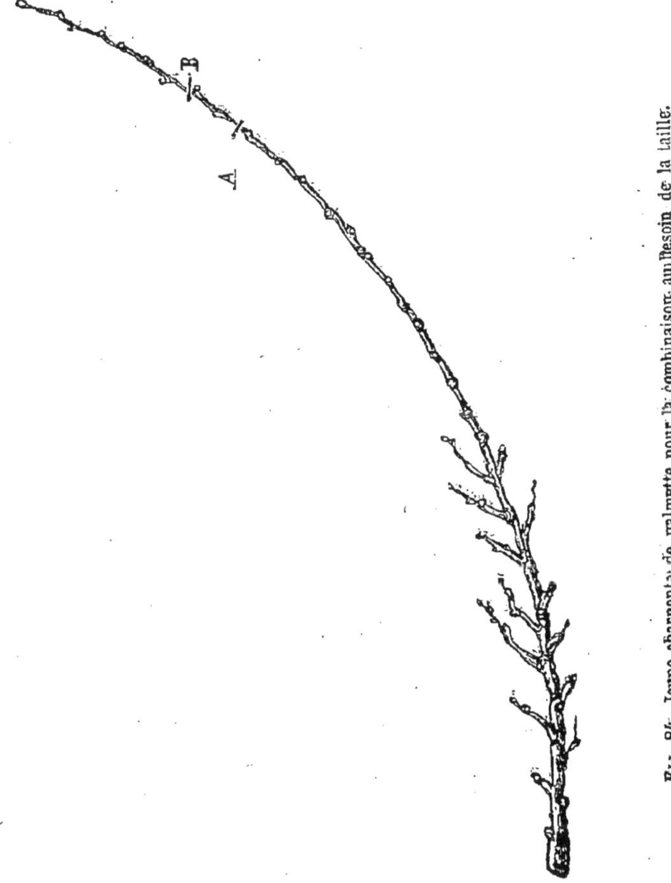

Fig. 84. Jeune charpente de palmette pour la combinaison au besoin de la taille.

l'étage supérieur (B, *fig.* 83). On pourra aussi employer le deuxième procédé, dont on vient de parler, et placer de nouvelles baguettes en face de ces yeux, afin de rigider leur élongation. On replacera les baguettes du premier étage à l'extrémité de chacun des rameaux (C, *fig*. 82) pour faciliter de nouveau le palissage du bourgeon de prolongement, surtout en continuant l'hémicycle (G, *fig*. 82). On ne doit pas oublier que la sève tend toujours à gagner le même niveau et que l'équilibre des branches et de l'axe d'une palmette ne sera obtenu qu'autant que chacune des branches présentera son œil terminal au même niveau (*fig*. 81). On ne doit tailler ces branches que si l'une d'elles est plus longue que celle qui lui fait équilibre ; dans ce cas, la section ne se fait que pour que la plus longue soit égale à l'autre, et surtout sur un œil placé en avant (A, *fig*. 84) ou à défaut un œil de dessous (B, *fig*. 84), jamais sur un œil placé en arrière ni en dessus. L'œil placé en arrière laisse la section toujours visible, l'œil en dessus forme un coude à sa naissance, tandis que l'œil en avant laisse croire que la branche n'a jamais été taillée, et celui de dessous se redresse naturellement. Enfin, il faut toujours que les branches latérales aient au moins le double de la longueur de l'axe, sans quoi il faudrait retarder l'obtention de l'étage placé au-dessus. Lorsque les jeunes branches charpentières latérales équilibrées au-dessus du premier étage auront chacune plus du double de l'axe, il ne faudra pas cependant les raccourcir, mais bien les palisser horizontalement sur un plus grand parcours, en ayant soin que l'œil terminal de chacune soit au niveau de l'œil de l'axe. De tous les yeux d'un rameau, c'est l'œil terminal qui est le mieux constitué et le seul qui n'ait jamais de coude ; alors s'il est trop vigoureux, on l'éborgnera pour avoir recours à l'un des yeux stipulaires. Si cet œil était un bouton à fruit, il ne serait pas retranché, on se contenterait d'en pincer les fleurs, et l'œil placé dans la rosette des feuilles se développerait pour continuer de prolonger la charpente.

On avait d'abord craint qu'en ne taillant pas, il ne se produisît des vides sur la charpente, quelques yeux pouvant s'oblitérer. Il n'en a rien été, attendu que la position en hémicycle (*fig*. 82) oblige leur sortie le long du parcours de la branche, surtout si une incision longitudinale vient aider le passage de la sève sur ces branches, ce qui vaut mieux qu'un raccourcissement annuel.

L'incision, l'hémicycle, la non taille obligent les yeux à ne développer que des dards à fruits sur plus de la moitié ou les deux tiers inférieurs de la jeune branche (*fig.* 84). Quant à l'incision longitudinale, il est bien entendu qu'elle ne doit être faite que sur *le devant de la charpente*, c'est-à-dire du côté du soleil où la sève passe le plus abondamment. Il arrive quelquefois, sur de jeunes charpentes palissées obliquement ou verticalement que quelques yeux placés inférieurement ne se développent pas. Il ne suffit, le même printemps, que de palisser en inclinant, l'extrémité supérieure du rameau, cela momentanément pour que l'action de la sève réveille toute l'activité des yeux endormis (sys. Dubreuil).

Chaque année, les mêmes soins seront répétés jusqu'à ce que les branches latérales inférieures arrivent à l'extrémité de la place qui leur a été réservée et soient redressées dans une position verticale où elles continueront à s'allonger, tout en conservant leur niveau avec l'axe même de l'arbre (*fig.* 80 et 81), ce qu"il est facile d'obtenir par la coupe des feuilles, sur des branches prédominantes.

Sur un arbre vigoureux, et lorsque les charpentes latérales le permettent, on pourra obtenir deux étages chaque année (A, *fig.* 83) ; mais il ne faut pas oublier qu'il vaut mieux monter lentement que trop vite, ce qui ne s'obtiendrait qu'aux dépens de l'équilibre.

Nous recommandons de préférence aux branches alternes, les branches opposées, car outre qu'elles sont plus agréables à l'œil et suivent mieux les fils de fer, l'équilibre est beaucoup plus facile, attendu que la sève, arrivant toujours au même moment, se repartit également dans les deux bifurcations qu'elle rencontre. De plus, chaque étage forme sur la tige un renflement que nous nommons genou (*fig.* 80 et *fig.* 83) et qui a pour but de gêner l'ascension de la sève sur les parties hautes de l'arbre, au profit de celles du bas.

Lorsque la palmette Verrier est terminée, que l'espace est

garni, que chaque branche latérale est arrivée à la hauteur du larmier, il est facile d'épancher la sève, si elle est trop abondante, en la laissant chaque année agir sur un bourgeon terminal qui, en hiver, sera coupé sur un œil nouveau, nommé œil tire-sève. Les rameaux fruitiers, n'ayant plus alors que la nourriture nécessaire à leur formation, sont toujours disposés à une bonne fructification.

PALMETTE DOUBLE VERRIER.

(dite à deux axes).

Cette forme ne diffère de la précédente que parce qu'elle a deux tiges au lieu d'une, distancées comme les branches latérales. Elle s'obtient de plusieurs manières : la première consiste à couper l'arbre, un an ou deux après sa plantation, au-dessus de deux yeux latéraux opposés au lieu de trois, mieux encore sur un seul œil qui fournira les deux branches

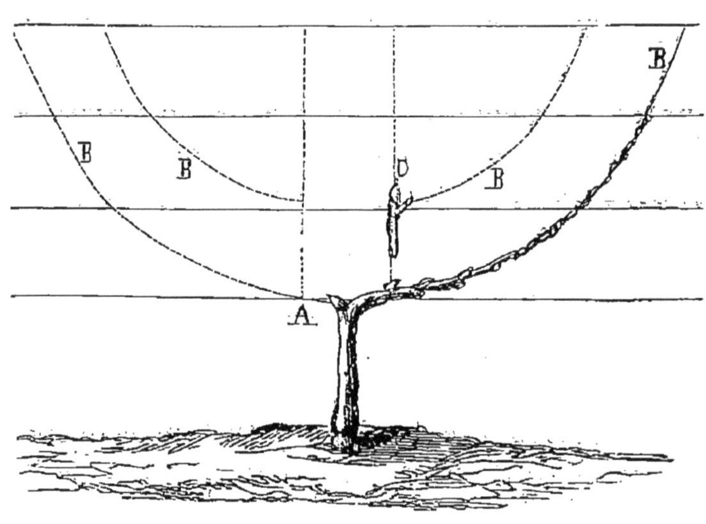

Fig. 85. — Jeune palmette double à deux axes.

latérales, par les deux yeux stipulaires, en enlevant l'œil principal, lorsqu'il aura quelques centimètres, ou encore en courbant en arc le jeune scion ce qui laisse l'œil principal se développer, pour obtenir de cet œil un bourgeon opposé au rameau précité. La première méthode est préférable. A cause de sa position en face du pied, il ne tardera pas à rattraper le rameau parallèle (A *fig.* 85). Si le jeune arbre nouvellement planté n'avait qu'un faible diamètre, on en profiterait pour l'arquer lui-même trois semaines après sa plantation, mais toujours afin de conserver sur son coude l'œil nécessaire au développement de la charpente parallèle. L'équilibre, pour la première année, est en tout semblable aux deux branches latérales de la palmette simple. Au printemps qui suit la formation complète de l'étage inférieur, on dirige aussi ces deux rameaux en hémicycle, mais, à ce moment, on palisse deux badines verticalement : une à droite du pied, l'autre à gauche (B *fig.* 85) en face des deux yeux placés au-dessus des charpentes latérales. Ces deux yeux donneront naissance aux deux axes, dont il a été parlé plus haut. Pendant l'été, ils seront équilibrés, comme ceux de l'axe de la palmette simple et palissés de manière que chacun des bourgeons présente, à hauteur du deuxième fil de fer, deux yeux : le terminal (C) comme prolongement de l'axe, et les latéraux (B) qui formeront une branche de chaque coté au deuxième étage, qu'on équilibrera avec les axes et la jeune charpente parallèle, comme pour la palmette simple Verrier (C *fig.* 82).

PALMETTE DOUBLE VERRIER.

(dite sans branche mère).

Sans la manière d'obtenir les branches latérales et la disposition des deux axes, cette forme représenterait la même figure et se dirigerait de même que la précédente. Elle s'obtient en faisant la même coupe que sur cette dernière, un an ou deux après la plantation. Seulement au lieu d'avoir recours chaque année à des yeux latéraux après la coupe pour l'obtention des branches de côté, c'est le rameau lui-même qu'on incline à angle droit sur l'horizontal, et chaque étage s'obtient par un œil placé sur le coude de chacun des inférieurs et perpendiculai-

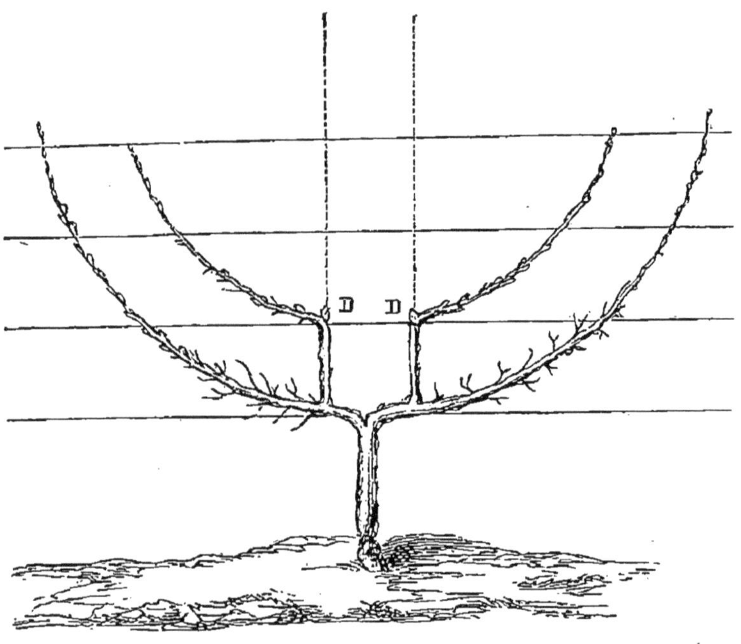

FIG. 86. -- Jeune palmette double sans branche mère.

rement à l'axe de chaque côté du pied (D *fig.* 86). La première forme est préférable.

Tous les autres soins sont les mêmes que pour les formes ci-dessus.

PALMETTE JUMELLE.

Cette forme, due à M. Forney, et modifiée par nous, indique sa disposition obtenue au moyen de deux arbres plantés à 30 centimètres de distance, et réunis, comme nous l'avons dit au chapitre qui traite des meilleures formes. Ces deux arbres jumeaux sont destinés à former ensemble la palmette double Verrier, avec ou sans branches mères. Les soins et l'obtention des branches sont les mêmes que pour ces dernières.

Cette excellente forme, pour le poirier, a un avantage marqué sur toutes les grandes formes appliquées : formation plus

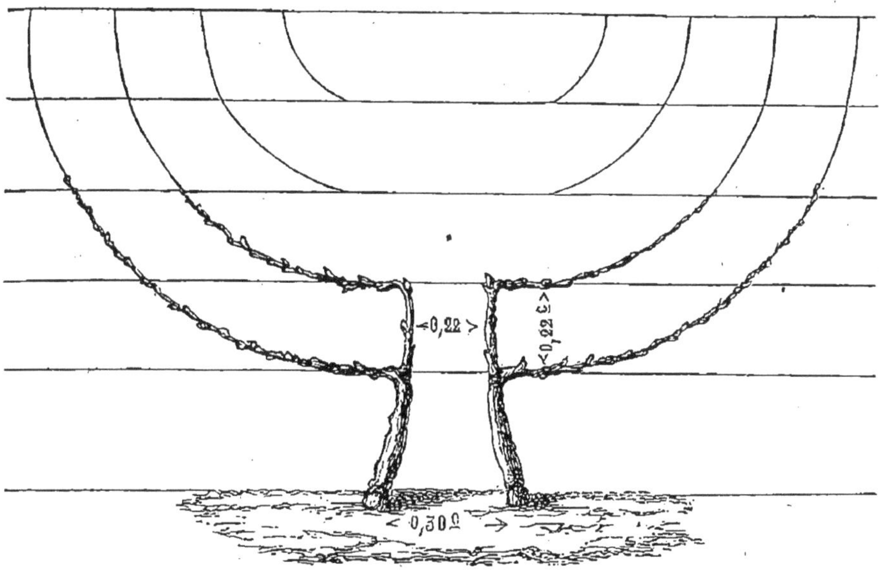

Fig. 87. — Jeune Palmette jumelle (Forney) modifiée.

prompte, équilibre nul avec le côté opposé de l'arbre, et établissement plus à la portée de tous.

PALMETTE COSSONNET.

Entre toutes les formes, la palmette Cossonnet était une des plus utilisées il y a vingt-cinq ; elle était due à un de nos arboriculteurs distingués de Longpont (Seine-et-Oise), M. Cossonnet, On l'employait lorsqu'on voulait garnir promptement un mur, sans avoir recours à une plantation rapprochée, comme les cordons obliques. La (*fig.* 87) montre un mur garni par cette forme. Elle s'obtient en tous points comme la palmette simple Verrier à branches opposées ; seulement au lieu d'avoir ses branches redressées verticalement à leur extrémité, un arbre sur deux alternativement, les présente palissées obliquement

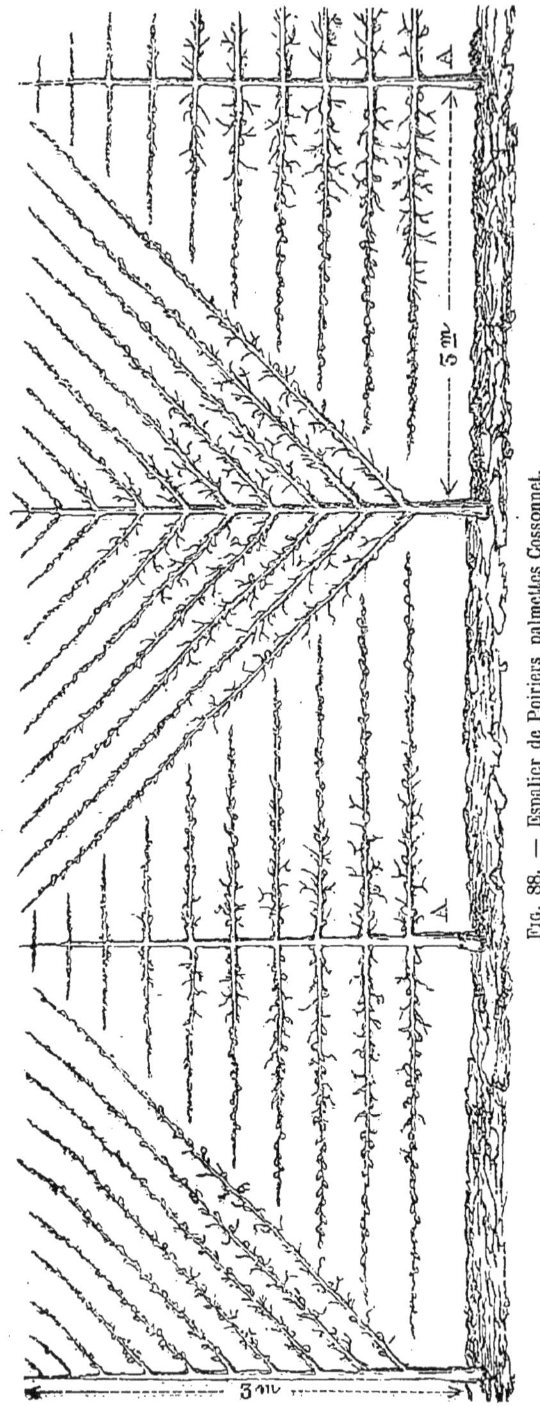

Fig. 88. — Espalier de Poiriers palmettes Cossonnet.

sur un angle de 45 degrés, et les premières branches latérales inférieures finissant en haut du mur, en face de la tige de l'arbre voisin. Celui-ci est destiné, par ses branches placées horizontalement à garnir la moitié inférieure de l'espalier (A *fig.* 88) ; mais les branches de ces derniers souffrent beaucoup par la mauvaise position qu'elles occupent sous celles de l'arbre voisin, et, plus tard, si sa végétation est assez vigoureuse, il pourra garnir l'espalier, en redressant à la Verrier l'extrémité de ses charpentes, au lieu et place de celui à branches obliques qui, pendant une dizaine d'années, avait garni ce mur. Les récoltes ne seront que peu suspendues si une transplantation soignée lui est donnée, en les plaçant où les besoins l'exigeront.

DEMI-PALMETTE OBLIQUE.

(Delaville).

Comme nous l'avons dit plus haut, cette forme encore récente est surtout utile placée près des murs en pente, où il est difficile d'équilibrer aucune forme (A, *fig.* 89). Voici comment on l'obtient : la plantation ayant été faite à la même distance que la hauteur du mur (comme on peut le voir à la position de chacun des arbres), au moment de sa plantation chaque arbre n'est épointé qu'au tiers de sa longueur totale. Nous conseillons de planter de préférence des arbres de deux ans, non taillés en pépinière (*fig.* 90). On les palisse chaque année dans une position presque verticale (D, *fig.* 70) et inclinés graduellement jusqu'à angle de 45 degrés (B, *fig.* 89).

Il faut avoir soin, l'année qui précède l'obtention des branches latérales, de ménager, en face de chaque fil de fer horizontal, un œil placé supérieurement à la branche mère (C, *fig.* 89). A défaut de cet œil, on posera un écusson. Le printemps suivant, on laissera se développer tous ces yeux qu'on palissera sur chacune des baguettes en les dirigeant en hémicycle (D, *fig.* 89). Chacun des bourgeons se développera uniformément, avec les soins indiqués à la palmette simple. A ce moment, tous les coursons de la tige oblique seront détruits pour ne laisser que ceux des branches latérales placées sur chaque fil de fer (E, *fig.* 89). On peut aussi obtenir cette forme en laissant chaque année se développer une ou plusieurs branches latérales inférieures au fur et à mesure de l'élongation de la tige de l'arbre.

D'une manière ou d'une autre, le mur sera garni de branches placées horizontalement, avec l'inclinaison du sol. Cette position facilitera une fois de plus l'ascension de la sève dans les branches inférieures de l'arbre.

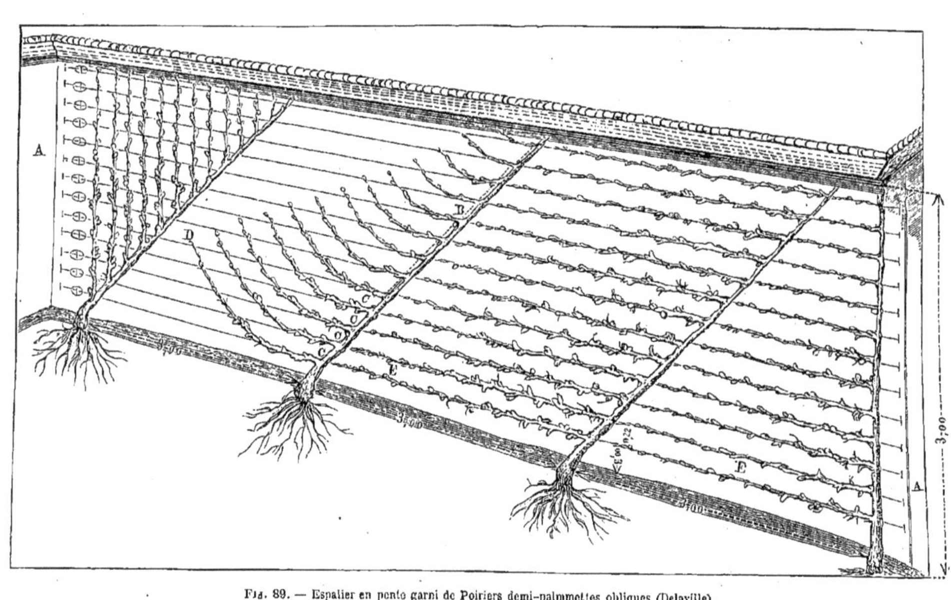

Fig. 89. — Espalier en pente garni de Poiriers demi-palmettes obliques (Delaville).

CORDON OBLIQUE POUR ESPALIER, CONTRE-ESPALIER DOUBLE ET SIMPLE.

Cette forme (*fig.* 70), due à un de nos savants professeurs d'arboriculture moderne, M. Dubreuil, souleva dès son début beaucoup de discussions : chacun s'en attribuait l'invention. Plus tard, on en planta partout, jusque sous les fenêtres des appartements, et encore ce n'étaient que des arbres obliques à deux branches, les poiriers étant espacés de 75 centimètres. Ensuite, ce fut le cordon oblique simple à 40 centimètres de distance ; puis, enfin, voulant encore jouir davantage dans un espace de terrain relativement peu étendu, il conseilla le contre-espalier double.

Comme l'engouement cause toujours des excès, on se figura n'avoir qu'à planter pour aller, à l'automne, récolter avec paniers et voitures, les fruits que devaient fournir ces formes de prédilection.

Ceux qui n'avaient aucune notion des lois de la végétation obtenaient des effets déplorables. Ils étaient dus à des inclinaisons de tiges à contre-sens, jointes à une plantation qui mettait une partie des racines sur le sol, tandis que l'autre partie était trop enterrée. Il en résulta bientôt un dégoût général pour cette forme : les uns prétendant que de tels arbres ne pouvaient vivre longtemps aussi rapprochés, qu'ils s'épuisaient réciproquement et ne donneraient pas de fruits ; les autres disant que les arbres poussaient trop vite, qu'ils ne savaient que faire de cette végétation, n'ayant pas assez de branches pour élaborer la sève. Inutile de dire que les deux critiques n'étaient pas plus fondées l'une que l'autre.

Ne méprisons pas la forme, mais plaignons ceux qui dirigeaient ces pauvres patients ? Si la forme Palmette était nouvelle et qu'on la jugeât par les arbres qu'on rencontre quelquefois avec les branches de dessus plus longues que celles de dessous, avec des têtes de saule sur la tige et à la naissance des branches latérales, on la bannirait de tous les jardins.

Toute forme est bonne lorsqu'elle est bien comprise par celui qui a pour mission de diriger la sève des charpentes, de variétés fertiles pour cette forme, et la fructification abondante des coursons.

Le savant professeur qui l'a découverte et propagée ne connaissait-il pas les lois qui régissent la végétation? Pourquoi, en Normandie, autour des herbages, obtient-on des haies vives garnies de ramilles de la base au sommet, avec des arbres plantés les uns près des autres et avec des essences forestières qui, dans les futaies, atteignent des proportions gigantesques? Les haies d'épines n'en sont-elles pas encore une preuve, même celles d'Epiceas qui longent la voie ferrée dans la forêt de Fontainebleau? Pourquoi ne méprise-t-on pas aussi les formes de vignes plantées à 40 et 70 centimètres, quand, avec elles, on obtient des cordons de 15 à 20 mètres de long? Les racines sont rapprochées, dira-t-on, mais on ne réclame de cet arbre qu'une branche au lieu de 20 ou 30.

Fig. 90. Poirier de 2 ans sans taille de Pépinière.

Pour notre part, nous déclarons que dans un jardin, il faut avoir toutes les bonnes formes, grandes et petites; chacune a son utilité. Les obliques que nous conseillons et qui diffèrent des anciens modes seront formés d'espèces fertiles, greffées sur coignassier pour les plus vigoureuses et les terrains de première qualité et plantées, comme nous l'avons dit au chapitre des formes, le long de murs hauts de 3 mètres, ou de contre-espaliers simples et doubles. On choisira surtout des arbres de *deux ans de greffe, non taillés en pépinière* (*fig.* 90).

Nous pouvons affirmer que la deuxième année de plantation, ils seront chargés de boutons fruitiers, sur une hauteur de 1 mètre à 1 mètre 50 centimètres.

Les contre-espaliers doubles en fer (*fig.* 60 et *fig.* 61), aussi économiques qu'élégants et solides, rendent de grands services pour ces arbres fruitiers.

Pour élever des poiriers obliques, il faut la première année de plantation et avant la mise en place, ne leur supprimer que le tiers supérieur du rameau terminal de chacun d'eux né l'année précédente (A, *fig.* 90); le palisser d'une manière peu inclinée sur des baguettes conductrices; ne pas même pincer en été les ramifications latérales qui, avant la mise en place de l'arbre, ont été cassées un peu, puis à trois yeux en mai pour leur mise à fruit, comme en (A) même figure.

En février suivant, le seul traitement à faire sera de choisir l'œil terminal qui doit, à chaque arbre et cette seconde année, continuer son prolongement. Mais, si le rameau, la première année de plantation n'a acquis qu'un faible développement, s'il est grêle, peu ligneux, il faut le supprimer sur ses yeux stipulaires ou sur un autre œil latéral bien placé (B, *fig.* 90). Il faudrait éviter surtout de prendre un œil né sur un dard et qui produirait un coude à la base du rameau de prolongement; un œil stipulaire bien formé sera de beaucoup préférable. On aidera à son développement en faisant une légère incision longitudinale à sa naissance. Toutes les fois enfin qu'un rameau sera bien constitué, que son diamètre sera proportionné à sa longueur, que son œil offrira toute garantie, on aura bien soin, en le conservant, d'en dilater l'épiderme par une légère incision longitudinale que nous préférons de beaucoup à la coupe. Cependant, on peut en supprimer un tiers si sa longueur n'est pas en proportion avec son diamètre.

Comme, cette seconde année, les arbres devront pousser d'autant plus vigoureusement qu'ils auront été bien plantés, on aura soin de les palisser de façon que la sève des racines soit en grande partie aspirée par le rameau terminal de chacun d'eux. On placera, en conséquence, tous les arbres en hémicycle, en les faisant passer de l'oblique à la verticale (D, *fig.* 70).

On reproche à la forme oblique l'accroissement trop rapide de certains arbres qui alors s'emparent de la nourriture de leurs voisins moins pressés. Il n'y a qu'à planter des arbres de même espèce, de même vigueur, pour éviter cet inconvénient et conserver toute l'harmonie de cette disposition.

Nous conseillerons encore la taille des racines, procédé peu répandu encore, mais dont nous avons constaté l'excellence. On ne doit pas oublier, en effet, que la fructification ne s'établit sur un arbre, quelle qu'en soit la forme, qu'autant qu'il y a équilibre entre les parties aériennes et souterraines. Si ces dernières fournissent plus de sève que n'en peut élaborer la forme adoptée de l'arbre, cette sève se jettera partout où elle trouvera une issue ; les rameaux fruitiers placés sur son passage deviendront autant de gourmands et la désorganisation sera d'autant plus prompte que l'on coupera, que l'on pincera continuellement. La taille des racines est donc ici très utile, puisqu'elle remédie au mal à son origine. A la chute des feuilles, on déchausse les racines, et, à l'aide de la scie et du sécateur, on coupe les pivots à 15 ou 25 centimètres de leur naissance, ou plus bas s'ils sont plus gros, pour arrêter la sève autant qu'on en reconnaît l'utilité. Chacune des racines sera coupée en deux endroits, afin d'enlever une rondelle de bois qui, à sa place, laissera un vide qui séparera les deux tronçons, pour éviter une nouvelle soudure.

Si l'arbre était gros et qu'il y ait beaucoup de grosses racines, on les couperait en plusieurs années, en commençant par les plus fortes. La coupe doit se faire sans biseau apparent et reposer sur le sol afin qu'une couronne de jeunes radicelles puisse s'y développer et détermine la fructification.

CORDON VERTICAL.

Cette excellente forme est surtout utilisée pour garnir les murailles très élevées et peu étendues, comme les pignons de bâtiments, et sur un faible terrain où la nourriture ne peut fournir assez de sève pour élever les grandes formes. On choi-

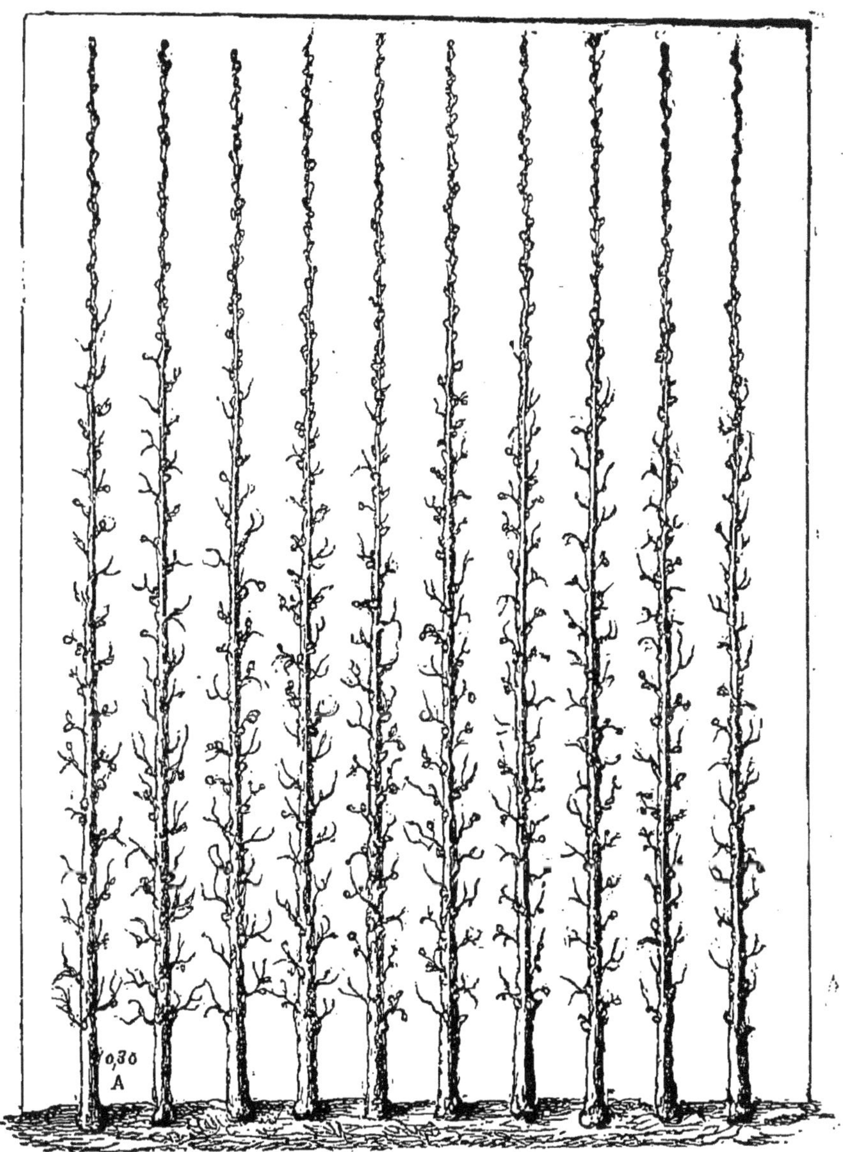

Fig. 91. — Espalier de cordons verticaux pour murs très élevés (Dubreuil).

sira surtout des espèces très fertiles greffées le plus possible sur coignassier.

Le cordon vertical peut être ou placé perpendiculairement ou en serpentin (syst. Laujoulet). S'il est placé verticalement, il devient utile de retrancher chaque année une faible partie du rameau du prolongement selon l'état apparent des yeux de sa base, mais vaut mieux peu que trop, surtout que l'inclinaison momentanée du jeune rameau de prolongement, comme nous l'avons dit plus haut, fait sortir tous les yeux uniformément.

Si l'arbre est mis en serpentin, on n'en doit supprimer aucune partie. L'incision longitudinale vaut encore mieux là que la coupe ; et, pour cette forme et celles qui vont suivre, il faut profiter de l'entaille (*fig.* 79) au-dessus des yeux latents à l'époque de l'ascension de la sève au printemps.

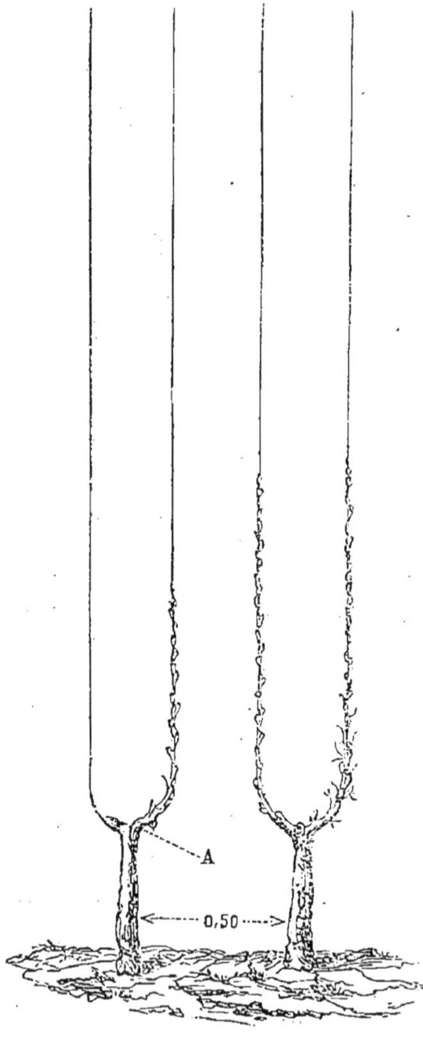

Fig. 92. — Poiriers en U simple.

U SIMPLE.

Cette excellente petite et fructueuse forme est utilisée encore dans le même but que le cordon vertical, mais avec économie d'acquisition d'arbres pour la plantation, s'obtient, comme les tiges de la Palmette double, la première ou la seconde année de plantation (A, *fig.* 85). Seulement les deux bourgeons sont palissés dès leur naissance de l'horizontale sur la verticale, et distancés entre eux de 20 à 25 centimètres.

Le traitement de chaque année consiste à maintenir l'équilibre entre ces deux branches, comme il a été expliqué plus haut, et par les mêmes soins que pour le cordon vertical.

U DOUBLE.

Cette forme encore récente est, de toutes les formes verticales, la plus belle, la plus attrayante qu'on ait obtenue jusqu'alors. Elle peut prendre place sur les murs hauts de 3 à 4 mètres, et sur de hauts contre-espaliers. Elle rend surtout des services signalés pour l'encadrement des fenêtres, garnissant ainsi des bâtiments bien exposés et souvent sans produits.

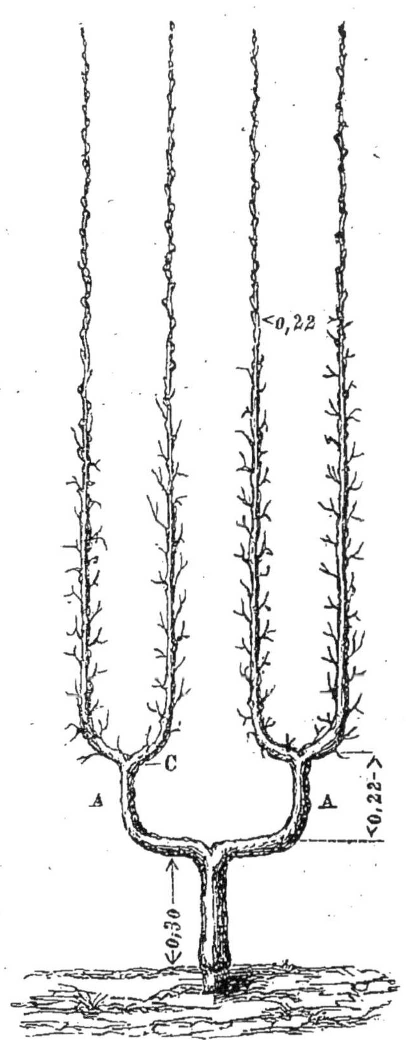

Fig. 93. — Jeune Poirier en U double.

On l'obtient pour le Poirier, en traitant le jeune scion, après sa plantation, comme il est dit au chapitre de la palmette double et en A (*fig.* 85). Les deux bourgeons qui en résultent sont palissés en hémicycles jusqu'à ce qu'ils soient assez longs pour permettre de redresser verticalement leurs pointes (A, *fig.* 93). A ce moment, on les palisse horizontalement depuis leur naissance jusqu'à une distance de 22 à 25 centimètres du pied, et on les redresse verticalement jusqu'à 22 centimètres (C, *fig.* 93). A cette hauteur, la pointe des bourgeons est inclinée de nouveau du côté du pied dans une même position horizontale, mais de façon que sur le coude il se présente un œil qui reçoive directement la sève ascendante pour se développer en bourgeon ordinaire ou anticipé (A, *fig*. 92). Ce bourgeon développé sera palissé horizontalement comme le terminal et formera avec ce dernier un U sur chacun des membres du pied et à la même distance que l'U simple. Une fois ceci obtenu et bien équilibré, les soins sont les mêmes que pour l'U simple et les cordons verticaux.

CORDON HORIZONTAL.

Pour le Poirier, cette forme est encore utilisée avec profit, si on a soin de choisir des espèces fertiles pouvant résister à l'air libre, afin que leur faible vigueur coïncide avec celle du Pommier qui affectionne le cordon horizontal.

Les espèces de poires qui s'y plaisent le mieux sont entre autres : la *William*, l'*Épargne*, surtout *Olivier de Serres sur franc*, etc. On commence à diriger avant le départ de la végétation l'année même de la plantation, mais comme nous ne voulons pas répéter ce qui sera dit plus loin, nous renvoyons au chapitre des Pommiers sous forme de cordons horizontaux (*fig*. 143 et 144).

LE POIRIER FUSEAU.

Sa formation.

Aucune forme n'est plus facile à obtenir et à diriger. Quelques mots, aidés des (*fig*. 63 et 65), vont suffire pour la faire comprendre de tous.

Une des années qui suit la plantation, c'est-à-dire celle où les pousses de l'été précédent ont une longueur de 0,50 centimètres environ, il faut le recéper en supprimant le tiers de sa hauteur totale. Il faut *détruire totalement* les yeux ou rameaux, autour du pied, jusqu'à 0,35 cent. du sol et couper, de ce point au sommet, cela *au-dessus des yeux stipulaires*, tout rameau ou ramification quel qu'il soit, comme cela a lieu à l'obtention d'une pyramide. On conserve un onglet de 5 à 10 centimètres, alors sans yeux, et provisoirement à l'axe afin de palisser le bourgeon bien placé comme terminal pour continuer le fuseau, quelques entailles inférieures ou supérieures aux yeux stipulaires, encore là, seront utiles à l'équilibre des bourgeons. En été, un second soin aura une grande influence dans l'établissement du jeune fuseau, ce sera le choix des jeunes charpentes latérales par la suppression des bifurcations, et par la conservation des bourgeons vigoureux à la base et des plus faibles au sommet. On fera aussi quelques coupes de feuilles aux uns, quelques redressements aux autres afin d'imiter une jeune pyramide en formation, sauf que les bourgeons inférieurs de cette jeune colonne ne dépasseront pas une longueur de 0,50 cent. de rayon par rapport à l'axe. Chaque année la même obtention avec le rameau de prolongement, quant à sa longueur de taille, un tiers environ comme suppression et un onglet provisoire, etc. Chaque hiver, les rameaux inférieurs seront taillés, afin de ne pas laisser dépasser 35 centimètres à 0,40 de rayon ; ceux du sommet à trois yeux environ, afin d'entretenir une colonne de 0,60 à 0,70 cent. à la la base (*fig.* 65).

TRAITEMENT DES RAMIFICATIONS FRUITIÈRES DU FUSEAU.

Les rameaux fruitiers du fuseau se résument, sur chacune des petites charpentes latérales, à l'obtention d'*yeux*, qui le plus souvent se mettent à fruits d'eux-mêmes par la formation naturelle de *boutons fruitiers*, alors nés sur ces petites charpentes, ainsi qu'à *des dards* qu'ils faut laisser intacts jusqu'à leur formation fruitière, enfin, à *des brindilles* et à *des rameaux* faibles, que toujours on cassera en fin d'été à *deux yeux seulement*, et qui se mettront à fruits naturellement, vu que leur tire-sève commun est le bourgeon terminal de chacune des petites charpentes. On voit quelquefois des bourgeons formant des gourmands, mais qu'une suppression radicale au-dessus de leurs yeux stipulaires transforme facilement en boutons fruitiers.

De ce qui précède, il est facile de voir que rien n'est plus simple à élever que le Poirier sous forme de fuseau, que c'est un grand service rendu que d'en conseiller la culture partout.

CHAPITRE VI

OBTENTION ET SOINS DES RAMIFICATIONS FRUITIÈRES DU POIRIER.

Au départ de la végétation, chaque printemps, on voit sur le rameau de prolongement d'une des branches charpentières, la sève agir avec d'autant plus de force sur l'œil ou les yeux terminaux que le rameau se rapproche le plus de la verticale. Dans cette position, en effet, les trois ou quatre yeux du sommet se développent vigoureusement (C, *fig.* 90) ; ceux de la partie moyenne s'allongent encore assez pour produire quelques dards (D, *fig.* 90), tandis que, sur les parties basses, souvent les yeux ont du mal à se former (E). Si, au contraire, ce même rameau est palissé dès sa jeunesse en hémicycle, la sève passant moins librement vers le sommet, sera distribuée sur tout son parcours sur chacun des yeux qui constituent ce rameau (*fig.* 82). Ceux de la base se forment en (D), ceux de la partie moyenne se développent en dards (E), ceux du sommet s'allongent encore assez vigoureusement (F), et le terminal (G) pousse plus ou moins rapidement, selon que le rameau est plus ou moins redressé.

Si, au contraire, on place ce rameau horizontalement on voit la sève agir de toute sa force sur les yeux de la base, les transformer même en gourmands, ceux de la partie moyenne formant des bourgeons moyens et des dards et les terminaux poussant à peine. D'après ce qui précède, on voit qu'il est facile de conduire la sève à son gré, sur chacun des yeux qui constituent la charpente d'un arbre, pour en obtenir ce qu'on désire.

C'est donc avec raison que l'on peut dire que la taille n'est qu'accessoire et que ce n'est pas avec elle aujourd'hui qu'on dirige les arbres fruitiers, puisqu'il ne s'agit au printemps que d'incliner ou de redresser une branche, un rameau, pour dévier la sève d'un point au profit d'un autre.

Nous allons suivre pas à pas l'action de la sève sur les rameaux. Chaque printemps, on devra, tout d'abord, couper en deux les boutons vigoureux latéralement placés au sommet de chacune des jeunes charpentes de prolongement, et à 1 centimètre de leur naissance, lorsqu'ils seront allongés de 2 centimètres, comme cela se pratique pour l'obtention des branches opposées due à M. Ajalbert (A, *fig.* 81). Par cette simple opération, le bourgeon reste interdit pendant quelque temps, il ne s'allonge que faiblement : on n'a donc plus qu'à l'étioler et à lui faire perdre une grande partie de son diamètre, comme nous le verrons plus loin, pour le rendre fruitier.

ÉBORGNAGE.

C'est par l'éborgnage qu'on maîtrise la sève, qu'on empêche la formation des bourgeons vigoureux, nommés gourmands, toujours difficiles à mettre à fruits lorsqu'on ne les a pas soumis à l'opération précédente. Dès leur naissance, en effet, ils forment déjà un fort empâtement sur la charpente de l'arbre (A, *fig.* 94) et procurent à la sève un libre passage par le diamètre de leurs canaux séveux. Il faut donc les éviter. Pour cela, lorsque les yeux latéraux d'un rameau de prolongement seront allongés de 10 à 12 millimètres, et qu'à côté les yeux stipulaires seront bien apparents ou en voie de formation (B, *fig.* 95) on rompra avec l'ongle, et à sa base, le jeune bourgeon principal (C). Cela est surtout utile pour ceux qui avoisinent le terminal ou ceux qui prennent naissance sur le dessus des jeunes charpentes. Après la coupe du bouton, c'est une des opérations les plus importantes du printemps, puisqu'elle prend encore le mal à sa naissance;

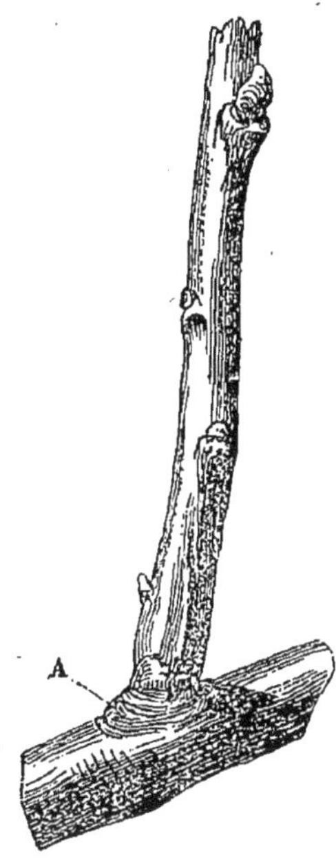

FIG. 94. — Rameau gourmand de Poirier.

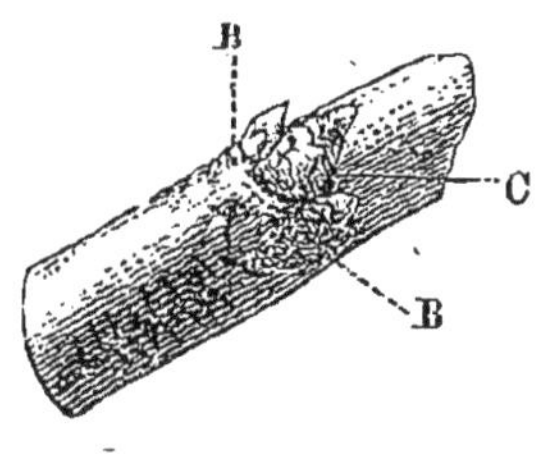

FIG. 95. — Fragment de rameau de Poirier avec œil triple pour l'éborgnage.

ÉBOURGEONNEMENT.

On opère ensuite *l'ébourgeonnement* qui a bour but de supprimer, avec la pointe de la serpette, les bourgeons stipulaires qui sont nés avec le terminal des charpentes (F, *fig.* 167) et ceux placés derrière (A), si toutefois l'arbre est en espalier. A ce moment, et avant toute opération, on constate le développement du bourgeon terminal et s'il n'offre pas toute la garantie d'un bourgeon de prolongement, c'est-à-dire la vigueur, le diamètre et la direction ascendante, il faudra faire choix d'un latéral bien placé, qu'on palissera près du fragment de rameau dénudé nommé onglet. On aidera au développement de ce nouveau bourgeon par une incision longitudinale à sa base, et on tronquera le fragment de rameau, placé au-dessus de lui, dès qu'il sera assez fort pour continuer la jeune charpente. L'*ébourgeonnement* a encore pour but, *sur les ramifications fruitières*, la suppression de tout ce qui est supplémentaire à la conservation des boutons fruitiers faits, ou en voie de formation et celle du tire-sève que termine les derniers connus (B, *fig.* 108).

ENTAILLE.

La troisième opération, l'*entaille* (*ou cran*) (*fig.* 79), est utile ou nuisible, selon l'époque à laquelle on la pratique. Elle est utile lorsque l'on profite du départ de la sève, c'est-à-dire à la floraison des Poiriers, pour l'arrêter brusquement à son passage au profit de l'œil latent (B) par une entaille faite à propos et qui ne laissera aucune plaie sur la branche, puisqu'elle ne sera béante que momentanément. L'entaille est nuisible si elle est pratiquée au repos de la végétation, en ce que les plaies ne se recouvrant pas de suite, la carie s'y développe et oblitère l'œil même : le remède alors devient pire que le mal.

COUPE DES FEUILLES.

Ce procédé, de récente application, fut préconisé pour le Pêcher, par MM. Grin, de Chartres, et Chevalier, de Montreuil Depuis quatre ans que nous en faisons l'application sur toutes les variétés de Poiriers et presque toutes les autres espèces fruitières, nous ne pouvons que féliciter ici les auteurs de ce service rendu à l'arboriculture. Ils ont compris que la sève afflue avec le plus de force et rend la fructification difficile aux endroits garnis de trop de feuilles. Le pincement des bourgeons n'était qu'un faible palliatif, puisque les feuilles restaient au-dessous de la partie tronquée, aidant encore à accroître le diamètre des bourgeons et à développer des yeux en bourgeons anticipés. Par la suppression partielle des feuilles, au contraire, leur développement s'arrête momentanément ; ils restent grêles, leurs yeux se forment en petits boutons et déjà on pourrait dire que la fructification s'établit.

Cette première opération de la coupe de feuilles se fait lorsque les bourgeons nés directement sur la charpente épanouissent leurs premières feuilles, et qu'on prévoit que les mêmes bourgeons doivent s'allonger au-delà de 5 à 12 centi-

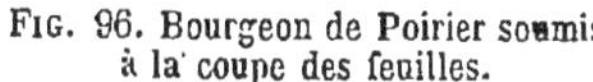
Fig. 96. Bourgeon de Poirier soumis à la coupe des feuilles.

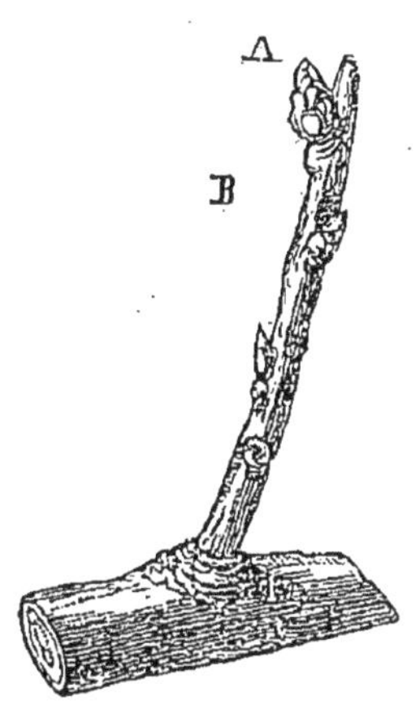

Fig. 97. Rameau fruitier cassé à 3 yeux résultat de la coupe de feuilles.

mètres. Pour qu'elle soit bien faite, on coupe, avec la serpette, le tiers ou la moitié des feuilles de ce bouquet terminal (A), et l'on recommencerait une seconde fois si le bourgeon s'allongeait encore.

Il est facile de comprendre l'importance d'un tel procédé sur de forts bourgeons qui ne brusque nullement la sève, mais qui, au contraire, l'utilise à la formation des boutons fruitiers (B, *fig.* 96 C, D, *fig.* 128 et 129), montrent les résultats obtenus, c'est-à-dire des boutons fruitiers dus à la coupe des feuilles, suivie d'un seul cassement.

Les dards et boutons en voie de formation seront plus assurés en coupant leur bouquet de feuilles, si on avait à craindre leur accroissement. Enfin, l'équilibre entre les boutons et le tire-sève d'un rameau n'est plus qu'une question de coupe de feuilles faite sur celui que les besoins obligent de ralentir.

COUPE DU BOURGEON SUR RIDES ET SUR FOLIOLES.

Nous avons fait ressortir plus haut l'avantage de l'éborgnage en faveur des yeux stipulaires (*fig.* 94) et la coupe des feuilles au chapitre précédent. Si, par une cause ou par une autre, il n'était sorti aucun bouton, aucun œil à la base ou dans les rides

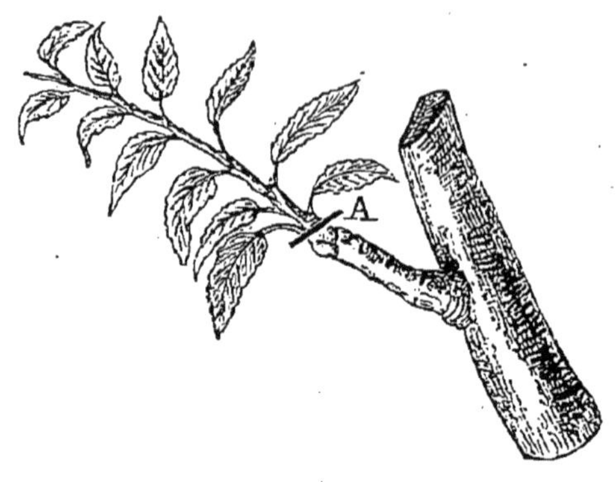

Fig. 98. Coupe sur rides d'un bourgeon vigoureux.

d'un rameau, il deviendrait très utile de recourir à la coupe même du bourgeon, lorsque sa longueur aurait dépassé nos

Fig. 99. A. coupe sur folioles d'un bourgeon vigoureux né sur rameau lisse
B. id. sur charpente.

prévisions. On le coupe soit directement sur ses plis (A,

fig. 98) s'il avait l'apparence de posséder des yeux latents, et au-dessus des stipules foliacées s'il était lisse (A, *fig.* 99), en prenant naissance directement sur la charpente (B), afin que par ces petites feuilles conservées, la sève agisse vers ce point. Ce mode nouveau est infaillible et donne les résultats les plus com-

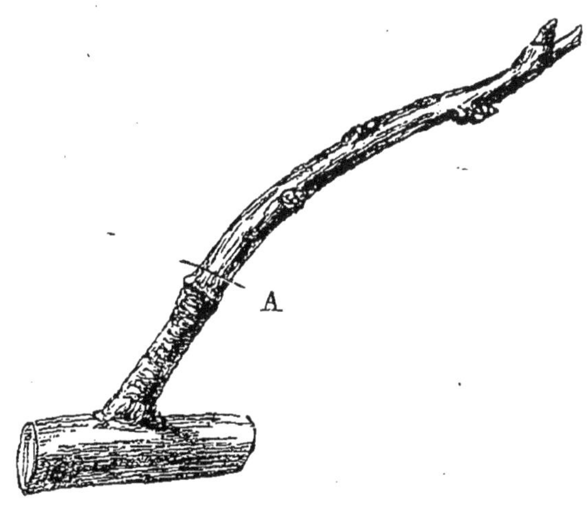

Fig. 100. — Coupe sur ride d'un dard dénudé totalement.

plets. Le printemps est le moment le plus favorable à ces opérations qui donneront alors le résultat le plus prompt.

Les figures 100, 101 et 102 montrent les résultats obtenus par ces deux excellentes opérations.

Fig. 101. — Résultat obtenu.

La figure 101 résulte de la coupe directe sur rides, comme en (A de la *fig.* 100), la figure 102, de celle sur stipules foliacées comme en (A et B, *fig.* 99), l'année précédente, l'onglet (A) est encore apparent.

La figure 102 montre la mise à fruit immédiate (B) de cette section sur folioles, la même année de l'opération, la suppression du tire-sève étant maintenant inutile (C).

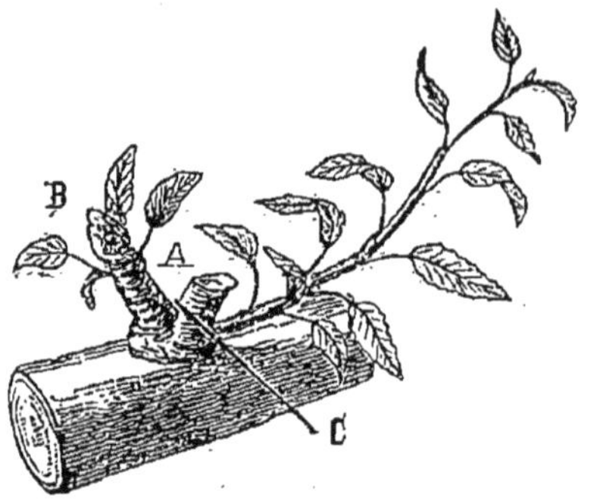

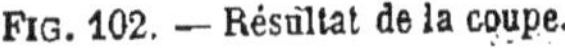

FIG. 102. — Résultat de la coupe.

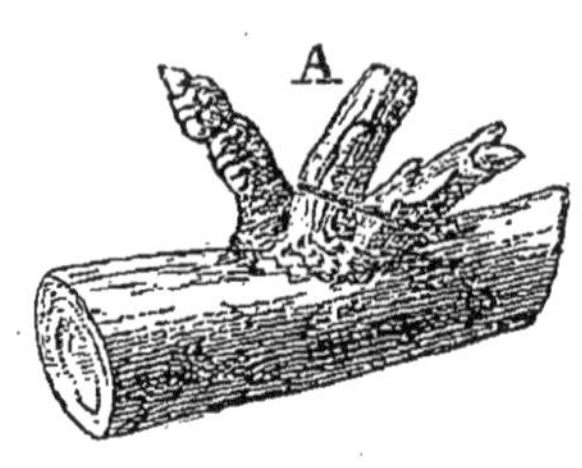

FIG. 103. — Sur folioles de bourgeons vigoureux du Poirier.

NOUVEAU TRAITEMENT DES POIRIER.

Crassane, bon chrétien d'hiver et bergamotte esperen.

Ces vieilles variétés, parmi beaucoup à peu près identiques, ont des coursonnes toujours dénudées d'yeux vers la base. A l'état de bourgeon, les feuilles du bas sont dépourvues d'yeux de remplacements : on dit, avee raison, que les *coussinets sont vides* ! ! Ce qui fait qu'en hiver les yeux sont perchés à 5, à 8 centimètres de la branche charpentière, principalement la *Crassane et le Bon chrétien d'hiver*. Par cette disposition toute particulière, on était obligé pour casser un rameau à trois yeux, d'allonger la taille quelquefois de 15 centimètres ! ! Dans cet état le rameau ne fructifiait pas, il donnait naissance à autant de bourgeons vigoureux qu'il y avait d'yeux de conservés...., plus on coupait, plus on obtenait de têtes de saule, seul les *dards* et *lambourdes ridées* pouvaient produire, cela après bien des années de perdues et des mutilations.

Frappé de la difficulté de cette manière de faire, contraire à la nature toute particulière de la constitution de ces variétés, j'ai découvert, il y a une dizaine d'années la méthode rationnelle de *fructification prompte* et *assurée suivante*, qui m'a toujours donné et à ceux à qui je l'ai conseillée, les plus heureux résnltats.

Le rapprochement entr'elles des branches charpentières sur

l'espalier, 15 centimètres au lieu de 25. De ne jamais tailler ces jeunes branches charpentières. De ne jamais laisser allonger *un bourgeon ni un rameau fruitier* au delà de la longueur d'*un dard*, d'*une lambourde*. Deux productions ridées qui m'ont servi de base et qu'il faut obtenir à tout prix sur ces variétés, rien de plus facile en *été comme en hiver* que de *couper à la hauteur des rides* tout bourgeon, ou rameau, menaçant de s'allonger au delà de 10 *à* 12 *centimètres*. De recommencer encore à ce même point sur des productions nouvelles ou anticipées qui ne se constitueraient pas fruitières d'elles-mêmes, repousseraient encore après une première opération.

La sève alors distribuée uniformément sur toute la surface de l'arbre, élaborée par une multitude de rosettes feuillues, porte toute sa force vitale sur le prolongement de la charpente. Les rosettes fruitières ridées fournissent et chaque année l'arbre rapporte de magnifiques fruits groupés par bouquets sur un tapis de feuilles du plus beau vert. Sur les vieux arbres qu'on soumet à ce nouveau procédé, il faut laisser développer tout l'été une série de bourgeons *en face l'axe* des palmettes, quelques-uns mêmes sont palissés sur les branches charpentières qui leur servent de baguettes conductrices, ce qui augmente les chances de production ; à la fin d'août on supprime, sur leurs rides, les auxiliaires de la mise à fruit, d'autres personnes comme moi-même greffent à leur base des boutons à fruit de Doyenné d'hiver.

Cette méthode, sur d'autres variétés, m'a donné les plns belles espérances, je rendrai compte du résultat dans une troisième édition.

CASSEMENT PROPREMENT DIT.

Par la coupe des feuilles, le *pincement* n'ayant plus sa raison d'être, c'est par le cassement que les rameaux se constituent définitivement à fruits. Cette opération, qui commence avec le

Fig. 104. — Bourgeon fruitier cassé à trois yeux au-dessus des stipules foliacées.

mois de juin, se fait pendant tout l'été, selon les besoins au fur et à mesure que la sève se ralentit, que l'œil terminal se forme aux jeunes bourgeons et aux tire-sève. Elle se pratique sur les jeunes rameaux fruitiers en voie de formation dont on a déjà coupé les feuilles, mais pas assez efficacement pour les mettre à fruit. C'est à l'aide du pouce appuyé sur la lame de la serpette, qu'on rompt brusquement le jeune rameau au-dessus des trois premiers yeux de la base (A, *fig.* 104) placés dans les premières grandes feuilles au-dessus des stipules foliacées (C) habituellement dépourvues d'yeux. La figure 105 montre les coussinets vides où étaient nées les stipules (D) ; en (B) on voit le cassement au-dessus des trois yeux.

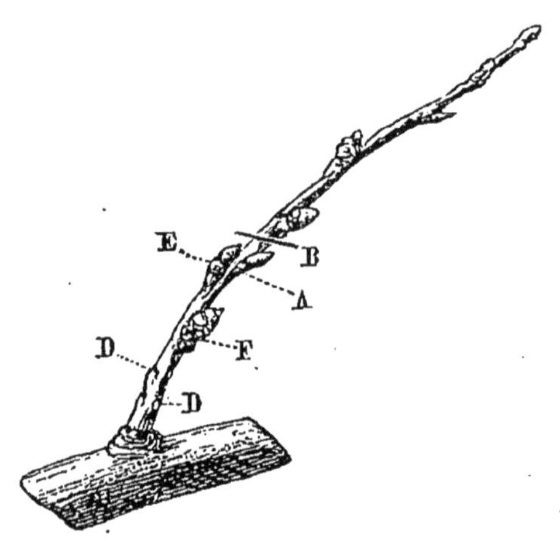

Fig. 105. — Rameau fruitier de Poirier cassé à 3 yeux au-dessus des coussinets vides.

Ces trois yeux combinés ont chacun leurs fonctions. On nomme le terminal (A) œil *tire-sève* ; en effet, si un surcroît de sève afflue sur le jeune rameau cassé, elle agit naturellement sur cet œil qui fournit un bourgeon anticipé. Le second se nomme *œil-à-fruit* (E) puisqu'on est assuré 99 fois sur 100, que cet œil produira fruit, le premier étant préservé par l'œil placé au-dessus ; celui de la base se nomme *œil lambourde* (F). Il se forme à fruit le dernier, et lorsqu'il produit, il reste le seul du rameau sur la charpente pour constituer la fructification continue de l'arbre.

Les trois résultats de la figure 97 montrent l'avantage de cette opération précédée de la coupe des feuilles.

Il ne faut pas confondre la lambourde qui n'a qu'un seul œil terminal (A, *fig.* 127), en un bouton formé (B) ou en voie de formation), avec le dard (*fig.* 121) muni d'yeux latéraux.

CASSEMENT DU RAMEAU ANTICIPÉ.

Nous avons vu que l'œil tire-sève se développait quelquefois en bourgeon anticipé, mais que la coupe de ses feuilles en arrête presque toujours le développement. Cependant, si un cassement était nécessaire à la formation des boutons fruitiers placés au-dessous de lui, il serait rompu à un ou plusieurs yeux, selon le besoin d'aider ces derniers. Il vaut mieux n'en user qu'avec prudence, car on doit craindre et éviter en cette saison une déviation de sève sur les autres organes foliacés de l'arbre.

FIG. 106. — Cassement du bourgeon anticipé.

Les figures 106 et 107 montrent ce cassement relatif.

Il arrive aussi que sur des arbres très vigoureux, où la sève est mal répartie, les deux yeux terminaux du rameau (*fig.* 108) se développent par anticipation (A). On doit comme restauration supprimer le latéral (B) et traiter l'autre en C ; on aura encore l'espoir d'une fructification par la formation de l'œil lambourde en bouton fruitier (D). Mais si, par accident, le rameau était dépourvu de boutons (comme la *fig.* 109 en E), on supprimerait le ou les bourgeons terminaux (A) pour casser le latéral (B) au-dessus de ses stipules foliacées (C), ou lui-même à trois yeux

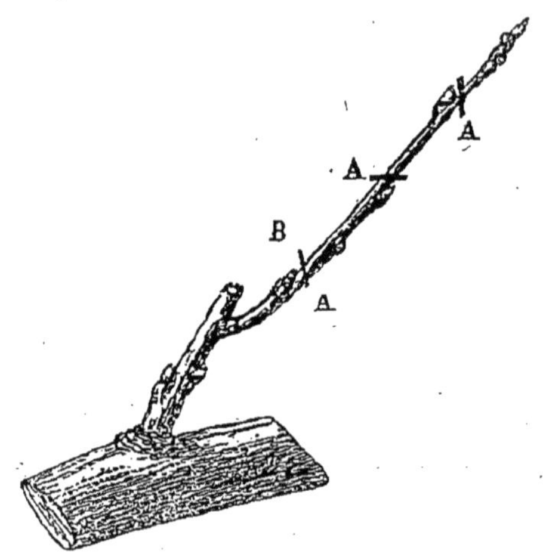

FIG. 107 — Rameau en hiver après le cassement du rameau anticipé selon la force des boutons fruitiers.

d'où se développeraient dans les rides, par le premier procédé, des yeux stipulaires (D) qui se formeraient à fruit (*fig.* 103).

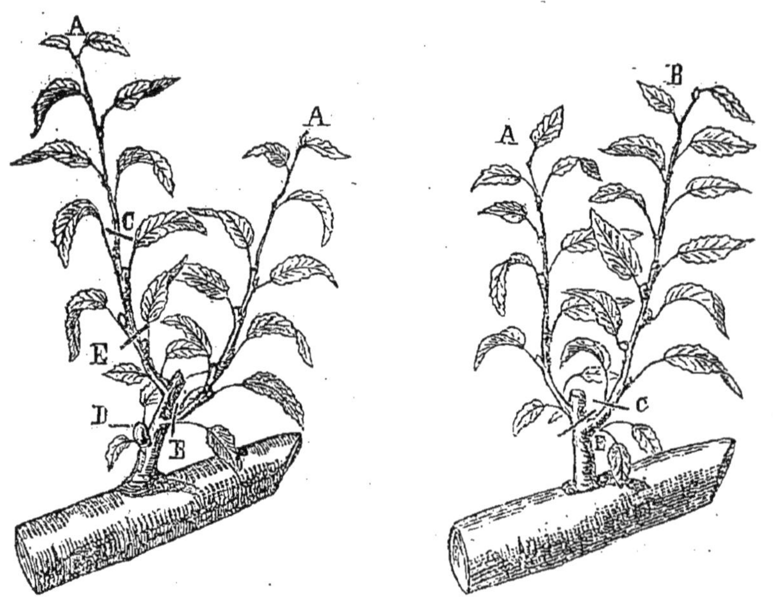

FIG. 108 et 109. — Rameaux fruitiers de Poiriers trop vigoureux et restaurés.

Cette perturbation n'a lieu que sur les arbres où la sève des racines et des parties aériennes n'est pas bien équilibrée, aussi donnons-nous ces deux dernières opérations comme restauration plutôt que comme un guide ordinaire de la mise à fruit.

CASSEMENTS COMPLETS DE FIN D'ÉTÉ.

Dans le cours de la végétation, quelques yeux placés inférieurement au rameau de prolongement (*fig.* 82) n'ont acquis qu'une longueur de 3 à 8 centimètres et sont munis de plusieurs yeux : nous les nommons dards. Il n'y faut pas toucher, car c'est par eux que la fructification est assurée, ce qui fait s'exprimer ainsi : *qui dit dard, dit fruit* (*fig.* 110).

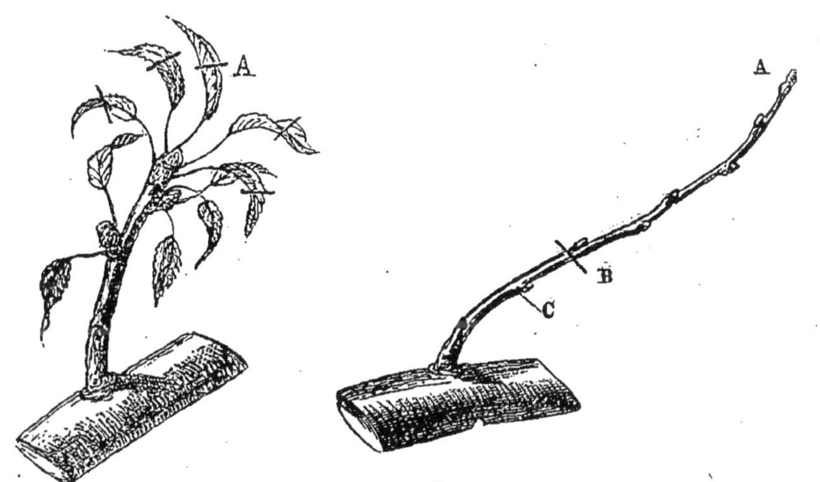

FIG. 110. — Dard fruitier de Poirier soumis à la coupe des feuilles.

FIG. 111. — Brindille de Poirier cassée au-dessous du 3e œil de la base.

D'autres plus étiolés, plus longs, nommés brindilles (*fig.* 111) conservés antérieurement pour obtenir de l'œil terminal (A) un fruit pauvrement constitué, à cause de la faiblesse de la brindille, doivent être traités de la manière suivante. On casse la brindille au-dessous du troisième œil de la base (B) pour laisser un onglet au-dessus de l'œil second (C) qui profite de la sève de fin d'été pour se constituer fruitier. La (*fig.* 113) montre en D le bouton terminal (A) de la brindille non opérée (*fig.* 111), mais au lieu d'être à 25 ou 30 centimètres, il est plus rapproché de la charpente (E, *fig.* 112).

Les *figures* 112 et 113 montrent le résultat de cette heureuse combinaison qui, habituellement, se fait dans le courant de juillet, mais lorsque l'élongation de cette ramille est à peu près arrivée à son terme.

Quand les autres bourgeons, nés aussi sur la charpente, perdent leur consistance molle, herbacée, enfin qu'ils se lignifient sur toute leur longueur, ce qui a lieu ordinairement à la fin d'Août et au commencement de Septembre, c'est le moment opportun d'opérer le cassement complet, afin de fortifier tel ou tel œil du rameau, et lui faire acquérir la formation complète de première année, à l'aide de la sève lente de la fin d'été et d'automne. Nous dirons déjà que le dard et la brindille restent tels que nous les avons laissés plus haut, ainsi

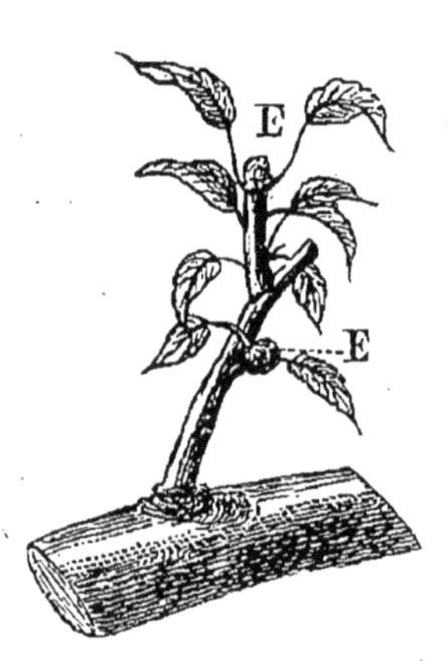

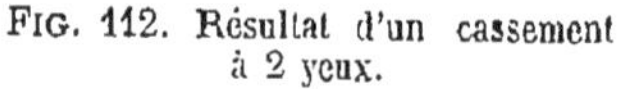
FIG. 112. Résultat d'un cassement à 2 yeux.

FIG. 113. Brindille cassée à 2 yeux, vue en hiver.

que les plus faibles rameaux, dont un premier cassement à trois yeux a suffi pour arrêter l'essor de la sève au profit de la formation de leurs boutons (A, B, *fig.* 97) ; tandis que ceux un peu plus vigoureux, dont l'œil terminal s'est développé en bourgeon anticipé (*fig.* 106) et qui a été cassé lui-même à plusieurs yeux dans le cours de la végétation, doivent recevoir le cassement complet à un seul œil au-dessus du fruitier combiné (A, (*fig.* 116 et B, *fig.* 119 et *fig.* 114, A).

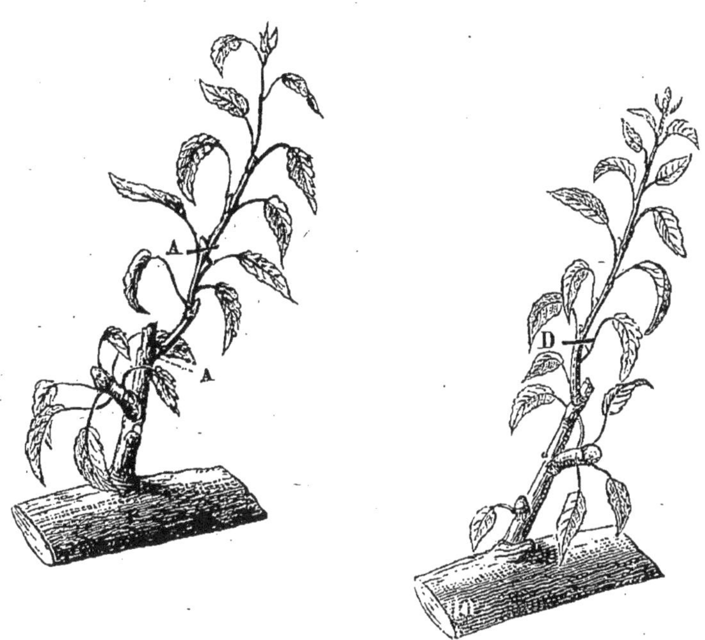

FIG. 114 et 115. Rameaux fruitiers de Poiriers vigoureux, de 3 ans.

De ce qui précède, il ne reste donc plus à traiter que le ra-

FIG. 116. Dard fruitier de Poirier après le cassement complet de fin d'été.

meau vigoureux, décrit plus haut, lequel à sa base n'est pourvu que de l'œil lambourde qui doit produire des fruits le premier. La seule opération à lui faire est le cassement complet encore à un œil au-dessus du seul fruitier conservé (E, *fig*. 108).

Fig. 117. — Rameau fruitier de Poirier vu en mars, ayant été cassé fin d'été précédent à un œil stipulaire.

Ainsi qu'on a pu le remarquer, et comme conclusion, l'œil à fruit est toujours garanti d'une exubérance de sève par l'œil placé au-dessus de lui (A, *fig*. 116) et même le dard (*fig*. 89 et 90).

La brindille (*fig*. 111 et 113), opérée à deux yeux (B et D), est toute fruitière sans le secours d'un œil préservateur, parce que sa faible constitution

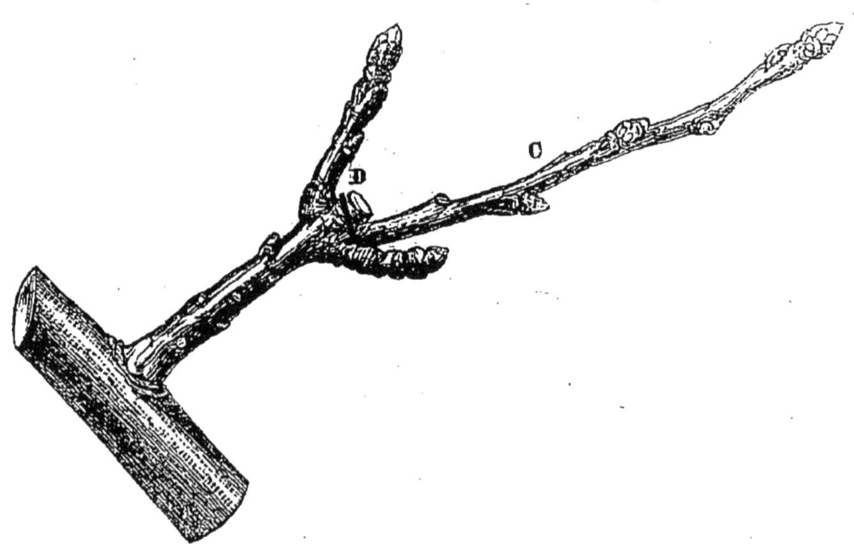

Fig. 118.— Dard lisse de Poirier coupé sur rides l'année précédente, avec bouton fruitier pour la suivante.

ne lui permet de soutirer que juste la sève qui est nécessaire à sa fructification.

Le rameau cassé complètement à trois yeux ne craint pas

FIG. 119. — Rameau fruitier de Poirier après le cassement de fin d'été à un œil alterne sur rameau anticipé.

non plus la sève, à cause de la formation de l'œil terminal,

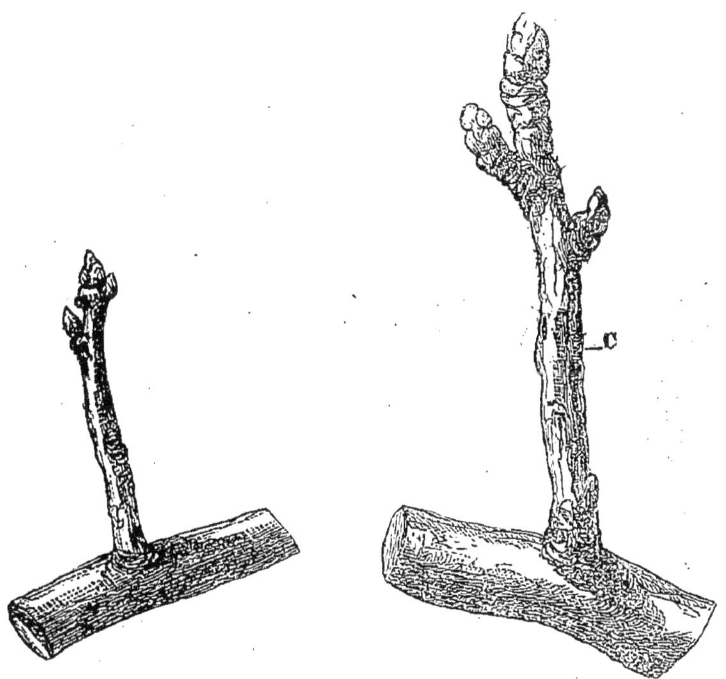

FIG. 120. — Dard fruitier de l'année précédente avec bouton en voie de formation.

FIG. 121. — Dard fruitier adulte avec bouton fruitier formé.

déjà plus gros par le cassement d'été, et qui pousse seul au printemps suivant, préservant ainsi l'œil second qui ne pourra que devenir fruitier (*fig.* 104, 117 et 119).

Comme tout est prêt à recevoir la sève du printemps, la taille d'hiver n'est appliquée que sur les rameaux fruitiers adultes d'un arbre fait.

ENTRETIEN DE DEUXIÈME ANNÉE DES RAMEAUX FRUITIERS, ET CASTRATION DES FLEURS.

Comme au traitement en sec, c'est-à-dire en hiver, il n'y a rien à faire aux jeunes rameaux décrits plus haut, nous n'y reviendrons pas. Cependant, il arrive que sur les arbres extrêmement fertiles ou peu vigoureux, comme la *Duchesse d'Angoulême*, la *William*, le *Doyenné de Juillet*, la *Passe-Crassane*, etc., quelques boutons sont déjà formés sur les ramaux cassés l'été

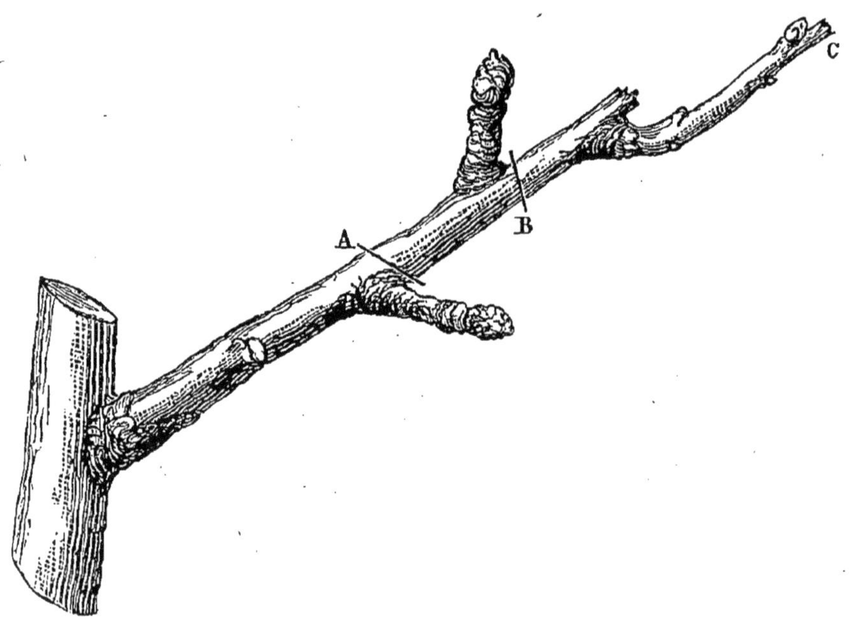

FIG. 122. — Rameau fruitier de Poirier avec boutons fruitiers formés et leur tire-sève.

précédent. On doit alors supprimer le tire-sève à l'aide du sécateur au-dessus d'un seul bouton fruitier formé (A *fig.* 122) ou au-dessus du deuxième bouton (B) si la vigueur de l'arbre le permet, comme en (C *fig.* 123) ; le bouton formé devenant tire-sève à son tour, il ne craint plus la sève de l'arbre.

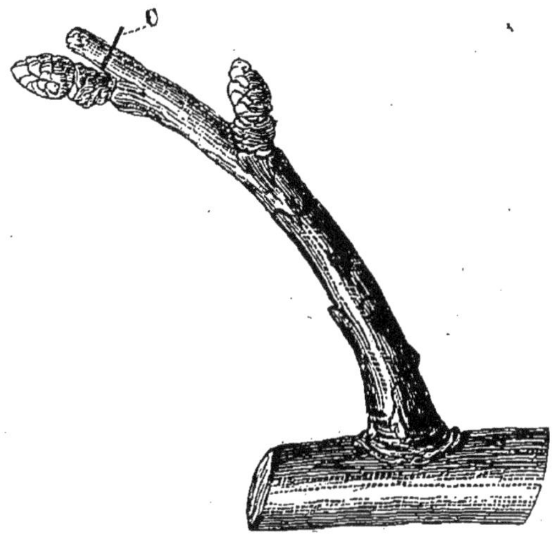

FIG. 123. — Rameau fruitier de Poirier avec 2 boutons fruitiers après la suppression du tire-sève.

Lorsque, la température aidant, les arbres fruitiers commen-

FIG. 124. — Bouquet de fleurs de Poirier après la castration.

ceront à fleurir, nous laisserons les fleurs s'épanouir, se féconder, et quand les pétales seront prêts à tomber, nous aurons soin d'opérer sur les bouquets de fleurs la castration, c'est-à-dire qu'avec la pointe de la serpette ou du ciseleur émoussé, nous couperons à la base du pédicelle, et selon les espèces, tout l'intérieur de ce bouquet de fleurs (A, *fig*, 124) pour ne laisser que celles de la circonférence (B).

« Nota : Dans les années abondantes, la *castration des fleurs* est un excellent levier pour établir la récolte sans intermittence, d'obtenir de bons fruits sans fatiguer l'arbre par un excès de production... Pour cela on coupe les fleurs d'une bourse, en laissant intactes *les feuilles placées au-dessous* : comme on le voit à la (*fig.* précitée). Cette opération se fait alternativement un bouquet sur deux, c'est-à-dire qu'on s'arrange de façon à laisser à la branche ou à l'arbre autant de productions garnies de feuilles qu'on a de productions fruitières.

Sur le poirier de *Bergamotte Esperen*, etc., où les fleurs du centre du bouquet, sont les mieux constituées, la castration ne sera faite que sur la fleur du contour, attendu que celles du centre sont celles qui forment le mieux leurs fruits.

La castration des fleurs est indispensable sur le bouton terminal d'une jeune branche charpentière, attendu que par le faisceau de feuilles placé au-dessous des fleurs supprimées, l'œil né sur bourse constitue un excellent bourgeon de prolongement.

Enfin la castration des fleurs devient d'un grand secours, sur nos *jeunes poiriers* et *pommiers* plantés de l'année ; les *pommiers principalement en cordon*, qui le plus souvent ont des boutons à fruits sur leur plus grande partie, s'annuleraient, si on les laissait fleurir. Il devient donc de toute nécessité d'opérer la castration, même avant la fécondation des fleurs. On obtient un excellent résultat de cette dernière méthode, pas assez connue ni employée. »

Par cette méthode, due à M. Forney, et propagée, il y a quelques années, par un de nos pomologues distingués, M. Baltet, de Troyes, utilisée surtout selon nos nouvelles applications, la castration des fleurs sera très employée. Quant aux bourgeons tire-sève des rameaux cassés à trois yeux, l'année précédente, ils seront soumis à la coupe des feuilles ou au cassement proportionnel des boutons placés au-dessous et qui se résume à casser le tiers du bourgeon si le bouton fruitier est fort, la moitié si le bouton est moyen, et les deux tiers, lorsque le bouton est faible, en attendant le cassement de fin d'été.

DARD LISSE.

Les petits rameaux, à peine longs de 2 à 6 centimètres, doivent être terminés cette seconde année par un bouton, enveloppé

FIG. 125. — Dard lisse avec bourgeon tire-sève.

d'une rosette de feuilles, et qui se prépare à produire l'année suivante. Il n'y faut pas toucher, à moins qu'il ne veuille se développer. On pince alors les feuilles (A, *fig.* 110), à moins qu'il ne soit le tire-sève des boutons placés au-dessous de lui et qui alors produiraient eux-mêmes des fruits.

Il arrive quelquefois qu'un dard lisse, formé l'année précédente, donne naissance, la deuxième année, à un bourgeon terminal (A, *fig.* 100) sans que latéralement d'autres yeux aient eu le temps d'apparaître. Il n'est pas difficile de le transformer à fruit en coupant ce bourgeon à sa base, sur les quelques rides du vieux bois : les yeux verticillés alors se développeront en au-

FIG. 126. — Rameau fruitier modèle, résultat de la coupe des feuilles l'année précédente.

tant de boutons fruitiers (D, *fig.* 118). On en voit même quelquefois un d'entre eux s'allonger et servir de tire-sève à ses voisins (C).

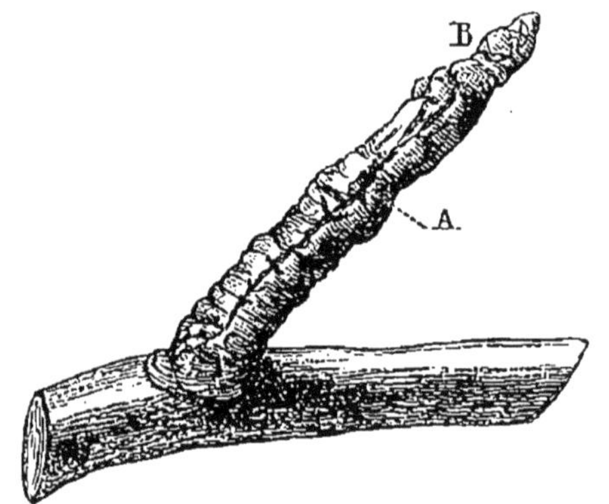

FIG. 127. — Vieille lambourde ridée de 6 ans, incisée.

Quant aux dards et aux lambourdes ridées, il faut attendre leur mise à fruit. Mais si quelques-uns étaient endurcis, comme il s'en trouve sur de vieux arbres, sur de vieilles pyramides trop garnies de bois (*fig.* 127), où souvent les rameaux fruitiers sont privés d'air, on les inciserait longitudinalement (A), ce qui leur procurerait la force de se préparer à fruit.

Pour la brindille de deuxième année, on n'a qu'à attendre également sa fructification. Quant au traitement de la bourse fruitière, comme il est le même que pour le Pommier, nous en parlerons au chapitre de cet arbre.

RAMEAUX ADULTES.

Sur les rameaux fruitiers adultes, le cassement s'opère ainsi : chaque jeune rameau terminal tire-sève, c'est-à-dire né au-dessus d'un bouton à fruit formé ou en voie de formation, est cassé complètement à un œil à la fin de l'été (A, *fig.* 126, D, *fig.* 115, A, *fig.* 116, B, *fig.* 107 et C, *fig.* 122), comme il a été dit plus haut (*fig.* 82) aussi bien sur les rameaux que sur les dards lisses coupés sur rides et possédant un d'entre eux comme protecteur (C, *fig.* 118).

ENTRETIEN DE TROISIÈME ANNÉE DES RAMEAUX FRUITIERS.

En hiver, sur les rameaux fruitiers des années précédentes, les opérations se résument ainsi : sur le dard terminé par un bouton à fruit (*fig.* 110 et 121) il n'y a qu'à attendre sa floraison, sur celui de la (*fig.* 116), il n'y a également rien à faire si toutefois un des latéraux n'est pas encore fruitier, tandis qu'il sera coupé en (D, *fig.* 118) si le bouton est formé. La brindille attendra son fruit, comme nous l'avons vu l'année précédente (*fig.* 112, 113 et C, 128). Sur les autres rameaux fruitiers, les soins seront les mêmes que ceux de l'année précédente ; on cassera complètement au-dessous des boutons fruitiers, mais si qnelques-uns n'étaient pas encore formés, ce qui arrive très-rarement, on laisserait l'œil tire-sève placé au-dessus, d'après le traitement de l'été dernier (*fig.* 106, B, 107, A, *fig.* 117, B, *fig.* 119).

Sur les rameaux où il y a deux ou trois boutons fruitiers, (ce que l'on voit souvent par le nouveau traitement des feuilles), on aurait soin, si l'arbre était peu vigoureux et très-fertile,

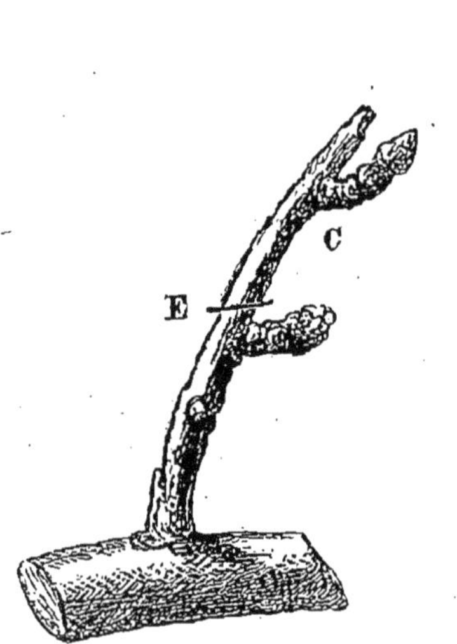

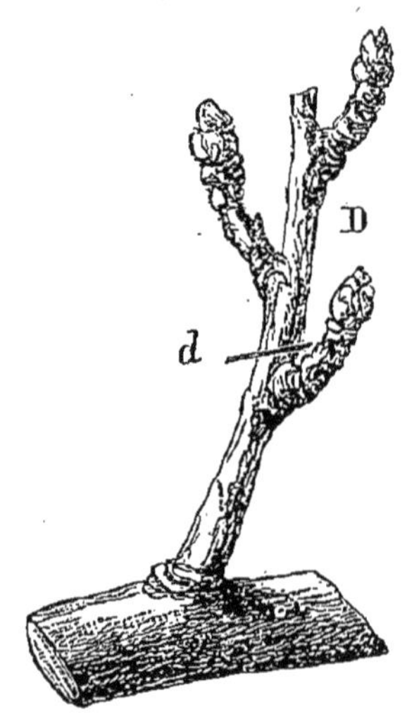

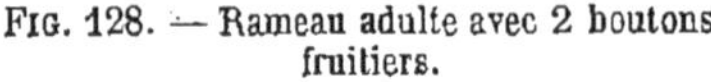

Fig. 128. — Rameau adulte avec 2 boutons fruitiers.

Fig. 129. — Rameau avec 3 boutons fruitiers.

de ne laisser que le bouton de la base (E, *fig.* 128 et *d*, *fig.* 129); tandis que, sur un arbre vigoureux, on pourrait en laisser jusqu'à deux sur beaucoup de rameaux, comme nous l'avons dit aux rameaux de deuxième année, ce qui absorberait une notable partie de sa sève, comme les deux de la base des (*fig.* 122, 123, 128, 129).

Si un côté d'arbre était faible, on ne lui laisserait que peu ou pas de boutons, tandis que le contraire aurait lieu sur le côté vigoureux. Enfin, on ne doit pas oublier que le fruit vit aux dépens de la sève de l'arbre qu'il absorbe en ne lui rendant rien.

Un épluchage au sécateur est utile sur les quelques bourses fruitières qui auraient produit l'année précédente (A *fig.* 130) afin que le premier bouton (B) serve de tire-sève aux besoins du bouton (C) qui doit devenir fruitier (F, *fig.* 131) pour conserver les deux boutons fruitiers formés (EF), si l'arbre est vigoureux; ou seulement un seul (F), si l'arbre est fertile, ou

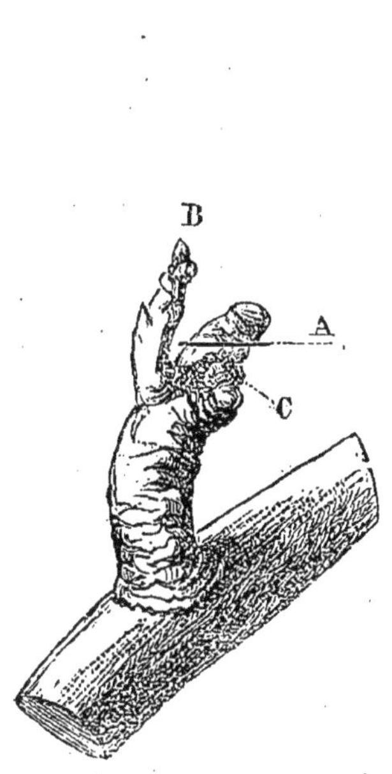

Fig. 130. — Bourse fruitière de Pommier épluchée en hiver.

Fig. 131. — Autre bourse idem.

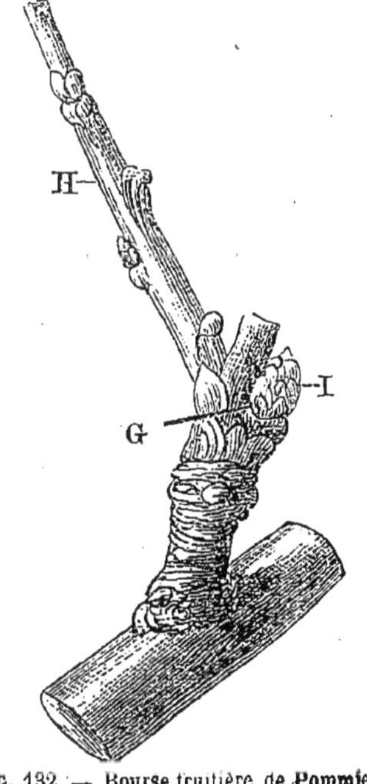

Fig. 132. — Bourse fruitière de Pommier.

enfin en (G, *fig.* 132), qui supprime le tire-sève (H) à cause de la formation complète de l'arbre fruitier (I).

Chaque année, les mêmes soins seront répétés à chaque saison, comme il est dit plus haut, toujours dans le but d'obtenir des ramifications courtes, ridées, et seules sur la charpente, sans jamais de bifurcations; enfin, des lambourdes constituées par l'œil de la base des jeunes rameaux qui, dans un arbre adulte, doivent être les seuls chargés de la récolte, ce qui est toujours facile à obtenir si on sait conduire le trop de sève sur un rameau terminal de la charpente, en relevant l'extrémité de chacune d'elles en hémicycle. Cet entretien de troisième année sera terminé par la restauration de vieilles lambourdes fruitières chargées habituellement d'une quantité de petits boutons fruitiers qui n'ont que la force de fleurir et d'épuiser l'arbre.

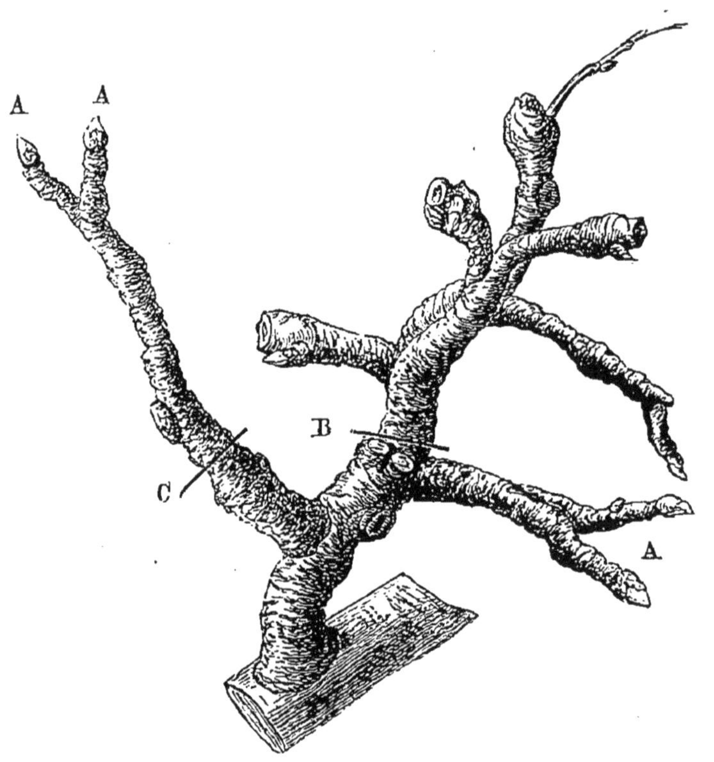

Fig. 133. — Vieille coursonne de Poirier restaurée graduellement.

Cette restauration consiste à ne conserver que quelques boutons, les plus rapprochés de la charpente (A *fig.* 133), à couper le reste en B et l'année suivante en C.

RESTAURATION DU POIRIER.

Il s'agit ici de raviver la sève sur un arbre fatigué par une longue production, ou de reconstruire la charpente d'un autre soumis à telle ou telle forme et ayant été mal traité, mais non pas sur un arbre qui serait épuisé par l'âge.

Pour restaurer un arbre, il faut obtenir trois résultats principaux : une charpente équilibrée, des coursons à fruit et la prompte cicatrisation des plaies par la sève, attendu qu'exposées à l'air, ces dernières sont sujettes à la carie qui, gagnant de proche en proche l'intérieur des charpentes jusqu'au-dessous de la naissance des nouvelles branches, finit par les tuer. Pour prévenir ces accidents, une couche de peinture sur chacune des plaies évitera autant que possible toute désorganisation intérieure du bois, en attendant qu'une couronne de sève se rejoigne pour faire le reste. Si un arbre d'un certain âge et bien équilibré n'a à restaurer que l'endurcissement de ses lambourdes, nous renvoyons simplement au figures et conseils ci-dessous (*fig.* 94 et 97) : la première rendue fertile par l'incision (A, *fig.* 94) la deuxième par un rajeunissement en B ou en C (*fig.* 97) selon la vigueur ou la faiblesse de l'arbre. Mais, si ces mêmes ramifications fruitières sont vigoureuses et ne forment sur la charpente que des têtes de saule, il devient utile, vers le centre de l'arbre, de les supprimer toutes au-dessus de quelques productions faibles nées à leur base, en deux années en commençant par les plus vigoureuses, mais on ne doit non plus retrancher aucun courson éloigné du pied, ni aucun prolongement des branches latérales ; bien au contraire, on redresse ces dernières sur la position la plus près possible de la verticale, on les incise sur toute leur longueur, et tout l'été on laisse croître en liberté les bourgeons vigoureux qui s'y développeraient et qui recevront chacun un ou plusieurs boutons fruitiers, vers la fin de la saison (*fig.* 49, 50, 51, 52).

La taille de quelques grosses racines sera de toute nécessité l'hiver même.

Quant à la restauration de charpentes sur un arbre vigoureux, cette opération n'est toujours qu'une déviation de sève des branches supérieures au profit de celles qui sont inférieurement placées, et déshéritées jusque-là par une direction vicieuse dès la jeunesse de l'arbre.

Prenons pour exemple une palmette simple, et figurons-nous qu'au lieu de la conduire à la Verrier, on ait laissé les branches latérales supérieures aussi longues que celles du bas, plus longues peut-être ; la sève, appelée naturellement vers celles du haut, aura promptement abandonné les inférieures et l'arbre représentera un cône renversé.

C'est sur cet arbre qu'une taille est de toute utilité. On coupera les branches du sommet à une longueur moitié moindre que celles du bas avec équilibre à droite comme à gauche de l'axe, et les intermédiaires dans cette même proportion ; celles du sommet seront palissées très serrées et horizontalement ; celles du bas seront redressées et éloignées soit du mur, soit du contre-espalier. Au départ de la sève, on placera une tablette ou auvent au-dessus des parties vigoureuses, tout en excitant le départ d'en œil stipulaire placé latéralement vers la longueur moyenne des charpentes tronquées, afin d'obtenir de nouvelles branches charpentières de prolongement moins vigoureuses, et de donner le temps aux faibles de reprendre le dessus. Des crans, pratiqués au-dessous et à la naissance des fortes charpentes les affaibliront (C *fig.* 79), tandis que d'autres pratiqués au-dessus des faibles (B), les aideront encore à profiter de la sève, qui jusqu'alors les avait abandonnés.

On emploie aussi très souvent les greffes en coulée Baron (*fig.* 48), celles en approche (*fig.* 45) et en écusson (*fig.* 28), pour placer des branches qui manquent quelquefois parallèlement à d'autres. D'ailleurs, le meilleur principe pour restaurer un arbre, c'est de connaître les lois de la végétation, de savoir dévier la sève de tel endroit pour la conduire sur tel autre, c'est-à-dire un travail pratique aidé des connaissances indispensables renfermées dans ce volume.

LE POIRIER DANS LE VERGER, SA FORME.

Dans le verger, le poirier demi-tige greffé de préférence sur franc sauf quelques variétés trop vigoureuses alors sur coignassier doit être élevé sous forme pyramidale naturelle (*fig.* 135), comme nous l'avons dit au chapitre de la pépinière. C'est là que nous admettons la forme de cône ou pyramide et non pas au jardin fruitier avec les formes soumises au palissage dans des carrés trop restreints. La pyramide avec des variétés de fruits moyens plutôt que gros, et fortement attachés rend au verger

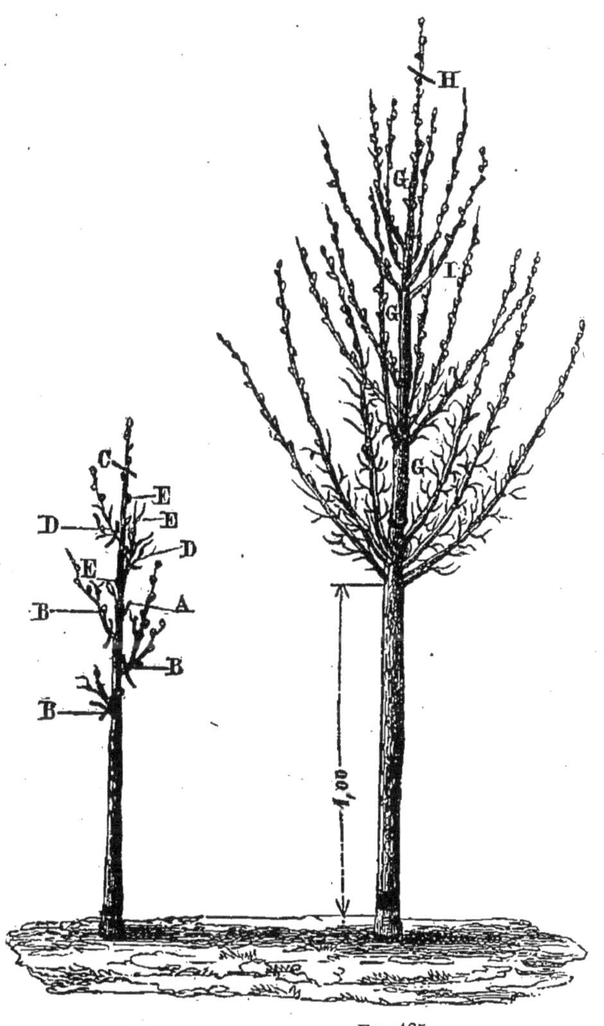

FIG. 134. FIG. 135.
Poiriers demi-tiges pyramidaux pour le verger.

des services importants, surtout au point de vue de l'exportation et des marchés.

Un an ou deux après la plantation, lorsque l'arbre est vigoureux déjà, on supprime les yeux latéraux du jeune scion (*fig.* 134) jusqu'à une hauteur de 80 centimètres à 1 mètre (A), ainsi que les ramifications (B). On coupe le scion au-dessus du septième œil placé du côté de l'onglet du sujet (C), les ramifications (D) au-dessus des rides, afin de conserver leurs yeux stipulaires. On pratique ensuite une entaille ou cran au-dessous des deux yeux qui avoisinent le terminal (E), ainsi qu'au-dessus des deux latéraux inférieurs de la tige (AF). Cette opération a pour but de ralentir la sève des premiers et fortifier les seconds. On place un tuteur qui sera de 20 centimètres plus haut que la pointe de l'arbre, afin de dresser le bourgeon terminal dès sa naissance, ou, ce qui sera plus simple, on coupera l'axe de 10 centimètres plus long, pour le supprimer en août, ce qui, en éborgnant les yeux de cet onglet, servira de tuteur au bourgeon combiné de prolongement.

Chaque hiver, les yeux latéraux de la flèche seront éborgnés au-dessus des jeunes charpentes latérales des années précédentes, jusqu'à 30 centimètres de hauteur (G, *fig.* 135) et la flèche sera coupée au-dessus du septième œil opposé à celui de l'année précédente (H). On taillera un peu les branches latérales, afin de les corser, mais il faudra éviter toute bifurcation. La tige s'allongera chaque année avec un verticille nouveau de six branches latérales (I) pour former une tête pyramidale naturelle plus ou moins vigoureuse, selon la variété. Le peu de taille, ou taille longue et même la non taille des jeunes charpentes de la pyramide qu'on peut nommer taille d'équilibre sera continuée non pas seulement jusqu'à la formation complète de l'arbre ; mais bien jusqu'à sa complète mise à fruit. C'est alors que le raccourcissement annuel des charpentes sera employé, *comme un frein ou modérateur* à la quantité de fruits, *non intermittente* eu égard à l'action plus ou moins active du Poirier. Voici ce que nous entendons par l'emploi judicieux de la *serpette pour tailler* ! !.

Les rameaux fruitiers devront être vierges du sécateur, à moins que quelques-uns ne veuillent s'allonger ; ils seraient alors soumis à un cassement en vert à trois feuilles (*fig.* 104).

MALADIES DU POIRIER.

L'ulcère et la carie sont deux maladies causées le plus souvent par les mutilations faites par l'homme ; les vieux arbres à cidre et à couteau en sont une preuve. L'ulcère ou plaie laisse se former souvent un épanchement liquide qui détériore les parties vivantes qui l'environnent, qui décompose le bois et cause cette autre maladie que l'on nomme carie ou pourriture. Il faut enlever à vif les parties malades avec une serpette bien tranchante et les frotter avec des feuilles d'oseille ; lorsque le liquide ne reparaîtra plus, on recouvrira le centre de la plaie avec du mastic à greffer et une couche de peinture près du liber.

Le chancre (A, *fig.* 136) est moins fréquent sur les Poiriers que sur les Pommiers. On le voit plus habituellement sur des variétés à bois et à fruits délicats plantés en plein air et ré-

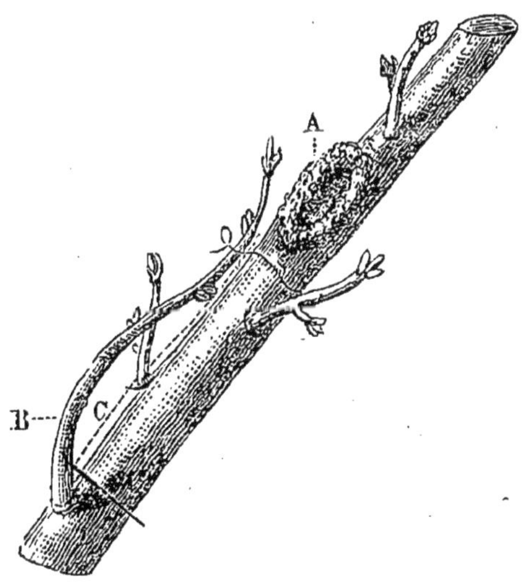

FIG. 136. — Charpente de Pommier atteinte d'un chancre A ; B jeune rameau de remplacement.

clamant l'espalier, comme les Poiriers de *Doyennés d'hiver*, *Saint-Germain*, *Beurré gris*, *Crassane* et autres dont les fruits deviennent pierreux, tavelés. Sur les Pommiers, c'est le plus souvent la trop forte suppression de grosses branches détruisant l'équilibre de la sève entre les parties souterraines et aériennes qui cause cette maladie. On traite ces arbres comme pour l'ulcère et la carie, mais de plus, on pratique sur les branches une incision longitudinale.

S'il devenait difficile de cicatriser la plaie quelquefois par trop profonde, le prolongement de la branche serait remplacé par un nouveau bourgeon, palissé en C, et né au-dessous de la plaie, si toutefois son diamètre n'était pas trop fort (B, *fig.* 136). Arracher et replanter l'arbre s'il est jeune, ou lui couper quelques grosses racines, sont deux moyens très efficaces contre le chancre. Le marnage (en novembre) est excellent sur le sol des pommiers, mais on devra après l'hiver en faire le mélange à la surface du sol, à l'aide du crochet bident. On doit éviter de prendre des écussons sur ces arbres qui quelquefois communiqueraient cette maladie aux nouveaux.

La chlorose ou jaunisse est une terrible maladie inhérente aux Poiriers et causée par plusieurs circonstances : soit le défaut de sympathie entre l'arbre et le sujet sur lequel il est greffé, soit une plantation trop profonde dans un sol froid et humide, soit la répétition trop grande des tailles, soit l'appauvrissement du sol. Le poirier greffé sur coignassier en est, hélas trop souvent affecté !.. surtout à la suite d'une trop grande abondance de fruits.

Lorsqu'elle est due à la première cause, il faut inciser longitudinalement le sujet et le bourrelet de la greffe sur plusieurs points, afin de faciliter l'ascension de la sève ; lorsqu'elle est due à la seconde, il est très facile de sauver l'arbre en l'arrachant dès la chute des feuilles et en le transplantant dans un sol plus sain, exhaussé du terrain environnant, ou ne l'enterrant qu'au niveau du collet, avec les soins indiqués au chapitre de la mise en place; mais l'été qui précède et celui qui suit la plantation, les feuilles et les bourgeons seront soumis à l'eau sulfatée.

Si la maladie est causée par une taille à outrance, il n'y a qu'à cesser les mutilations. Si elle est causée par l'appauvrissement du sol, il ne faut pas attendre l'arrêt de toute végétation, car il est toujours difficile de guérir un arbre qui n'a plus de bouche aspirante, les chevelus étant morts en partie et les feuilles ne fonctionnant plus depuis l'appauvrissement de leur couleur verte.

Sitôt qu'on s'aperçoit que la teinte jaune s'empare des feuilles sur quelques faibles bourgeons, que ceux-ci sont grêles, malingres, que les feuilles du sommet sont comme grillées, on peut en conclure que la racine correspondant à cette branche est dans un sol pauvre, ne renfermant pas les substances propres au Poirier.

Dès la fin de juin, il faut commencer sur les feuilles et les bourgeons une première aspersion au sulfate de fer. Le soir d'un beau jour, sitôt le coucher du soleil, on arrose, à l'aide de la pompe à main, toutes les parties vertes de l'arbre avec une eau additionnée de sulfate de fer (ou coupe rose verte) qui ne coûte presque rien et qu'on trouve chez tous les pharmaciens et épiciers ; ce sel doit être pulvérisé très fin et pesé juste, afin de n'en mettre *qu'un gramme et demi* par litre d'eau. Ce sel, mis dans l'eau (arrosoir ou seau) doit y être agité quelques minutes pour favoriser la dissolution et lancé en pluie fine sur les bourgeons et les feuilles. Il faut éviter de se servir du fond du vase, pour ne pas brûler les feuilles et les bourgeons.

Une dizaine de jours suffisent pour apercevoir quelques parties vertes reparaître sur les feuilles. On répète encore deux fois cette opération, de quinzaine en quinzaine, à la fin de l'été, toutes les feuilles devront avoir repris en partie leur aspect primitif. Il ne faut pas croire l'arbre entièrement guéri : ces aspersions n'ont servi qu'à vivifier le tissu cellulaire des feuilles et rendre plus énergique l'action de leurs stomates, ce qui oblige les racines à développer de nouvelles radicelles, n'attendant que le moment de puiser dans le sol, à l'aide de leurs spongioles, les matières minérales et salines qui conviennent au Poirier. Mais on doit se hâter, s'il est encore jeune, de le replanter dans un sol qui lui convienne (voir au chapitre de la plantation), ou, s'il est trop âgé, d'enlever toute la terre épuisée jusqu'à découvrir les grosses racines, en ménageant les principales, et cela dans le rayon où elles s'étendent le plus loin. Alors il sera facile d'opérer sur le corps de chacune d'elles une incision longitudinale qui aidera à la formation de plusieurs amas de cambium le long de la raînure, où naîtront de jeunes radicelles. Ces mêmes incisions seront prolongées sur les branches charpentières pour dilater l'écorce endurcie par la souffrance, un lait de chaux la préservera de l'ardeur desséchante du soleil et de l'air. Les racines seront recouvertes d'un mélange de terre à blé, terre de potager, boue de ville, ou à défaut des produits de curage des mares et des étangs, des plaques de dégazonnement, avec une addition de sulfate de fer grossièrement concassé et de petits morceaux de ferraille, tôle, etc., le tout bien mélangé à l'avance. Dès le mois de juin il serait mieux encore de déchausser l'arbre, et d'arroser ses racines avec de l'eau sulfatée à la dose de 1/2 kilo de sulfate de fer par hectolitre d'eau, et de verser 12 *litres* par mètre carré ; cela avant de recouvrir les racines comme il a été dit ci-dessus. L'urine humaine, à la dose de 1/20 et à 5 litres par mètre, produit un excellent effet. En novembre, le dosage des engrais serait doublé.

L'arbre ainsi traité reprendra une vie nouvelle au point de devenir le plus vigoureux du jardin. S'il était encore assez jeune pour subir la transplatation dans un sol ainsi préparé, il deviendrait évident que ce serait beaucoup plus tôt fait et moins coûteux. L'été suivant de l'une ou l'autre de ces opérations, il faudra stimuler encore les parties herbacées en les aspergeant de sulfate de fer, à la dose décrite plus haut.

Quant au sol parcouru par les racines, il sera recouvert d'un épais paillis de bourre de laine, ou à défaut de détritus de ville, etc.

AFFAIBLISSEMENT DU POIRIER GREFFÉ SUR COINGNASSIER.

Lorsque des Poiriers d'espèces trop peu vigoureuses greffées sur coing ne poussent pas, attendu qu'ils auraient dû être

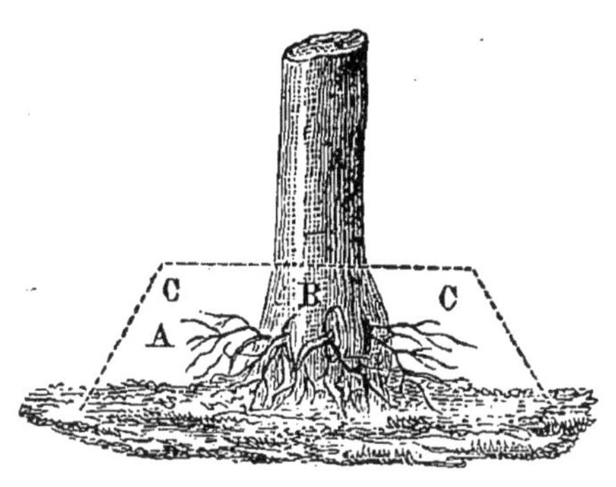

Fig. 137. — Poirier sur coing affranchi à l'aide d'incisions.

plantés greffés sur franc, il faut se hâter de les affranchir, chose encore facile en excitant la sortie d'un nouveau chevelu au-dessus de la greffe (A, *fig.* 137). Pour cela on pratique plusieurs incisions longitudinales, avec la serpette, sur le bourrelet de la greffe (B) qu'on butte fortement et largement de terre additionnée de bon terreau (C), qu'on recouvre d'un fort paillis de fumier gras qui conservera l'humidité du sol, entretenue encore par des arrosements répétés.

PLANTES PARASITES, LICHEN, MOUSSE, ETC.

Ces plantes se développent très souvent sur les Poiriers exposés au Nord ou à l'Ouest, ou cultivés à l'air libre, et principalement dans les endroits ombragés, dans les terrains pauvres, maigres, ou sur de vieux arbres à écorce rugueuse et négligée. Sur ces derniers, il faut enlever avec la raclette ou une vieille serpette, toutes les écorces dures et gercées; ainsi que les plaques inertes qui étranglent l'arbre et où se logent dans les fissures, des myriades d'insectes. On brûlera de suite ces écorces et on pratiquera une incision longitudinale sur les charpentes.

Quant aux mousses et lichen qui s'y développent, il faut, en hiver, profiter de l'humidité de l'air pour les enlever à l'aide

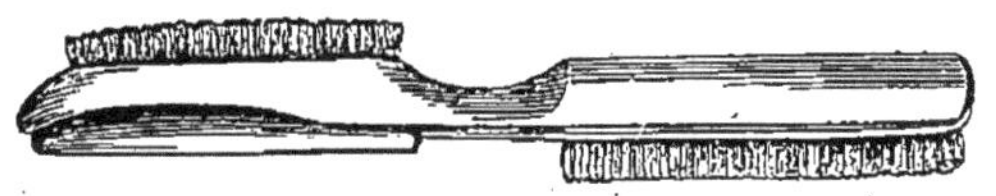

Fig. 138. — Brosse-Couteau en os.

d'une brosse-couteau (*fig.* 138) de M. Hochard, d'Ully-Saint-

Georges (Oise). Il suffira ensuite de badigeonner chaque branche par un lait de chaux ou simplement avec de l'eau de chaux facile à faire en plongeant quelques morceaux de chaux vive dans une quantité d'eau qui les submergera. On tirera au clair, et, quelque temps après, elle aura toutes les propriétés du lait de chaux sans en avoir les inconvénients, puisqu'elle ne laisse aucune trace blanche, toujours peu agréable à l'œil.

On se débarrasse aussi de ces plantes parasites en badigeonnant toutes les branches atteintes avec un gros pinceau trempé dans du jus de fumier. L'azote qu'il contient nuisant au développement des mousses, les détruira radicalement, ne laissant aucune trace de son passage.

L'ŒCIDIUM CANCELLATUM OU CHAMPIGNON DU POIRIER.

En 1859 et 1860, cette terrible maladie envahissait les Poiriers sur plusieurs points de la Normandie. MM. Massé, horticulteur à la Ferté-Macé (Orne) et Blais, vicaire à Beaurain, envoyèrent leurs renseignements à la Société nationale et centrale d'horticulture de France, déclarant qu'ils attribuaient la présence de cette urédinée au voisinage de la Sabine (Juniperus Sabina) qui, chaque printemps, était envahie par un champignon nommé Gymnosporangium fuscum.

Dans le sein de la Société, de nombreuses discussions s'élevèrent entre plusieurs savants, dont quelques-uns prétendirent que la transformation du champignon de la Sabine en celui du Poirier était un fait impossible. Une commission fut nommée et se transporta en Normandie, où elle put se rendre compte du fait, mais sans en être entièrement convaincue. Cependant le doute n'était plus possible, car dans la séance du 8 juin 1861, une nouvelle lettre de M. Massé disait avoir formé le 8 mai, avec le champignon de la Sabine, des lettres de l'alphabet, à l'aide d'arrosements et en moins de dix minutes.

Les choses en étaient là, lorsqu'en 1866 et 1867, nous présentions dans plusieurs séances de la Société d'horticulture et de botanique de Beauvais des échantillons de Sabinier et beaucoup de feuilles de Poirier atteintes d'œcidium cancellatum, ainsi que plusienrs notes où nous rendions compte des dégâts de ce champignon sur beaucoup de points de notre département et des départements limitrophes. Partout, cette terrible maladie était duè à la présence de la Sabine. Un fait extrêmement curieux, c'est que nous l'avons trouvée sur des Poiriers, à plus de 400 mètres de distance d'un Sabinier sur le mur lui faisant face, ceux des murs de côté en avaient un peu, tandis que celui-ci tournant le dos à cet arbuste était intact, ce qui s'explique parfaitement par l'action des vents qui emportent les sporules très fins du gymnosporangium et les fixent sur les feuilles des Poiriers placés sur leur passage. Nous recommandons de mettre à mort tous les sabiniers qui ne seraient pas utiles contre la maladie de quelques animaux ; dans ce dernier cas, on projetterait du soufre sublimé sur les sabiniers et sur les Poiriers, sitôt les premiers jours du mois de mai, comme on fait pour la maladie de la Vigne.

ANIMAUX ET INSECTES NUISIBLES.

Les lièvres et les lapins causent de grands dégâts aux arbres fruitiers, non pas à ceux plantés dans les jardins où ils sont naturellement garantis par les murs de clôture, mais dans les vergers où, en temps de neige, ces animaux viennent ronger l'écorce des arbres et même l'aubier. On badigeonne, à l'aide d'un gros pinceau, jusqu'à hauteur de 1 mètre, la tige des arbres avec un lait de chaux mélangé de suie. Ce moyen est moins efficace que le suivant : on lie, autour de la tige, avec un osier, une poignée de fumier de furet. Il n'est pas besoin d'insister sur l'infaillibilité de cet épouvantail. Une bouillie de fumier de chien dont on enduit les tiges suffira aussi pour éloigner les lièvres et les lapins.

Les rats, et surtout les lérots, petits loirs des pays septentrionaux, se réfugient dans les galeries que beaucoup de propriétaires ont l'habitude de leur construire en haut du mur, en formant un chaperon creux. Nous serions très heureux de ne plus voir que des murs à chaperons pleins où les rongeurs ne pourraient trouver aucun refuge.

Les *lérots* causent des dommages considérables par leur friandise. Ils entament la meilleure partie des fruits au moment de la maturité, comme les Pêches et particulièrement les meilleures, les Abricots, les Raisins, les Poires, etc. Il faut donc chercher à s'en débarrasser par tous les moyens. On emploie les pièges circulaires tendus au pied des murs et avec un fruit pour appât. Il va sans dire que ce fruit ne sera pas de l'espèce de ceux près desquels le piège est tendu. La strychnine extrait de noix vomique réduite en poudre et mêlée gros comme une tête d'épingle à du sucre râpé, dont on répand quelques pincées sur des pommes coupées en deux est aussi très efficace. On répand dans les espaliers ces tronçons de pommes, sans danger pour les animaux domestiques puisque ces derniers ne mangent pas de fruits. On peut aussi employer des moitiés d'œufs durs qui sont très recherchés de ces rongeurs. Du pain émietté mêlé de chaux vive et de sucre en poudre mis par petits tas, au sec, dans leur passage est un très bon appât. La chasse nocturne est encore le meilleur procédé de destruction : elle seule défie l'intelligence de ces animaux qui savent éviter les appâts de toutes sortes. Il ne faut la commencer que très tard dans la nuit, attendu que le lérot très méfiant ne fait ses dégâts que de 10 heures et demie du soir à 2 heures du matin. On doit être à deux pour rendre la chasse fructueuse. On se fait accompagner par quelqu'un qui a pour mission de projeter la lumière d'une lanterne, de haut en bas du mur sur les fruits, le feuillage, mais sans aucun bruit, car le mouvement les épouvante.

L'éclaireur qui entend le lérot remuer sous le feuillage approche la lumière de l'animal afin de l'éblouir, ce qui, en effet, l'interdit et le tient en arrêt ; le chasseur à la piste n'a qu'à lâcher la détente d'un petit révolver chargé d'un peu de cendrée qui suffit pour tuer cet animal aussi gourmet que gourmand. Lorsque cette chasse a lieu près de vieux murs, il n'est pas rare en une soirée d'en détruire une dizaine, aussi quelques chasses suffisent-elles pour être débarrassé entièrement de ces hôtes trop peu gênés.

Les mulots et les souris sont aussi redoutables que les lérots, ils dévorent les fruits et de plus rongent les racines des arbres pendant l'hiver, principalement celles des jeunes Pommiers greffés sur paradis. Pour les prendre, il faut enterrer au pied des espaliers, mais touchant à la muraille, des pots demi-circulaires, creux, évasés et vernissés à l'intérieur et dans lesquels on verse quelques centimètres d'eau, en ajoutant une forte poignée de charbon pilé, afin d'éviter que l'eau ne se décompose; les mulots et souris s'y noieront facilement.

On doit donner la vie sauve aux crapauds et grenouilles qui s'y laisseraient prendre, ils sont aussi utiles contre les insectes que les mulots sont nuisibles aux fruits.

LES LARVES DU HANNETON.

Jusqu'à ce que les propriétaires, les cultivateurs n'auront pas organisé une chasse chaque printemps pour faire secouer les arbres et les arbustes, ramasser et détruire les hannetons, afin d'éviter leur multiplication, nous recommandons de semer des laitues, des romaines, sur le sol des arbres ; elles serviront d'appât certain aux larves de ces insectes et révéleront leur présence par la fanaison.

Les fraisiers qui sympathisent si bien avec la culture des arbres fruitiers, seront aussi de précieux auxiliaires, tout en procurant d'abondantes récoltes, si on a la précaution de pailler le sol contre les sécheresses.

Les trognons de choux, les vieux navets, les choux raves, les colzas, et en général toutes les plantes de la famille des crucifères, sont de violents poisons à cause du gaz acide sulfhydrique qu'ils dégagent, en se décomposant. S'il était facile de s'en servir en les enterrant, on serait certain d'éloigner ces larves, mais ce moyen ne peut être que difficilement pratiqué. Le plus simple et le plus sûr procédé, qui, en grand, rend des services signalés, est l'emploi des feuilles de bois en guise d'épais paillis répandu sur le sol avant l'accouplement des hannetons chaque printemps ; et, pas plus que dans les bois épais, nous n'aurons à redouter la présence de ces larves qui, dans les sols nus et avoisinant les forêts, dévorent les racines de toutes les céréales et autres plantes agricoles.

PETIT KERMÈS

(coccus des naturalistes).

Ces insectes, infiniment petits, s'accolent sur les tiges, les branches et les ramifications fruitières des Poiriers d'espalier principalement. Ils sont si petits et si nombreux qu'ils forment une sorte de croûte de petites coquilles presque imperceptibles (A, *fig.* 139) qui vivent aux dépens de la sève de l'arbre qu'ils

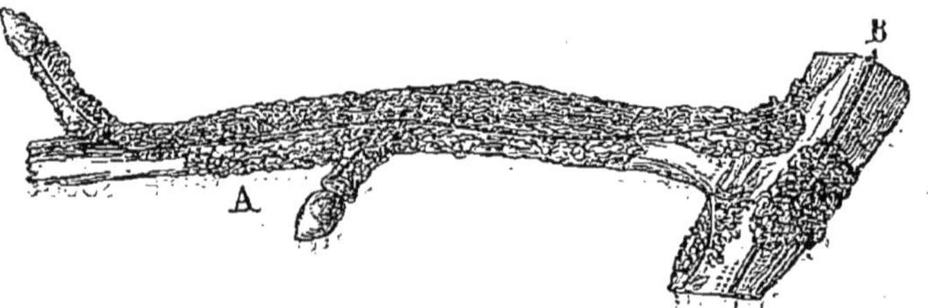

Fig. 139. — Petit kermès du Poirier.

épuisent totalement par leur succion. Deux remèdes sont efficaces. Sitôt la chute des feuilles, on lave avec un gros pinceau toutes les parties attaquées avec de l'eau bouillante ou de l'urine humaine et on saupoudre de suite avec la fleur de soufre qui formera une croûte sur les branches attaquées.

Le second remède consiste à badigeonner les parties envahies avec de l'huile lourde, de la colle de peau à l'état liquide et très étendue d'eau, ce qui asphyxie complètement ces insectes. A la chute des feuilles et tout l'hiver on emploie, avec efficacité, une dissolution de carbonate de potasse des ménagères à la dose de 1 kilo par 25 litres d'eau. Le kilo vaut 0,25 centimes.

Un mois plus tard, une incision longitudinale (B) devient indispensable pour aider la circulation de la sève.

LE TIGRE

(tingis pyris).

Cet insecte, infiniment petit et ailé, fait un grand dégât sur les Poiriers, principalement sur les *Beurré d'Hardenpont*, *Bon chrétien d'hiver*, placés le long des murs Ouest, Sud et Sud-Ouest. L'été et l'automne, il dévore le parenchyme inférieur des feuilles. Il faut asperger très fort avec la pompe à main, ou la seringue de jardin, les feuilles des arbres et principalement le revers, le soir d'un beau temps, avec de l'eau très froide, dans laquelle on a battu du savon noir à la dose de 500 grammes par 20 litres d'eau. En répétant cette opération pendant quelques jours, on se débarrasse en partie de ce terrible petit ennemi. L'hiver suivant, nous conseillons le lavage des branches au lait de chaux ou à l'eau bouillante. Le jus de tabac est le meilleur poison du tigre du Poirier (voir au chapitre des insectes du Pêcher).

LE CHARENÇON (COUPE BOURGEON).

Ce joli petit coléoptère vert et gris, qui fait de grands dégâts sur les jeunes bourgeons terminaux encore herbacés des poiriers, arrête leur élongation par une coupe ou anneau circulaire qui est faite par la femelle en vue d'y déposer ses œufs. Il faut avoir soin de couper ce bourgeon au-dessous de la plaie sur un œil bien constitué qui puisse continuer le prolongement de la branche, et de ramasser ces bourgeons attaqués pour les brûler. Pour détruire l'insecte parfait, on place le matin de très bonne heure, au-dessous de l'arbre sur le sol, un linge blanc et on secoue l'arbre brusquement pour faire tomber le charançon qu'on aura alors bien soin d'écraser.

L'ANTHONOMUS PYRI.

Ce coléoptère, de la race du charançon, à l'état d'insecte parfait, ne fait pas de dégâts appréciables, mais il n'en est pas de même de sa larve qui dévore les boutons fruitiers des poiriers au point de n'en pas laisser un seul s'épanouir au printemps. Le *Beurré d'Hardenpont* en est le plus souvent atteint; nous avons remarqué aussi que ces dégâts étaient plus nombreux sur les arbres à l'air libre que sur ceux en espalier.

Depuis longtemps déjà cet insecte avait fait son apparition dans les jardins de l'arrondissement de Clermont (Oise). En 1864, M. le docteur Joly, entomologiste distingué, a bien voulu, dans une de nos leçons, nous entretenir sur les dégâts que lui causait cet insecte dans son jardin. Voici ce qu'il disait en parlant des mœurs de ce coléoptère : vers la fin de juillet, la femelle perce obliquement avec son oviducte les boutons à fruit devant fleurir au printemps suivant, y dépose un œuf qui reste à l'état latent jusqu'à la mi-mars, à peu près, selon l'état de la température. Il en éclot une larve qui dévore l'intérieur du bouton; celui-ci se dessèche et meurt; sa destruction terminée, cette larve passe à l'état de nymphe au commencement de juin pour devenir insecte parfait et recommencer sa ponte à la fin de juillet.

M. Joly proposait alors plusieurs moyens de destruction, mais en s'arrêtant toutefois au moyen pratique de la récolte de tous les boutons renfermant une larve et en les brûlant; chose très-facile puisque, vers la floraison, ces boutons au lieu de grossir et de s'épanouir, se dessèchent au point que beaucoup de personnes disent que ces boutons ont été gelés.

Depuis cette époque, nous avons pu nous rendre compte, dans la plus grande partie de nos départements, de l'invasion de cet insecte. Nous avons bien essayé tous le moyens proposés, mais le seul praticable est toujours la récolte que nous venons de citer. Il faut surtout profiter du moment où il est facile de reconnaître la différence entre les bons qui se préparent à fleurir, et les mauvais qui se dessèchent, renfermant la larve qui les dévore.

LE VERDELET.

Ce verdelet, ou chenille d'un très petit papillon du genre *Bombyce*, nommé vero, petit ver, à Montreuil et dans d'autres localités, roule les jeunes feuilles des bourgeons naissants ainsi que les bouquets de fleurs, principalement dans les temps humides ou de brouillards; à cette époque, il faut apporter une grande surveillance et éplucher les arbres qui en sont attaqués. On attache autour de soi, en guise de sac, les côtés d'un tablier de jardinier qui recevra toutes les feuilles roulées, toutes les larves, qu'on donnera aux volailles après l'opération.

LA FOURMI.

Cet insecte ne se borne pas à recueillir les matières sucrées que sécrètent les pucerons, mais il coupe bien aussi les jeunes bourgeons des poiriers et plus encore des pommiers, même les fruits sains. On attrape les fourmis errantes en suspendant de place à autre, sur le parcours des branches, de petites fioles remplies aux deux tiers d'une eau miellée ou de sirop de groseille. Si elles courent sur le sol, on les prend avec une pièce de ouate garnie de sucre en poudre entre deux planches posées sur le terrain, celle de dessus portée par quelques petits cailloux placés dans la ouate, afin de permettre leur libre passage; chaque soir, cette ouate est secouée sur un seau rempli d'eau chaude. Lorsque les fourmillières sont parmi des plantes herbacées ou sur les radicelles des arbres traçant à fleur du sol, on les éloigne à l'aide de feuilles de noyer dont l'odeur leur est désagréable, et avec un pot renversé sur le sol, mais pour les brûler plus loin avec de l'eau bouillante. On en détruit également beaucoup avec ce même pot renversé dont on a badigeonné l'intérieur avec du miel. Enfin, un très-bon moyen de faire périr ces insectes, c'est de les détruire avec de la poudre de pyrèthre du Caucase (procédé Galippe), qu'on trouve à très-bon compte chez tous les pharmaciens; on remue la fourmillière, on mouille le sol avec l'arrosoir à pomme, on répand dessus 25 à 30 grammes de poudre de pyrèthre, on remue le tout avec un bâton, et une heure après les fourmis et les œufs sont radicalement détruits.

On s'en débarrasse encore avec la poudre insectivore Peyrat, lorsqu'il n'y a pas à craindre de la mettre en contact avec les parties herbacées des végétaux.

Une dissolution composée de 33 grammes de savon noir, 250 grammes de potasse commune, dans un litre et demi d'eau, qu'on fait bouillir pendant quelque temps, est employée avec beaucoup de succès contre les fourmis lorsqu'elles sont au pied des plantes, surtout s'il est possible de l'introduire dans des trous entonnoirs pratiqués dans le terrain. De l'eau sucrée ou miellée, dans un simple verre à boire enterré au pied des murs, est un excellent moyen dû à M. Rivière.

LA TEIGNE.

Le Poirier est aussi victime de ce très-petit insecte du genre Tingis des naturalistes; à la fin de l'été, les feuilles sont quelquefois aussi noires que si elles avaient été soumises au contact du feu. Cette affection est due à la présence de la larve de la teigne dans le parenchyme des feuilles où elle forme de petites lentilles noires (A, *fig.* 140) qui s'agrandissent graduellement sur toute la surface; on en rencontre même jusqu'à vingt-cinq et plus sur la même feuille (B) qui ne tardera pas à noircir et à tomber; alors, les fruits privés de sève, s'endurcissent et aucun accroissement n'est plus possible pour eux.

Lorsque quelques lentilles se forment, il faut avoir soin de les presser entre les doigts afin d'écraser la larve qui ne présente aucune consistance; puis, à l'automne, sitôt les feuilles tombées, il faut les brûler. Les arbres eux-mêmes seront chaulés à la chute des feuillles.

Le mal, pris ainsi à son début, perdra pidement de son intensité et, quelques années après, on s'en trouve totalement débarrassé.

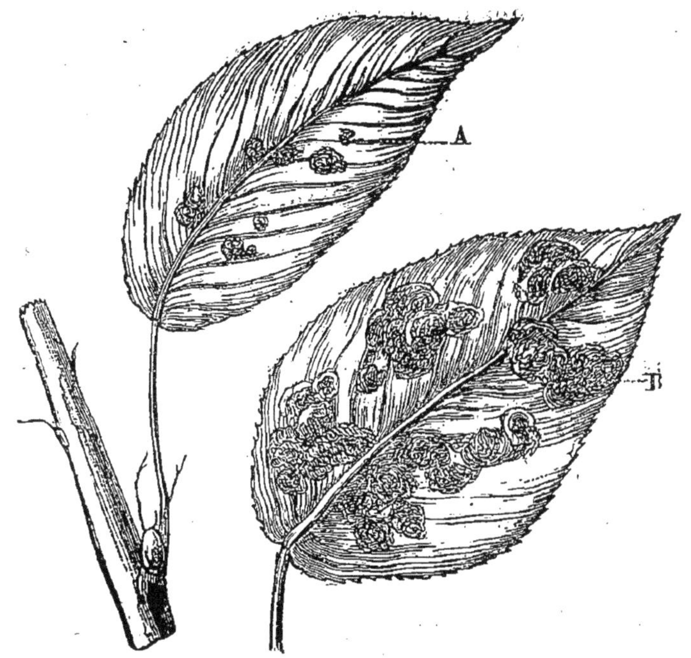

FIG. 140. — A, feuille de Poirier atteinte de la teigne ; — B, après le dégât où on voit les lentilles vides.

LA SANGSUE LIMACE.

Par sa ressemblance avec un très-petit têtard, la sangsue-limace, larve d'une mouche nommée Tentredo adumbrado, est facile à reconnaître ; elle est de couleur brun foncé, et ronge le dessus des feuilles du Poirier où elle s'accole dès la fin de l'été et à l'automne, surtout si la température est humide. La sangsue-limace s'enterre à l'automne, à la chute des feuilles, en se roulant dans un petit cocon de terre pour éclore et se métamorphoser à la fin du printemps. Ses dégâts sont moins à redouter que ceux de la teigne, puisqu'elle n'apparaît que plus tard ; cependant, elle se montre quelquefois en si grand nombre qu'elle arrête totalement la sève au point de faire tomber les fruits. Il est très-facile de la détruire ; il suffit pour cela, un jour de beau temps et sitôt la rosée tombée, de saupoudrer à l'aide du soufflet ventilateur ou simplement à la main, de la poussière de chaux vive qui, en s'éteignant sur l'épiderme gras et humide de l'insecte le brûle instantanément. Il va sans dire qu'un lavage à la pompe à main terminera cette opération.

ÉTABLISSEMENT DE LA CHARPENTE DU POMMIER.

Pour le jardin fruitier, la charpente du Pommier sera réduite à sa plus petite dimension, attendu que le Pommier ne doit être planté que greffé sur Paradis, à moins que le sol ne s'y refuse et qu'on soit obligé d'avoir recours au Pommier sur doucin. Il est évident que, pour un terrain pauvre, ce dernier n'est pas plus vigoureux que greffé sur Paradis, la charpente sera donc toujours la même, c'est-à-dire qu'elle aura une forme simple, horizontale ou verticale, jamais étendue puisque la vigueur du sujet ne le permet pas. Les grandes formes seront réservées pour le verger.

CORDON HORIZONTAL A DEUX BRAS.

Cette forme due à un de nos arboriculteurs les plus distingués, M. Jamin, de Bourg-la-Reine, est très-utilisée lorsqu'on ne doit garnir qu'un fil de fer à hauteur de 35 centimètres du sol. On plante les arbres à la distance de 3 mètres pour un bon sol, et à 2 m. 50 cent. pour un sol moins favorable.

Pour obtenir le T. du cordon (A, *fig.* 141), le meilleur mode consiste à supprimer le tiers du scion (B) l'année de la plantation, de le palisser verticalement sur un tuteur jusqu'à 8 ou 10 cent. au-dessous du fil où il doit commencer à être coudé. On l'incline sur le fil, soit à droite, soit à gauche, en ayant soin d'avoir sur le coude (A) de ce même rameau un œil bien placé pour constituer le bras opposé symétrique (C, *fig.* 141) comme pour la palmette double (A, *fig.* 85).

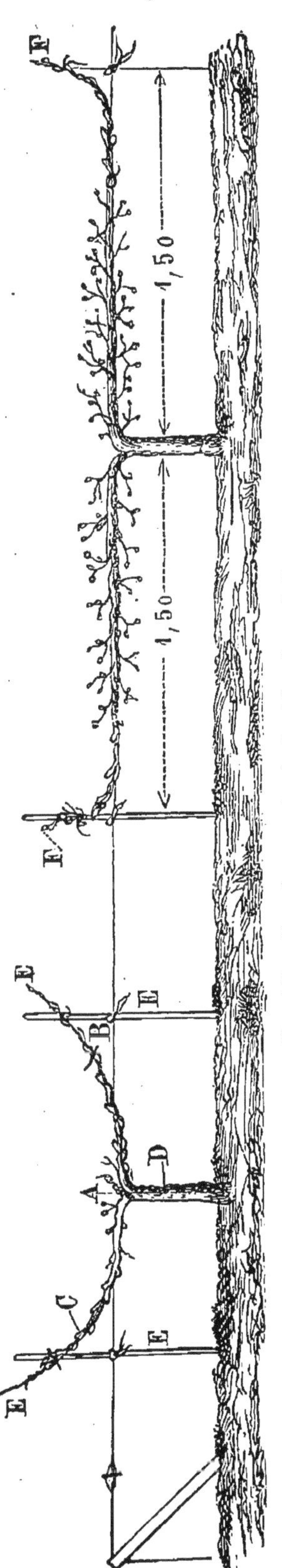

Fig. 141. —Pommier en cordon horizontal en forme de T.

Il faut avoir soin qu'un œil terminal combiné soit placé en avant ou en dessous du rameau incliné, pour prolonger le cordon de ce côté.

On aura surtout la précaution de détruire radicalement les yeux latéraux de toute la partie verticale au-dessous du fil de fer (D, *fig.* 141) jusqu'à l'œil placé sur le coude, et cela avec la pointe de la serpette, pour ne laisser aucune trace d'yeux sur l'épiderme de la tige ; la sève alors aspirée par les bourgeons terminaux de chaque bras du T activera leur végétation. Après leur élongation de 15 centimètres, ils seront placés en hémicycles sur de petites baguettes attachées au fil de fer (E, *fig.* 141).

Les soins consistent à équilibrer ces deux bourgeons, à ne jamais les tailler ni en vert ni en sec, à moins que l'œil terminal ne soit mal constitué. La taille sur ces cordons est nuisible, mais l'incision longitudinale est des plus favorables au développement du cordon, ainsi qu'à la formation de tous les boutons fruitiers (A, *fig.* 142).

Il faudra maintenir rigoureusement la position des bras en hémicycles, comme il est dit ci-dessus (*fig.* 141) plus ou moins verticalement, ou plus ou moins inclinée, selon que l'on aura besoin de favoriser le développement du bourgeon terminal ou la formation des boutons fruitiers, jusqu'à ce que les arbres se rejoignent. On les palissera alors horizontalement et leur pointe sera redressée verticalement pour aider l'ascension de la sève (F, *fig.* 141).

FIG. 142. — Jeune charpente sans taille, de Pommier en cordon horizontal élevée en hémicycle.

Nous condamnons totalement les cordons horizontalement placés dans toute leur longueur, en ce que la sève qui ne cherche que la verticale, se jette avec force sur les rameaux fruitiers des coudes qui se développent en gourmands, formant des têtes de saules par l'effet des tailles et des pincements répétés, tandis que la pointe de la charpente n'a même pas la force de former de boutons à fruits.

CORDON HORIZONTAL UNILATÉRAL.

La distance de plantation est la même que celle du chapitre précédent, puisque là encore il ne faut qu'un seul fil de fer à 0.35 centimètres du sol. Mais cette forme est plus facile à obtenir et à diriger, attendu qu'il n'est besoin de coucher les Pommiers que d'un seul côté, comme le premier fil (C, *fig.* 143), sans se tourmenter d'un œil placé sur le coude, puisqu'il ne faut pas de charpente opposée ni supérieure. À cette distinction près, les recommandations citées plus haut s'appliquent de tous points ici.

Le chapitre suivant décrira la manière d'élever cette forme simple, attendu que celle-ci n'en est qu'un diminutif, approprié aux sols faibles ou aux bordures d'allées. Il est bien entendu que ces deux petites formes ne seront établies qu'avec des scions d'un an, jamais de deux, quoi qu'on en ait dit, il y a quelques années, en prétendant qu'il ne fallait plier les Pommiers que l'année suivant leur plantation et que la reprise serait bien plus assurée. La pratique démontre que la reprise de plantation se fait d'autant plus vite que l'arbre possède un fort appareil de racines et de feuilles, quelle que soit la position de sa charpente, et qu'il se prêtera d'autant mieux à la formation du coude du cordon qu'il sera jeune et flexible et d'un faible diamètre, ce qui ne se rencontre pas dans les arbres de deux ans.

CORDON HORIZONTAL A DEUX ET A TROIS FILS (*fig.* 143) ET HORIZONTAL POUR TERRAINS EN PENTES (*fig.* 143 *bis*).

Cette forme, dont nous avons assigné la place dans la distribution du jardin fruitier, peut être à deux ou trois fils. On choisira la forme à deux fils si elle est rapprochée des espaliers et qu'on ait à craindre l'ombre que projetterait la forme à trois fils. On devra toujours, dans les autres cas, préférer la forme à trois fils, puisque, pour le même espace de terrain, la récolte sera d'un tiers plus abondante.

Ces deux formes s'élèvent de la même manière; la seule différence, c'est que pour deux fils, on plante les arbres à 1 m. 50 c., et, pour trois fils à 1 mètre, afin que les arbres aient toujours 3 mètres à parcourir.

Les Pommiers seront couchés sur le premier fil du bas (A, *fig.* 143) inclinés vers le Sud ou vers l'Est, selon l'orientation du jardin, puisque les bourgeons sont plus disposés à pousser de ces côtés, mais en conservant sur le coude de chacun d'eux un œil destiné à l'établissement du deuxième étage (A, *fig.* 144).

Quand le cordon inférieur n'aura pas à redouter la sève de celui qu'on désire obtenir au-dessus alors qu'il sera totalement formé et redressé à son extrémité, le bourgeon placé sur le coude (B) sera palissé verticalement dès sa jeunesse sur une baguette attachée par ses deux extrémités sur le premier et le

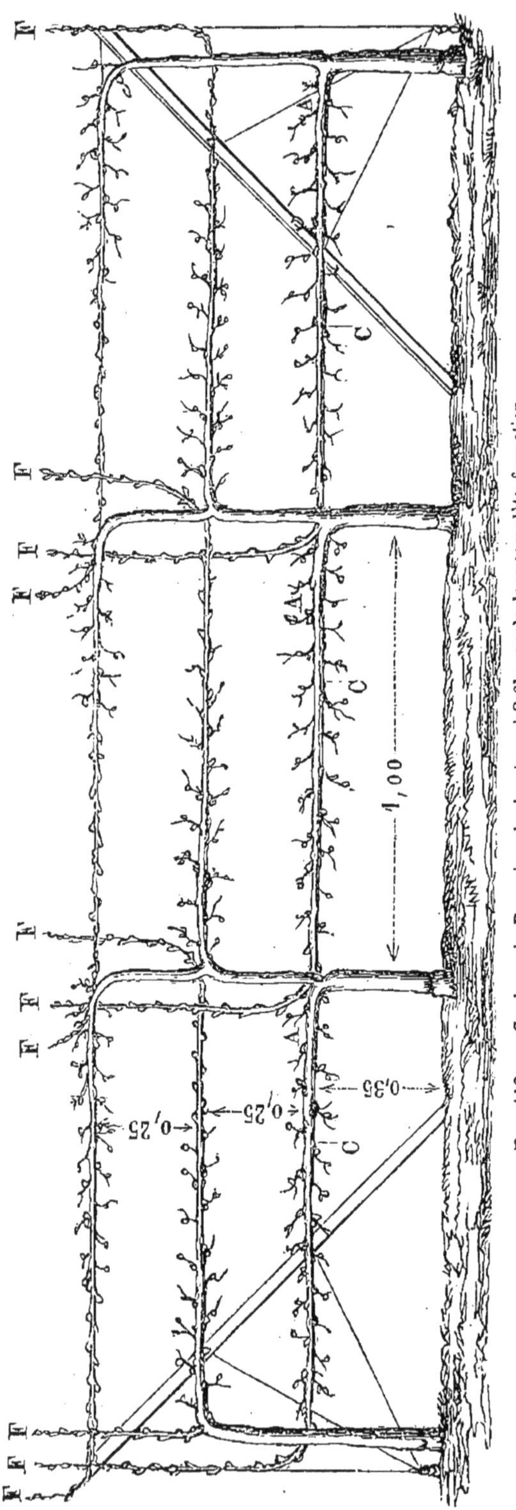

Fig. 143. — Cordons de Pommiers horizontaux à 3 fils, après leur complète formation.

second fil (C, *fig.* 144). Lorsque ce bourgeon développé dépassera la hauteur de 15 centimètres, on le palissera avec un jonc sur le second fil (E), mais en sens contraire du cordon inférieur. Aussitôt que le pli du coude sera formé, on laissera ce bourgeon en liberté, afin de hâter la formation de ce second étage. Quant à celle du troisième et dernier, elle s'obtiendra en tous points comme pour le second, seulement on palissera le bourgeon du côté où l'arbre a été couché l'année de sa plantation.

Ces trois cordons s'obtiendront encore sans taille, comme nous l'avons dit ci-dessus. Chaque pointe sera relevée ou abaissée selon le besoin, puis palissée horizontalement sur chacun des fils (*fig.* 143) si l'équilibre est bon, mais redressée à son

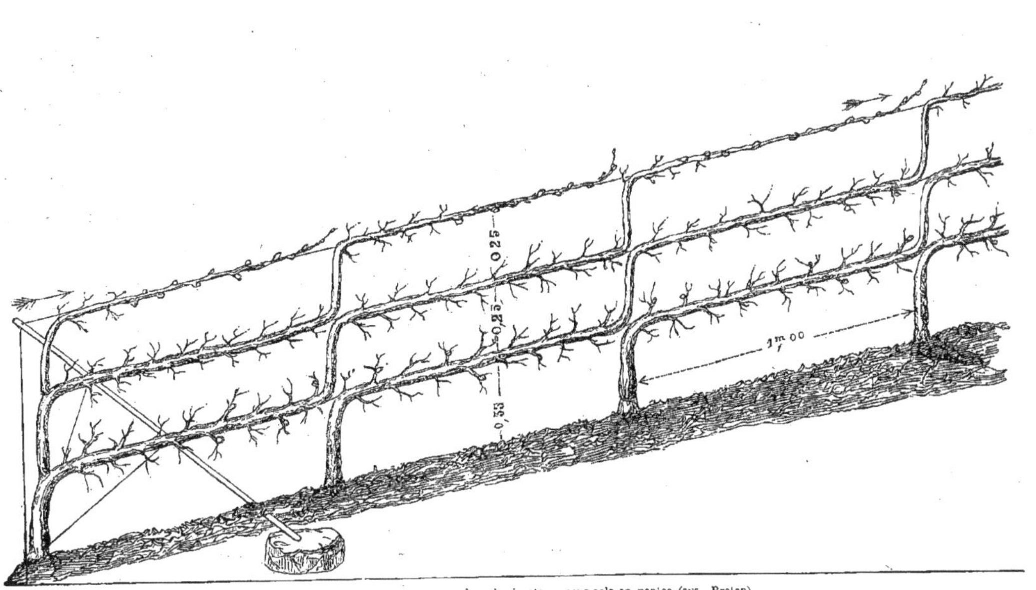

Fig. 148 *bis*. — Pommiers en cordons horizontaux, pour sols en pentes (sys. Breton).

extrémité jusqu'à hauteur de 10 centimètres au-dessus du dernier (F, *fig.* 143) afin de favoriser, comme à la palmette

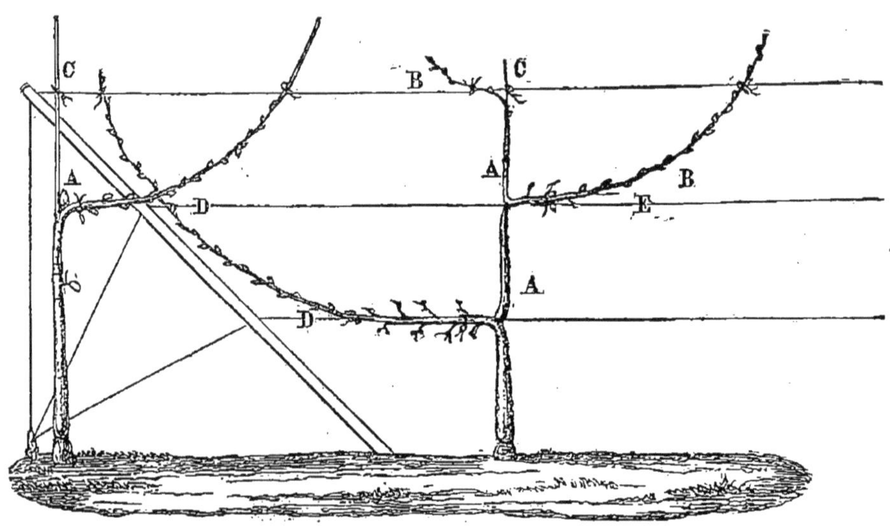

FIG. 144. — Modèle de Pommiers pour la direction des arbres de la (fig. 143).

Verrier, l'ascension de la sève de chaque étage. Cette extrémité redressée ne possédera qu'un rameau terminal tire-sève renouvelé chaque printemps par un bourgeon laissé l'été en toute liberté. Cette manière d'opérer est bien préférable à la soudure des arbres entre eux par greffe en approche. Cette dernière méthode empêche l'ascension de la sève vers l'extrémité de chacun des cordons, en obligeant l'arbre à conserver dans toute sa longueur la position horizontale contraire à la fructification par le diamètre qu'acquièrent les coursons placés près du pied. Le cordon (syst. Breton) *fig.* 143 bis, dû à un de mes amis, M. Breton, maire de Ponchon, près Noailles (Oise) est appelé à un grand avenir principalement pour les sols en pentes, là ou l'équilibre n'est pas toujours facile ; la figure montre mieux son établissement que tout ce que nous en dirions. Nous le recommandons également sur les autres formes pour les jardins à sol horizontal.

Les Pommiers, d'espèces à épiderme délicat, greffés sur paradis, comme le *Calville blanc*, l'*Api rose*, *Saint-Sauveur*, et même la *Reinette du Canada*, pourront avec profit être plantés et établis à la base des murs où ils garniront quelques vides laissés par d'autres arbres, principalement près des murs Ouest, Sud-Ouest et même Sud. Les fruits y acquerront une qualité et une transparence qu'ils n'auraient pas en plein air, surtout aidés par une effeuillaison graduée.

Le Pommier peut aussi être cultivé avec avantage sous de petites formes candélabres à quelques séries, ou en U simple et double comme le Poirier (*fig.* 92 et 93). Par ces dispositions variées, il procurera de très-beaux fruits, une élégance et une simplification dans le travail; mais il faudra, chaque année, retrancher un tiers environ des rameaux de prolongement de chacune des charpentes, afin d'aider la sortie des yeux de la base qui, sur le Pommier, sont peu saillants, et sortent difficilement lorsque les charpentes sont verticales.

LE POMMIER SUR DOUCIN ET SUR FRANC DANS LE VERGER.

Le Pommier greffé sur doucin et même sur franc a sa place marquée dans le verger où il rend de grands services. On le plante à distance de 4 ou 6 mètres, selon la qualité du sol et la culture des arbrisseaux fruitiers ou des plantes qui doivent garnir le terrain.

Cet arbre doit être élevé en demi-tige (*fig.* 145) comme nous l'avons fait ressortir au chapitre de la pépinière ; il doit former une tête arrondie et évasée, mais toujours libre à l'intérieur pour permettre à l'air et à la lumière d'y pénétrer.

La taille sur les jeunes charpentes obtenues en pépinière consiste à couper annuellement au-dessus de 30 centimètres, sur deux yeux placés latéralement au vase (B), et tout le temps que la sève abondante permettra d'augmenter la tête du Pommier. On aura bien soin de ne jamais laisser de bifurcations latérales aux branches charpentières obtenues que celles qui seront nécessaires à la formation du vase, et de tailler les plus longues à la hauteur des faibles qu'on ne taillera pas. Le sécateur emporteur (*fig.* 73, Gourguechon), sera très utilisé, là comme sur les Poiriers tiges et demi-tiges. Les rameaux fruitiers resteront vierges du sécateur et de la serpette. Le seul soin à prendre est de supprimer le trop de fruits dans les années abondantes, pour éviter les récoltes intermittentes que, par sa nature, cet arbre est toujours disposé à donner.

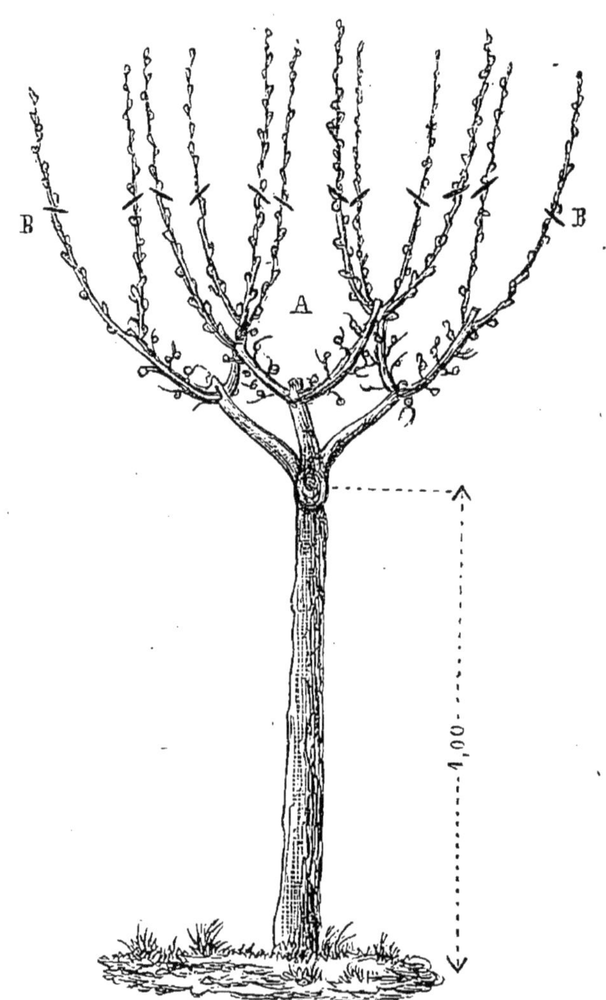

Fig. 145. — Pommier sur doucin, forme de vase naturel demi-tige pour verger.

Le Pommier sur franc, haute tige, sera planté à la même distance que le Poirier franc, élevé de même, et il produira comme les Pommiers à cidre dans les herbages et les grands vergers. Mais on le placera en arrière des Pommiers *sur doucin*, afin d'obtenir une sorte d'amphithéâtre qui servira d'abri à ces derniers, bien plus précieux au point de vue de la vente et de la qualité des fruits que ceux greffés sur franc, qui poussent beaucoup dans leur jeunesse et dont les fruits, plus petits, n'acquièrent de qualités qu'autant qu'ils sont produits par des arbres très âgés.

Il faut bien se pénétrer que le Pommier sur franc, toujours vigoureux, réclame encore plus que tout autre les soins du cultivateur dans l'élevage de ces formes, afin d'éviter plus tard les mutilations et les causes de destruction que produit toujours la suppression des grosses branches, trop tardivement supprimées.

OBTENTION ET ENTRETIEN DES RAMIFICATIONS FUITIÈRES DU POMMIER DANS LE JARDIN FRUITIER.

La manière d'obtenir et d'entretenir les rameaux fruitiers est la même que pour le Poirier; si les cassements sont plus courts, cela tient à ce que les yeux sont plus rapprochés de la base. On doit éviter la naissance des forts rameaux qui causent toujours de larges empâtements (A, *fig.* 94) et qui plus tard, par leur suppression, désorganisent l'arbre lui-même; aussi la coupe des feuilles et des jeunes bourgeons naissants est-elle indispensable pour le Pommier.

La non-taille et la position en hémicycle de la charpente sur les cordons horizontaux seuls donnent naissance à de faibles productions qui, de suite, se transforment en boutons à fruits, bien plus promptement encore que pour le Poirier. Ainsi, l'entretien se résume-t-il bien plus aux bourgeons qui naîtront sur la bourse fruitière que sur ceux qui sont nés sur le rameau de l'année précédente.

TRAITEMENT DE LA BOURSE FRUITIÈRE.

Lorsqu'une bourse fruitière a fleuri sur le Pommier comme sur le Poirier, elle peut, tout en portant fruit, avoir assez de sève pour ne pas s'arrêter à la formation de boutons fruitiers nouveaux, et produire un ou plusieurs bourgeons vigoureux qui se développeront avec force (*fig.* 146 et B *fig.* 147).

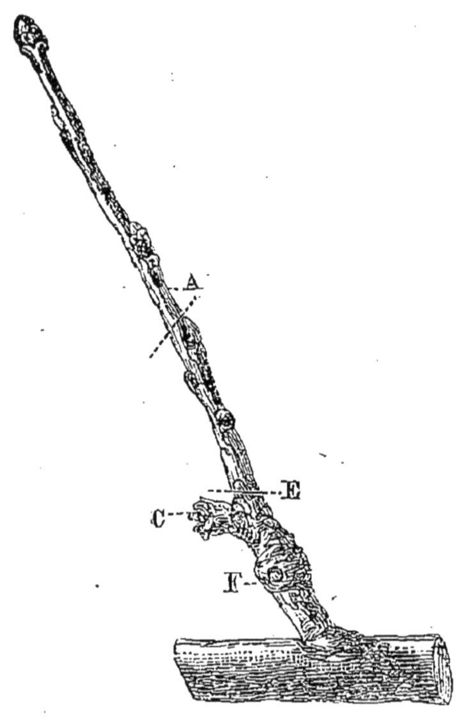

FIG. 146. — Bourse fruitière dénudée de Pommier, avec Bourgeon vigoureux.

Autrefois, on les pinçait sur un ou plusieurs yeux (A, *fig.* 146), ce qui, chaque année, éloignait de plus en plus les fruits de la charpente (*fig.* 132); les années subséquentes, ils s'en éloignaient encore au point que, par la suite, ils étaient produits à une distance quelquefois de 15 à 25 centimètres.

Frappé de cet état de choses, il y a déjà des années, nous avons découvert et pratiqué une autre manière d'opérer qui a donné les meilleurs résultats, en conservant la bourse fruitière et par cela même le fruit presque aussi rapproché de la charpente que celui des premières années (C, *fig.* 148 et D, *fig.* 151).

Pour cela, nous avons laissé allonger le ou les bourgeons de la bourse (A, *fig.* 146 et D, *fig.* 147) d'une quinzaine de centimètres ; nous les avons coupés radicalement à la serpette tout contre la bourse fruitière (bien entendu en conservant le fruit et les feuilles qui accompagnaient la bourse (E, *fig.* 146, E, *fig.* 147), ce qui les a obligés à se développer en autant de boutons fruitiers pour l'année suivante sur le Pommier et la deuxième année sur le Poirier (C, D, *fig.* 148 et 149).

FIG. 147. — Bourse fruitière de Pommier avec fruits et deux Bourgeons vigoureux sans avenir de récolte.

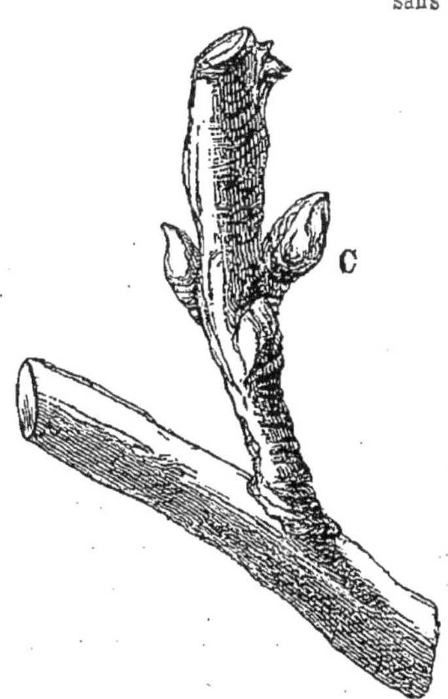

FIG. 148. — Bourse fruitière de Pommier, résultat de la coupe du bourgeon en E fig. 146.

FIG. 149. — Bourse fruitière de Poirier résultat de la coupe des deux bourgeons E fig. 147.

Les (*fig.* 150 et 151) montrent le résultat obtenu dès le mois d'août qui suit cette première opération. Par ce procédé,

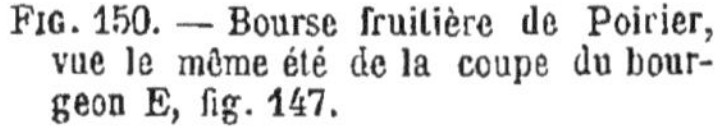
Fig. 150. — Bourse fruitière de Poirier, vue le même été de la coupe du bourgeon E, fig. 147.

Fig. 151. — Autre résultat sur un arbre vigoureux.

le fruit est de suite aussi rapproché que s'il était né naturellement sur la bourse fruitière d'un arbre excessivement fertile

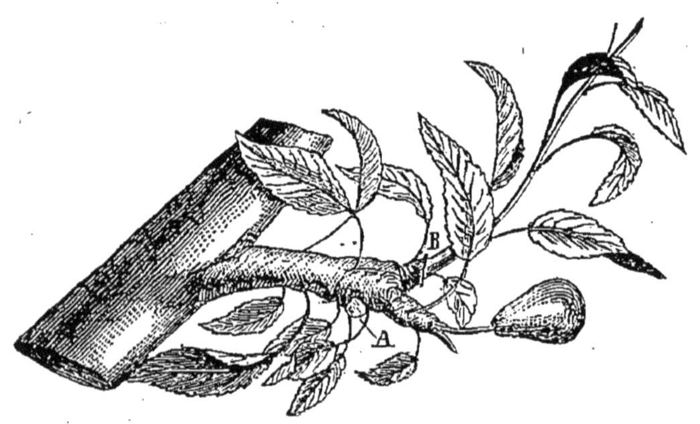

Fig. 152. — Bourse fruitière du Poirier qui montre l'utilité du bourgeon tire-sève qui préserve les boutons fruitiers.

(A, *fig.* 150, 151, 152), où on voit en B la suppression, l'hiver suivant, des tire-sève.

La restauration du Pommier étant la même que pour le Poirier, nous y renvoyons ainsi que pour les maladies, insectes et animaux nuisibles à ces deux arbres, plus :

DESTRUCTION DU PUCERON LANIGÈRE (APHIS LANIGERA) (ou blanc du Pommier).

Ce fléau du Pommier est facile à reconnaître par les flocons laineux qui enveloppent de toutes parts les branches, les rameaux fruitiers et même les racines des arbres. Ces insectes détruisent facilement en peu d'années toute une plantation, surtout dans les sols humides, et de préférence les arbres vigoureux qu'ils affectionnent le plus. Il faut donc leur faire la guerre dès son apparition, et comme ces ravages sont très prompts, on doit, dès le début du mal et en pleine végétation, frotter, avec les barbes d'une plume d'oie humectée d'alcool pur, les quelques flocons laineux qui se forment et qui s'épaississent de jour en jour.

Sitôt la chute des feuilles, il faut avoir soin de badigeonner à l'eau bouillante toutes les branches et le corps de l'arbre chargés ou non du puceron ; cette opération se fait avec une brosse raide à long manche nommée passe-partout ; mais avant le second lavage, il faut enlever toutes les exostoses pour mettre de nouveau à jour les pucerons qui y seraient réfugiés et qui seront complètement détruits par cette seconde opération.

Un droguiste de Marines (Seine-et-Oise) a composé une essence nommée essence végétophille ; nous l'avons fait essayer et la réussite a été complète pour l'année, comme avec l'eau bouillante et l'alcool, mais il faut recommencer chaque hiver, comme cela a lieu pour l'emploi du soufre sur les vignes contre l'oïdium.

Le jus âcre du tabac, mélangé d'un peu d'eau, réussit très-bien encore contre cette vermine ; il faudrait même l'employer pur si le puceron avait déjà élu domicile sur toutes les parties de l'arbre.

L'essence de pétrole est, de tous les moyens employés, celui qui est le plus efficace, le plus facile à employer et le moins cher, en ne laissant aucune trace de son passage. On affirme que le poussier de chaux répandu sur les racines est très-énergique contre le puceron lanigère : nous rendrons compte de son efficacité.

DESTRUCTION DE LA CHENILLE DE LA POMME.

(carpocarpa.pomonella).

Il n'est personne qui n'ait eu l'occasion de voir dans les jardins et dans les vergers, sous les arbres fruitiers, la terre couverte de Poires et de Pommes tombées, victimes de cette vermine.

Parmi les meilleurs moyens conseillés pour les détruire, il en est un que nous préférons : lorsqu'on aperçoit sur l'épiderme du fruit une petite tache rouge renfermant une larve nouvellement éclose, ou un peu plus tard, un très-petit trou avec quelques excréments à sa surface, on doit se hâter d'y introduire la pointe d'un canif pour en extraire le ver et le détruire.

Par ce simple moyen, long c'est vrai, le fruit continuera à se développer et deviendra presque aussi beau que celui qui n'a pas été attaqué. L'opération réussira d'autant mieux qu'on aura opéré sur des fruits éloignés de leur maturité.

CHAPITRE IV

ÉPOQUE DE LA RÉCOLTE DES POIRES ET DES POMMES, BASÉE SUR CELLE DE LEUR MATURITÉ.

Après l'élevage et la culture des arbres à pépins nous devons nous occuper de la récolte et la conservation de leurs fruits ; on ne peut mieux faire que de placer ce chapitre à leur suite, sans crainte qu'on nous reproche de vendre la peau de l'ours avant de l'avoir tué ? Ceci dit : entrons en matière. Nous diviserons la cueille des fruits en quatre saisons différentes : les fruits d'été, comme les Poires de *Doyenné de Juillet, Epargne, Beurré de l'Assomption, Souvenir du congrès, William*, etc., les Pommes *Borowitsky*, *Passe-Pomme* rouge et blanche, etc.

Les fruits d'automne, comme les Poires *Beurré d'Angleterre, Beurré superfin*, *Fondante des bois*, *Louise bonne d'Avranches*, *Doyenné blanc*, *Doyenné du comices*, *Duchesse d'Angoulême*, *Napoléon*, *Nec plus meuris*, etc., les Pommes *Beedfordshire Foundling*, *Ménagère*, *Belle du Hâvre*, etc.

Les fruits de premier hiver, comme les Poires par exemple : *Figue d'Alençon*, *Triomphe de Jodoigne*, *Beurré Diel, Beurré Bachelier*, *Bonnes de Malines*, *Passe Colmar*, *Saint-Germain*, etc.

Les fruits de fin d'hiver, comme les Poires *Beurré Perrault*, *Passe Crassane*, *Joséphine de Malines*, *Doyenné d'hiver*, *Doyenné d'Alençon*, *Olivier de Serres*, *Bergamotte Esperen*, *Bon chrétien Rans*, *Bon chrétien d'hiver*, *Fortunée Boisselot*, *Belle Angevine*, etc., et les pommes de *Calville blanc*, *Lincoln's Pippin*, *Reinette du Canada*, *Canada gris*, *Fenouillet*, *Reinette grise*, etc.

De cette série de maturités différentes, on pourrait croire

qu'un seul mot suffira pour préciser l'époque vraie de la cueillette; il n'en est malheureusement pas ainsi, c'est un tact particulier qu'on acquiert en opérant soi-même sur chacun de ses arbres.

Nous allons cependant essayer de faire comprendre ce moment précis. En général, les fruits d'été demandent à être cueillis lorsqu'ils sont arrivés à leur maximum de développement, que leur coloris est vif, que le fond de leur teinte du côté de l'ombre est plus clair que les feuilles de l'arbre, enfin six à huit jours avant leur maturité. Ce moment est encore facile à distinguer en levant le fruit avec la main, tout en appuyant le pouce sur le pédicelle, à sa naissance sur la bourse fruitière; il doit se détacher avec un petit fracas sans laisser de lambeaux au pédicelle.

Les fruits d'automne se distinguent de la même manière, mais on doit forcer leur cueille douze ou quinze jours avant leur maturité. Nous avons même cueilli des Crassane à la deuxième quinzaine d'Août, ce qui les faisait se conserver jusqu'à la fin de Mars et d'Avril, avec autant de qualités que celles qui mûrissent en Novembre et Décembre.

Les fruits de premier hiver demandent encore une époque plus précise, mais on les distingue toujours par les mêmes moyens: pour eux, l'époque habituelle varie du 15 Septembre au 10 Octobre, mais toujours selon la vigueur de l'arbre, l'exposition, la nature du sol, une année sèche ou humide, etc.

Il n'y a que les fruits de fin d'hiver et de dernière saison qu'on ne cueille jamais trop tard; les gelées blanches seules guident ce travail et font varier la récolte selon l'abri ou la position du jardin; cette époque varie du 15 au 25 Octobre environ, même vers le commencement de Novembre.

Sitôt récoltés, les fruits d'été et d'automne sont placés de suite près à près dans la fruiterie ou simplement sur de la mousse sèche dans une petite pièce ou un placard hermétiquement fermé. On les surveille attentivement pour les livrer à la vente ou à la consommation, au fur et à mesure de leur première et complète maturité; mais il faut bien se méfier de cette maturité qui avance promptement et qui est suivie de près par leur décomposition.

Les fruits de premier hiver, de fin d'hiver et de dernière saison sont cueillis avec beaucoup de soins pendant l'après-midi d'une belle journée et placés dans de grands paniers plats (A, *fig.* 153) sur un lit de mousse très-sèche ou sur une couverture de lainage grossier, chaque rang séparé par une même étoffe; un rang vaut mieux que deux, mais on n'en mettra jamais plus de deux.

FIG. 153. Panier plat pour récolter des fruits. — FIG. 154. Bourrelet en cuir pour le transport des fruits sur la tête.

Le panier doit être porté sans secousse, sur la tête, avec un bourrelet en cuir nommé torche, à Montreuil (B, *fig.* 154) jusqu'au local destiné à faire ressuyer les fruits; ils seront pris isolément et placés près à près sur de grandes tables ou simplement sur le sol sur des paillassons.

Ce local sera très-aéré et ouvert pour que les fruits ressuient le plus promptement possible, pendant une huitaine de jours environ; vers cette époque, ils seront triés et portés par espèces à la fruiterie, placés les uns près des autres, comme nous le verrons plus loin.

LA MEILLEURE FRUITERIE POUR LES POIRES ET LES POMMES.

La fruiterie la plus utile est toujours la plus simple, à la portée de tout le monde, qui puisse recevoir la récolte d'un très-petit comme d'un très grand jardin, même destinée à l'exportation. Disons de suite que les fruiteries enterrées à une certaine profondeur dans le sol disparaissent chaque jour, à cause des grands frais de construction et de l'humidité malsaine qui y règne continuellement et qu'il est fort difficile d'empêcher. Cette humidité communique aux fruits un goût détestable et une odeur de moisissure; elle les décompose ou hâte leur maturité au point qu'ils ne se conservent jamais au-delà de décembre et janvier.

A part quelques fruitiers construits dans un sol très sain, nous ne voyons que déceptions et n'entendons que plaintes des propriétaires.

Deux endroits peuvent convenir à une bonne fruiterie selon les circonstances locales dans lesquelles on se trouve. Une pièce au rez-de-chaussée sera parfaite (*fig.* 155) si le sol est sain ou rendu tel par un macadam de silex ou de mache-fer établi au-dessous du plancher. Celui-ci sera parqueté en sapin ou en bois blanc sulfaté au cuivre; ce parquet reposera sur de petits soliveaux dont les vides (B, *fig.* 155) correspondent au vide des cloisons de chaque côté du local et des planchers, mais à la condition que le mur extérieur de la pièce sera en bonne maçonnerie et construit très épais (C) afin d'éviter les grands froids. Ceux-ci ne sont pas à craindre, du reste, si l'on réserve au-dessus du fruitier une pièce semblable pour la conservation des raisins (D); elle sera elle-même garantie par un petit grenier qu'on remplira annuellement de foin (E).

On établira dans chaque pièce trois guichets, dont l'un sera en face la porte d'entrée (F) et deux semblables dans les murs des côtés, à 1 mètre du sol; leur largeur sera de 50 à 70 centimètres, ils seront à coulisse ainsi que la porte de la cloison (G), mais celle du mur extérieur s'ouvrira par battants en dehors (H).

Si cette disposition est possible, tout sera pour le mieux. Dans le cas contraire, on fera choix de telle ou telle petite pièce placée au premier étage de son habitation, et qui sera le plus possible garantie de l'extérieur par d'autres chambres adjacentes qui soustrairont aux rigueurs de l'hiver et des brusques changements de température qui hâtent trop la maturité des fruits.

Dans l'une ou l'autre de ces dispositions, on ne pourra se

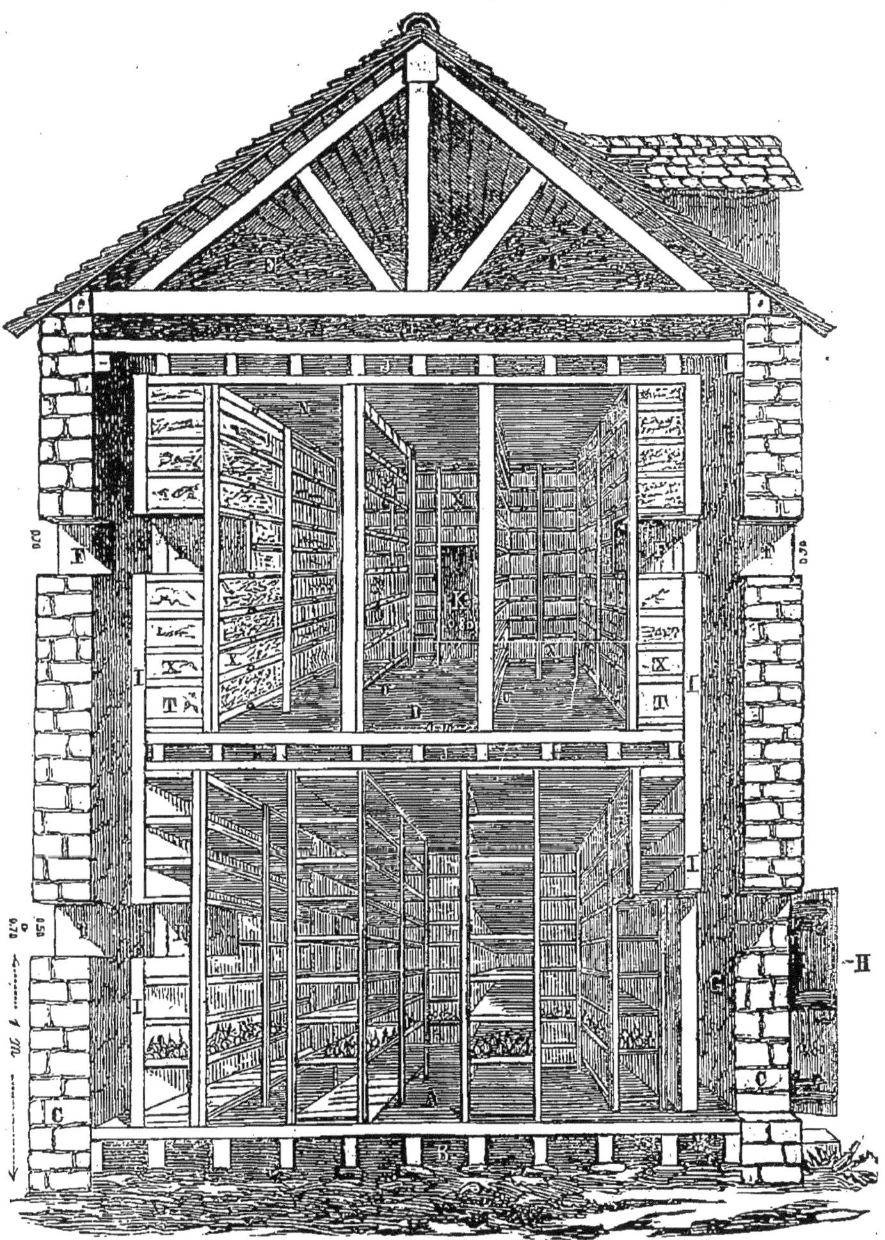

FIG. 155.— Fruiterie mixte, A, fruits à pépins, D, raisins frais et secs M, tablettes de Poires et de Pommes.

soustraire à la distribution intérieure du local, sans porter préjudice à la conservation et à la qualité des fruits.

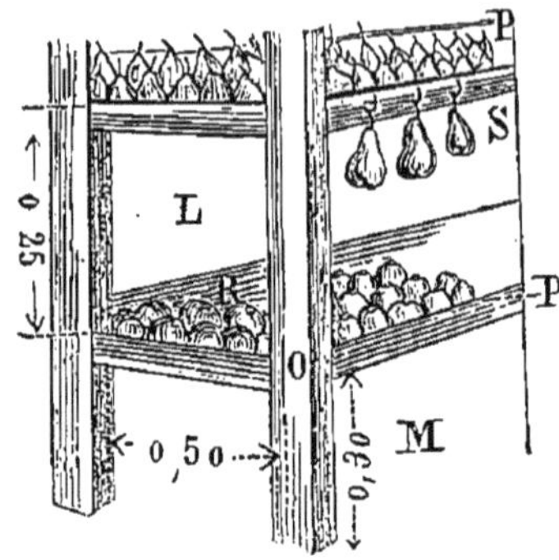

Fig. 156. — M, tablettes de Poires et de Pommes.

Pour la conservation des fruits, Il faut donc qu'une cloison (I) corresponde au plafond (J) qui procurera, à l'aide du mur extérieur (C) distancé de 15 à 25 centimètres de celui-ci, un vide (G) produisant un courant d'air par les guichets précités (F). Ce courant d'air ne communiquera jamais à l'intérieur, par le seul motif que l'on tiendra toujours ouverts ceux du mur extérieur, tandis que ceux de la cloison seront hermétiquement fermés. Il va sans dire que cette ouverture des guichets du mur extérieur cessera à l'approche des grands froids.

Les deux portes décrites plus haut (H, K) auront une largeur de 70 à 80 centimètres, et seront le plus possible établies au Nord ou à l'Est : elles ne seront ouvertes que pour permettre l'entrée, mais elles seront aussitôt fermées, afin de ne pas changer l'atmosphère de la fruiterie, chargée de gaz acide carbonique que dégagent les fruits qui, sitôt cueillis, évaporent ce gaz qui est cependant très utile pour leur garde, et que nos efforts doivent tendre à leur faire conserver dans le milieu où nous les plaçons.

On ne doit pas oublier qu'ils se conserveront d'autant moins qu'ils absorberont une plus grande quantité du gaz oxygène qui les environne et hâte leur maturité ou leur décomposition. Nous éviterons donc en les privant d'air, de lumière et surtout en allumant de temps en temps, dans une jatte, de la braise de four que nous placerons au milieu du local hermétiquement fermé. Cette braise évitera encore les gelées d'hiver, si on l'emploie les nuits de grands froids, en ayant soin de fermer les guichets et de bourrer toutes les issues avec de la mousse ou du foin. Un peu d'humidité du local serait promptement absorbée par quelques morceaux de *chlorure de calcium* déposés dans un vase à trous, placé lui-même au-dessus d'un récipient qui recevrait le liquide, l'*humidité* que le sel aurait absorbée.

Pour bien savoir conserver les fruits, il faut connaître le rôle que joue leur épiderme qui n'en est pas seulement l'enveloppe, le parchemin, mais qui est en même temps chargé de leur nutrition, en élaborant les sucs qui lui sont propres. Dans l'été, son rôle principal, sous l'influence solaire, consiste à s'emparer du gaz acide carbonique et des vapeurs aqueuses contenues dans l'air pour les décomposer au profit du développement de la pulpe du fruit, et d'exhaler l'oxygène. C'est juste le contraire de ce qui a lieu au fruitier : ici, l'épiderme a pour fonction de débarrasser le fruit des matières nuisible à sa qualité, alors d'exhaler l'acide carbonique. La présence du gaz oxygène, concourant pour la plus grande part à ce travail laborieux de l'épiderme, accélère d'autant plus la maturité qu'il est plus libre.

Nous devons donc chercher à retarder cette action et à tout faire dans ce sens, afin de conserver les fruits jusqu'à la maturité de ceux de l'été suivant. Nous y arriverons, en cherchant à n'avoir dans l'intérieur de la fruiterie, que le moins d'humidité possible et le moins de communication possible avec l'air extérieur. La température ne devra pas varier au delà de 4 à 6 degrés au-dessus de zéro, résultat facile à obtenir par la construction d'une cloison légère et dont il a déjà été parlé.

Pour le mobilier d'intérieur, il peut être modifié selon la quantité de fruits qu'on possède, et aussi selon la disposition du local. Il doit se composer essentiellement de plusieurs étages de tablettes (L, *fig.* 156), d'une largeur de 50 centimètres, disposées autour de la fruiterie et fixées aux cloisons (I). Les rangs de tablettes seront distancés de 25 cent. seulement, afin de permettre le placement de beaucoup de fruits dans un petit espace, avec la facilité de les atteindre jusqu'au fond. Le premier rang sera à 30 cent. du sol (M) et elles seront toutes placées horizontalement jusqu'à hauteur de 1 mètre 25 cent. Les rangs supérieurs devront présenter leurs tablettes, légèrement inclinées de l'arrière à l'avant, et le dernier sera à 30 centimètres du plafond (N) afin que, sans le secours de l'échelle, la vue puisse arriver jusqu'au dernier rang.

Les tablettes seront fixées sur des traverses en bois, clouées en arrière sur le montant même de la cloison (I) et en avant sur les poteaux ou montants en chêne (O). Quant aux tablettes elles-mêmes, elles seront en voliges de bois blanc sulfatées au cuivre.

Dans ces derniers temps, on a employé plusieurs systèmes de tablettes et autres objets pour recevoir les fruits. L'expérience de 35 années nous conseille de nous servir de tablettes pleines, avec rebord (P) formé d'une légère tringle en bois blanc, non pas pour retenir les fruits, car ils ne doivent jamais y toucher, mais pour permettre d'étendre sur les tablettes une couche épaisse de 25 millimètres de *poussier de charbon de bois bien tamisé*. Ce poussier plus doux que le sable, moins adhérent que la sciure de bois, concourra puissamment à la conservation des fruits par le gaz acide carbonique qu'il dégage.

Il sera aussi d'une très bonne ressource pour placer debout les poires de toutes formes, même les plus pyriformes, les plus allongées. Les pommes seules doivent reposer sur leur pédicelle (R). La ouate remplace parfaitement le poussier de charbon en ce qu'elle est douce et ne salit pas les fruits... Le papier non collé est aussi très employé.

Si le fruitier possède une grande largeur, nous admettrons au milieu une ligne ou deux de tablettes de même hauteur que celles du tour de la fruiterie, mais inclinées de deux côtés. On pourra ainsi apercevoir les fruits au passage. Il faudra réserver un espace de 45 à 50 centimètres afin de pouvoir placer un escalier pliant, mobile, à larges échelons pour s'y tenir debout.

De petits clous à crochets fixés au bord de chacune des tablettes permettront de suspendre de gros fruits (S), à l'aide d'un fil de cuisine attaché aux pédicelles. Ces fruits ne seront plus exposés à se meurtrir par leur propre poids, malgré l'épaisseur de la couche de poussière de charbon.

La fruiterie doit rester hermétiquement fermée, tant qu'il s'y trouve un seul fruit. On devra, au contraire, la laisser ouverte tout l'été, jusqu'à la récolte future, pour la faire bien ressuyer.

Les fruits seront souvent visités, afin de retirer ceux qui laisseraient apercevoir un commencement de décomposition, car il leur faut un air pur et une grande propreté. Cette inspection n'aura lieu qu'avec le secours d'une lanterne, attendu que les issues doivent toujours être hermétiquement fermées ; cette lumière est même indispensable à la récolte de chaque jour, pour pouvoir choisir les fruits sans les blesser, en les saisissant juste au point d'être dégustés.

Le placement par époques de maturité, par fruits d'un même arbre, d'une même exposition, est une précaution permettant de mieux les reconnaître. On y joindra, pour plus de certitude, l'emploi d'étiquettes indiquant l'époque de maturité.

La lumière en permettant à l'œil de distinguer la teinte jaune des fruits, aide déjà beaucoup, mais le pouce, ce sûr appréciateur, par sa pression légère près du pédicelle, exerce sur la pulpe une interrogation qui ne trompe jamais. Une prompte obéissance au toucher indique un fruit déjà passé, une trop forte résistance indique une maturité trop peu avancée, mais une légère souplesse de la chair annonce une maturité estimée des gourmets.

FRUITIER DE DOMBASLES.

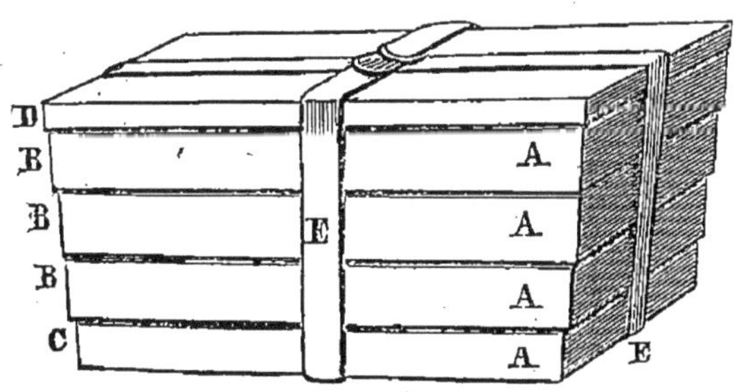

Fig. 157. — Fruitier portatif de Dombasles.

Le fruitier portatif de Dombasles (*fig.* 157) est très employé dans les voyages même pour de grandes distances. Il se compose de *quatre boîtes en bois blanc*, ayant chacune à l'intérieur 10 *centimètres* de profondeur (A), trois avec fond rentré de 25 millièmes afin que par superposition l'une serve de couvercle à l'autre (B), sauf la boîte du bas (C) dont le fond affleure le bas des côtés alors moins haut de 25 millièmes de ceux des boîtes supérieures. Un couvercle à emboîture (D) recouvre la quatrième. Par cette combinaison chaque boîte constitue un fruitier particulier, fermé hermétiquement. La largeur du fruitier de Dombasles est de 50 centimètres sur une face et 65 centimètres sur l'autre, du moins la boîte du bas, attendu que chacune des trois autres a, en plus, la largeur de l'emboîtement. Pour le transport, une large courroie (E) à forte boucle, donne la solidité désirable au voyage des fruits qui arrivent à destination dans un excellent état; et sans qu'il soit besoin de les soumettre à un déballage.

Ce fruitier portatif est placé dans un local sain à l'abri de la gelée et de l'humidité.

L'inspection des fruits est très facile, puisqu'on peut, en soulevant une boîte, se rendre compte de l'état de leur maturité pour les besoins journaliers.

Le fruitier de Dombasles a sa place toute marquée chez le particulier, qui, n'ayant qu'un petit jardin, n'a pas de fruiterie proprement dite; par cette petite fruiterie économique, il conservera les *poires* et les *pommes* utiles, en hiver, à la famille.

Dans une fruiterie mal organisée, ou pendant de longs voyages, des fruits peuvent se trouver gelés; mais tout espoir n'est pas perdu, si l'on veut suivre les excellentes recommandations de M. André Leroy, d'Angers. On laissera tremper les fruits gelés dans de l'eau sortant du puits et dans un local modérément chauffé. Ils ne tarderont pas à être enveloppés d'une couche de glace; c'est alors qu'ils seront dégelés, sans aucune désorganisation. On les enlève alors, on les met ressuyer et on les rend à la fruiterie.

Nous ne pourrions terminer ce chapitre sans parler de la pomme de *Calville blanc* qui, sur les tablettes, perd sa fraîcheur et son coloris, et, par suite, toute sa valeur de vente. On la place en janvier entre deux lits de mousse humide et on l'y laisse jusqu'au moment de la vente ou de la consommation.

Elle recouvre alors toute sa beauté première et acquiert même des qualités qu'elle n'aurait jamais eues sans cela.

PÊCHER. — ÉTABLISSEMENT DE SA CHARPENTE.

Dans la distribution du jardin fruitier, nous avons dit que le Pêcher pouvait être soumis à presque toutes les formes adoptées pour le Poirier, mais qu'il avait, de plus que ce dernier, une grande élégance, surtout lorsqu'il est cultivé près d'un mur crépi en plâtre et que ses rameaux fruitiers sont palissés en arête de poisson, c'est-à-dire à la méthode de Montreuil.

En effet, on en obtient les formes les plus élégantes et les plus fécondes ; rien de plus beau que la *palmette simple Verrier* (*fig.* 158), la *palmette double*, le *candélabre à branches obliques* (*système Dubreuil, fig.* 162), et la *lyre terminée à la Verrier* (*fig.* 161), par le grand espacement de leurs branches, par le palissage aux clous et à la loque des rameaux fruitiers, rapprochés de la charpente, par le tapis vert de leurs feuilles, tranchant admirablement avec ces belles pêches veloutées que nous présente la fin de l'été, sur ces formes ayant un ensemble très agréable.

Si nous avons de beaux murs bien crépis en plâtre, nous devons adopter le palissage aux clous et à la loque. Mais comme, avant tout, le Pêcher est un arbre fruitier qui doit produire aussi bien pour l'artisan que pour le châtelain, et que le premier n'a souvent à donner à son arbre qu'un mur plus ou moins bien construit et garni d'un treillage plus ou moins bien fixé à l'espalier, nous devrons adopter deux méthodes différentes qui, bien dirigées, donnent toutes deux de belles et bonnes récoltes. D'ailleurs, ces méthodes ne diffèrent que par la distance des charpentes. Dans le cas du palissage, la distance sera à 45 centimètres, et dans celui du pincement mixte, de 22 à 25 centimètres seulement comme pour le Prunier, le Cerisier et l'Abricotier. Dans le premier cas, les ramifications fruitières prendront naissance latéralement et dans le second sur trois faces.

Le Pêcher, quelle que soit la forme à laquelle il est soumis, doit, avant sa mise en place, être taillé au-dessus de l'œil (A, *fig.* 69) destiné à produire les deux ou trois branches nécessaires à l'établissement d'une palmette simple ou d'une palmette double, ou à produire simplement le prolongement de l'arbre, comme pour les formes demi-palmettes obliques, etc.

Chaque forme sera dessinée sur le mur avant le départ de la végétation, en noir sur un mur plâtré, ou avec des baguettes sur un mur garni de fils de fer, afin de servir de guide à l'arboriculteur.

Lorsque les yeux du Pêcher laissent à désirer, on coupe l'arbre, en le plantant, à deux yeux au-dessus de celui qui sera nécessaire à l'obtention de l'étage, afin d'appeler la sève et d'avoir le choix ; mais cet onglet sera supprimé quelques mois plus tard.

PALMETTE SIMPLE VERRIER A BRANCHES OPPOSÉES.

Dès la première année, on peut établir le premier étage inférieur de l'arbre, qui sera à branches opposées, avec le seul soin de couper transversalement en deux l'œil terminal combiné lorsqu'il aura une longueur de 3 cent. (A, *fig.* 81 du Poirier et B, *fig.* 159) afin d'arrêter l'essor de ce bourgeon au profit des yeux stipulaires (C) placés à sa base. La sève, alors refoulée, agira sur tous en même temps et, par ce moyen nouveau, on obtiendra facilement les étages opposés à mesure que le besoin l'exigera.

Il va sans dire que les bourgeons développés sur le corps du jeune arbre seront conservés provisoirement et pincés à 15 ou 20 centimètres, afin d'aider l'ascension de la sève des racines par l'action des feuilles. Les soins d'équilibre de première année seront les mêmes que pour le Poirier (*fig.* 82). Au printemps suivant, on taille avec la serpette, le plus long possible, les deux premières branches latérales, sur un œil à bois bien constitué et placé de préférence en avant, ou en dessous. Cet

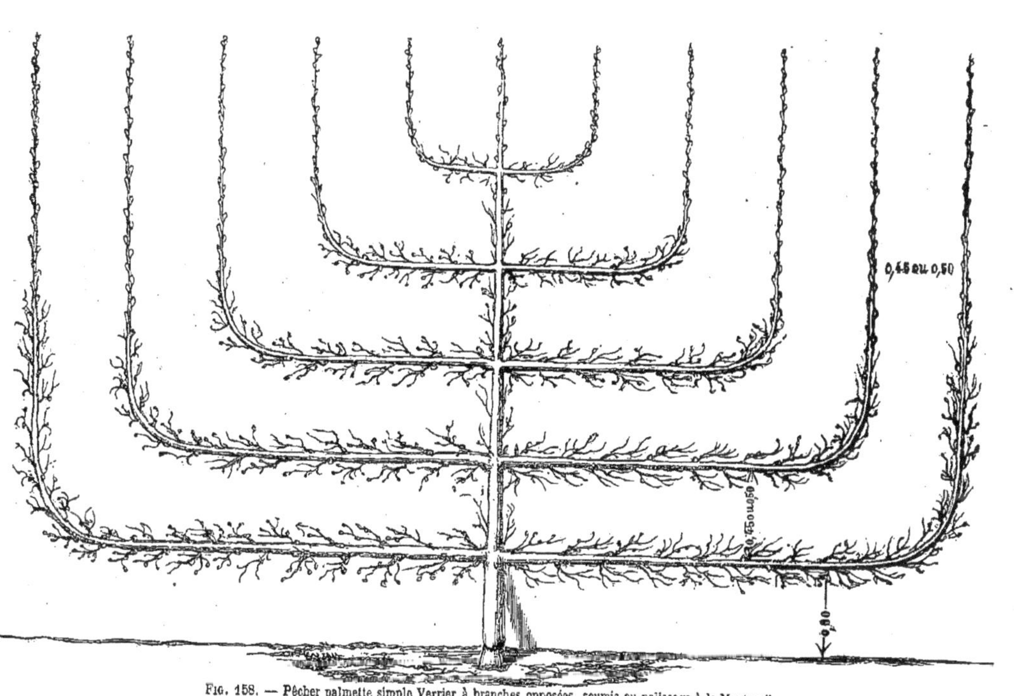

Fig. 158. — Pêcher palmette simple Verrier à branches opposées, soumis au palissage à la Montreuil.

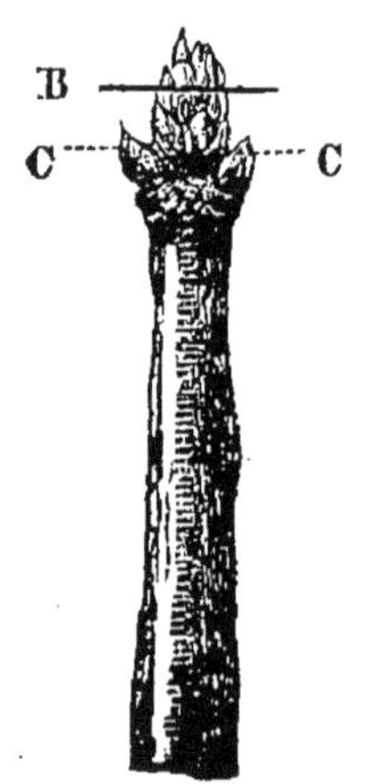

Fig. 159. — Jeune axe de Pêcher pour l'obtention des branches opposées.

œil devra être né sur du bois bien mûr, facile à reconnaître par les petits points gris cendré parsemés sur l'écorce tout le long du rameau lignifié (*fig.* 160, jusqu'en A). Il est urgent de prendre cette précaution au moment de la taille des branches charpentières, car la végétation du Pêcher ne s'arrête que très tard, et les bourgeons d'automne ne s'aoûtant jamais assez, ne fourniraient qu'un bois mal constitué. Ces bourgeons sont toujours d'un vert jaunâtre et dépourvus des petits points qu'on ne rencontre que sur du bois mûr.

Nous conservons donc la taille pour le Pêcher, mais le plus long possible, comme nous venons de l'expliquer. Au même

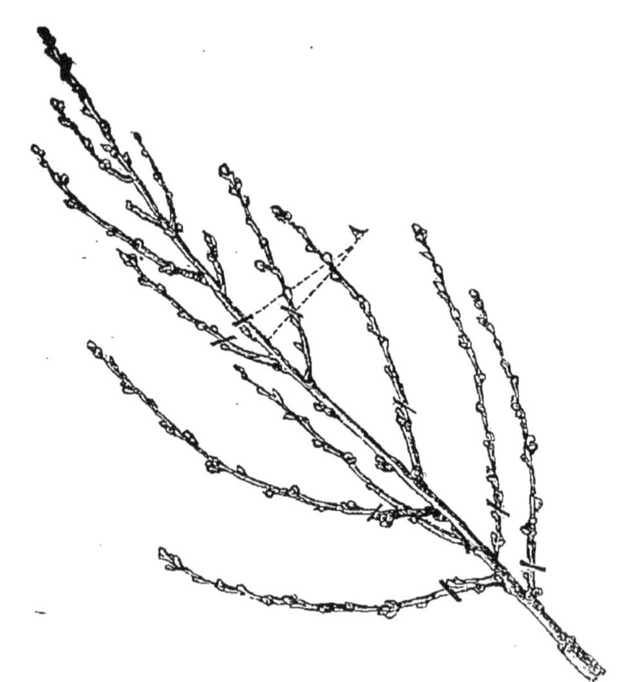

Fig. 160. — Prolongement de branche charpentière du Pêcher pour la taille au-dessus du pointillé ligneux A.

printemps, l'axe sera taillé sur un œil placé en avant, et très court, 15 centimètres, attendu qu'on ne devra obtenir d'étages supérieurs qu'autant que celui du bas sera totalement terminé. Voir pour la formation du Poirier (*fig.* 82).

Pour obtenir les étages supérieurs au premier, on laisse se développer le bourgeon terminal de l'axe tronqué jusqu'à la hauteur de 15 à 20 centimètres au-dessus de l'étage tout en palissant de manière que ce bourgeon présente une feuille en avant, à hauteur du point où on a besoin d'obtenir deux branches opposées. On coupe net ce bourgeon au-dessus de cette feuille. L'œil placé à l'aisselle de cette feuille sera forcé de se développer par anticipation, et il se formera à la base deux yeux stipulaires opposés, qui se développeront vigoureusement si l'on coupe le bourgeon terminal anticipé à un œil au-dessus d'eux (C, *fig.* 83) lorsqu'il aura acquis de nouveau 15 ou 20 centimètres environ. (La *fig. précitée*) montre le résultat obtenu.

Par ce procédé, on aura vite regagné ce qu'on croyait un temps perdu, et de plus, l'étage inférieur aura eu le temps de se constituer solidement pour l'avenir de la forme de l'arbre (*fig.* 82).

Chaque année, on obtiendra un étage par ce même moyen, mais à la condition que les branches latérales auront au moins le double de la longueur de la tige, pour être redressées à la Verrier (*fig.* 158).

LA PALMETTE DOUBLE ET LA LYRE.

Ces deux formes s'obtiennent comme celle dont nous venons de parler. L'année de la plantation, l'arbre a dû être taillé avant la mise en place, sur un œil terminal en avant, placé à 30 ou 35 centimètres du sol (*fig.* 69). Au départ de la sève, ce même œil sera coupé en deux (*fig.* 159), comme il a été dit plus haut à la palmette simple, afin d'exciter la sortie de deux yeux stipulaires qui formeront les deux branches latérales opposées, en supprimant l'axe même de cet œil (B) lorsqu'il s'allongera de nouveau pour ne laisser que deux bourgeons, l'un à droite, l'autre à gauche (CC). On peut aussi ne pas couper cet œil qui ne tardera pas à former un bourgeon vigoureux qu'ont inclinera, en profitant de ce qu'il est herbacé, en suppriman l'œil stipulaire à hauteur de l'étage soit à droite, soit à gauche, selon le côté où se trouvera un œil sur le coude. Ce dernier se développera rapidement par anticipation, à cause de sa position verticale sur le pied de l'arbre (A, *fig.* 85). Il formera la branche opposée à celle qui est inclinée d'un côté, à la condition qu'au moment de la plantation, le jeune Pêcher aura été coupé de 5 à 8 centimètres plus bas que la hauteur du premier étage, afin de permettre l'inclinaison du bourgeon terminal.

Ces deux bourgeons seront palissés dès leur naissance horizontalement, mais redressés en hémicycle ouvert (*fig.* 85 et 86). Les soins de première année seront comme ceux des deux bourgeons latéraux de la palmette simple. Au printemps suivant ils seront taillés aussi le plus long possible sur du bois bien constitué (A, *fig.* 160), et au-dessus d'un œil bien placé.

Si ce premier étage est fort, on pourra établir le deuxième, aussitôt l'étage du bas fini, mais il serait plus prudent d'attendre le printemps suivant. Seulement, on aura soin de conserver les deux yeux placés sur les deux branches latérales juste à distance pour laisser un espace de 45 à 50 centimètres, ou 22 à 25 centimètres, selon la méthode à la Montreuil ou celle au pincement mixte (*fig.* 86). On les laissera se développer comme s'ils étaient destinés à la production des fruits, c'est-à-dire de la longueur de 15 centimètres environ ; mais au printemps d'établissement des étages, on les taillera à la serpette au-dessus de la partie bien lignifiée sur un œil placé en avant, et tous deux à la même hauteur. Dès le départ de la sève, leurs bourgeons terminaux seront équilibrés : si l'un des deux prenait le dessus, on pincerait le bouquet terminal de ces feuilles, ce qui le ralentirait ; enfin, on suivrait ce que nous avons dit à l'établissement des branches du Poirier, palmette double.

Pour la lyre (*fig.* 161) ces derniers bourgeons seraient palissés en suivant le serpentin tracé à cet effet sur le mur, jusqu'à l'étage supérieur où ils seront palissés horizontalement sur une longueur de 25 centimètres environ, puis redressés en hémicy-

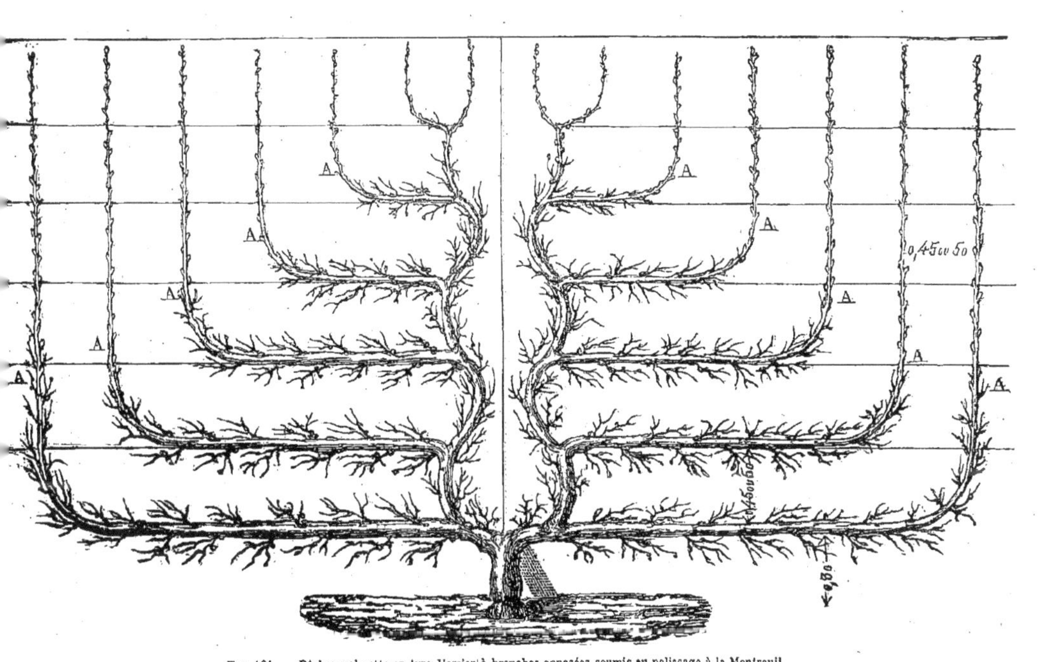

Fig. 161. — Pêcher palmette en lyre Verrier à branches opposées soumis au palissage à la Montreuil.

cle selon l'équilibre avec l'étage inférieur, comme pour le Poirier (*fig.* 80).

En palissant ces bourgeons, il faudra les placer de manière à ce qu'on obtienne un œil sur le coude de chacun d'eux, pour former l'année suivante, l'étage supérieur, et ainsi de suite chaque année.

Les branches seront redressées à la Verrier (A *fig.* 161), à mesure que chaque étage inférieur arrivera à l'extrémité de la place qu'on lui a réservée.

PALMETTE JUMELLE VERRIER.

Cette forme ne diffère de la palmette double Verrier qu'en ce que les branches latérales ne sont formées sur chaque arbre que d'un seul côté de la tige en face de celles de l'arbre voisin opposées comme on peut s'en rendre compte au chapitre du Poirier soumis à cette forme (*fig.* 87). On n'emploie cette forme que pour des palmettes à grande envergure, à cause de la grande vigueur du pêcher.

DEMI-PALMETTE OBLIQUE.

Cette forme, en tout semblable à celle qui a été décrite pour le Poirier (*fig.* 89), est très utilisée avec autant de succès sur les murs en pente. L'obtention des branches latérales est la même que pour le Poirier. L'année de la plantation, on taille le Pêcher le plus longuement possible sur du bois bien mûr et sur un œil en avant ou en dessous. Il faut avoir soin seulement de tailler au-dessous des bourgeons anticipés dépourvus à leur base d'yeux de remplacement.

ÉVENTAIL CARRÉ (LEPÈRE).

La coupe du Pêcher, l'année de la plantation, se fait sur un œil terminal bien constitué, placé en avant, comme cela a lieu pour les autres formes, et un peu plus haut s'il était faible, afin d'appeler la sève vers lui, comme il a été dit au chapitre de la palmette double.

Lorsque ces deux bourgeons seront bien développés et l'onglet, s'il y en a un, supprimé pour qu'il se recouvre de suite, ils seront palissés en V ouvert; l'équilibre de ces deux bourgeons sera le seul soin à donner la première année.

Au deuxième printemps, on taillera chacun de ces deux bras mères à 40 centimètres environ de leur naissance et la coupe sera faite sur deux yeux combinés : le terminal placé en avant de la charpente et le latéral qui constituera le premier étage inférieur, en dessous. Les soins d'été consisteront à équilibrer ces quatre bourgeons ; mais il faudra que les deux latéraux inférieurs soient au moins deux tiers plus longs que les terminaux.

Au troisième printemps, les deux premières branches latérales inférieures seront taillées le plus long possible sur du bois bien constitué et surtout de même longueur, chacune sur un œil placé en avant ou au-dessous. Si ces deux branches ont assez poussé pour être taillées à la longueur d'au moins 1 mètre à 1 mètre 20 centimètres, on pourra couper les deux bourgeons terminaux, formant la continuation du V ouvert, à 40 centimètres de longueur, puis, en été à hauteur d'étage sur deux yeux destinés, l'un à prolonger encore la branche mère et l'autre à former la deuxième branche latérale inférieure.

Chaque année, on fera la même opération, jusqu'à ce qu'il y ait, au-dessous des branches mères, et de chaque côté de l'arbre, de 3 à 4 charpentes latérales inférieures, selon la hauteur des murs. Lorsque le bas de l'arbre sera bien constitué et qu'il remplira entièrement l'espace qui lui a été réservé, on fera choix, l'été suivant, au-dessus des branches mères, d'autant de bourgeons bien placés en dedans qu'il y en a au dehors, afin de garnir l'intérieur du V par des branches placées verticalement et prenant naissance à 20 centimètres plus bas que les latérales inférieures. On les taillera, au printemps suivant, sur un œil placé en avant et partant de l'extrémité du bois bien mûr.

Il faudra surtout que les plus éloignées du pied soient taillées les plus longues, attendu que celles les plus rapprochées sont toujours les plus vigoureuses. Aussi préférons-nous que ces branches supérieures de l'arbre convergent l'une vers l'autre, au centre de l'arbre, comme celles de la forme suivante, afin d'éviter la force de la sève trop aspirée par les charpentes placées verticalement, qui sont toujours disposées à détruire celles placées au-dessous du V.

CANDÉLABRE A BRANCHES OBLIQUES.

Cette très belle forme est aussi facile à obtenir pour le palissage à la Montreuil que pour le pincement mixte, et moins trompeuse que le candélabre à branches verticales. La sève y est mieux répartie sur les charpentes, à cause de leur convergence vers le centre de l'arbre (A' *fig.* 162).

A la plantation, le sujet doit être traité en tous points comme la palmette double décrite plus haut et figurée au chapitre du Poirier (A *fig.* 85), ainsi que l'équilibre des deux bourgeons qui en résultent.

L'année suivante, la taille a encore lieu comme pour les deux premières branches latérales inférieures de la palmette double, jusqu'à ce que chacune d'elles ait atteint l'extrémité de l'emplacement qui est destiné au Pêcher (B, *fig.* 162). Ces deux mêmes branches seront relevées, puis obliquées vers le centre de l'arbre sur un angle de 45 degrés (C) pour qu'elles atteignen le haut du mur en se rejoignant à l'extrémité supérieure en face du pied (D). Au printemps suivant, on laissera se développer un bourgeon placé sur le coude de chacune de ces deux branches, là où on les a inclinées obliquement à l'extrémité de l'arbre (E). Ce bourgeon sera palissé verticalement jusqu'à la hauteur où on doit encore l'incliner, afin qu'il soit encore à 45 ou 50 centimètres au-dessus de la première, si l'arbre est traité au palissage, et à 22 ou 25 centimètres s'il est soumis au pincement mixte. On continuera ainsi jusqu'à ce qu'on ait atteint la hauteur du mur.

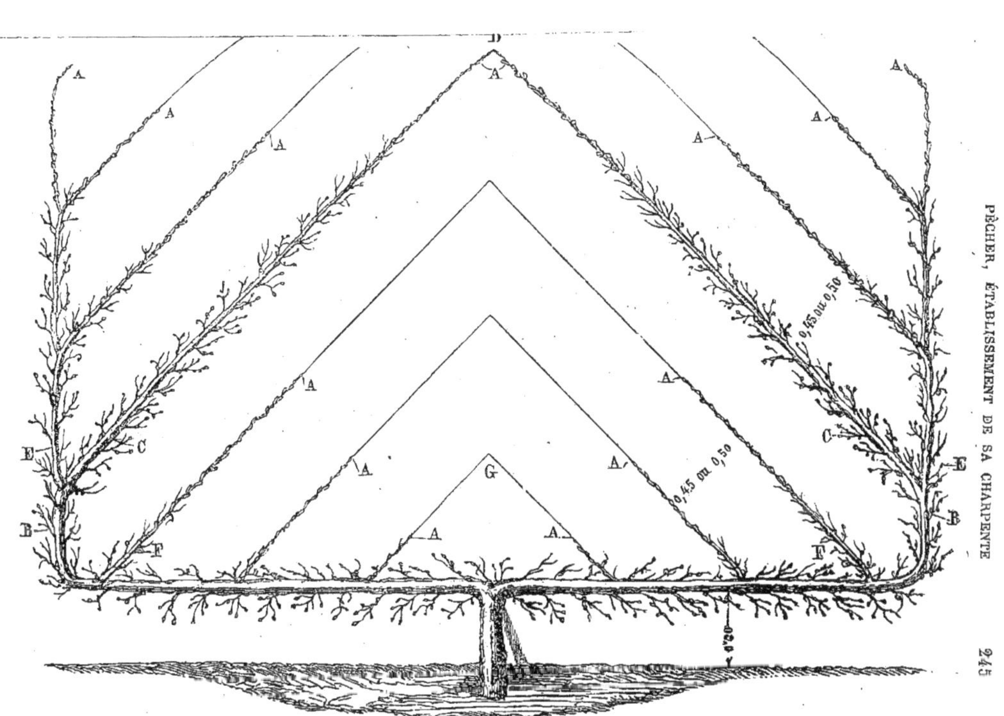

FIG. 162. Pêcher candélabre à branches obliques (Dubreuil) modifié, soumis au palissage à la Montreuil.

Il restera donc à obtenir les branches qui devront garnir l'intérieur. Chaque année, on en laissera développer deux, une de chaque côté à l'extrémité de l'arbre (F), à côté de celle d'encadrement redressée, et ainsi de suite pour terminer par les plus rapprochés du pied (G). Cette très belle forme doit être classée, pour son élégance, son équilibre parfait, pour la facilité et la promptitude de l'obtenir ainsi que pour sa grande fertilité, la première forme de toutes pour l'établissement du pêcher.

U SIMPLE, U DOUBLE

Ces deux belles petites formes pour le pêcher planté près d'un mur assez haut, pour faciliter le développement des branches placées verticalement, sont aussi utiles pour le palissage à la Montreuil que pour le pincement mixte.

On les obtient exactement comme le poirier soumis à ces formes (*fig.* 92 et 93), mais surtout à l'aide d'un seul bourgeon palissé verticalement dès sa naissance, jusqu'à hauteur de 30 à 35 centimètres et incliné sur la position horizontale, afin de faire développer le bouton placé sur le coude en bourgeon anticipé opposé. Ces deux bourgeons formeront l'U, à distance voulue par celle des méthodes à laquelle on les destine.

OBLIQUE SIMPLE.

Les pêchers traités sous cette forme, près de murs élevés et de grande étendue, mais cultivés d'après la méthode au pincement mixte, rendent plus de services que soumis au palissage, parce qu'ils ne sont plantés qu'à une distance de 40 centimètres et qu'alors l'équilibre des racines rapprochées est plus en harmonie avec la branche charpentière unique que possède le pêcher oblique (voir cette forme au chapitre du poirier, *fig.* 70).

L'établissement de sa charpente est des plus simple : la première année de plantation, la taille sera faite le plus haut possible, comme il a été dit pour le pêcher soumis à la forme demi-palmette oblique. Chaque printemps, la taille du rameau terminal aura lieu au-dessus du bois bien constitué (A fig, 160). Si quelques-uns des pêchers n'étaient pas vigoureux, on aiderait à leur développement par une légère incision longitudinale faite à l'écorce du côté du soleil pour que la sève soit bien distribuée sur tout le parcours de chacun des arbres obliques.

Le palissage de la charpente sera fait de façon que la moitié inférieure de chacun d'eux soit placée à angle de 45 degrés (A, *fig.* 70) et que la moitié supérieure soit relevée en hémicycle (B, fig. 70, soit à l'aide d'une baguette conductrice ou bien encore avec des clous et loques, selon que le mur sera crépi à la chaux ou au plâtre.

L'uniformité de la sève, de la vigueur de chacun des arbres n'étant pas possible dans une plantation, il arrive alors que quelques-uns d'entre eux ne peuvent grandir aussi vite que leurs voisins. Avec cette forme, il est facile de suppléer à un vide en laissant développer au-dessus de la charpente de l'arbre voisin un bourgeon vigoureux qu'on palissera au-dessus et en prolongement du faible et qui remplira promptement le vide causé par ce dernier. La destruction des rameaux fruitiers entre les deux arbres, le badigeonnage du bas de cette charpente, aideront encore à dissimuler cet emprunt utile aux produits et agréable à l'œil. Cette forme est moins utilisée pour le pêcher que pour le poirier, comme nous l'avons dit, on ne doit s'en servir que sur des murs très élevés, mais aussi pour des sols pauvres où le pêcher est peu vigoureux.

OBTENTION ET ENTRETIEN DES RAMEAUX FRUITIERS DU PÊCHER SOUMIS AU PALISSAGE A LA MONTREUIL, LEUR DÉNOMINATION.

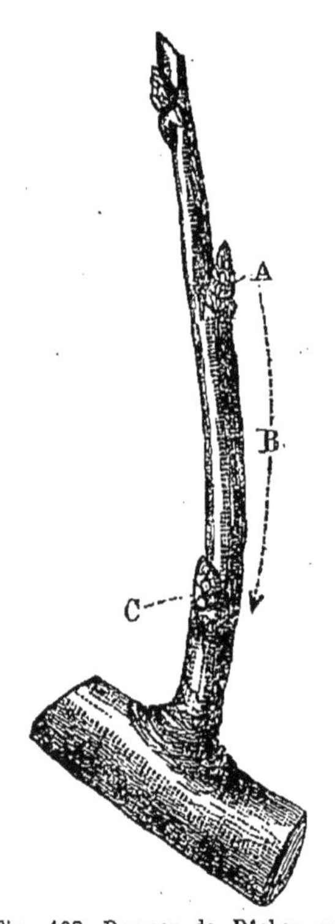

Fig. 163. Rameau de Pêcher avec œil à bois.

Avant d'entrer dans les détails sur l'obtention et les soins que réclament les rameaux fruitiers du Pêcher, il est bon de bien savoir comprendre les termes qu'on emploie pour désigner tous les organes extérieurs qui les composent. L'œil habituellement désigne un bourgeon dès sa naissance ou à l'état d'embryon : de forme allongée, conique et enveloppée d'écailles (A, fig. 163) ; il peut être expectant, c'est-à-dire attendant une sève nouvelle pour se développer; s'il est bouton à fruit, il est plus arrondi, plus court, on le nomme improprement œil à fruit (B, fig. 164). Sur les rameaux du Pêcher, il y a plusieurs sortes d'yeux désignés d'après leur mode de groupement : l'œil simple, qui est seul, à bois ou à fruit (*fig.* 163 et 164) ; l'œil double formé par la réunion de deux yeux, dont un à fruit, un à bois (C, *fig* 165) ; l'œil triple ou quadruple, réunion de trois ou quatre yeux dont un à bois (D, E).

Le bourgeon n'est que la suite du développement de l'œil dès sa jeunesse, un faisceau de feuilles qui se développent avec pétiole (A, *fig.* 166) ; ce bourgeon peut s'allonger beaucoup ou rester de la longueur d'un ou deux centimètres. Il conserve son nom jusqu'à ce qu'il devienne ligneux et qu'il soit terminé par un œil.

Le bourgeon anticipé prend naissance sur un bourgeon

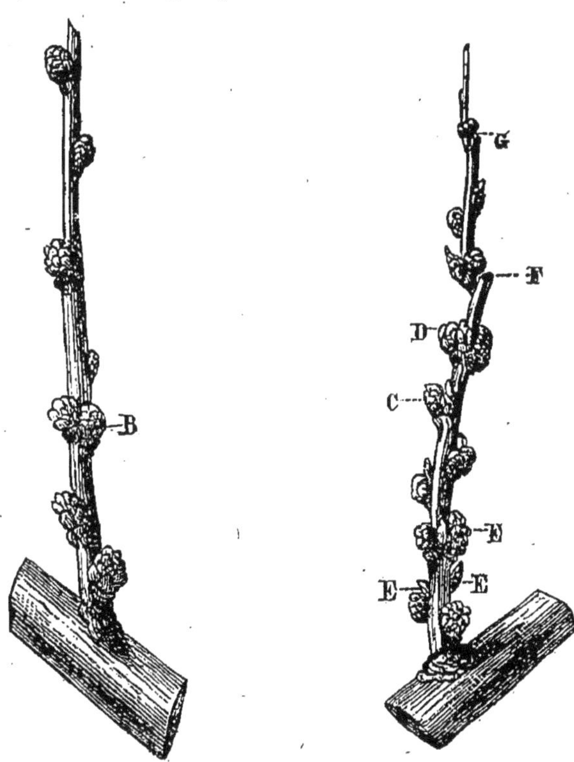

FIG. 164. — Rameau de Pêcher avec boutons à fruits avant leur épanouissement.

FIG. 165. — Rameau de Pêcher triple et quadruple à cause de l'agglomération de ses boutons fruitiers.

FIG. 166. — Fragment de jeune charpente de Pêcher avec coupe de feuilles.

vigoureux. Celui-ci ne suffisant pas lui-même à absorber la sève des racines, la plupart des yeux se débourrent avant leur temps

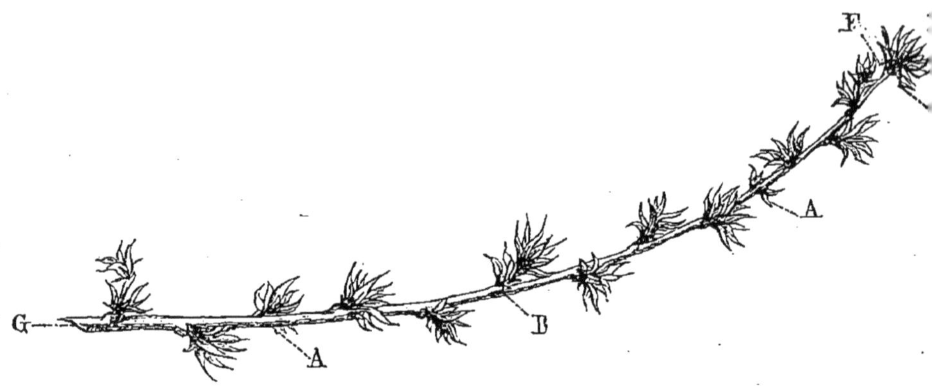

Fig. 167. — Rameau terminal de Pêcher au départ de la végétation.

et prennent alors le nom de bourgeons anticipés ; ils se développent le même été que celui qui leur a donné naissance, et sont nommés anticipés naturels.

On les nomme combinés s'ils se développent en dessous et à l'issue d'un pincement ou d'une taille ; ils sont anticipés stipulaires s'ils prennent naissance à la base d'un bourgeon principal, toujours muni de stipules ou d'un œil principal dont ils emportent les yeux mêmes (comme le montrent les rameaux des *figures* 177 et 178).

Le *Rameau*, que nous avons bien souvent décrit, prend, dans le Pêcher, plusieurs dénominations, selon le groupement des yeux, des boutons, et selon sa destination.

Le *Rameau à bois* est destiné à prolonger la charpente de l'arbre, à nourrir les rameaux fruitiers en déversant sa sève sur chacun d'eux (G, *fig*. 167).

Le *Rameau à fruit* est celui qui est placé sur tout le parcours de la charpente ; outre qu'il est chargé de la fructification, il doit aussi, dans le Pêcher, produire de nouveaux rameaux de remplacement, attendu qu'il donne ses fruits sur le bois de l'année précédente en perdant totalement ses facultés reproductives (A, *fig*. 168 et A, *fig*. 169).

La taille a donc, sur ce rameau, sa raison d'être et même avec le sécateur, qui, justement à cause de la pression qu'il fait au sommet du rameau tronqué, est utile en ce qu'il refoule

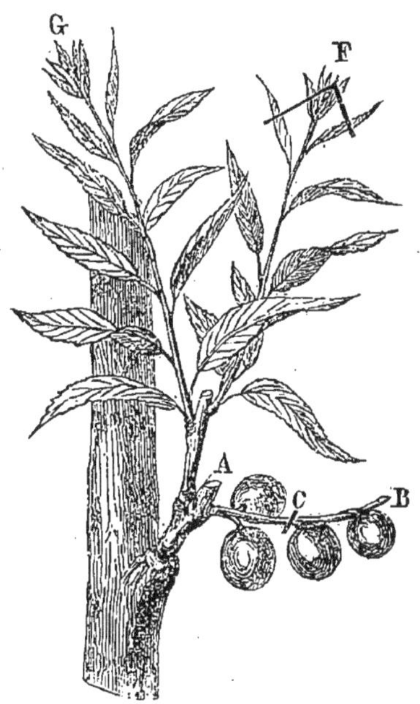

Fig. 168. — Rameau de Pêcher avec fruits sans bourgeons d'appel.

Fig. 169. — Rameau fruitier en crochet de Pêcher avec bourgeons et fruits à la taille en vert.

mieux la sève à sa base (C, *fig.* 169) où les rameaux de remplacement doivent naître.

Ce rameau porte plusieurs noms, suivant le groupement des yeux et des boutons. Nous procéderons à leur taille en les désignant chacun à leur tour.

TAILLE D'HIVER DES RAMEAUX FRUITIERS DU PÊCHER SOUMIS AU PALISSAGE.

Le Rameau-Bouquet, nommé bouquet de mai, n'a que quelques centimètres de longueur. Il prend naissance souvent au-dessous des charpentes ou à la base des rameaux fruitiers adultes ; on le rencontre plus fréquemment sur le pêcher traité au pincement mixte. Il est facile à reconnaître par une agglomération de boutons à fleurs terminés au sommet par un œil à bois de remplacement (A, *fig.* 170 et A, *fig.* 171).

S'il n'y a pas de taille à faire à ce rameau, une légère incision longitudinale à sa base sera très utilement employée (A, *fig.* 172), ainsi que l'éborgnage de son œil terminal

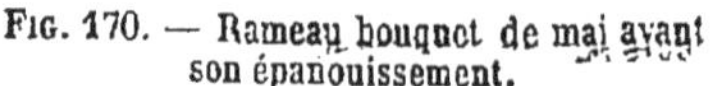
Fig. 170. — Rameau bouquet de mai avant son épanouissement.

Fig. 171. — Rameau bouquet de mai avec fleurs épanouies avec œil à bois terminal.

dès la fin du mois d'août (B, *fig.* 172). Par ce moyen, on oblige son remplacement par la formation à bois d'un autre œil placé plus près de la charpente (C, *fig.* 172).

Le Rameau-Chiffon (*fig.* 173) est au pêcher ce qu'est la brindille au poirier. Il prend naissance au-dessous des branches charpentières ; on le rencontre très souvent dans la Made-

FIG. 172. — Rameau bouquet de mai avec œil de remplacement, résultat de l'éborgnage de l'œil terminal.

leine de Coursons. C'est bien la plus mauvaise production du pêcher, quoiqu'il puisse donner de très beaux fruits. Il est grêle, plus ou moins allongé, presque toujours dépourvu d'yeux de remplacement à la base, possédant des boutons fruitiers et d'autres mal constitués jusqu'au moment où il est terminé par un œil à bois (A, *fig.* 173).

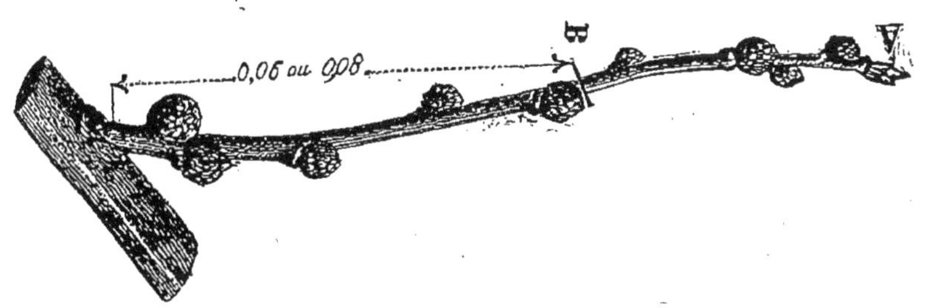

FIG. 173. — Rameau-chiffon de pêcher n'ayant d'yeux de remplacement que l'œil terminal, production naturelle.

Jusqu'alors, on ne connaissait aucun moyen pour l'obliger à produire à sa base des yeux de remplacement, et on avait recours à la greffe en approche pour regarnir la charpente. Ce n'est qu'à force de recherches que nous sommes parvenus à ce résultat important que le rameau-chiffon lui-même soit pourvu d'yeux à bois à la base, comme les mieux constitués (B, *fig.* 174).

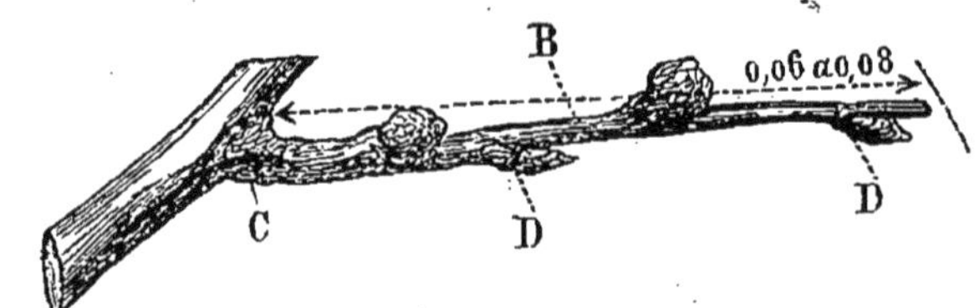

FIG. 174. — Rameau-chiffon de pêcher avec œil de remplacement vers la base, résultat du nouveau système.

A l'époque de la maturité des fruits, il faut couper à 6 ou 8 centimètres tous ceux qui seraient semblables à celui de la figure (173. B), qui, à ce moment, ont pris définitivement les caractères du rameau-chiffon, et il faut opérer à leur base une incision longitudinale de deux centimètres de long, moitié sur le jeune rameau, moitié sur la charpente (C, *fig.* 174). Cela suffira pour concentrer la sève sur les yeux restants et leur donner la force de prendre les caractères d'yeux à bois (D) alternés avec des boutons à fruits.

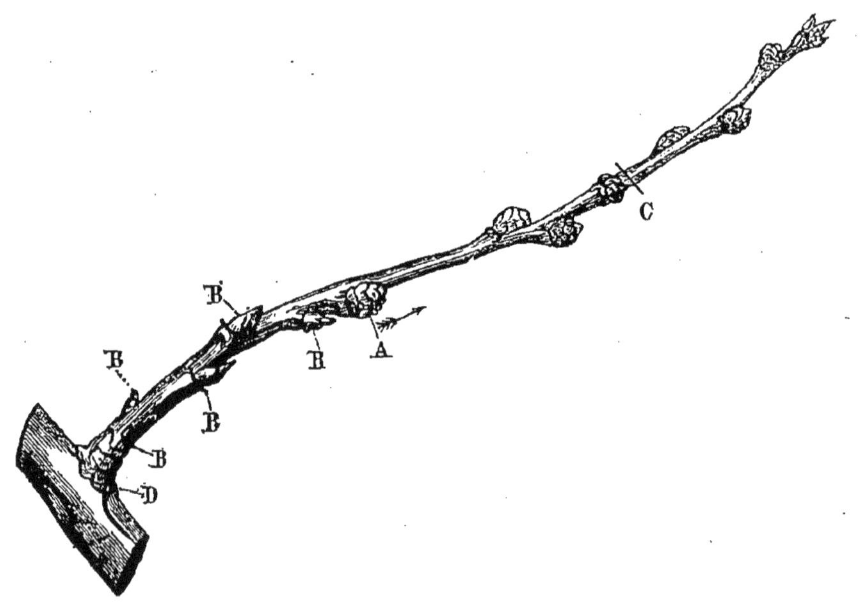

FIG. 175. — Rameau fruitier de Pêcher.

Le rameau fruitier proprement dit (*fig.* 175) se reconnaît facilement à la disposition de ses boutons fruitiers qui sont placés vers les deux tiers supérieurs de sa longueur (A, *fig.* 175) laissant seuls les yeux à bois à la base du rameau (B).

Lorsque l'arbre est soumis au palissage à la Montreuil, la taille se fait à la longueur nécessaire pour constituer l'arête de poisson représentée par des rameaux plus courts au somme et un peu plus longs à la base des branches charpentières, et qu'on peut évaluer à 6 cent. en haut et 12 cent. (C, *fig.* 175) en bas de ces branches, comme on le voit par les coursons sur les rameaux d'une branche charpentière de la lyre (*fig.* 161). On éborgne les yeux intermédiaires qui n'ont pas de boutons à fruits accolés près d'eux (B, *fig.* 175), au-dessus des deux yeux de la base (B), et l'on fortifie l'œil inférieur de deux yeux de remplacement du rameau par une légère incision longitudinale faite à sa naissance (D).

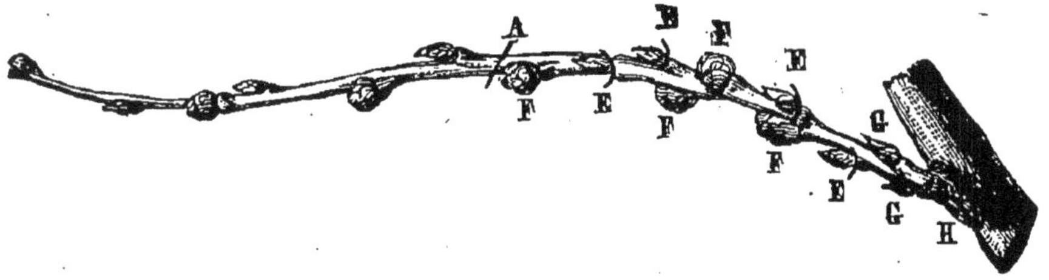

Fig. 176. — Rameau mixte du Pêcher.

Le rameau mixte (*fig.* 176) est très facile à distinguer en ce qu'il porte sur tout son parcours l'œil à bois et le bouton fruitier alternés, La taille de ce rameau (A) se fait encore pour l'harmonie de l'arête le long de la charpente ; seulement, il faut avoir bien soin d'éborgner les yeux à bois (E) qui ne seraient pas accompagnés de boutons fruitiers (F), et ne laisser que les deux yeux (G) à la base du rameau. On fait encore une légère incision (H), au-dessous de l'inférieur comme au rameau précédent.

Le rameau double et triple (*fig.* 165) est garni d'yeux à bois avec groupe de boutons à fruits : deux, trois ou plus réunis (D, E). Comme le rameau-bouquet, il est très-commun sur le Pêcher, principalement sur celui soumis au pincement mixte.

C'est une des meilleures ramifications ; il peut être taillé très-

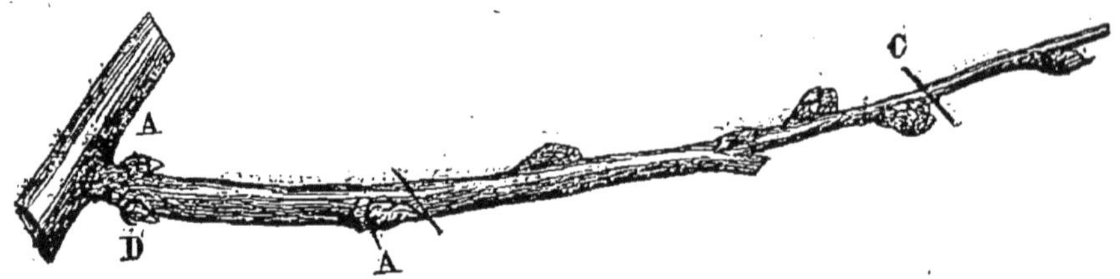

FIG. 177. — Rameau anticipé stipulaire de Pêcher, avec œil de remplacement à la base.

court, même en E, puisqu'il conservera encore quatre ou plus de boutons à fruits. Mais, pour l'harmonie du palissage, on le taillera plus long, comme il a été dit ci-dessus, ce qui en même temps augmentera les chances de récolte sans nuire à la force des yeux (E) de remplacement, à cause de la force du rameau qui les porte.

FIG. 178. — Rameau anticipé stipulaire du Pêcher, déjà dénudé de la base, effet naturel.

Le rameau gourmand est facile à reconnaître par son élongation démesurément grande (*fig.* 160), par le diamètre qu'il occupe au-dessus des branches charpentières, par ses longs mérithalles ou entre-nœuds (*fig.* 163), par une couleur rouge intense près des yeux, et en été, par ses feuilles fortement développées.

Il ne doit jamais exister sur un Pêcher bien dirigé, mais enfin on le taille sur les deux yeux les plus rapprochés de la base (A, C, *fig.* 163) afin qu'au départ de la végétation, on puisse le transformer en rameau fruitier proprement dit, comme nous le verrons plus loin.

Le rameau anticipé (*fig.* 177) décrit plus haut, né sur le rameau de prolongement (*fig.* 160) et qui au printemps précédent, a été soumis à la suppression des feuilles stipulaires, sera taillé sur deux yeux alternés près de la charpente (A, *fig.* 177) s'il n'a pas de fruits, ou en C, au-dessus des boutons fruitiers. On aura soin de supprimer l'œil opposé (D) de la base, et de faire une incision longitudinale sur son voisin comme on l'a dit plus haut. On taillera aussi le rameau anticipé (*fig.* 178) sur les deux stipulaires (A), malgré la dénudation de la base qui est le résultat d'une faute, comme nous le verrons plus loin. Une incision longitudinale à sa naissance, ainsi qu'une torsion au rameau taillé, seront utiles pour exciter, si cela se peut, la sortie d'un œil vers l'incision. L'époque ordinaire de la taille du Pêcher est généralement fin de février, mais sur les arbres faibles, elle peut être plus tôt, tandis qu'on ne taille qu'à la floraison les arbres trop vigoureux.

TAILLE EN CROCHET DES RAMEAUX FRUITIERS ADULTES.

En général, avant la taille, on dépalisse les Pêchers, sauf quelques liens qui doivent maintenir les branches charpentières. Si les arbres sont près d'un mur en plâtre, on range les clous à part, on trie les loques pour mettre les bonnes au four, après en avoir retiré le pain, afin qu'il n'y ait plus trop de chaleur pour les brûler, mais assez cependant pour détruire une quantité d'œufs d'insectes qui pourraient s'y être réfugiés; on nettoie les arbres, et s'il y a de gros kermès, on brosse les branches ou on les détruit comme nous le dirons plus loin à l'article : aux insectes du pêcher.

Lorsque les Pêchers sont près de murs garnis de treillages en fils de fer, on coupe tous les liens de jonc et on fait le même nettoyage.

Les rameaux fruitiers de troisième année, c'est-à-dire les rameaux adultes, ont à leur base, si les soins décrits plus haut ont été bien appliqués, un ou deux rameaux de remplacement, mais deux le plus souvent (E, *fig.* 169). Ces derniers constituent admirablement l'utile crochet pour la taille d'hiver (*fig.* 179), consistant à couper un des deux rameaux, le latéral, nommé de remplacement, à deux yeux alternes de sa base (F), ceux-ci destinés à fournir le crochet de l'année suivante, et à tailler en même temps le terminal, nommé rameau fruitier, de la lon-

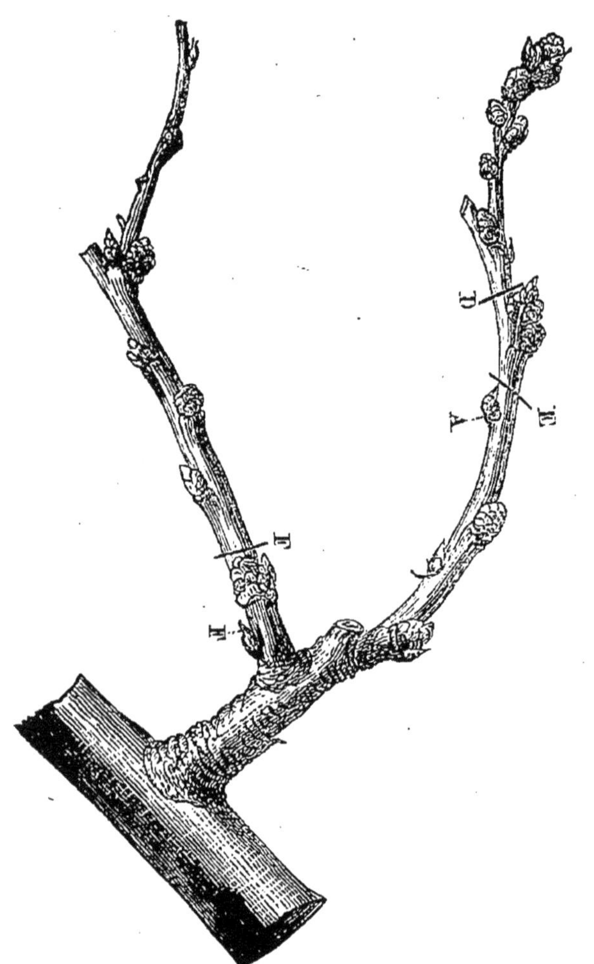

Fig. 179. — Rameau adulte en crochet du Pêcher, né par anticipation d'un bourgeon gourmand taillé à deux feuilles.

gueur nécessaire pour conserver plusieurs boutons fruitiers (E ou D). Cette longueur ne dépassera pas 9 à 12 cent., ou 7 à 9 cent., selon qu'ils prendront naissance à la base ou au sommet des branches charpentières, afin de constituer l'arête, avec les soins indiqués au chapitre traitant de la dénomination, de la taille et de l'entretien des rameaux.

DRESSAGE DU PÊCHER SOUMIS AU PALISSAGE.

Ce travail a pour but de palisser les branches charpentières dès leur naissance, dans la position exacte qu'elles doivent occuper, d'après la forme adoptée; mais le tiers supérieur au moins de chacune d'elles sera redressé en hémicycle ouvert, si ces branches sont obliques ou horizontales, afin d'appeler la sève sur l'œil terminal. Mais si une branche ou un côté de l'arbre était plus faible que l'autre, on ferait ce que nous avons dit sur l'équilibre des bourgeons à l'établissement de la jeune charpente.

Le dressage se fait au clou et à la loque (fig. 76 et 77, si le mur est crépi en plâtre, ou à l'aide d'une baguette conductrice (fig. 81) si le mur est garni de fils de fer. Ces baguettes conduiront régulièrement les branches de prolongement, et éviteront qu'elles ne touchent au fil de fer, qui toujours détermine la gomme sur le Pêcher et les autres arbres à noyau.

PALISSAGE EN SEC DES RAMEAUX FRUITIERS.

Ce palissage consiste à fixer de chaque côté de la charpente tous les petits rameaux fruitiers, afin de former exactement une arête de poisson (B, C, *fig.* 180 et 181). Si les charpentes sont verticales, les rameaux du sommet seront serrés près d'elles, ce qui arrondira leur base et ralentira la vigueur générale de tous les bourgeons supérieurs, tandis que ceux de la moitié inférieure seront beaucoup plus ouverts, presque à angle droit, afin de favoriser les yeux de remplacement de la base (D). Si elles sont obliques ou horizontales, les rameaux de dessus seront en général plus serrés (E) que ceux du dessous qui seront très ouverts (F) afin d'appeler la sève à leur profit.

Les clous et les loques seront aussi employés pour le palissage des petits rameaux fruitiers (C, *fig.* 181); chaque loque sera placée entre les deux derniers boutons supérieurs (B), et le clou, de manière à ce qu'il tire le petit rameau au lieu de le pousser, afin de ne pas le toucher, crainte de le blesser (C).

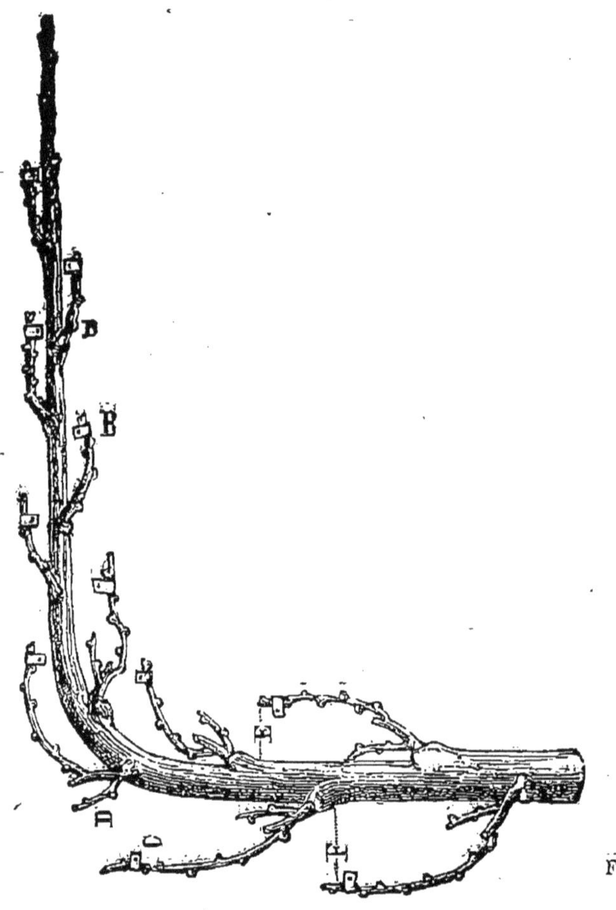

Fig. 180. — Extrémité de branche charpentière du Pêcher soumis au palissage à la Montreuil.

Fig. 181.—Tronçon de branche charpentière du Pêcher avec rameau fruitier taillé en crochet et palissé sur un mur en plâtre.

Si le mur est garni d'un fil de fer, on dressera à la distance de 5 centimètres de chaque côté de la charpente, de petites baguettes légères sur lesquelles on palissera chaque rameau fruitier avec un très petit osier ou de fort jonc.

Il arrive quelquefois que sur un arbre âgé, un vide ne peut se regarnir à l'aide d'une greffe en approche, c'est par le palissage serré près de la charpente qu'on dissimulera cette dénudation, en y accolant un rameau fruitier voisin taillé très long (A, *fig.* 182).

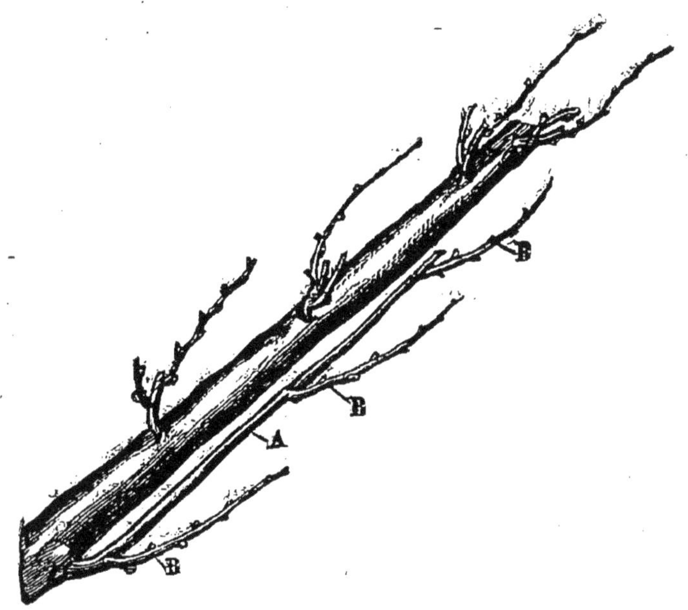

FIG. 182. — Rameau d'emprunt pour remplacement de coursons fruitiers d'une vieille charpente de pêcher.

De ce rameau naîtront, l'année suivante, de jeunes coursons vigoureux qui reconstitueront l'arête fruitière de la branche mère (B).

OPÉRATIONS DE PRINTEMPS ET D'ÉTÉ DU PÊCHER SOUMIS AU PALISSAGE.
ÉBOURGEONNAGE.

Lorsqu'au mois de mai, les bourgeons se sont allongés de 15 à 20 millimètres, comme on le voit à la (*fig.* 166), il faut pratiquer l'ébourgeonnage qui consiste à supprimer sur la charpente, avec une serpette, les bourgeons placés derrière et devant (A, B), ainsi que ceux qui naissent bifurqués, en laissant le plus fort à ceux placés au-dessous, et le plus faible à ceux du dessus.

Le jeune bourgeon terminal (E) du rameau de prolongement des branches charpentières est le plus souvent accompagné d'autres à sa base (F), il faut alors supprimer ces derniers, pour éviter toute bifurcation.

Malgré l'éborgnage pratiqué aussi au moment de la taille des rameaux fruitiers, plusieurs bourgeons inutiles se développent bien souvent au-dessus des deux bourgeons de remplacement de la base. Il faut les ébourgeonner (A, *fig.* 185) en laissant ceux qui accompagnent les fruits (B) et les deux bourgeons de remplacement (C, D).

COUPE DES FEUILLES.

Après l'ébourgeonnage vient la coupe des feuilles, procédé encore de date récente qui rend déjà les plus grands services et qui contribue surtout à diriger la distribution de la sève. Rien n'est plus naturel en effet que de supprimer une partie des feuilles pour dévier la sève d'un point vigoureux au profit d'un autre plus faible dont les feuilles, conservées, appellent la sève d'autant plus abondamment que l'autre est privé d'une partie de ses organes foliacés utiles à la végétation.

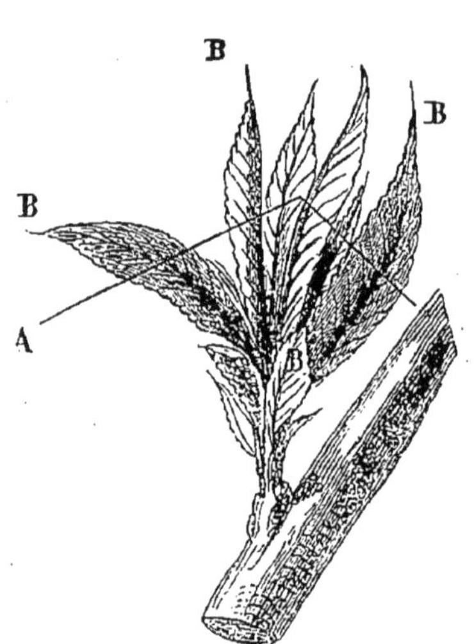

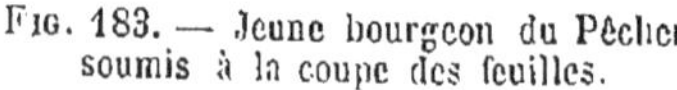
Fig. 183. — Jeune bourgeon du Pêcher soumis à la coupe des feuilles.

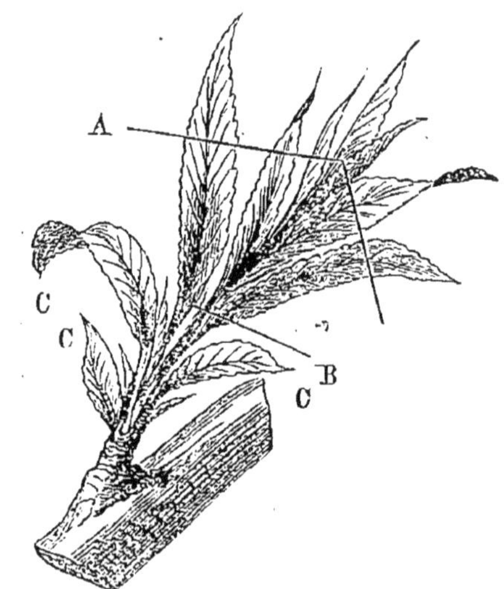

Fig. 184. — Bourgeon gourmand du Pêcher soumis à la coupe et au pincement à deux yeux.

Nous n'avions auparavant, pour ralentir la végétation d'un

bourgeon, que le pincement, qui ne pouvait empêcher le développement en diamètre, puisque les feuilles laissées fonctionnaient toujours et aidaient au grossissement du bourgeon, même au point d'activer le départ de tous les yeux en une forêt de productions anticipées qui formaient autant de têtes de saules. Mais aujourd'hui, en coupant le bouquet de feuilles terminales d'un jeune bourgeon trop vigoureux, lorsqu'il a quelques centimètres (A, *fig.* 166, 183 et 184), ce bourgeon est de suite ralenti dans sa marche. Il s'allonge bien un peu, mais il ne s'accroît que fort peu en diamètre et n'a pas même la force de dévélopper de bourgeons anticipés. On le palisse lorsqu'il a une quinzaine de centimètres : il s'arrête, et la sève aspirée par de plus faibles bourgeons dont on a laissé toutes les feuilles, abandonne les premiers pour se reporter avantageusement sur ceux qui jusque-là avaient été déshérités.

Fig. 185. — Rameau fruitier simple de première année du Pêcher avec fleurs, soumis à la coupe des feuilles.

Il arrive dans plusieurs cas qu'il est utile de couper une seconde fois les feuilles des bourgeons placés au-dessus des branches charpentières de Pêchers vigoureux (A, *fig.* 166). Mais cette deuxième opération, aidée d'un palissage très-serré près de la charpente, suffit toujours pour ralentir la sève des plus fougueux.

Les bourgeons anticipés stipulaires du rameau de prolongement avaient le défaut de se dénuder à leur base ; le pincement et le palissage ne pouvaient rien contre la sève emportée de ces bourgeons, leur élongation étant due à l'action d'aspiration et de respiration des deux feuilles opposées qui accompagnaient les deux yeux stipulaires. M. Grin conseilla alors, non sans raison, de couper une partie du limbe de ces jeunes organes, ce qui réussit en effet à conserver plus court ces jeunes bourgeons. Ce n'était encore là qu'un palliatif ; nous avons radicalement coupé au-dessus du pétiole ces jeunes feuilles et cela dès leur apparition, même avant la sortie du bourgeon qui les portait.

Ce moyen fut couronné d'un plein succès. Les bourgeons en s'allongeant n'eurent plus la force d'entraîner avec eux les

Fig. 186. — Rameau fruitier du Pêcher avec bourgeon fruitier A, et bourgeon de remplacement B.

deux yeux de la base (A, *fig.* 178) dont, faute d'organes essentiels, les premiers restèrent rapprochés du point où ils avaient pris naissance (A, D, *fig.* 177). Quant à la coupe des feuilles du bourgeon supérieur aux deux de remplacement (C et D, de la *fig.* 185) elle peut être remplacée plus avantageusement par la coupe des jeunes bourgeons mêmes, cela au-dessus de leur folioles de la base, qui ombrageront leurs jeunes fruits ; tout en atteignant le même résultat en faveur des deux bourgeons de remplacement.

Pour la coupe des feuilles des deux bourgeons de remplacement d'un rameau adulte (*fig.* 186), nous conseillons de couper en B les feuilles du bourgeon terminal (A), une dizaine de jours avant l'opération sur le bourgeon latéral de remplacement (C), lorsque ces deux bourgeons auront une force égale, car le dernier doit avoir une force prépondérante.

Les autres soins sont les mêmes que ceux que nous avons indiqués pour les autres bourgeons nés sur la charpente.

PINCEMENT DES BOURGEONS A FRUIT DU PÊCHER SOUMIS AU PALISSAGE.

Lorsqu'enfin quelques bourgeons vigoureux atteignent plus de longueur que leurs voisins et menacent de perdre, par leur diamètre, leur qualité de fruitiers pour l'année suivante, on doit les soumettre au pincement à une longueur de 18 à 25 centimètres s'ils sont placés au-dessus de la charpente (E, *fig.* 191) et de 30 à 35 centimètres s'ils sont nés au-dessous. Mais, nous le répétons, la coupe des feuilles et le palissage des premiers sont beaucoup plus efficaces que leur pincement, surtout si on laisse momentanément en liberté, et sans couper les feuilles, les seconds, c'est-à-dire ceux qui sont nés au-dessous des branches-mères, qui rattrapperont vivement ce qu'ils avaient perdu par la voracité de ceux qui maintenant sont opérés.

PINCEMENT DES BOURGEONS ANTICIPÉS SUR LES RAMEAUX FRUITIERS.

Nous voulons parler ici des quelques bourgeons obtenus à la suite du premier pincement en prenant pour exemple un rameau pincé l'été précédent à 18 ou 25 cent. (F *fig.* 165) et dont l'œil terminal s'est développé en bourgeon anticipé. On a dû couper son bouquet terminal de feuilles (A *fig.* 192) lorsqu'il avait acquis une longueur de 6 à 8 cent., et le palisser plus tard au besoin, ce qui arrive rarement. On voit qu'il a été pincé de nouveau à trois grandes feuilles (G *fig.* 165). Mais, si un autre plus vigoureux encore donnait naissance à plusieurs bourgeons anticipés terminaux, on couperait les feuilles de celui du bas en prévision de le conserver seul quelque temps après. Il faudra avoir bien soin de ne supprimer les autres du dessus que graduellement afin de ne pas exciter le développement des yeux placés au-dessous qui, à ce moment, se constitueront fruitiers.

Dans les arbres où la sève n'est pas régulièrement équilibrée, il arrive qu'à la suite d'un pincement intempestif, quelques yeux de la base se développent par anticipation : on doit les couper au-dessus de leur naissance sur les deux yeux stipulaires qui se chargeront eux-mêmes de la récolte future.

TAILLE D'ÉTÉ DES RAMEAUX ADULTES.

La taille d'été du Pêcher est ainsi nommée à cause du moment de la feuillaison où on la pratique. Elle n'a lieu cependant que sur les rameaux déjà taillés d'hiver et elle se fait au sécateur depuis la formation des Pêches jusqu'à leur récolte. Son but est de supprimer une partie des prolongements des rameaux fruitiers qui en sec ont été taillés assez longs, afin d'obtenir des fruits. Il faudra donc faire attention qu'à la base du rameau fruitier, deux bourgeons doivent toujours être conservés

(A, *fig.* 187) afin de pouvoir, l'hiver suivant, asseoir la taille en crochet.

Fig. 187. — Rameau du Pêcher soumis à la taille en crochet avec fleurs seules sur le rameau fruitier, et les deux nouveaux bourgeons sur celui de remplacement.

Si la Pêche existe à la base du rameau fruitier et qu'elle fasse corps avec l'un ou l'autre des deux bourgeons de remplacement, le vieux rameau sera taillé au-dessus (A, *fig.* 188).

Fig. 188. — Rameau fruitier simple du Pêcher au moment de la taille en vert; le fruit auprès du bourgeon fruitier.

Fig. 189. — Rameau id. avec fruit au-dessus du troisième bourgeon de la base.

Si, au contraire, elle est près d'un bourgeon supérieurement placé à ces deux bourgeons de remplacement, la taille sera faite au-dessus de la Pêche et du bourgeon (A, *fig.* 189) et celui-ci pincé au-dessus des stipules foliacées (B).

Si, par exemple, la Pêche était placée encore plus haut près du bourgeon terminal du vieux rameau, la taille en été deviendrait nulle : il suffirait de pincer au-dessus des stipules foliacées le bourgeon accompagnant le fruit (B, *fig.* 169) et d'ébourgeonner les intermédiaires qui seraient placés entre la Pêche et les deux bourgeons de remplacement à la base du rameau (C, même figure).

Il arrive quelquefois qu'une ou plusieurs Pêches prennent naissance sur un rameau dépourvu de boutons (B, *fig*, 168) ; il faut alors les conserver, car elles deviennent très belles ; il est reconnu qu'un fruit est un gourmand qui profite de la sève de l'arbre et ne lui rend rien, et qu'alors la Pêche devient très belle sans bourgeon d'appel.

Si un rameau portait plusieurs jeunes Pêches bien consti-

FIG. 190. — Bourgeons vigoureux nés sur un rameau gourmand du Pêcher.

tuées, et que la taille d'été dût en supprimer, elle agirait sur celles du haut (C, *fig.* 168 et D, *fig.* 169) afin que les fruits restants soient rapprochés le plus possible de la charpente, recevant ainsi plus directement la sève de l'arbre.

Il nous reste maintenant à obtenir du rameau gourmand taillé l'hiver précédent à deux yeux alternes (*fig.* 190), deux bourgeons de moyenne force pour asseoir la taille en crochet. Un procédé moderne remplit admirablement ce but : au printemps on coupe les feuilles du bourgeon latéral de ces deux bourgeons, lorsqu'ils sont allongés de 6 à 8 cent. (A, *fig.* 190), laissant seul le terminal (B) aux prises avec la sève fougueuse du rameau gourmand.

Enfin, on taille à la serpette le latéral au-dessus de ses deux premiers yeux inférieurs (C), lorsque la sève le violentera de nouveau et l'obligera à donner naissance à deux bourgeons anticipés, mais d'autant plus faibles que celui laissé en liberté au-dessus, aura dévié la sève à leurs dépens. C'est alors que, par une taille en vert, on supprimera le bourgeon insatiable (D) qui aura absorbé à lui seul la sève du gourmand qui le nourrit, et l'hiver suivant, on aura le résultat de la figure 179.

Il arrive très souvent, au lieu d'avoir affaire à deux bourgeons gourmands tous les deux comme aux (*fig.* 190 et *fig.* 192, B et D), celui (B), seul est trop vigoureux, alors on le pince au-dessus de la première grande feuille, c'est-à-dire à un œil, afin d'en obtenir, par anticipation, un bourgeon fruitier ; s'il était excessivement vigoureux on le supprimerait radicalement à la naissance, sur un œil stipulaire qui ne manquerait pas d'y être placé, et qui lui-même formerait un bourgeon fruitier. D'autres fois, c'est celui du bas (D), qui seul est gourmand, alors on le pince à deux grandes feuilles et ont aille le vieux rameau en (D) au-dessus de lui. C'est alors, que par anticipation, encore, on obtiendra facilement deux bourgeons, l'un le terminal fruitier, et celui du bas en un bourgeon de remplacement et parfaitement constitué.

Enfin, et malgré toute prévision, si ces deux derniers bourgeons anticipés menaçaient encore de devenir *deux gourmands*, cela se voit sur des pêchers mal équilibrés, c'est alors qu'il faudrait les supprimer totalement à leur naissance pour ne conserver que leurs stipulaires naissants et accouplés à leur base. Il est bien entendu qu'on garderait le plus fort des deux du bas, tandis qu'aux deux de dessus, on conserverait le plus faible qui formerait un excellent bouquet de mai, alterné au premier, formant, malgré la saison avancée, un excellent bourgeon de remplacement.

ECLAIRCIE DES FRUITS TROP ABONDANTS.

On doit conserver généralement un nombre de pêches évalué aux deux tiers de la quantité des rameaux fruitiers : par exemple, une branche charpentière qui aurait trente rameaux, devrait nourrir environ vingt pêches. Mais cette appréciation n'est pas sans exception, car la vigueur, la faiblesse, le mauvais équilibre sont des règles qui commandent et auxquelles nous ne pouvons nous soustraire, le fruit alors devient notre instrument pour diriger la sève. En effet, un pêcher vigoureux est tempéré facilement en lui laissant beaucoup de fruits lorsqu'il commence à produire ; un arbre faible, au contraire, reprend vigueur si on le débarrasse d'une grande partie de sa récolte, et les fruits laissés gagnent en volume et en qualité.

Dans un arbre mal équilibré, les fruits aident à fatiguer une branche forte en l'obligeant à nourrir le donble, le triple de sa parallèle faible que nous protégeons en lui enlevant en tout ou en partie les fruits qu'elle possède.

L'époque même de l'éclaircie des fruits varie avec les années et avec le plus ou moins grand nombre de pêches que porte l'arbre. Pour supprimer le trop de fruits, il faut être sûr de ceux qu'on laisse, ce qui ne peut avoir lieu d'autant que le fruit est noué, c'est-à-dire que l'amande et le noyau sont l'un et l'autre à l'état solide, chose qui est facile à vérifier en coupant le fruit avec la serpette. Si le noyau est formé, il ne permettra pas à la lame de le traverser.

Dans les années de grande abondance, une première suppression aux agglomérations de petites pêches est utile, dès que les fruits sont de la grosseur d'une belle noisette. Les plus petites ou celles qui sont mal placées, soit dans les bifurcations, soit trop près des murs, doivent être enlevées en attendant l'éclaircie définitive qui conservera les plus belles, les plus rapprochées de la charpente (C, *fig.* 168 et D, *fig.* 169), en les distançant l'une de l'autre, comme si la main les y avait posées. C'est alors qu'elles atteindront le volume et la saveur qui les font rechercher.

PALISSAGE EN VERT.

Il n'y a pas d'époque fixe pour opérer le palissage en vert, puisqu'il n'est employé que partiellement : on ralentit la sève d'un bourgeon au profit d'un autre et cela pendant toute la durée de la végétation. Fixer un bourgeon près du mur, c'est le soustraire en grande partie à l'action d'une sève trop disposée en sa faveur et en même temps la déverser plus utilement sur un bourgeon faible laissé momentanément en liberté.

Le palissage sévère des bourgeons nés au-dessus de la charpente (A, *fig.* 166) ralentit leur vigueur au profit de ceux de dessous qui ne seront palissés que plus tard, c'est-à-dire au moment où on aura obtenu une sève régulièrement répartie sur tous les organes herbacés de l'arbre. C'est alors seulement et lorsqu'ils ont une longueur moyenne de 20 à 30 centimètres, que sera arrivée l'époque définitive du palissage, attendu qu'il faut encore profiter de leur état herbacé pour leur faire prendre une position latérale à la charpente, position dont ils ont rigoureusement besoin pour composer leurs boutons et former l'arête réclamée en pareil cas.

Il est bien entendu que sur un mur en plâtre, les clous et les loques du palissage d'hiver serviront au palissage d'été, tandis que sur un treillage, c'est avec du jonc que chaque bourgeon sera attaché, comme les rameaux fruitiers l'avaient été en hiver à l'aide d'osiers fixés sur les baguettes et qui seront coupés au moment du palissage d'été.

Ce palissage sera commencé par le haut de la charpente pour

finir à la base ; les bourgeons forts seront plus rapprochés de la branche mère et plus serrés entre eux, les plus faibles seront plus espacés et plus éloignés, mais il faudra que la charpente elle-même disparaisse, ainsi que les jeunes fruits, sous un nombreux feuillage, afin de les soustraire aux rayons brûlants du soleil. Un chaulage avec blanc d'Espagne délayé dans du lait, est excellent sur les branches charpentières qui ne pourraient être mises dans l'ombre par les feuilles au moment du palissage d'été.

Il faut aussi que par le palissage, chaque bourgeon soit glissé sous les feuilles de celui qui est placé plus haut, pour qu'on ne distingue que des feuilles imbriquées l'une sur l'autre, comme les tuiles d'un toit.

On ne doit jamais non plus lier plusieurs bourgeons ensemble, ce qui nuirait au libre fonctionnement des feuilles.

EFFEUILLAISON ET BASSINAGE DES FRUITS.

Si pour grossir, les Pêches doivent être soustraites à la lumière, elles ont aussi besoin, pour acquérir les qualités et le coloris qui les font rechercher, d'être exposées aux rayons du soleil. Cette opération ne se fait toujours que graduellement en commençant à effeuiller lorsque les Pêches approchent de leur grosseur définitive ; alors, avec une serpette bien tranchante, on coupe les deux tiers supérieurs de la feuille, car le pétiole et une partie du limbe doivent être conservés pour protéger l'œil à leur base. On coupe d'abord les feuilles plus rapprochées du mur et graduellement on finit par celles placées sur le fruit. Il faut n'effeuiller qu'avec modération, surtout dans les étés chauds et sur les murs Sud-Ouest.

Comme dernier soin après l'effeuillaison, on arrose les fruits chaque soir de beau temps, sitôt le coucher du soleil et avec une pompe à main, ce qui aide considérablement au développement des pêches, à leur coloris et à leurs qualités. De plus, cette aspersion, qui atteint les feuilles, est toute favorable à la végétation, à la santé de l'arbre, car les jours de grande sécheresse, les feuilles sont comme fanées, abattues par l'action solaire ; cette eau les ranime et les prépare à soutenir la chaleur du lendemain.

TRAITEMENT DU PÊCHER SOUMIS AU PINCEMENT MIXTE.

Cette méthode diffère de la précédente par la distance des branches charpentières plus rapprochées, par la conservation des rameaux fruitiers sur trois faces principales de la charpente, par la suppression du palissage des bourgeons et des rameaux fruitiers et par le pincement répété.

Afin de faire comprendre l'importance de ce procédé, nous suivrons à peu près l'ordre des chapitres consacrés au système précédent.

Les formes préférées par le pêcher soumis au pincement mixte sont : les formes *obliques*, rapprochées comme pour le poirier à 40 centimètres (*fig.* 70) ; le *candélabre* surtout (*fig.* 162), les U *simple ou double* avec les branches distancées entre elles de 22 à 25 centimètres, comme pour le poirier (*fig.* 92 et 93), et qu'on obtient plus promptement que la *palmette et la lyre.*

Par ce mode de traitement, le résultat est le même que par le palissage, beaucoup moins beau, moins agréable à l'œil, mais pouvant être pratiqué par le plus grand nombre, puisqu'il n'est pas indispensable d'avoir de beaux murs bien crépis, et qu'à l'aide d'une baguette ou d'un fil de fer, on conduit parfaitement les branches charpentières, les seules qu'on ait à palisser, comme cela a lieu pour les autres arbres à noyau.

ÉBOURGEONNAGE.

Cette opération se fait au printemps sur les rameaux fruitiers adultes, comme pour le pêcher soumis au palissage ; mais, sur la charpente, elle en diffère en ce qu'on ne supprime que les bourgeons placés près du mur (A, *fig.* 167), conservant les productions sur trois faces au lieu de deux, c'est-à-dire en avant et sur les deux côtés de la charpente.

Le reste se fait comme pour le système au palissage.

COUPE DES FEULLES.

Cette opération étant aussi un des points les plus utiles pour le pincement mixte, même plus importante encore que pour le pêcher soumis au palissage, nous renvoyons au chapitre de la coupe des feuilles du pêcher soumis à ce système (*fig.* 183, 184, 185 et 190).

PINCEMENT DES BOURGEONS FRUITIERS SOUMIS AU PINCEMENT MIXTE.

La coupe des feuilles retarde grandement le pincement des bourgeons et beaucoup même s'y dérobent. Tous les bourgeons anticipés nés sur le bourgeon de prolongement (*fig.* 166) sont traités comme ceux de l'autre système ; mais ceux qui se développent sur le *rameau de prolongement de l'année précédente*, seront ainsi divisés :

Le Bourgeon gourmand, du moins celui qui en a tous les caractères dès sa naissance, lequel a déjà été soumis à la coupe des feuilles, sera pincé à l'état herbacé au-dessus des deux grandes feuilles de la base munies chacune d'un œil (B, *fig.* 184). Il ne faut pas prendre les stipules foliacées (C) pour des feuilles, ce qui constituerait un onglet.

Le Bourgeon fruitier de première force, c'est-à-dire un peu moins vigoureux que le gourmand, sera pincé au même moment que ce dernier, mais au-dessus de la troisième feuille (B, *fig.* 184) quand la cinquième est développée.

Le Bourgeon fruitier, de vigueur moyenne, sera opéré selon la position qu'il occupe sur la charpente ; s'il est en avant ou au-dessus, il sera taillé à quatre grandes feuilles (A, *fig.* 191) et s'il est placé au-dessous, à cinq ou six (E, *fig.* 191).

FIG. 191. — Bourgeon simple de Pêcher.

Les petits bourgeons, dont on n'a pas coupé les feuilles à cause de leur faiblesse, seront encore laissés intacts.

D'après ce qui précède, on comprendra facilement que la sève, déviée des bourgeons vigoureux, se reporte naturellement sur les faibles qui sont encore munis de tout leur organe aspirant et qu'alors l'équilibre entre tous est facile et la mise à fruit assurée. Si l'on compte exactement le nombre de feuilles pour opérer ce pincement, c'est afin de mieux faire comprendre le but qu'on veut atteindre, mais le praticien sait parfaitement donner à un bourgeon un coup d'ongle ou de serpette à la hauteur nécessaire, sans s'écarter du point préscrit dans ce chapitre et sans pour cela s'assurer du nombre de feuilles.

PINCEMENT DES BOURGEONS NÉS SUR LES RAMEAUX FRUITIERS ADULTES.

Sur le rameau fruitier adulte, par suite de la taille en crochet, (*fig.* 168 et 169) le bourgeon terminal (F) est destiné à la production de l'année suivante, et l'autre, près de la charpente, (G) au remplacement. Le pincement du premier est en tous points semblable à ce qui a été dit au chapitre précédent; mais celui du second se fera toujours à quelques feuilles plus haut, et une huitaine de jours après avoir opéré le premier, attendu qu'il a besoin d'avoir une force plus grande que celle du rameau fruitier.

PINCEMENT DES BOURGEONS ANTICIPÉS.

En observant la pression de la sève sur les bourgeons de diverses vigueurs pincés à différentes longueurs et nés sur la charpente, on trouve des bourgeons anticipés destinés à des combinaisons particulières. Le bourgeon gourmand, opéré à deux grandes feuilles (A, *fig.* 184), a dû produire deux bourgeons anticipés (A, *fig.* 192) bien trop vigoureux encore pour constituer les remplacements, surtout le bourgeon anticipé terminal (B) qui, attirant à lui la plus grande partie du fluide séveux, ralentit déjà heureusement la force du bourgeon latéral (A). Nous profiterons de cet affaiblissement pour couper net ce dernier au-dessus de deux grandes feuilles (D) ainsi que l'avait été le gourmand lui-même. Les deux yeux restants se développeront à leur tour en bourgeons anticipés pour établir la taille en crochet; c'est alors qu'on supprimera le terminal tire-sève (E) placé au-dessus du bourgeon de remplacement.

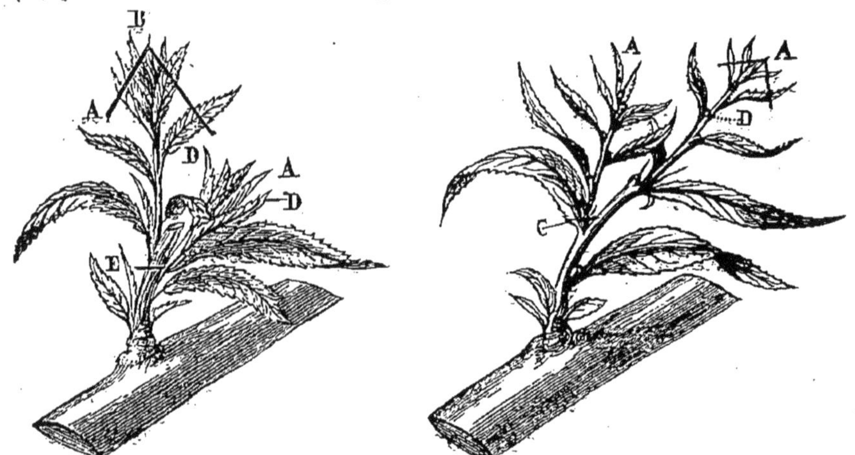

FIG. 192. — Résultat du pincement à deux feuilles d'un bourgeon gourmand pour la taille en crochet du Pêcher.

FIG. 193. — Résultat du pincement mixte au-dessous de la troisième grande feuille d'un bourgeon vigoureux du Pêcher.

Quant au bourgeon fruitier de première force, pincé au-dessus de la troisième feuille (B, *fig.* 183) et dont les deux yeux terminaux se développeront quelquefois en deux bourgeons anticipés (A, *fig.* 193), on coupera le latéral au-dessus des yeux stipulaires (C) lorsqu'il aura atteint une longueur de 5 à 8 centimètres environ ; la sève alors agira sur le terminal (D) qui deviendra tire-sève, tandis que les deux yeux inférieurs se constitueront fruitiers et de remplacement. Plus tard, ce bourgeon terminal tire-sève pourra, si le besoin l'exige, être ralenti dans sa végétation par la coupe des feuilles et même par un pincement très éloigné (D), mais toujours en évitant de trop retenir la sève sur les deux yeux inférieurs qui ne devront que se constituer fruitiers.

Si, au lieu de deux bourgeons, il ne s'en développait qu'un seul, on le traiterait comme le latéral des deux bourgeons nés sur le gourmand cités plus haut.

Les bourgeons de moyenne vigueur qui ont été pincés au-dessus de quatre, cinq et six feuilles (A, E, *fig.* 191) donneront naissance, pour la plupart, à un bourgeon anticipé terminal, comme on voit le résultat au rameau de la (*fig.* 165 G, F), tandis que tous les yeux latéraux de chacun d'eux se constitueront fruitiers et de remplacement pour l'année suivante. On peut voir ce résultat sur le rameau de la (*fig.* 165 G, F). On conservera ce bourgeon anticipé qui amusera la sève et ralentira sa végétation, ou quelquefois on le pincera à trois yeux (G, même figure).

Quant aux petits bourgeons qui n'ont pas reçu de pincement, ils seront encore laissés intacts, puisque ce sont eux qui profiteront de notre sévérité sur leurs voisins qui s'emparaient à leurs dépens de la plus grande partie de la sève de l'arbre. Aujourd'hui, par leur liberté et le grand nombre de feuilles qu'ils possèdent, ils deviendront avant l'automne des bourgeons fruitiers avec yeux de remplacement.

TAILLE EN VERT PROPREMENT DITE.

La taille en vert sur les rameaux adultes, la suppression des fruits, l'effeuillaison étant les mêmes opérations que pour le Pêcher soumis au palissage, nous renvoyons à ces chapitres.

Nous nous occuperons spécialement ici de la taille qui n'agit que sur les parties herbacées de l'arbre soumis au pincement mixte, afin de provoquer la formation des boutons fruitiers à la base de chacun des bourgeons, sans le secours du palissage. L'époque de cette opération précède toujours celle de la maturation de chacune des variétés de Pêches, alors que les fruits grossissent à vue d'œil (qu'elles bouffent, comme on dit à Montreuil). Elle a pour objet de favoriser l'action de la sève sur les boutons décrits ci-dessus, afin qu'ils profitent de la végétation de la fin d'été et de l'automne pour se constituer définitivement à fruits, et d'éviter les défauts de l'ancienne méthode qui établissait la fructification trop éloignée de la charpente. Cette taille en vert se fait plus vivement à la serpette.

Les bourgeons grêles, allongés, qui à la taille se nomment rameaux-chiffons (*fig.* 173) seront traités comme nous l'avons dit plus haut (*fig.* 174).

Les bourgeons moyens dont les boutons de la base sont peu apparents, seront taillés à deux yeux au-dessus de 15 cent., afin d'aider leur formation. La (*fig.* 176) montre le résultat obtenu, puisqu'il possède des boutons à fruits et deux yeux de remplacement. Les bourgeons bien constitués, dont les yeux du bas sont déjà bien formés, c'est-à-dire composés de boutons doubles ou triples, faciles à reconnaître par la réunion de plusieurs feuilles au même point (*fig.* 191) seront taillés très longs, et même laissés intacts, afin de conserver ce que nous avons obtenu sur eux par les premiers pincements. La (*fig.* 165) montre le résultat sur un rameau qui doit servir d'exemple à l'arboriculteur, ainsi que la (*fig.* 179) dont le rameau cependant a pris naissance sur un bourgeon gourmand.

Cette taille sera faite à huit jours d'intervalle, en commençant par la moitié supérieure de l'arbre ; la pratique fera connaître facilement la constitution des yeux de la base de chacun des bourgeons et les rapprochements en vert seront relatifs à leur formation ; mais on ne doit jamais oublier que sur une longueur de 15 centimètres environ, les yeux devront être groupés, pour former ce que nous connaissons sous le nom de rameau double et triple (*fig*, 165). Cependant si, au-dessous de la longueur de 15 centimètres et à la suite d'une taille trop sévère, quelques yeux latéraux s'étaient développés par anticipation, ils seraient coupés au-dessus des yeux stipulaires (C, *fig.* 193).

La taille d'hiver en crochet des rameaux adultes étant aussi la meilleure, nous renvoyons au chapitre du système précédent.

D'après ce qui précède, on peut voir qu'il y a ici un accommodement entre les partisans de l'ancienne méthode et ceux de la nouvelle, et que les deux adversaires ont chacun fait un pas. L'ancienne méthode pinçait plus court pour rapprocher les fruits de la charpente, et la nouvelle pince plus long pour éviter la confusion de bourgeons anticipés : de là, la fusion, le pincement mixte et le palissage !.

On ne devra commencer ces opérations qu'en haut de chacune des branches charpentières, comme il est dit au Poirier. Cela permettra de mieux apprécier les rameaux fruitiers et de ne pas regretter d'avoir retranché un bourgeon ou un rameau latéral, qui aurait servi à prolonger l'arbre, si le terminal avait été détruit par la gomme qui aurait été la cause de sa suppression.

RESTAURATION DU PÊCHER.

Par ce titre, on pourrait croire qu'il est possible de faire revivre un pêcher usé par les années, par la fructification ou par l'épuisement du sol, mais il n'en est rien ; nous déclarons d'avance qu'il vaudrait mieux le remplacer. Cependant si comme à Montreuil, on possédait un sol bien approprié à l'amandier (sujet nourrissant le pêcher) et que celui-ci fournît à son collet des bourgeons vigoureux, lorsque le pêcher greffé sur lui s'éteint, meurt ou n'absorbe que peu ou pas de sève, on pourrait d'un vieil arbre en espérer un jeune. On profiterait de cette circonstance pour écussonner à nouveau le pêcher à la base de ces nouveaux bourgeons du sauvageon qui, sans être modèles, donneraient de beaux et de bons fruits. Nous n'ambitionnerons donc la restauration d'un pêcher qu'autant qu'il sera vigoureux et jeune et qu'il aura été déformé avant l'âge par un mauvais traitement. Dans ce cas, et par une restauration bien entendue, l'arbre pourra rendre encore de longs services.

Si le pêcher a été mal conduit, les gourmands ne font pas défaut, et l'on devra profiter de la bonne situation de quelques-uns à la base de l'arbre, pour tailler l'un de ces gourmands à la hauteur du premier étage, comme cela a lieu pour le jeune pêcher palmette (*fig.* 69). On laissera momentanément la sève agir sur de vieilles charpentes et l'on pincera leurs bourgeons pour obliger la sève à se porter de préférence sur la nouvelle. Une tablette en haut du mur privera d'air les vieilles branches et aidera encore la sève à favoriser ce jeune arbre qui, si nous le voulons, devra fournir deux étages opposés la même année, et l'on pourra alors recéper les vieilles branches mères, après la récolte des pêches qu'elles auront produites une dernière fois. Si cependant aucun bourgeon n'existait à la base, il ne faudrait pas hésiter à recéper l'arbre à 15 ou 20 centimètres de la greffe, afin de faire développer plusieurs bourgeons vigoureux qu'on laisserait en liberté cette première année, pour élaborer la sève fougueuse fournie par les racines. L'un d'entre eux, le mieux placé, serait traité comme nous l'avons dit ci-dessus pour préparer le jeune arbre, en attendant la suppression, vers la fin de l'été, des bourgeons inutiles.

Nous approuvons la recommandation de M. André Leroy, d'Angers, de ne recéper les pêchers que vers la fin de mai, après les intempéries du printemps et l'évolution de la première fougue de la sève.

Si le retranchement des charpentes peut se faire au-dessus de quelques bourgeons, près du pied, pour appeler la sève et l'obliger à se faire une issue sur la vieille charpente, tout sera pour le mieux. Mais, comme il n'est pas toujours facile d'avoir près du pied quelques ramifications, nous conseillerons de recourir à la greffe Tschuody. Cette greffe sera ici très heureusement appliquée; car, lors même que les bourgeons qu'elle fournirait ne devraient pas servir, ils feraient appel à la sève et aideraient la sortie de nouvelles productions herbacées dont on profiterait pour rétablir le vieux pêcher par les mêmes combinaisons que celles précitées.

Lorsqu'un vieux pêcher est encore bien équilibré, qu'il n'y a que quelques charpentes dénudées, il devient facile d'y remédier par la greffe en approche (*fig.* 45) si la branche est encore jeune, ou par quelques rameaux d'emprunt glissés adroitement et qui fourniront des ramifications fruitières aux endroits qui en sont privés.

Une branche charpentière elle-même est souvent remplacée par l'emprunt d'un bourgeon vigoureux né sur la branche voisine ; tout cela n'est qu'une question d'équilibre, facile pour celui qui connaît l'action de la sève.

MALADIES DU PÊCHER, INSECTES NUISIBLES. LA CLOQUE ; ABRIS MOBILES.

Cette maladie des feuilles et des bourgeons se déclare au printemps dès leur naissance. Elle se développe surtout si la végétation commence sous l'influence d'une brusque élévation de la température. L'état de l'atmosphère, à cette époque de l'année, étant très-variable, et passant brusquement du chaud

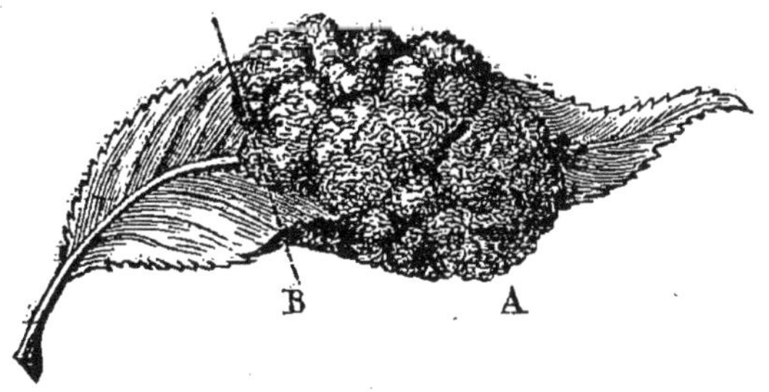

Fig. 194. — Feuille cloquée du pêcher.

au froid, du grésil à la gelée, du sec à l'humide, les jeunes feuilles, surprises en pleine végétation, se tachent, se boursouflent et se crispent (A, *fig.* 194). Le mal atteignant aussi le pétiole, les feuilles se dessèchent et tombent ; les bourgeons subissent le même sort, et l'arbre, privé de ses organes herbacés, se dénude, perd ses fruits, devient caduc et finit par mourir les années suivantes, surtout si cette maladie se renouvelle pendant quelques printemps.

Lorsque la cloque est développée, s'il n'y a que les feuilles qui en sont atteintes, il faudra les couper au-dessous de la partie malade (B, *fig.* 194). Si les jeunes bourgeons eux-mêmes sont atteints, ils sont gardés jusqu'à la mi-mai où on les taillera au-dessus des deux yeux de la base qui repousseront et pourront encore s'aoûter pour constituer la taille en crochet l'hiver suivant.

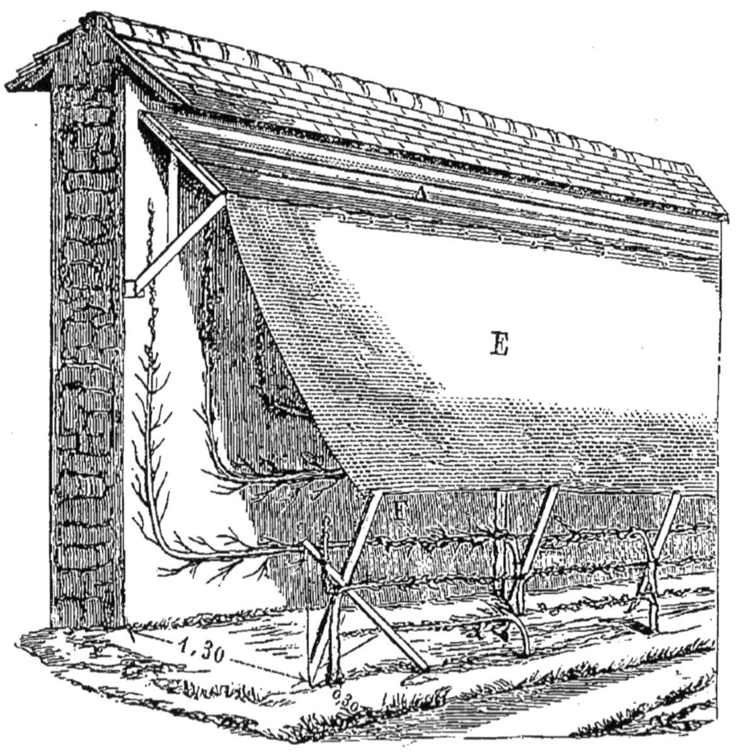

Fig. 195. — Abri mobile d'espalier couvrant également un cordon de Pommiers à trois fils.

Cette maladie vient du défaut d'abris sur des arbres plantés près d'un mur à l'Ouest ou au Sud, le plus souvent même dépourvu d'un larmier. Il est facile de l'éviter en plaçant, de Mars en Mai, au-dessus des arbres une série de tablettes ou auvents

(A, *fig.* 195) de 3 mètres de longueur et seulement de 50 centimètres de largeur pour des murs de 3 mètres d'élévation.

Ces auvents se font eu feuillets de bois blanc, imbriqués comme les tuiles d'un toit se recouvrant d'un ou deux centimètres (*fig.* 196) et cloués sur trois petites traverses taillées

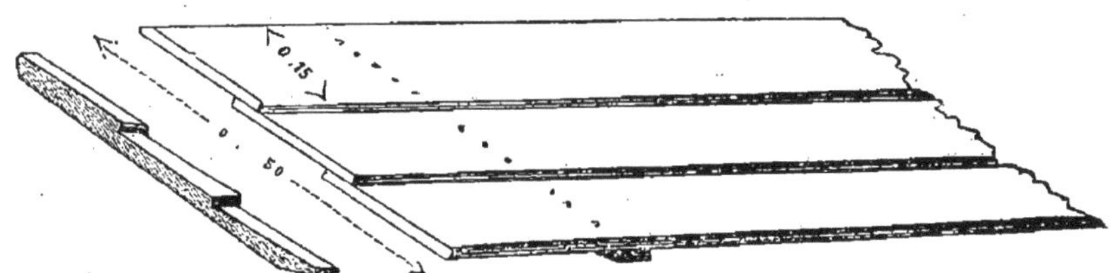

FIG. 196. — Crémaillère en chêne. Fragment de tablettes ou auvents en bois blanc pour abris mobiles.

en forme de crémaillère. On peut encore faire les tablettes en paille de seigle repliée sur elle-même et fixée avec de petites pointes sur de longs cerceaux à tonneaux non pliés, ou sur des tringles de bois blanc ; on les place en les inclinant légèrement en avant, afin de permettre l'écoulement de l'eau (A, *fig.* 195). Elles sont portées par de légères potences mobiles en bois blanc distantes de 1 *mètre*, en sapin (C, *fig.* 197), faites en forme de triangles et s'agrafant à la muraille à l'aide de crampons, ou en fer (D, *fig.* 198 système Dubreuil). Nous employons maintenant les tablettes dès novembre contre les froids de l'hiver.

A la mi-mars, on adapte à ces auvents une toile de jardin, dont les mailles ont la propriété de se resserrer à l'humidité et de se dilater aux rayons du soleil, pour permettre la fécondation tout en préservant de la cloque et des gelées printanières (E, *fig.* 195). Cette toile, large de 1 mètre, sera attachée d'un côté aux auvents (A) et de l'autre à des piquets hauts de 1 mètre au-dessus du sol et fichés obliquement ,la tête vers l'allée. La toile recouvrira ainsi en même temps la ligne de Pommiers en cordons à trois fils, placée à 30 centimètres de la bordure de l'allée (F, *fig.* 195) et sera tendue dans une position qui laissera le passage libre près de l'espalier. Dans cet état, les jeunes feuilles, les jeunes bourgeons, n'étant jamais mouillés, ne se boursouffleront pas et continueront à pousser : les fleurs toujours sèches ne pouvant geler se féconderont, et les fruits continueront leur formation.

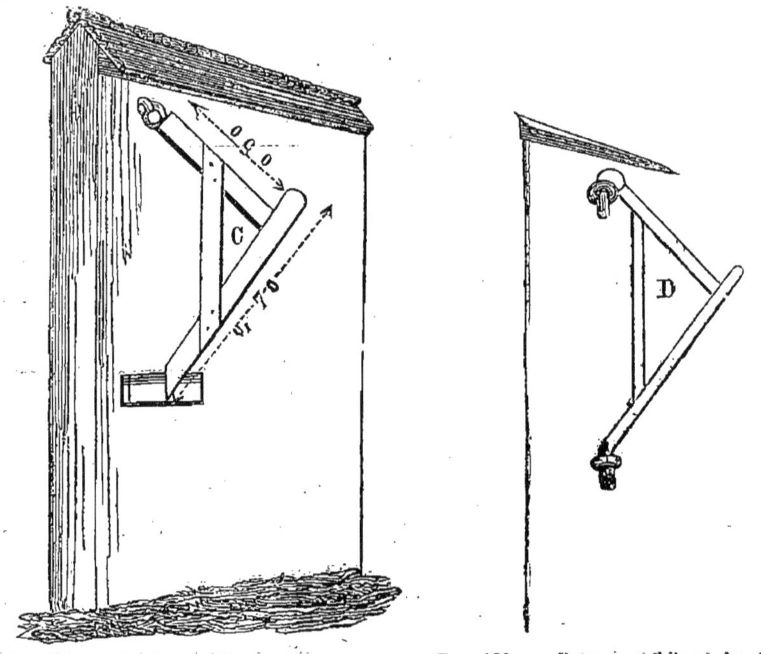

Fig. 197. — Potence mobile en sapin.

Fig. 198. — Potence mobile en fer (Syst. Dubreuil).

LA GOMME.

Cette maladie attaque les arbres à fruits à noyau, et principalement le Pêcher. Elle est organique ou accidentelle : dans le premier cas, l'arbre doit être arraché, car quelque précaution qu'on puisse prendre, sa constitution maladive ou celle de son sujet ne peuvent faire espérer de le sauver, la gomme se déclare partout en même temps et principalement vers le pied. Dans le deuxième cas, elle est causée par un brusque changement de température, par une plantation dans un terrain humide ou par suite d'autres maladies, telles que la cloque et le puceron. Le plus souvent aussi, disons-le, elle se déclare après une taille en vert ou un pincement sévère fait trop brusquement ; la sève, si limpide en cette saison, ne trouvant plus assez d'organes foliacés pour l'élaborer, se coagule, s'agglomère entre l'aubier et l'écorce, boursouffle cette dernière en formant des tumeurs, bien souvent perce l'écorce et cause un ulcère d'où découle une matière brune et âcre; la plaie grandit, cerne la branche, les feuiles et les bourgeons se fanent et l'arbre meurt.

Il ne faut jamais attendre le développement gommeux. Dès qu'on aperçoit quelques symptômes, on doit de suite opérer une incision longitudinale jusqu'à l'aubier et en avant de la branche, là où passe la plus grande partie de la sève. Cette incision a lieu en dessous et en dessus du point où la gomme cherche à s'agglomérer, afin de dilater l'épiderme.

Cette incision laissera plus facilement circuler la sève et, pour le moment, aura pour but d'épancher la gomme, ce qui évitera qu'elle ne cerne la branche. On enlèvera aussi cet amas gommeux jusqu'au vif avec une serpette bien tranchante, on lavera la plaie avec un linge mouillé et chaque jour on la frottera avec une poignée d'oseille ou de feuilles d'oxalis crenata, jusqu'à ce que l'écoulement soit terminé. Quelquefois l'ulcère gagne en circonférence, il faut encore raviver une fois. Enfin, si le suintement cesse, on garnira la plaie de mastic à greffer ou de peinture et la branche sera sauvée.

Si la gomme se développait sur le bourgeon terminal d'une branche charpentière, il deviendrait plus simple de tronquer au-dessous de la partie malade et d'avoir recours à un nouveau bourgeon bien placé qui continuerait promptement l'élongation de la charpente.

Dans les plantations, on ne doit jamais prendre des arbres affectés de la gomme, ni des pêchers greffés sur amandier pour un sol trop humide; dans ce dernier cas, il faut toujours choisir les pêchers greffés sur prunier.

LE BLANC, MEUNIER OU LÈPRE.

Comme la vigne, le pêcher a aussi son champignon microscopique; si ce n'est un oïdium, il en est très proche parent. Il porte la même perturbation sur les parties herbacées, et les fruits qu'il envahit de ses filaments blanchâtres, répandent une odeur de moisi.

Cette terrible maladie que nos ancêtres redoutaient beaucoup pour leurs pêchers, affectionne principalement une de nos bonnes vieilles variétés: la *Madeleine de Courson*; plus heureux que nos pères, nous savons l'éviter et la guérir. Ainsi que la vigne, le pêcher n'a de malade que ses parties herbacées et, l'année suivante, on peut parfaitement les en préserver.

Comme l'oïdium, le blanc se développe avec les chaleurs, depuis le mois de Mai jusqu'à la maturité des fruits. Aujourd'hui que l'on a reconnu l'efficacité du soufre contre l'oïdium de la Vigne, il n'est plus permis d'avoir des Pêchers affectés du blanc. N'oublions pas non plus que s'il est facile de guérir, il est beaucoup plus avantageux de prévenir. Ainsi donc, sans attendre l'extension du mal, dès que les bourgeons ont quelques centimètres de longueur, on devra projeter, avec le soufflet ventilateur (*fig.* 249), du soufre sublimé, sur les bourgeons aussi bien que sur les feuilles, les fruits et le mur. L'opération devra toujours se faire le matin de très-bonne heure.

LE GROS ET LE PETIT KERMÈS (KERMES PERSICŒ OBLONGUS) OU COCHENILLE DU PÊCHER.

Ces insectes, de forme arrondie ou ovoïde, s'appliquent sur l'écorce des branches du Pêcher, au point de former une croûte épaisse et repoussante. Ils recherchent le plus souvent le derrière des branches des arbres exposés à l'Est, et se trouvent surtout dans les jardins très abrités. Ils sont si nombreux qu'ils causent une perturbation dans la circulation de la sève. Ils apparaissent sous forme de points blancs au revers des feuilles qu'ils abandonnent à l'automne pour se placer sur les branches où ils passent l'hiver. C'est dans cet état qu'il faut les détruire : on dépalisse d'abord les arbres, et on débarrasse en partie chaque branche de ces insectes avec une brosse de chiendent; puis, on applique le remède décrit au chapitre du petit kermès du Poirier (*fig.* 139).

LE PUCERON.

Ce petit insecte vert ou noir, du genre Aphis, est bien le fléau véritable du Pêcher. Dès la naissance des bourgeons, il s'attache à leur extrémité et sous les feuilles, sitôt leur développement; il les perfore continuellement, il suce et absorbe la plus grande partie du fluide séveux qu'ils contiennent. Les feuilles et les bourgeons se crispent, se contournent, et sous l'empire de cette vermine, se déforment, cessent de s'allonger et meurent (A).

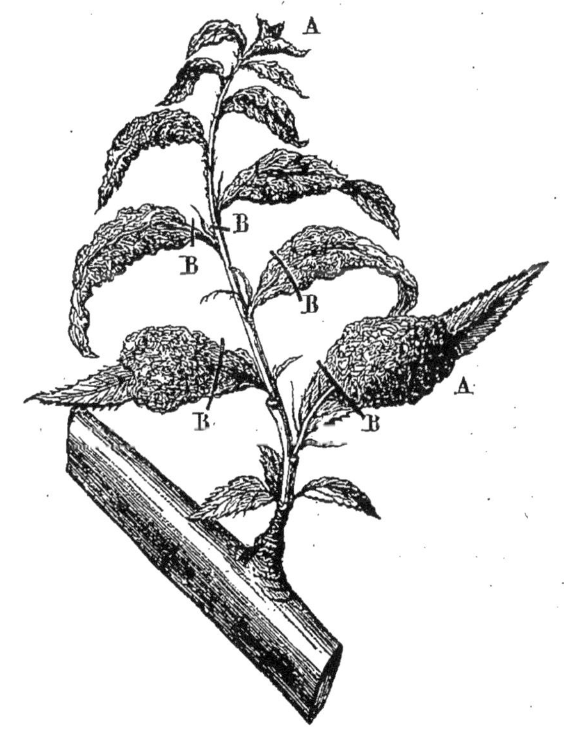

FIG. 199. — Bourgeon de Pêcher envahi de pucerons.

On a conseillé bien des moyens de destruction, plus ou moins efficaces; le meilleur étant celui qui prévient le mal, nous conseillons de projeter, chaque printemps, dès la naissance des bourgeons et des feuilles, du poussier de tabac, à l'aide du soufflet ventilateur, ou simplement avec la main, sur ces bourgeons préalablement mouillés. Le jus âcre de la nicotine que dégageront ces déchets étant un poison violent pour ces insectes, aucun puceron ne pourra s'y multiplier (syst. Lepère).

A cette époque, il n'y a pas à craindre que le poussier soit emporté par les pluies, les Pêchers étant abrités de tablettes ou auvents.

En répétant cette opération une seconde fois, lorsque les bourgeons seront plus allongés, on sauvera les arbres du puceron qu'il est bien difficile de détruire lorsqu'il est parvenu à se réfugier sous les feuilles qui se roulent sur lui (A).

On emploie aussi avec succès les fumigations de tabac, moyen très bon, mais difficile à employer ; les lotions et

Fig. 200. Soufflet injecteur Pillon pour l'emploi du jus de tabac.

décotions de tabac qui réussissent parfaitement, mais à la condition d'agir toujours préventivement (1). L'infusion est préférable à la décoction en ce qu'elle a plus d'efficacité et fournit davantage. L'époque la plus favorable à la projection du jus de

1. 1 kilog. de déchets de tabac par 6 litres d'eau, en ébullition pendant une demi-heure, puis tiré à clair après refroidissement et conservé à la cave dans des bouteilles bouchées, constitue la dose nécessaire à employer avec le soufflet Pillon.

tabac est huit jours environ avant l'épanouissement des fleurs de pêchers.

L'emploi de l'eau de savon, conseillé par quelques personnes, est assez bon, mais rien ne peut remplacer l'emploi du tabac, soit en poudre, soit sous forme de jus.

Un instrument assez nouveau, le soufflet injecteur Pillon (*fig.* 200), est ce que nous possédons de mieux pour la projection des poisons liquides contre les insectes. Par une ingénieuse combinaison, il les distribue avec une économie sans exemple, en les vaporisant jusqu'à la dernière goutte sur toutes les faces et parties des bourgeons et des feuilles, sans qu'aucun insecte puisse s'y soustraire. On s'en sert comme du soufflet ventilateur, mais le soir, afin que les liquides restent en contact une grande partie de la nuit sur les parties vertes de l'arbre. Lorsque le mal est fait, il faut, avant d'opérer, couper les bourgeons jusqu'aux parties vives (B, *fig.* 199) et dérouler les feuilles.

Le tigre sur le bois et sur les feuilles, *et la fourmi* sont des insectes qui envahissent aussi le Pêcher, nous renvoyons aux chapitres du Poirier pour leur destruction.

LE FORFICULE OU PERCE OREILLE (FORFICULA AURICULARIA ET MINOR).

Cet insecte, de la famille des ortoptères, très friand des pêches qu'il perfore de tous côtés, vit aussi aux dépens des jeunes bourgeons et des jeunes feuilles à peine développés. Il faut le détruire partout où on peut le trouver. L'étude de leurs mœurs a démontré qu'ils se réfugiaient de préférence dans les ergots de porcs, les cornes de boucherie et les feuilles sèches des végétaux: on doit donc en suspendre de distance en distance dans les arbres. Les bourgeons nouvellement coupés sur les Pêchers, et liés par petits fagots de la grosseur du poing, sont les plus employés; on les introduit derrière les branches charpentières où ils constituent des pièges certains pour la destruction de ces redoutables ennemis, par la facilité qu'ont les feuilles de se rouler sur elles-mêmes en séchant aux rayons solaires, leur servant alors de refuge dès l'aube du jour.

Pour les détruire, il suffit de temps à autre de secouer ces appâts au-dessus d'un chaudron dont les bords intérieurs seront enduits de matière grasse, comme saindoux, etc. et, après la chasse, de jeter un peu d'eau bouillante dessus, ce qui les détruira instantanément. Ces perce-oreilles seront ensuite donnés aux volailles qui en sont très friandes.

LIMACES ET LIMAÇONS.

La pêche à duvet ne craint guère les limaçons, mais il n'en est pas de même des brugnons et de toutes les variétés de Pêches à peau lisse, ainsi que des jeunes bourgeons qu'ils dévorent. Il faut profiter de la rosée, de bonne heure le matin ou le soir, d'une bonne pluie d'été, pour les rechercher.

La chaux vive éteinte à l'air est une substance caustique qui fait périr les mollusques, les limaçons principalement. Pour s'en servir avec avantage, il faut placer, de loin en loin, quelques petits tas de son où les limaces se réuniront le soir ; alors, avec un peu de poussier de chaux répandu sur elles, la destruction sera instantanée.

Une large planche légère et enduite de saindoux attire très-bien les limaces ; on peut aussi employer de vieux navets, des trognons de choux, etc.

Pour la destructiou des *rats*, *lérots, mulots*, nous renvoyons au chapitre des animaux nuisibles au Poirier.

ABRICOTIER. — ÉTABLISSEMENT DE SA CHARPENTE.

Nous avons dit que dans le nord de la France, l'Abricotier ne pouvait être cultivé avec profit dans le jardin fruitier, le sol étant toujours trop substantiel, trop profond ; et que, pour nos régions septentrionales, les murs froids du jardin ne valaient pas les bâtiments d'étables, granges, écuries, murs des basses-cours, où cet arbre trouve plus d'abris et un sol encaissé de cailloux, de calcaire et souvent de démolitions, utiles à leur végétation et à leur fertilité.

Si la qualité de l'abricot d'espalier est loin de valoir celle de l'abricotier de plein vent, on peut la lui procurer en partie en établissant des formes à branches verticales qui permettront, quelque temps avant la maturité des fruits, de les éloigner de la muraille à l'aide d'arcs-boutants sur des traverses auxquelles on fixera les branches des arbres. L'air et la lumière, circulant alors autour des fruits, les rendront plus fermes, plus savoureux que ceux dont les branches restent appliquées sur l'espalier, au moment de la maturité.

Pour garnir des murailles souvent très-élevées, il faut des formes particulières, comme le cordon vertical pour grande élévation, l'U simple et double pour des murs un peu moins élevés, la palmette candélabre et celle à plusieurs séries, qui conviennent parfaitement aux bâtiments et aux Abricotiers. On peut encore adopter les formes palmettes simples et doubles Verrier, avec des arbres tiges et nains plantés alternativement, mais toujours avec les branches plus longues sur la partie verticale que sur l'horizontale (*fig.* 201).

Pour les cours, basses-cours et petits jardins de ville, qui habituellement sont abrités par des bâtiments très-élevés, nous conseillons d'adopter l'Abricotier sur demi-tige et tige, en plein air, et sous forme de vase, comme le Pommier sur doucin au verger. Il procurera d'abondantes récoltes presque annuellement, et des fruits bien meilleurs que ceux d'espalier.

FORMATION DU CORDON VERTICAL.

La forme verticale est nécessaire, même indispensable pour l'abricotier, car le tissu serré du bois, la disposition rapprochée des yeux qui sont très saillants et forment autant de nodosités sur l'aubier, sont une gêne continuelle à l'ascension de la sève ;

en effet, si un gourmand se développe sur l'arbre, il prend toujours naissance à sa base, contrairement aux autres arbres fruitiers. Il faut donc placer les branches dans une position qui oblige la sève à se répartir régulièrement sur chacun des organes qui les composent.

Pour cet arbre, la forme verticale (*fig.* 91) a aussi cet avantage qu'il est plus facile de remplacer une branche détruite par la gomme que si les charpentes étaient placées horizontalement.

Nous avons conseillé de planter l'abricotier à 30 centimètres pour cordon vertical; on le taillera l'année de sa plantation, de façon à ne lui supprimer que le tiers supérieur de sa longueur. La coupe sera faite sur un œil placé en avant et, s'il possède des bourgeons anticipés, ils seront supprimés au-dessus des yeux stipulaires de la jeune charpente.

Chaque année, il sera nécessaire de tailler à la même longueur, jusqu'à ce que chacun des arbres soit arrivé à la hauteur qui lui a été réservée à la plantation. Le bourgeon terminal de prolongement sera, également chaque année, palissé sitôt qu'il aura atteint une longueur de 15 centimètres environ.

Arrivé en haut de la muraille, l'arbre n'exigera plus que le soin de lui laisser développer chaque printemps un bourgeon vigoureux qui absorbera l'excès de sève à la formation des rameaux fruitiers ; et l'hiver suivant, de le tailler sur un œil de sa base qui lui-même devra faire tire-sève en remplacement de celui supprimé. On continuera ainsi jusqu'à ce que la vieille charpente s'épuise, s'endurcisse et se dénude, époque où un recépage plus ou moins rapproché du pied constituera une nouvelle branche mère, chargée de jeunes coursons fruitiers pour la production.

U SIMPLE, U DOUBLE.

Ces formes ne diffèrent de celles du poirier (*fig.* 92 et 93) que par l'obtention de deux branches latérales opposées, l'année même de la plantation. Elles se rapportent en tous points à celle du pêcher, ainsi que pour la position et la formation de leur charpente, mais distancées l'une de l'autre comme celles du poirier, c'est-à-dire de 22 à 25 centimètres.

PETITES PALMETTES VERRIER A QUELQUES SÉRIES.

Pour ces formes de l'abricotier, il n'y a de différence avec celles du pêcher qu'en ce que les branches latérales ont beaucoup plus de longueur sur leur partie verticale que sur l'horizontale. Il y a donc un plus petit nombre de séries de branches et les arbres sont plus rapprochés entre eux, à cause de la plus grande hauteur des murs, et surtout pour éviter en quelque sorte une position contraire à la nature de l'abricotier.

Prenons par exemple un mur haut de 3 mètres. Pour le Pêcher traité au pincement mixte, il lui faudra 12 branches redressées en forme Verrier, ayant tout autant de longueur sur chacune des deux positions, les arbres plantés alors à 6 mètres. Pour l'Abricotier, il ne faudra que six branches à même distance et la plantation des arbres une fois plus rapprochée, c'est-à-dire à 3 mètres, ce qui fournira, par conséquent, beaucoup plus de longueur verticale pour chaque branche que la forme adoptée pour le Pêcher (*fig.* 158). La formation et l'équilibre étant les mêmes que pour la palmette du Pêcher, nous y renvoyons.

PALMETTE CANDÉLABRE VERRIER

(Arbres tiges et nains alternés).

Lorsque, pour garnir de hauts pignons très-étendus, on ne veut pas avoir recours aux petites formes, nous conseillons de planter les arbres assez près, afin que les branches aient, comme nous l'avons dit au chapitre précédent, plus de longueur verticalement qu'horizontalement, de manière que chaque arbre ne possède au plus que six branches latérales opposées de chaque

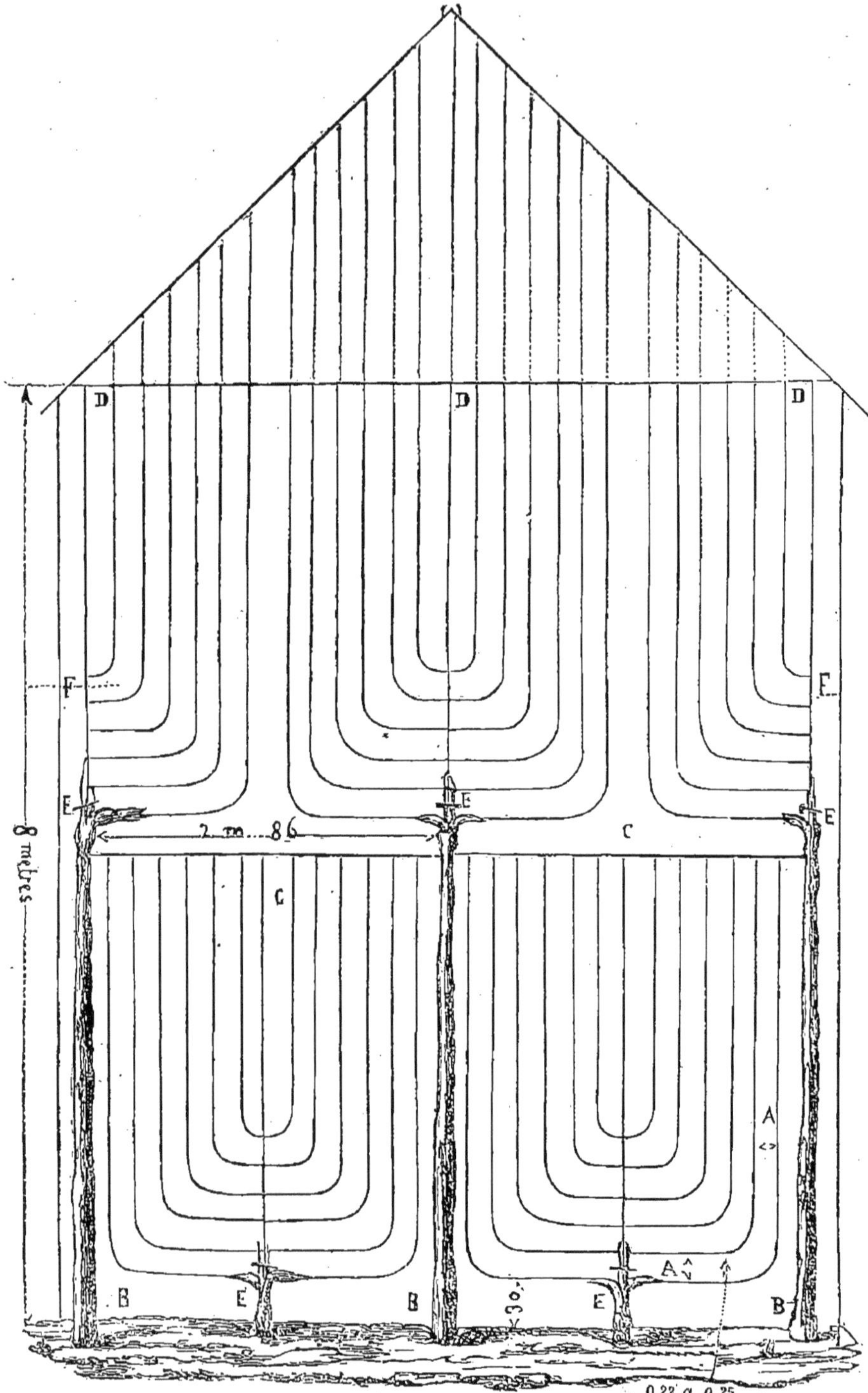

Fig. 201. — Palmettes Verrier à six séries pour pignons et hauts murs d'espaliers.

côté de l'axe, à distance de chacune de 22 à 25 centimètres (A, *fig*. 201), Cette disposition est très belle et très-productive.

Les tiges (B) seront choisies parmi les plus élevées, afin que la hauteur totale du mur soit garnie alternativement par les nains sur la moitié inférieure (C) et la moitié supérieure par les tiges (D).

L'obtention des branches latérales des palmettes simples et des palmettes doubles sur les tiges comme sur les nains, s'établit la première année de plantation en coupant le scion, comme nous l'avons dit, à 30 ou 35 centimètres du collet (E) pour les arbres nains, et à 30 ou à 35 centimètres de la greffe pour les arbres tiges, mais toujours sur un œil placé en avant.

Pour la palmette double, coupée de même avant la plantation, on retranchera l'œil principal entre les yeux stipulaires, mais on le conservera pour la palmette simple, comme cela a lieu pour le Pêcher.

Il ne faut pas oublier que pour garnir un haut mur par cette méthode de plantation, il faut que deux Abricotiers tige finissent l'un au commencement de l'espalier, l'autre à l'extrémité ; ces deux arbres, placés à 11 ou 20 cent. des angles de la muraille, ne devront former qu'une demi-palmette (F), c'est-à-dire qu'ils n'auront des branches latérales que d'un seul côté de l'axe.

Quant à la formation spéciale de ces deux palmettes, nous renvoyons au chapitre du Pêcher.

FORMATION ET ENTRETIEN DES RAMEAUX FRUITIERS. COUPE DES FEUILLES.

La coupe des feuilles est encore bien plus utile à l'abricotier qu'aux autres arbres fruitiers, à cause de la pression violente de la sève sur les yeux latéraux de la charpente.

Comme le mode d'opérer est en tout semblable à celui du Pêcher, nous n'y reviendrons pas. Nous dirons seulement qu'elle se fait pendant toute la durée de la végétation : au départ de la sève, sur les bourgeons ; plus tard, sur les bourgeons anticipés que la coupe des feuilles évite le plus souvent par l'étiolement des bourgeons effeuillés, étiolement qui transforme naturellement en bourgeons à fruits les bourgeons anticipés.

Comme la Pêche, l'Abricot est produit par le bois de l'année précédente. La disposition des yeux et des boutons a beaucoup de rapport avec celle des yeux du Pêcher, quoique naturellement l'Abricotier porte plus volontiers ses boutons agglomérés au sommet des rameaux qu'à leur base.

L'utilité de l'effeuillaison est évidente puisque cette coupe lignifie la base du bourgeon, et, par cela même, active la formation des boutons près de la charpente, ainsi que celle d'yeux à bois. Ceux-ci, chaque année, doivent, comme dans le Pêcher, servir d'yeux de remplacement du rameau qui, après sa production, se dénude la deuxième année de son existence (A, *fig.* 202).

L'ÉBOURGEONNEMENT (NOUVEAU PROCÉDÉ).

Lors du départ de la sève au printemps, on voit se développer,

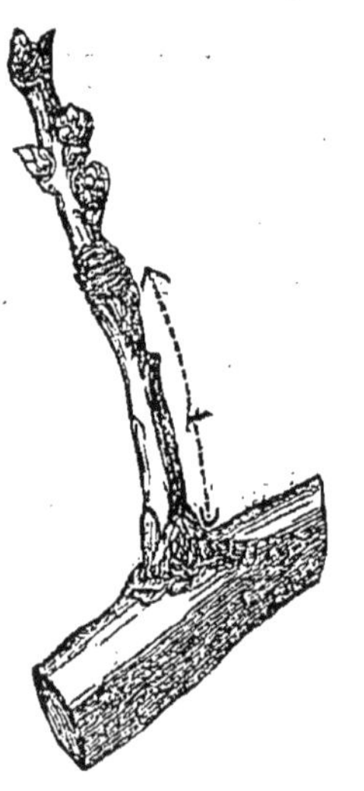

FIG. 202. — Dard dénudé d'Abricotier.

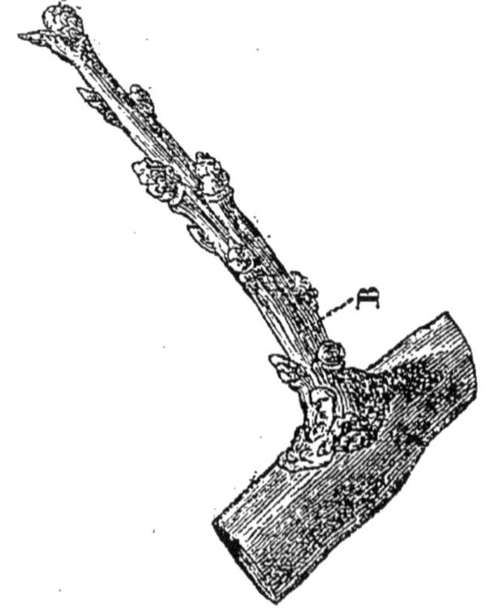

FIG. 203. — Rameau gourmand d'Abricotier.

sur plusieurs parties du rameau terminal des branches charpentières, des yeux en bourgeons vigoureux, (B, *fig.* 203), menaçant le diamètre même du rameau de prolongement de la charpente. On les pinçait tous les huit jours, car il devenait impossible de dompter leur solide constitution. Aujourd'hui, pour s'en rendre maître, on les laisse s'allonger de quelques centimètres et on les supprime totalement au-dessus des rides ; la sève, alors retenue sur elle-même, laisse développer les yeux stipulaires placés à leur base (A, *fig.* 204), ce qui assure la fructification et répartit uniformément la sève sur tous les organes de l'arbre.

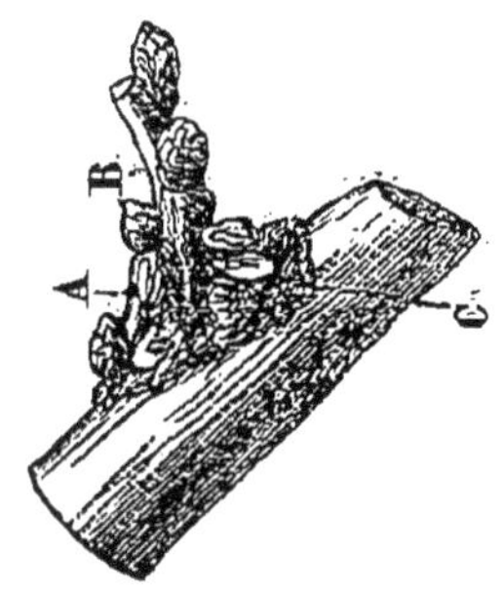

FIG. 204. — Très petit Dard d'Abricotier, résultat de l'ébourgeonnage.

Si quelquefois ces jeunes bourgeons menaçaient de devenir trop vigoureux pour devenir fruitiers d'eux-mêmes, on couperait le bouquet terminal de feuilles du plus faible. (B, *fig.* 204) montre le résultat obtenu pour le rendre fruitier, en laissant l'autre, momentanément en liberté, qui agirait comme tire sève ; (C) montre la place qu'il occupait avant la formation de son voisin (B).

TRAITEMENT DES BOURGEONS ANTICIPÉS NÉS SUR BOURGEONS DE PROLONGEMENT.

Comme sur les bourgeons de prolongement des branches charpentières du pêcher, sur l'abricotier il se développe beaucoup d'yeux latéraux en bourgeons anticipés ; on les coupera au-dessus des yeux stipulaires à leur base dès qu'ils auront quelques centimètres. Cette opération sera d'autant plus utile que ces bourgeons toujours mal conformés, n'établissent qu'une mauvaise ramification fruitière.

PREMIÈRE TAILLE EN VERT DES BOURGEONS FRUITIERS.

Le bourgeon fruitier de l'Abricotier est muni aussi, vers sa base, d'un nombre plus ou moins grand de stipules foliacées réunies en verticilles plus ou moins rapprochées, selon l'espèce et la vigueur de l'arbre. La base du rameau (A, *fig.* 205) laisse voir où elles étaient placées.

Comme pour le Poirier, nous ne compterons pas ces stipules pour nos opérations. La coupe complète aura donc lieu à peu près à trois feuilles alternes placées au-dessus (B, *fig.* 205 et A, *fig.* 206). On opère toujours sur les bourgeons dont la

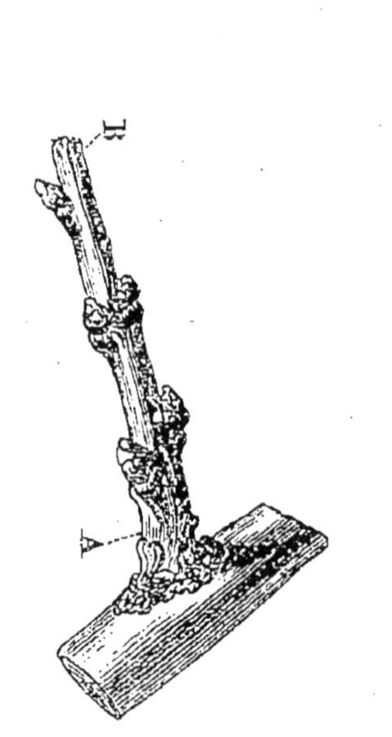

FIG. 205. — Rameau fruitier d'Abricotier coupé au-dessus de trois yeux alternes.

FIG. 206. — Rameau id. avec anticipé, résultat de deux opérations d'été.

longueur aura dépassé 20 à 25 centimètres, afin de ne pas causer de perturbation à l'arbre. Les plus faibles bourgeons, longs de 8 à 15 cent. (*fig.* 207) ne seront cassés qu'une seule fois au mois d'août, comme nous le verrons au chapitre suivant.

La coupe du tire-sève sur les rameaux fruitiers adultes

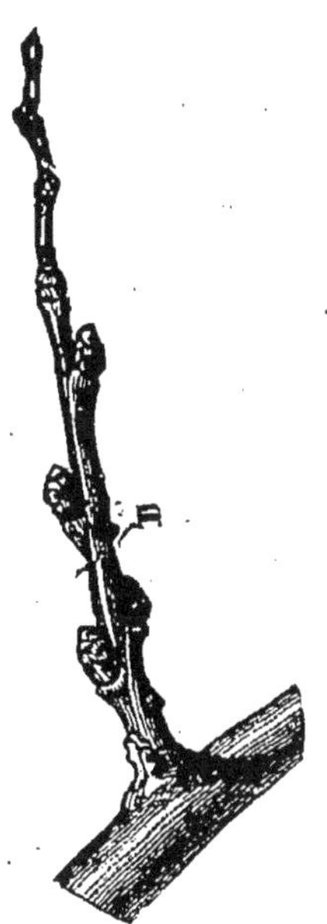

FIG. 207. — Dard fruitier d'Abricotier non éborgné, mais aussi sans yeux de remplacement à la base.

(*fig.* 210) sera opérée très-long (A) afin d'éviter le développe-

FIG. 208. — Rameau fruitier adulte d'Abricotier avec dards éborgnés fin d'été.

ment des deux dards fruitiers placés au-dessous et qui devront seulement se former à fruit (B).

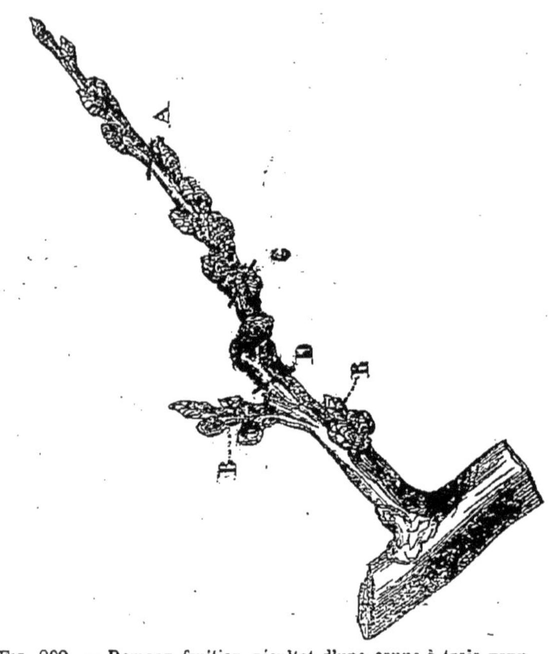

Fig. 209. — Rameau fruitier, résultat d'une coupe à trois yeux.

TAILLE DES BOURGEONS ANTICIPÉS.

Si des bourgeons anticipés se développaient sur quelques bourgeons coupés à trois yeux, il faudrait les couper également à trois yeux alternes (B, *fig.* 206) au-dessus de la première taille.

DEUXIÈME TAILLE DES BOURGEONS FRUITIERS ET ÉBORGNAGE DE L'ŒIL TERMINAL DES DARDS.

Lorsque la sève se ralentit, que l'œil terminal des bourgeons est formé, ce qui arrive à peu près à la maturité des fruits et quelquefois un peu plus tard, on coupe complètement les quelques bourgeons anticipés, au premier œil placé au-dessus du premier taillé (C, *fig.* 206). On aide ainsi la formation des yeux de remplacement et des boutons fruitiers placés au-dessous, ainsi que la complète constitution de l'œil terminal (C) qui pourra devenir tire-sève l'été suivant comme celui en (A) de la (*fig.* 209).

Les faibles bourgeons plus allongés que des dards qui n'ont reçu aucune taille jusque-là, seront coupés complètement à cette époque, mais au-dessus des deux grandes feuilles alternes bien constituées, comme cela a eu lieu en (D) l'été précédent sur le faible rameau de la (*fig.* 207.)

Les dards longs à peine de 5 à 8 centimètres, nés sur les charpentes ou sur les rameaux adultes, ont habituellement un œil à bois terminal (A, *fig.* 210) comme les bouquets de Mai du Pêcher, et quelques boutons fruitiers dans la partie moyenne

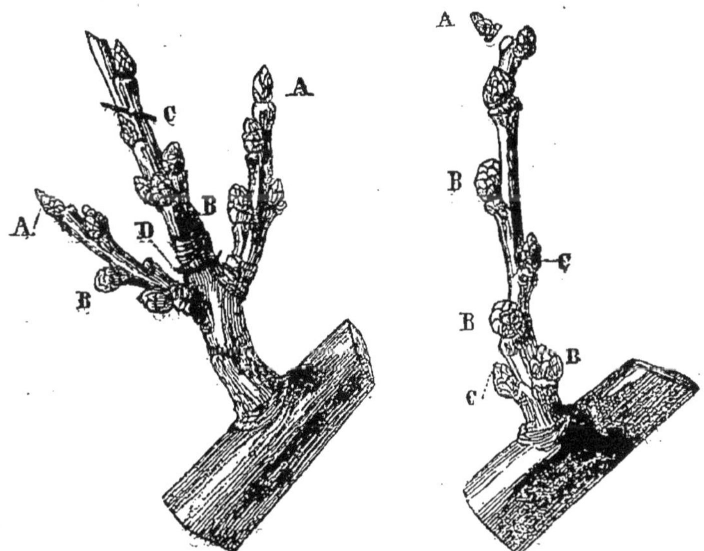

FIG. 210. — Rameau fruitier avec deux dards non éborgnés.

FIG. 211. — Dard d'Abricotier dont l'œil terminal a été éborgné fin d'été précédent.

(B), mais le plus souvent n'ont pas d'œil de remplacement à la base. Si l'on n'y porte remède, ils se dénuderont infailliblement et mourront la deuxième ou troisième année, en laissant un vide endurci à la place qu'ils occupaient et qui sera toujours difficile à regarnir malgré les yeux stipulaires expectants que possède l'Abricotier (A, *fig.* 202).

Il faut donc avec l'ongle enlever cet œil, comme le montre la figure opérée l'été dernier en (A, *fig.* 208 et 211) pour obliger la sève à en former d'autres plus rapprochés de la base (C) et qui pourront constituer le remplacement. C'est un des meilleurs moyens pour le traitement des arbres à fruits à noyau. Les rameaux adultes, munis d'un tire-sève, subiront aussi une taille là un œil alterne (C, *fig.* 209 et C, *fig.* 210) au-dessus des dards.

ENTRETIEN DE DEUXIÈME ANNÉE DES RAMEAUX FRUITIERS.

En Février de la seconde année on voit, sur les jeunes rameaux taillés à trois yeux au mois d'Août l'année précédente (B, *fig.* 205 et A, C *fig.* 206), des boutons à fruits et des yeux à bois, ces derniers quelquefois sans aucun bouton fruitier : il faut attendre la fructification des uns ou la formation des autres sans faire subir aux rameaux aucun nouveau traitement.

Les dards qui ont été éborgnés (A, *fig.* 211) seront laissés avec leurs boutons fruitiers et leurs yeux de remplacement.

Les faibles rameaux coupés en Août à deux feuilles seront aussi laissés intacts, mais les rameaux adultes coupés vers cette même époque, à un œil au-dessus d'un ou de plusieurs dards (C, *fig.* 210), subiront une taille qui supprimera l'extrémité du rameau tire-sève placé au-dessus de ces deux productions fruitières (*fig.* 208, 209, 210).

MALADIES ET INSECTES NUISIBLES.

Plus encore que le Pêcher et les autres fruits à noyau, l'Abricotier est sujet à la gomme. Mais, plus facilement qu'eux, il reproduit des bourgeons vigoureux sur vieux bois, et ceux-ci remplacent promptement les charpentes détruites par cette maladie que nous traitons d'ailleurs comme pour le Pêcher.

Quelquefois aussi l'Abricotier est atteint du blanc et du puceron, on prévient l'un par la fleur de soufre, et l'autre par l'emploi du tabac, comme nous l'avons indiqué pour le Pêcher.

PRUNIER. — ÉTABLISSEMENT DE SA CHARPENTE.

Comme nous l'avons dit plus haut, le Prunier aime une exposition Sud-Est ou Sud-Ouest. En espalier, la *Reine Claude* et ses variétés y acquièrent de grandes qualités ; il n'y a qu'à cette condition qu'on la cultive au jardin fruitier ; hors de là, sa place est au verger.

A Montreuil-aux-Pêches, on s'en sert pour regarnir les murs de vieux jardins où le sol, épuisé par d'autres espèces, produit de beaux Pruniers et des fruits qui sont très-recherchés. Il peut être soumis aux formes palmettes simples et doubles (*fig.* 86, 158) ; il fait aussi des beaux cordons obliques (*fig.* 70) planté à 40 centimètres, qui produisent beaucoup ; il peut encore garnir de hauts pignons de bâtiments dans les basses-cours, comme l'Abricotier, sous la forme de palmette candélabre Verrier, arbres tiges et nains alternés (*fig.* 201) mais le cordon horizontal lui est antipathique.

Pour établir ces diverses formes, on suivra ce qui a été dit au Pêcher traité au pincement mixte.

FORMATION ET ENTRETIEN DES RAMIFICATIONS FRUITIÈRES.

Sur le Prunier, l'œil à bois et le bouton à fleur sont le plus souvent solitaires (A, B, *fig.* 212 et 213) ; ils peuvent être à bois ou à fruit selon la pression que fait la sève sur chacun d'eux. Un rameau fruitier vigoureux ne possédera que des yeux à bois (*fig.* 214) ; la brindille et le petit dard, au contraire, n'auront que des boutons à fleurs latéralement (A, *fig.* 215) avec un seul œil terminal à bois (B). De cet état de choses, il s'ensuit qu'un rameau faible est dénudé en deux années si on n'y prend garde.

On doit éviter de même les forts rameaux fruitiers, d'autant plus que le Prunier ne fournit pas, comme l'Abricotier, d'yeux stipulaires à la base de ces rameaux pour leur remplacement.

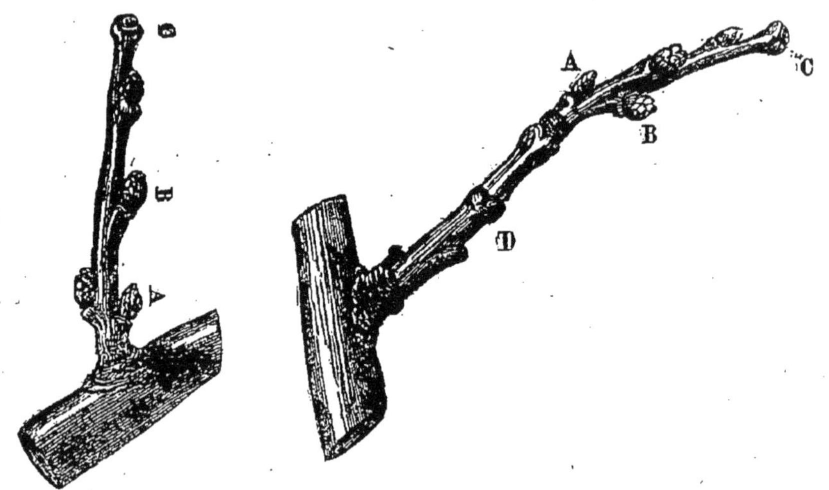

FIG. 212.— Jeune dard éborgné de Prunier avec œil de remplacement à la base.

FIG. 213. — Vieux dard dénudé de Prunier, prolongé par un plus jeune éborgné fin d'été.

Aussi, au printemps, la coupe des feuilles, comme pour le Pêcher (A, *fig.* 183) du bouquet terminal de tous les bourgeons qui viendraient à s'allonger au-delà de 5 à 8 centimètres, est-elle de première nécessité. Elle est suivie par la taille au-dessous de trois feuilles alternes (A, *fig.* 216), comme nous l'avons dit pour l'Abricotier, ce qui produira l'excellent résultat des trois dards (*fig.* 217) qui, cependant, faute de n'avoir pas été ébor-

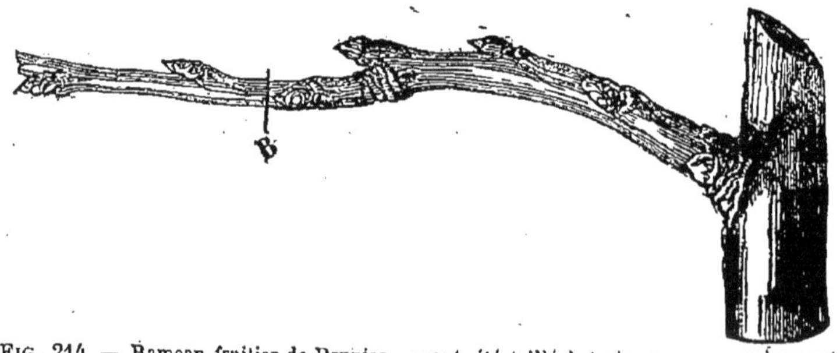

FIG. 214. — Rameau fruitier de Prunier, ayant été taillé à trois yeux successivement.

gnés, resteront dénudés à leur base, puisqu'ils n'ont pas d'œil de remplacement.

A l'approche de la maturité des fruits, la dernière coupe d'été à deux yeux sur les faibles bourgeons qui n'ont reçu

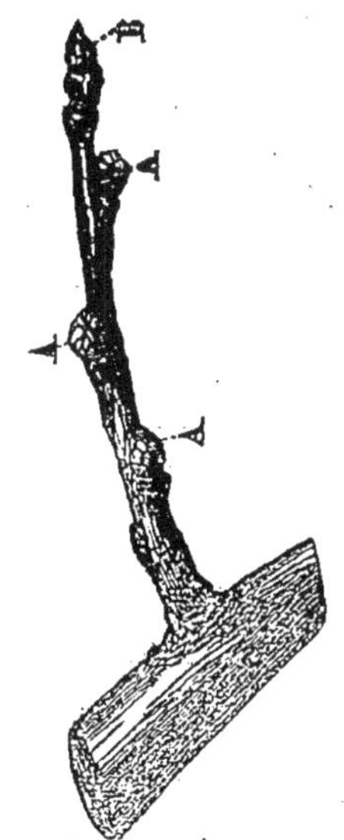

FIG. 215. — Dard non éborgné du Prunier.

aucune taille, et sur les bourgeons anticipés nés sur les bourgeons de prolongement des charpentes, sera une opération importante pour la mise à fruit.

Quant à l'éborgnagne de l'œil terminal des dards (C, *fig*. 212) il est, comme à l'Abricotier, de toute nécessité, pour éviter leur dénudation, comme on le voit en (D, *fig*. 213), tandis que la (*fig*. 212) montre le résultat obtenu par un œil de remplacement à la base (A).

FIG. 216. — Rameau fruitier adulte de Prunier avec trois dards, résultat d'un seul cassement.

La coupe à un œil sur le tire-sève du bourgeon déjà taillé.

à trois yeux (B, *fig.* 214) et celle du rameau adulte seront appliquées comme à l'Abricotier (C, *fig.* 209), ainsi que la taille d'hiver au-dessus des dards, et lambourdes latérales de ces derniers rameaux (C, D, *fig.* 208, 209 et B, 216) ; mais on ne doit pas oublier que le Prunier n'aime pas les mutilations et que les coupes trop sévères lui sont nuisibles. Nous recommandons donc la coupe des feuilles, la non taille des jeunes charpentes et leur disposition en hémicycle, et nous insisterons aussi sur la nécessité d'admettre plus de Pruniers dans le verger où ils ne recevront comme taille que la formation de leur tête.

Fig. 217. — Petit rameau de Prunier cassé une seule fois à trois yeux.

MALADIES ET INSECTES NUISIBLES.

Cet arbre est moins sujet à la gomme que les autres fruits à noyau, et lorsqu'elle se déclare, elle est bien souvent provoquée par la suppression de fortes branches, par des pincements trop sévères ou par un sol trop humide. Le Prunier s'endurcit plus vite qu'il ne devient gommeux ; aussi, dès qu'on s'aperçoit qu'il est un peu caduc, qu'il se dénude, que les pousses annuelles sont faibles, qu'il se forme des mousses sur son épiderme, etc., doit-on tailler court ses charpentes et opérer sur les branches et sur le tronc une incision longitudinale, en le badigeonnant d'un lait de chaux.

Entre autres insectes que nous avons indiqués au Poirier, le Prunier redoute la *sangsue limace*, larve de l'ailante noire ou mouche à scie qui dévore le parenchyme des feuilles. On la détruit facilement, comme il est dit au Poirier. Les fruits sont souvent véreux, attaqués par la larve d'un charançon cuivré nommé *curculio cupreus*. La femelle fait sa ponte dans la prune, lorsqu'elle est au tiers de sa grosseur ; une fois le fruit tombé, elle s'enterre pour ne sortir qu'après l'hiver en insecte parfait.

Il faut secouer le Prunier, à l'aide d'une batte rembourrée de gros crin, et recouvert lui-même de cuir; on ramasse les fruits, on les écrase ou on les fait bouillir.

Au printemps il est encore assujetti aux dégâts du *vero ou petit ver*. On en bat également les branches pour faire tomber les insectes et on enveloppe la tige de l'arbre par un anneau de cordon de laine qui lui-même est enduit de goudron, afin de les empêcher de remonter.

CERISIER. — ÉTABLISSEMENT DES BRANCHES DE CHARPENTE.

Le cerisier en espalier, au Sud-Est et à l'Est, produit des fruits très-précoces, aussi y cultivons-nous l'*Anglaise hâtive* et l'*Impératrice Eugénie*. Ces mêmes variétés, à l'exposition du Nord, Nord-Ouest, Nord-Est, rendent aussi de très-grands services par leurs récoltes prolongées, en utilisant des espaliers qui sont peu favorables à d'autres espèces fruitières si ce n'est aux poires d'été et d'automne. En contre-espalier, le cerisier vient très-bien également, mais pour l'un comme pour l'autre, nous ferons choix de variétés à bois droit, comme l'*Anglaise hâtive*, la *Royale tardive*, l'*Impératrice Eugénie*, qui font de très-beaux arbres et donnent de bonnes récoltes au jardin fruitier.

Quant aux variétés suivantes, comme la *Montmorency* qui en même temps est à bois divergent, la *Duchesse de Palluau*, *Morello de Charmeux*, la *Reine Hortense* qui n'aime pas la taille, les *Bigarreautiers* et *Guigniers*, leur place est au verger, où elles produiront beaucoup, ce qui n'exclut pas les variétés précitées.

Les formes adoptées pour le cerisier, dans le jardin fruitier, sont, pour les espaliers et contre-espaliers de hauteur ordinaire :

les *palmettes Verrier* (*fig.* 80), le *candélabre à branches obliques* (*fig.* 162), avec charpentes plus rapprochées, pour les hauts murs : le *cordon vertical* (*fig.* 91), l'*U simple et double*, (*fig.* 92 et 93), et la forme *palmette candélabre Verrier*, arbres tiges et nains alternés (*fig.* 201) pour les hauts pignons de bâtiments.

Nous éviterons surtout la forme en *cordon horizontal* qui ne convient pas plus au cerisier qu'au prunier et à l'abricotier.

Pour la formation de l'arbre et la direction des branches, nous renvoyons à ces dernières espèces.

Les rameaux de prolongement du cerisier seront peu ou pas taillés, surtout si les branches sont latérales, comme dans les formes palmettes, où elles peuvent être palissées en hémicycles, jusqu'au moment où on les redressera à la Verrier. Sur les formes verticales, on pourra en retrancher le tiers supérieur ; mais il vaut toujours mieux n'en retrancher que le moins possible.

Nous recommandons aussi l'incision longitudinale sur une branche grêle, ce qui excitera le développement d'un œil faible en bourgeon vigoureux de prolongement.

FORMATION ET ENTRETIEN DES RAMIFICATIONS FRUITIÈRES.

Comme sur le prunier, les yeux à bois et les boutons à fruits du cerisier sont presque toujours solitaires (A,B, *fig.* 218 et 219). Ils peuvent être l'un et l'autre à bois ou à fruit, selon qu'ils reçoivent plus ou moins de sève. Toute coupe faite sur un bouton le fera développer à bois (B, A, *fig.* 219) ; une forte sève transformera un bouton en bourgeon (A, *fig.* 220). Il devient donc très-facile d'obtenir des yeux du cerisier ce que l'on se propose.

Cet arbre a encore sur le prunier un grand avantage qui en facilite la culture dans les jardins ; nous voulons parler de nombreux yeux verticillés à la base des rameaux fruitiers nés l'année précédente (D, *fig.* 219). Ces yeux peuvent facilement servir de remplacement. Mais on doit éviter les forts rameaux nés sur le tiers supérieur des rameaux de prolongement, car ils ne sont

FIG. 218. — Dard non éborgné de cerisier tout à fruit, sauf l'œil terminal seul.

FIG. 219. — Rameau fruitier de cerisier cassé une seule fois, mais soumis à la coupe des feuilles.

pas naturellement fruitiers, et les faibles brindilles que la sève

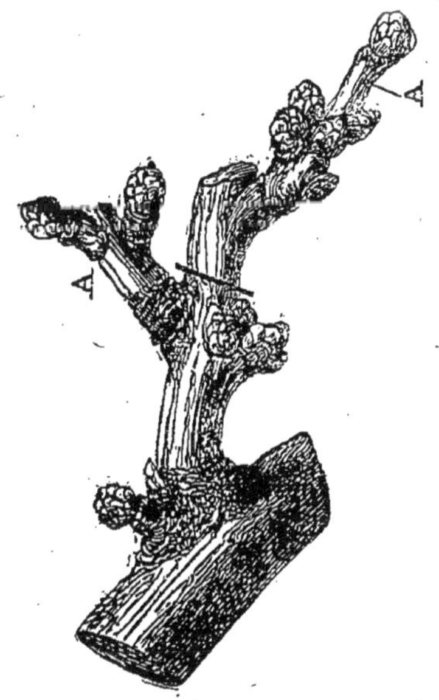

FIG. 220. — Rameau fruitier adulte de cerisier après la coupe sur rosette du rameau latéral A.

abandonne trop facilement et dont la mort laisse de grands vides sur la charpente. Il y faut prendre garde d'autant plus que le cerisier, comme le prunier, ne perce d'yeux que difficilement sur vieux bois.

COUPE DES FEUILLES ET INCISION LONGITUDINALE.

Dès que les bourgeons latéraux, avoisinant le bourgeon terminal des branches charpentières, auront quelques centimètres, on coupera leur bouquet de feuilles, comme nous l'avons vu au pêcher (A, *fig.* 183). On aidera ceux qui forment les rosettes par une incision à leur naissance afin d'aider leur constitution qui est d'autant plus faible qu'ils prennent naissance à la base de la branche mère (A, *fig.* 221).

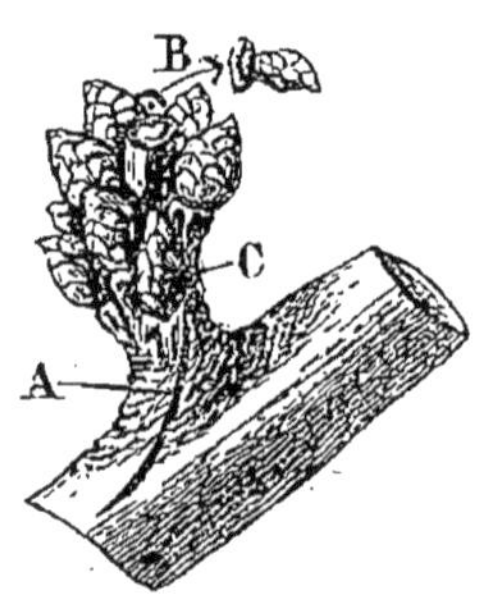

FIG. 221. — Rosette de cerisier éborgnée fin d'été.

PREMIÈRE TAILLE.

Les bourgeons dont on aura coupé les feuilles et qui viendraient à s'allonger encore, seront coupés au-dessus de trois feuilles alternes (C, *fig.* 219), lorsqu'ils auront à leur base la consistance ligneuse et les yeux verticillés bien formés (D). On suivra en tous points les opérations indiquées pour l'abricotier et le prunier.

TRAITEMENT DES BOURGEONS ANTICIPÉS.

Sur quelques bourgeons fort taillés au-dessus de trois yeux (A, *fig.* 222), il peut arriver, sur le cerisier, que les deux terminaux se développent en bourgeons anticipés, chose très rare à cause de la coupe des feuilles. On couperait à la serpette le bourgeon latéral au-dessus de ses yeux stipulaires (C) en conservant celui d'en haut (B), qui sera plus tard taillé très-

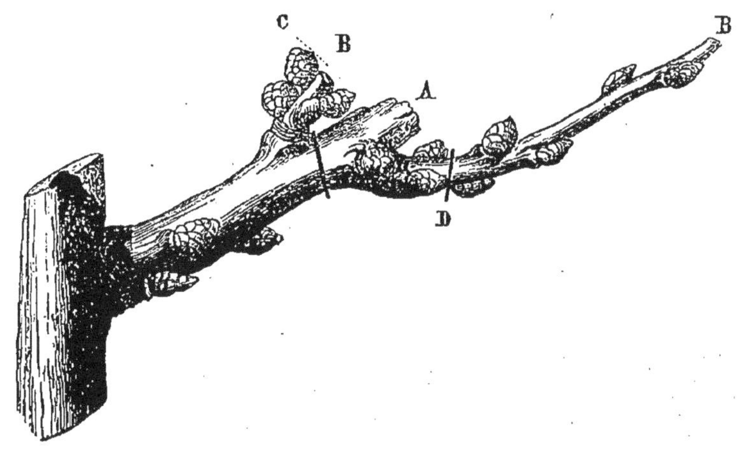

Fig. 222. — Rameau fruitier vigoureux du Cerisier.

long (B). Si, au contraire, il ne s'en développait qu'un seul (A *fig.* 223) les tailles appliquées à l'abricotier et au prunier seraient suivies pour le cerisier.

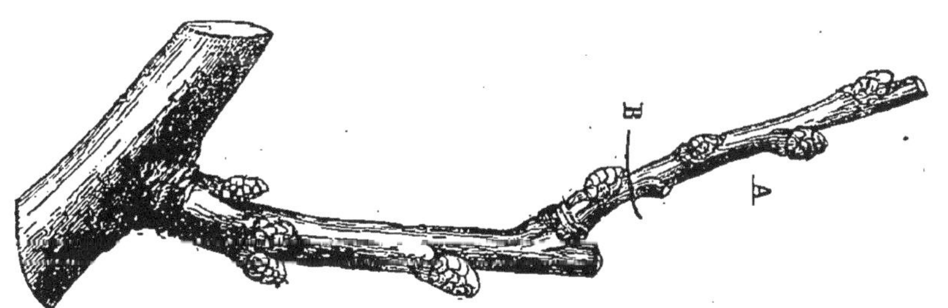

Fig. 223. — Rameau fruitier de Cerisier taillé deux fois l'été précédent.

DEUXIÈME TAILLE ET ÉBORGNAGE LES DARDS.

La deuxième taille se fait à la même époque de végétation et de la même manière que pour le Prunier et l'Abricotier. Cependant, à cause du nombre d'yeux existant à la base de chaque ramification fruitière, la taille de fin d'été peut être faite à deux feuilles alternes, au-dessus des yeux verticilés (A, *fig.* 219), dès que les rameaux sur lesquels on opère ne présentent pas un fort diamètre, et n'ont pas repoussé après la première opération.

Cette taille courte obligera la sève à fortifier les boutons inférieurs et à éviter les dénudations ; elle se fera à un œil au-dessus (B, *fig.* 223) si ce rameau s'est développé en bourgeon anticipé.

Cette même opération se fait aussi en (D, *fig.* 222) sur les rameaux adultes vigoureux. Quant à l'éborgnage des dards, il se fera exactement comme pour l'Abricotier et le Prunier (voir les figures 211 en A avec le résultat C, 212 en C avec le résultat A, et 221 en B avec le résultat C, afin d'éviter les dénudations des figures 202, 213, 224 A) ; cette dernière

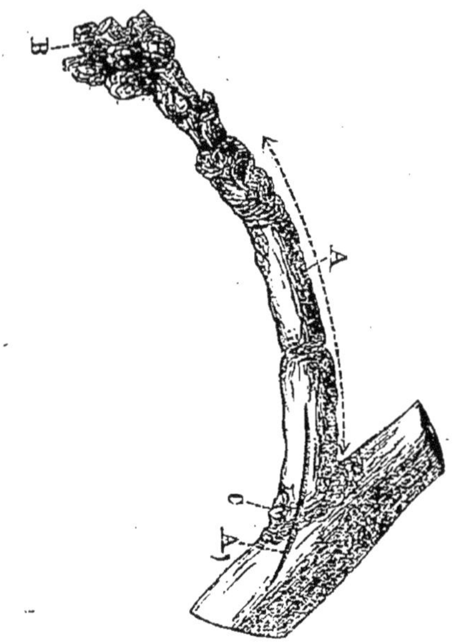

Fig. 224. — Dard de trois ans, de Cerisier, déjà dénudé et endurci pour n'avoir jamais été éborgné, mais restauré.

montrant les efforts faits par une incision A et l'éborgnage tardif B pour obtenir un œil de remplacement C à la base du rameau dénudé, ce qu'on pouvait facilement éviter.

TRAITEMENT D'HIVER DES RAMEAUX FRUITIERS.

Si les opérations en vert ont été bien observées l'été précédent sur les jeunes rameaux, la taille en sec est inutile, à moins qu'il n'y ait quelques gros rameaux avoisinant l'œil de prolongement des charpentes ayant à leur base de nombreux yeux verticillés ; ces rameaux seraient retranchés sur les yeux de remplacement (A, *fig.* 225).

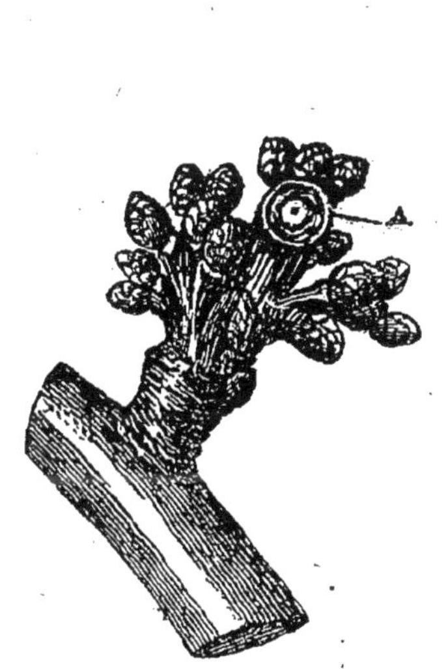

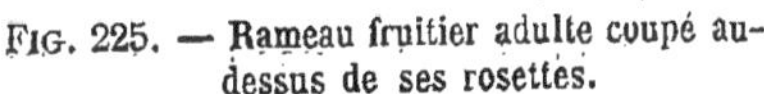

Fig. 225. — Rameau fruitier adulte coupé au-dessus de ses rosettes.

Fig. 226. — Rameau fruitier adulte au moment de la suppression du tire-sève.

La taille des rameaux adultes étant la même que pour le Prunier, nous renvoyons à ce chapitre ; il est d'ailleurs facile de s'en rendre compte par la figure 226 en A.

Sur les Cerisiers, Pruniers, Abricotiers, il y a quelquefois de vieux rameaux fruitiers négligés qui peuvent être restaurés ; il faut profiter de quelques petits dards placés à leur base et leur faire des incisions pour les raviver (A, *fig.* 227) et pour rabattre la tête de saule au-dessus (B).

PINCEMENT DES FLEURS.

Sur le Cerisier, il y a de petits dards très-courts et très-ridés qui n'ont de force que pour produire un bouquet de fleurs, et que les fruits épuisent (C, *fig.* 227) ; aussi meurent-ils après la

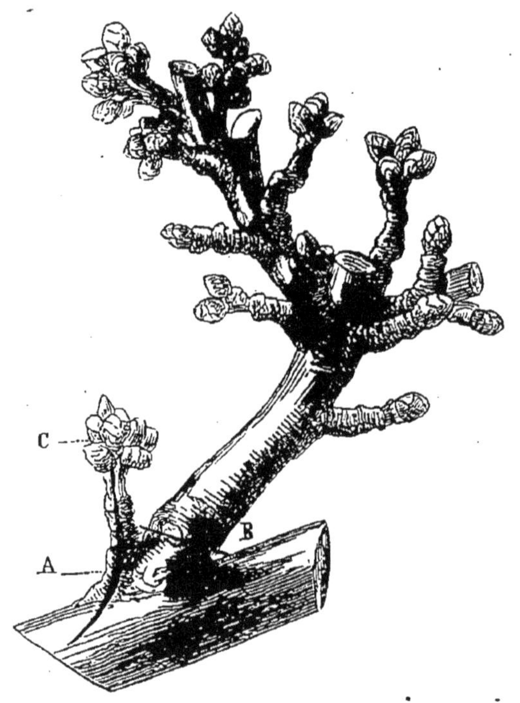

Fig. 227. — Vieille coursonne fruitière de Cerisier au moment de sa restauration.

récolte. Il est assez facile de les sauver. Après la floraison, il suffit de pincer les fleurs, c'est-à-dire de les détruire, ayant soin de laisser intact le bouquet de feuilles et d'opérer sur les rides une incision longitudinale (A). Ce petit moyen pratique et très-sûr évite bien des dénudations sur les charpentes.

MALADIES, INSECTES ET ANIMAUX NUISIBLES.

Le Cerisier est peu sujet aux maladies. La gomme même n'y est guère qu'accidentelle et causée par des retranchements subits et intempestifs, ou par un sol trop humide. On pourra suivre le traitement indiqué pour le Pêcher. Au printemps, le verdelet ronge les jeunes bourgeons en roulant les feuilles à peine développées et même les fleurs. On ne peut que lui faire la chasse, l'écraser ou le donner aux volailles.

Le puceron noir attaque encore les jeunes bourgeons. Il faut appliquer le remède indiqué contre le puceron du Pêcher.

A la maturité, les oiseaux font de grands dégâts, surtout sur les Cerisiers isolés ou plantés près des bois. On peut les garantir en suspendant, de mètre en mètre, de petits miroirs à double face (A, *fig.* 228) de M. Orbelin et figurés par Dubreuil, qui éloignent les pies, les geais, etc. Mais les moineaux proprement dits, qui ne redoutent nullement ces engins continueraient à dévorer les cerises, si on ne les enveloppait, pour les mettre à l'abri de leur hardiesse et de leur voracité, d'une toile claire de jardin qui, au printemps, a déjà servi contre les gelées. On y arrive facilement en liant les branches des demi-tiges en faisceaux et en adaptant la toile sur le mur, si les Cerisiers sont en espalier.

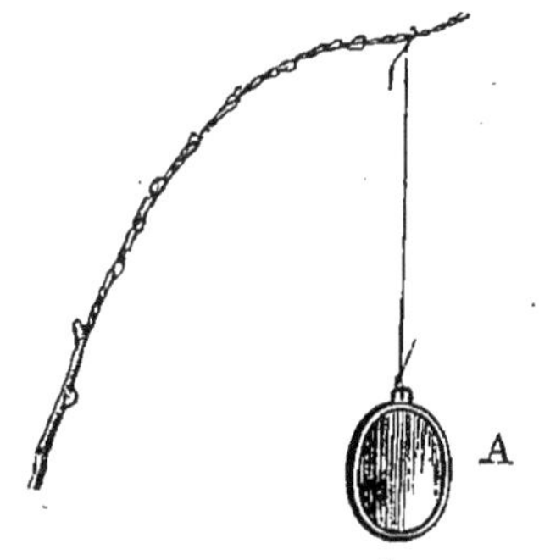

Fig. 228. — Miroir à double face.

Par ces deux moyens simples, on peut conserver les cerises très longtemps, la toile empêchant les fruits de se détériorer, et les préservant de l'action du soleil qui accélère trop leur maturité.

VIGNES

LES MEILLEURES FORMES. ÉTABLISSEMENT DES BRANCHES DE CHARPENTE.

Parmi les nombreuses formes adoptées, nous nous bornerons à en conseiller six, et encore parce que chacune d'elles a son utilité particulière et ne peut être remplacée par une autre :

Le cordon horizontal (*Charmeux*) sur les murs très étendus, n'ayant que la hauteur nécessaire pour y établir cinq cordons, est une très bonne méthode.

Le cordon vertical simple à coursons alternes ou opposés, est très favorable à un mur qui n'a que 2 à 2 mètres 30 centimètres, quelle qu'en soit la longueur restreinte.

Le cordon vertical (*Charmeux*) avec mêmes coursons, a son utilité sur les murs élevés de 3 à 4 mètres où d'autres formes ne sont pas possibles.

Le cordon oblique (*Forney*) trouve son application sur de très petits murs, hauts à peine de 1 mètre 50 à 1 mètre 80 centimètres.

Le cordon bisannuel (*Delaville*) est utile pour garnir promptement de fruits un mur haut de moins de trois mètres, tout en facilitant la conservation des raisins à l'état frais, et aussi pour les variétés peu fertiles qui ne produisent qu'à l'aide de la taille à long bois.

Et *le cordon horizontal bisannuel* (*même autenr*) qui, ayant déjà appelé l'attention de viticulteurs distingués, rendra, nous n'en doutons pas, autant de services aux vignobles qu'aux producteurs de raisins de table.

Pour le vigneron, la sève du cep sera, comme dans le système Guyot, utilisée à la production, mais sans épuiser les pieds comme par ce dernier système, attendu que le même pied ne produira que tous les deux ans ; et l'arboriculteur, qui ne posséderait pas assez d'espaliers pour ses raisins de table, pourra, à 1 mètre 30 cent. du mur, avoir promptement un cordon de raisin aussi coloré qu'à la partie haute de l'espalier, le soleil, par réflexion, ayant une grande action en avant des murailles.

Nous allons passer en revue chacune de ces formes et la manière de les établir.

CORDON HORIZONTAL (CHARMEUX).

La jeune Vigne, plantée à 45 ou 50 centimètres, taillée, après la plantation, à deux yeux au-dessus du sol (A, *fig.* 71), on a dû, l'été suivant, laisser se développer librement ses deux bourgeons (A, B, *fig.* 230). On les a palissés en V peu ouvert sur l'espalier, mais sans supprimer les bourgeons bifurqués, attendu que par leurs feuilles ils sont de précieux auxiliaires à la bonne reprise des Vignes.

Les vrilles (C) ont dû être supprimées à mesure de leur développement et les soins de première année terminés par le pincement (*fig.* 230) à une feuille des bourgeons anticipés (D), et cela pour toutes les formes de la Vigne.

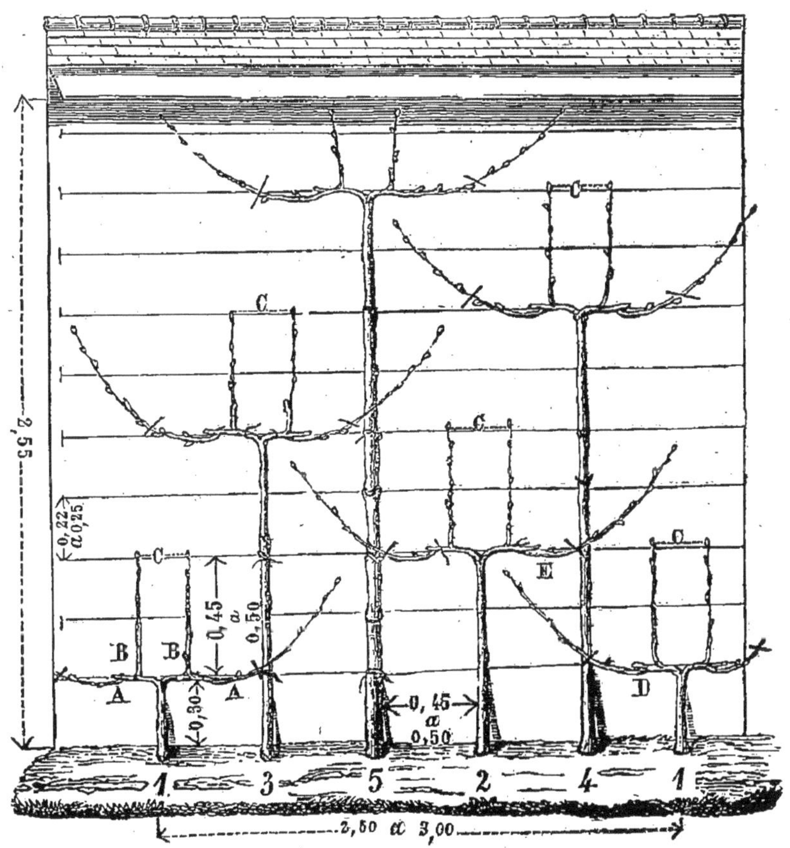

FIG. 229. — Vigne en cordon horizontal (Charmeux).

La deuxième année, en Février ou Mars, le plus fort sarment de l'année précédente sera taillé à deux yeux (E) et sera redressé sur la perpendiculaire. La coupe devra être faite au sécateur un peu en biseau opposé à l'œil et avec onglet de 10 à 15 millimètres, en supprimant le plus faible des deux sarments (F).

Comme, cette seconde année, la jeune Vigne sera très-vigou-reuse, on en profitera pour préparer le T du premier et du deuxième cordon (Nos 1 et 2 *fig.* 229) c'est-à-dire le premier

FIG. 230. — Jeune Vigne d'espalier avec bourgeons sous-yeux D.

et le quatrième pied de l'espalier. Le premier cordon N° 1 sera à 30 ou 35 centimètres du sol et le deuxième N° 2 à 50 centi-mètres au-dessus du premier.

Au départ de la végétation, les deux yeux de chacun des pieds se développeront vigoureusement; le plus faible (A, *fig* 230) sera pincé à 25 ou 30 centimètres (G) lorsqu'il aura 45 centimètres et abaissé à hauteur du premier fil de fer; le plus vigoureux sera taillé à la serpette à la hauteur du fil (E) ou sur l'œil qui en est le plus rapproché, le n° 1 au premier fil et le n° 2 à hauteur du troisième, où l'un et l'autre formeront un cordon (*fig*. 229). Cette coupe n'aura lieu qu'autant que chacun d'eux aura dépassé de 25 centimètres leur fil de fer, afin de laisser prendre aux bourgeons la consistance dont ils ont besoin et surtout pour que leur mérithalle atteigne sa longueur normale, et les yeux, juste à la place qu'ils doivent occuper.

Dans cet état, la sève faisant pression sur le sous-œil (H, *fig*. 230) placé dans l'aisselle de la feuille terminale combinée (E) le fera se développer vigoureusement; on le laissera quelques jours en toute liberté, pour donner le temps à l'œil placé à sa base de grossir et de se préparer à une longue pousse ; ce moment donné, on supprimera radicalement le sous-œil (H) pour que toute la sève ascendante soit reçue par l'œil principal qui poussera par anticipation.

Tous les sous-yeux, nés dans l'aisselle des feuilles inférieures à la partie tronquée des jeunes cordons, seront pincés à une feuille (C, *fig*. 232), tandis que le bourgeon principal anticipé (A, *fig*. 231), c'est-à-dire celui d'où doivent naître les deux yeux stipulaires destinés à l'établissement du T, (B, B) ne sera pincé qu'à 1 mètre 50 de hauteur. Il pourra ainsi acquérir un fort diamètre favorable à la constitution de ses yeux stipulaires (B) qui devront fournir le cordon horizontal l'année suivante. Les sous-yeux de ce bourgeon anticipé seront pincés à une feuille également (C) et l'on supprimera les vrilles, comme la première année.

Quant aux principaux bourgeons de chacun des pieds voisins (numéros 3, 4, 5, de la *fig*. 229), comme ils ne doivent former leur cordon que les années suivantes, ils seront pincés à 1 mètre 50 centimètres, leurs sous-yeux à une feuille, et leurs vrilles détruites comme pour les pieds dont il vient d'être question.

En février de la troisième année, chaque pied précité devant former le T du premier et du second cordon, à la hauteur où il a été pincé l'année précédente, sera taillé au-dessus de ses yeux opposés stipulaires (A, *fig.* 232) placés à hauteur du fil. Il arrive quelquefois que ces yeux se trouvent en dessous ou en dessus de ce dernier; s'ils sont au-dessous, il faudra déchausser légèrement le pied de la Vigne près du mur et relever le coude imprimé au pied lors de la plantation; s'ils sont au-dessus, ce même coude sera enfoncé dans le sol pour amener juste le cordon à hauteur du fil de fer. Si les deux yeux combinés ne sont pas bien tournés, on imprimera au sarment une légère torsion en le palissant, afin qu'ils soient placés parallèlement au mur.

Les onglets provenant du sous-œil placé dans l'aisselle des yeux le long de la jeune tige (C, *fig.* 232) au-dessous du T, seront supprimés (D), mais en laissant chaque œil (E) produire du fruit s'il est possible cette même année. Quant aux autres pieds, ils

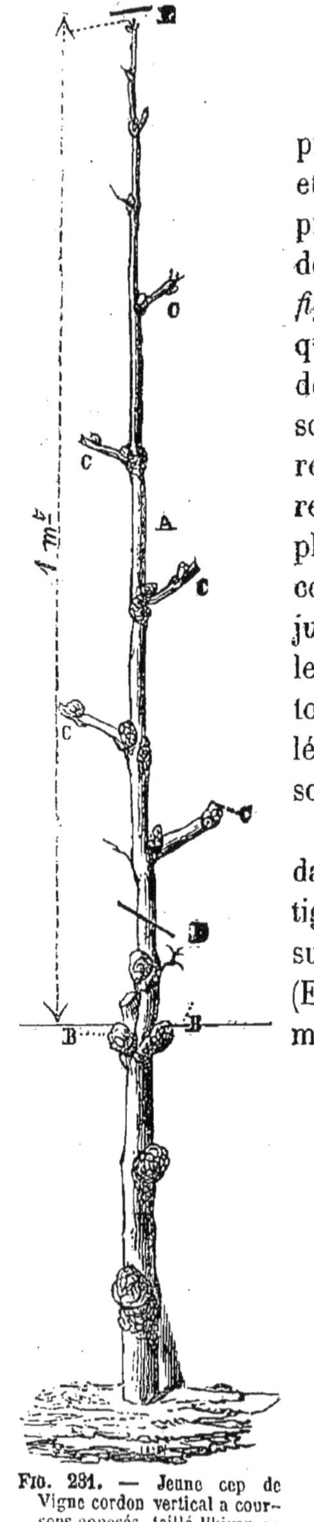

Fig. 231. — Jeune cep de Vigne cordon vertical a coursons opposés, taillé l'hiver en D sur le sarment anticipé.

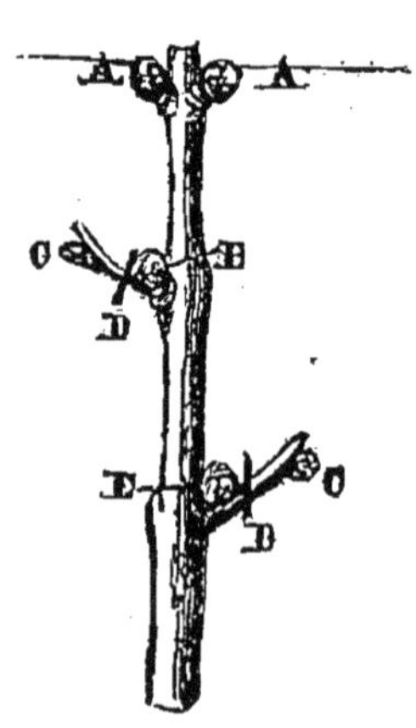

Fig. 232, — Cep de Vigne pour cordon horizontal après être taillé en A.

seront tous taillés à 80 centimètres au-dessus du sol, afin d'obtenir de chacun d'eux une première récolte.

Au réveil de la végétation, les yeux opposés des jeunes cordons précités (A, *fig.* 232) se développeront en bourgeons vigoureux (A, *fig.* 233) et, pour éviter qu'ils ne s'éclatent par le

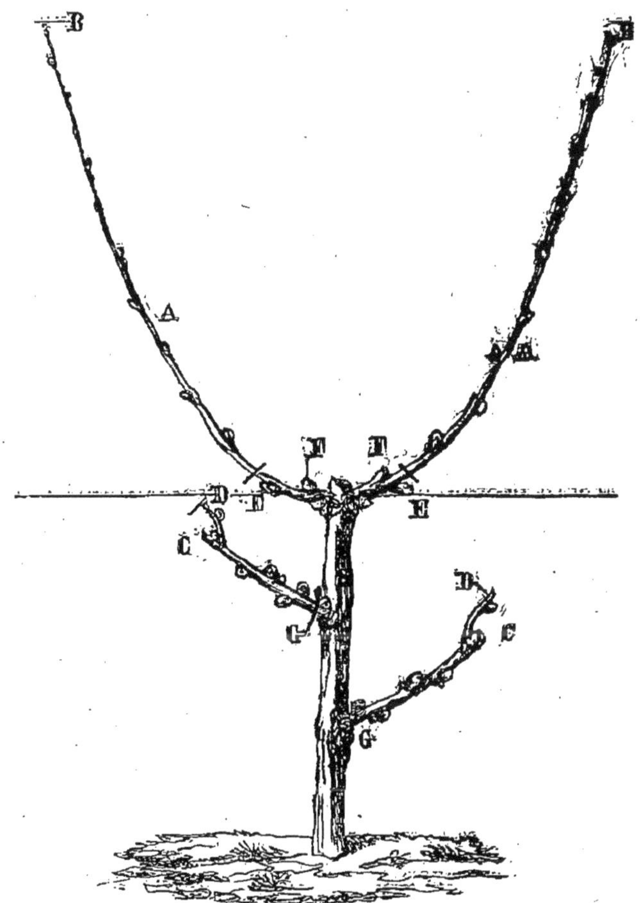

FIG. 233. — Jeune cep de Vigne en cordon horizontal au moment de la taille des deux sarments de prolongement.

vent, on aura soin, dès qu'ils auront 15 à 20 centimètres, de les maintenir avec un jonc. Lorsqu'ils seront plus longs, on les palissera légèrement dans une position oblique afin de ne pas les rompre, puis on les pincera à une longueur de 1 mètre à 1 mètre 50 centimètres (B) avec les mêmes soins que les années précédentes sur les bourgeons précités.

Lorsqu'ils seront devenus plus ligneux, on les inclinera définitivement à un angle de 20 à 30 degrés sur l'horizon (A) ; mais il vaut mieux être trop prudent que de les rompre.

Les bourgeons latéraux à la tige (C, *fig.* 233) qui se développeront sans fruit, seront supprimés, et les autres, pincés à un œil au-dessus d'une grappe, s'il n'y en a qu'une, mais toujours à un œil au-dessus de la deuxième, sans jamais en garder trois. On supprimera tous les sous-yeux pour ne laisser que le terminal qu'on pincera à une feuille (D, *fig.* 233) et on palissera ces bourgeons presque à angle droit avec la tige. Si aucun de ces bourgeons n'avait de grappes, on en conserverait quelques uns, afin de favoriser la sève par l'action de leurs feuilles, mais ils seraient pincés à 30 ou 35 centimètres.

La quatrième année, les deux cordons 1 et 2 ayant chacun leurs deux sarments opposés en forme de T (A, *fig.* 233) seront taillés l'un et l'autre en Février au-dessus du troisième œil bien constitué, ce dernier placé de manière à ce qu'il regarde le sol (E). Cet œil sera destiné au prolongement du cordon (A, *fig.* 229), celui placé en dessus (F, *fig.* 233) fournira le premier courson fruitier (B, *fig.* 229), celui de dessous, placé près de la tige, sera ébourgeonné s'il n'a pas de fruits, ou, s'il en a, supprimé après la récolte.

La taille de chacun des bras sera faite annuellement sur un œil placé encore au-dessous comme le montrent les traits de la figure 229 afin d'obtenir de l'œil second un courson en dessus, distancé de 11 à 13 centimètres de celui obtenu l'année précédente (A, *fig.* 247).

Chaque cordon horizontal ne devra porter de coursons fruitiers qu'à la partie supérieure ; ceux de la tige devront être supprimés après leur première fructification (G, *fig.* 233). Les bourgeons de prolongement seront pincés chaque année à la longueur de 1 mètre à 1 mètre 50 c., pour être taillés à trois yeux, comme il est dit ci-dessus, jusqu'à une élongation maximum de 1 mètre 50 centimètres à droite et à gauche de la tige (*fig.* 229) pour qu'un pied de Vigne n'ait à parcourir horizontalement que 2 mètres 50 à 3 mètres.

Nous devons encore, cette quatrième année, préparer notre deuxième et notre cinquième pied de vigne (3 et 4) qui doivent fournir le troisième et le quatrième cordon de l'espalier ; leurs tiges seront alors coupées à la hauteur du fil de fer, ainsi que nous avons agi sur ceux des années précédentes et avec les mêmes soins.

La cinquième année, on terminera l'espalier par la préparation du dernier cordon, portant le n° 5. Plus tard, tous les pieds de l'espalier se rejoindront sur les mêmes fils avec ceux-ci et seront traités de même, jusqu'au moment où une restauration sera utile pour renouveler la treille.

CORDON VERTICAL SIMPLE A COURSONS ALTERNES.

Comme nous l'avons déjà dit, pour cette forme, on plante la

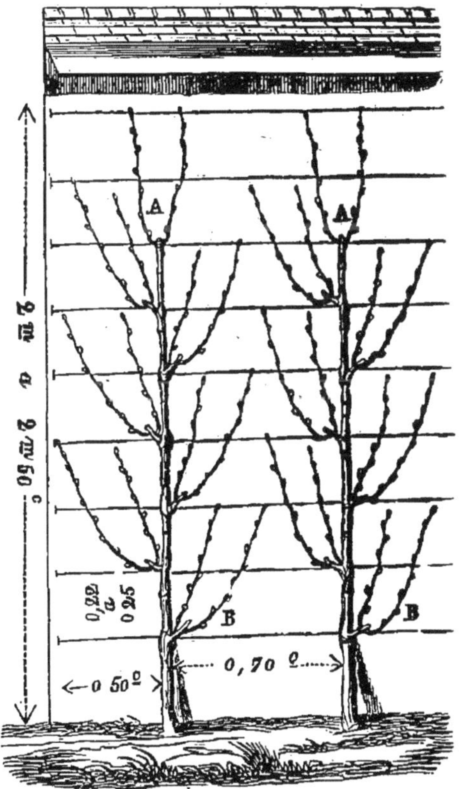

FIG. 234. — Vigne en cordon vertical à coursons alternes.

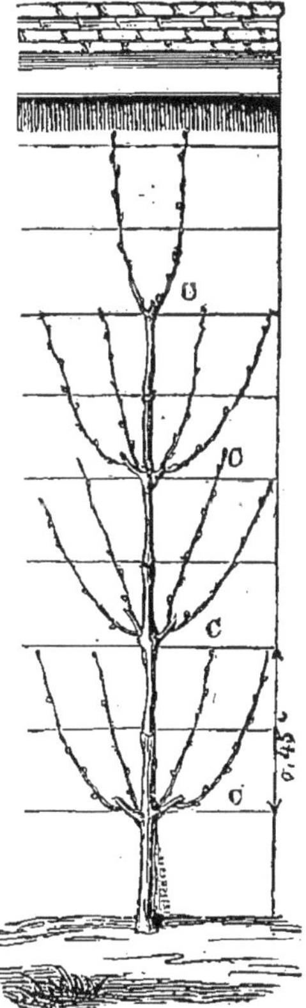

FIG. 235. — Id. avec coursons opposés.

Vigne à 70 cent.; chaque pied doit produire de cinq à sept coursons alternes le long d'une tige placée verticalement (A, *fig*. 234).

Les soins des deux premières années de plantation sont les mêmes que pour le cordon horizontal (*fig*. 230).

En février de la troisième année, le sarment principal de la

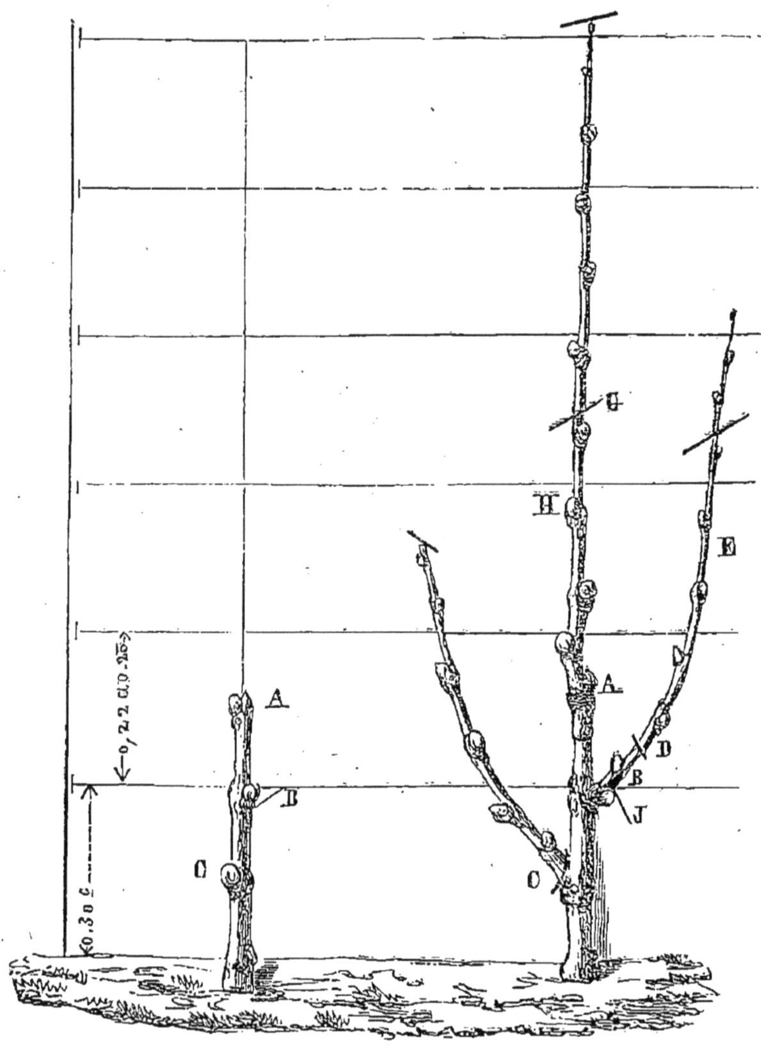

FIG. 236. — Mode de direction d'une jeune Vigne en cordon vertical à coursons alternes.

figure 230, pincé l'été précédent à 1 mètre 50 cent., sera taillé près d'un œil (A, *fig*. 236) qui prendra le nom d'œil de prolongement, au-dessus du premier fil de fer afin que l'œil au-dessous de celui-ci soit destiné à l'établissement du premier courson (B) le plus possible rapproché de ce fil. Tous les autres pieds seront taillés de même, mais de manière que les yeux destinés au premier courson inférieur de chacun des cordons, soit orienté latéralement du même côté du pied (B, *fig*. 234).

Quant au deuxième sarment faible ou latéral de deuxième année, il sera supprimé en (C, *fig*. 236).

Comme ce même printemps, les yeux de chacun de ces pieds se développeront, on conservera les trois terminaux (A, B, C, *fig*. 236) et on ébourgeonnera ceux qui pourraient naître à la base, sitôt qu'ils seront longs de quelques centimètres, à moins qu'ils ne portent fruits ; dans ce cas, ils ne seraient supprimés qu'après la récolte.

Les trois bourgeons susdits seront ainsi traités : le terminal (A) pincé à 1 mètre 50 comme bourgeon de prolongement, et les deux latéraux (C, B) au-dessus de 50 à 60 centimètres, comme le montre le pied voisin. Le premier sera palissé verticalement et les deux autres obliquement avec les soins indiqués plus haut.

La quatrième année, le sarment de prolongement de chacun des pieds de Vignes sera taillé par la même combinaison que l'année précédente, mais à hauteur du deuxième fil de fer (G, *fig*. 236), les fils distancés de 23 cent., à peu près, mais l'œil latéral supérieur (H) destiné au second courson, sera placé latéralement, en sens contraire du premier du bas, c'est-à-dire à gauche si le premier est à droite (1). Dans le cas où il n'aurait pas naturellement cette position, on l'y amènerait très-facilement par une légère torsion imprimée au sarment et à l'aide du palissage. La taille de chaque année sera la même, afin qu'à hauteur de chaque fil, il y ait un courson alternativement à droite et un à gauche (*fig*. 234).

Le sarment latéral (B, *fig*. 236), que nous nommerons courson fruitier, sera taillé au-dessus des deux yeux alternes et bien constitués de la base (D) ; le terminal produira le bourgeon

1. Le lecteur remarquera l'erreur commise par le dessinateur des lettres (H, G, *fig*. 236) qui devraient être un fil plus bas.

fruitier (A, *fig.* 237) et celui du bas le remplacement (B). Mais, comme il faut que le bourgeon de remplacement prenne plus de force que le bourgeon fruitier, et comme la sève a toujours

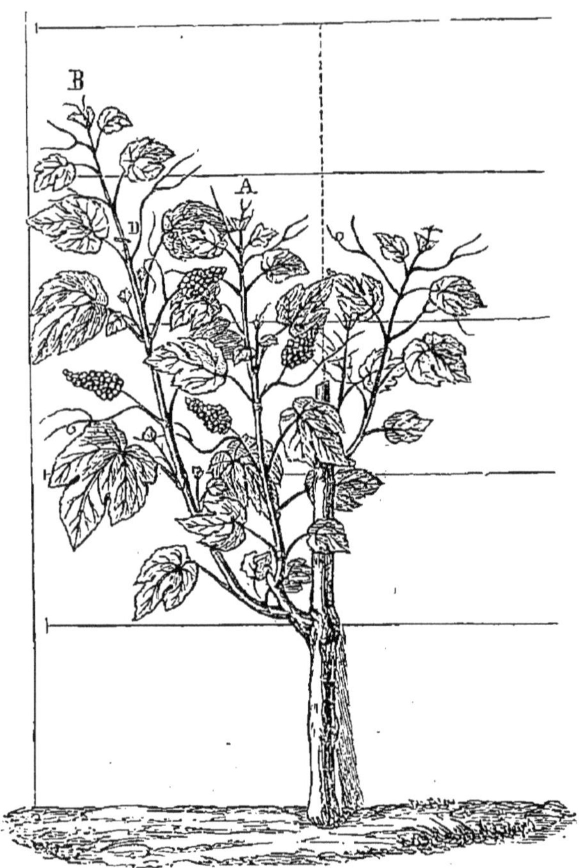

Fig. 237. — Vigne en cordon vertical alterne avec bourgeon fruitier et de remplacement A, B.

une propension à abandonner la base pour se porter au sommet, ainsi que, malheureusement, nous le voyons en A et B (*fig.* 238), nous avons découvert qu'une incision transversale (C) réussissait parfaitement lorsqu'elle était faite à tiers bois, entre l'œil de remplacement et l'œil fruitier (J, *fig.* 236). On pratique cette incision au moyen d'une pression du sécateur, la lame du côté de l'œil inférieur (la force du sarment de remplacement D sur le fruitier E (*fig.* 238) montre le résultat de cette opération).

La taille se terminera par la suppression radicale, après

sa récolte, du troisième bourgeon inférieur du pied (C, *fig*. 236). Mais, au départ de la végétation, sur le courson taillé d'hiver à deux yeux (D), l'ébourgeonnage sera fait en ne conservant

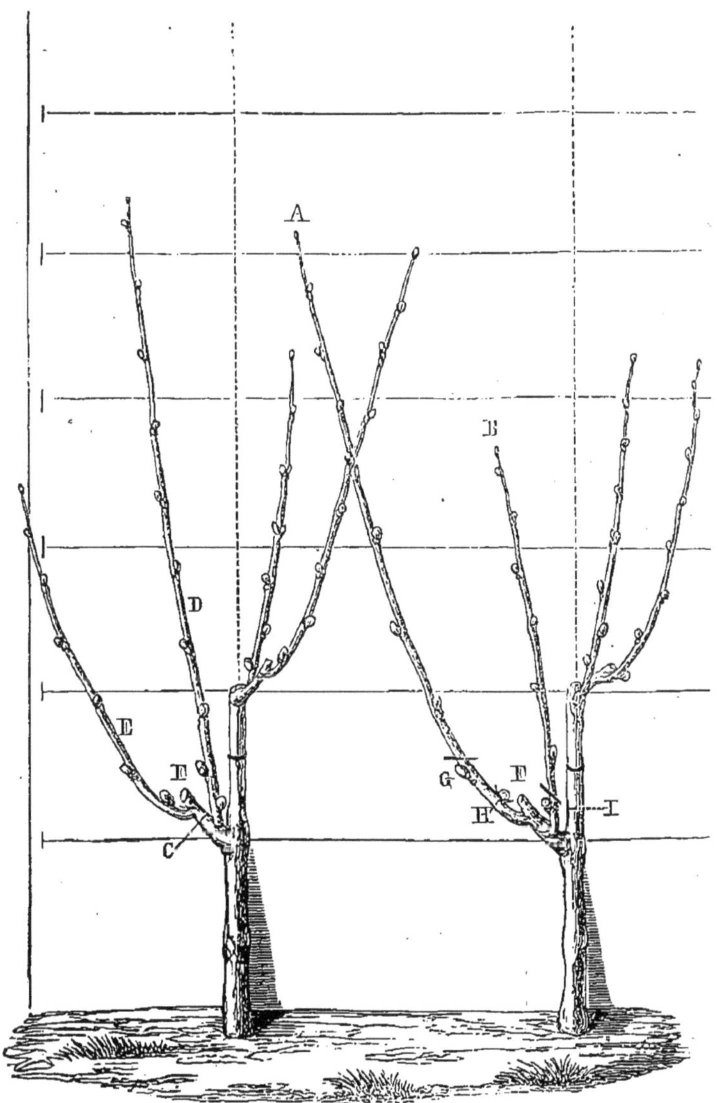

Fig. 238. — Avantage de l'entaille C sur les coursons fruitiers en faveur du sarment de remplacement D.

que les deux bourgeons : le fruitier et celui de remplacement (A, B, *fig*. 237). Le premier (A) sera pincé à un œil au-dessus des deux grappes (C), au-dessus d'une, si elle était seule, ou à 35 centimètres environ s'il n'avait pas de fruit, afin d'aider au développement du bourgeon né à la base (B) qui sera pincé plus long, au moins à 50 centimètres (D).

Les bourgeons intermédiaires qui naîtraient sur la tige, entre les coursons de chaque fil, seront pincés comme des bourgeons fruitiers.

Le bourgeon de prolongement, les sous-yeux, les vrilles seront traités comme aux années précédentes.

On continuera chaque année par la même combinaison jusqu'à ce que le cordon arrive à 50 cent. du larmier (A, *fig.* 234).

CORDON VERTICAL (CHARMEUX) A COURSONS ALTERNES.

Cette forme diffère de la précédente en ce qu'elle est applicable à des murs très-élevés (*fig.* 239), que la distance de plantation n'est que de 40 centimètres (A), et enfin qu'un pied alternativement sur deux garnit la moitié supérieure du mur (B) et l'autre la moitié inférieure (C).

Les pieds destinés à garnir le bas seront comme pour les formes précédentes ; quant aux autres qui doivent prendre leurs premiers coursons à hauteur de la moitié du mur (D) ils seront taillés chaque année au moins à 1 mètre.

A l'ébourgeonnage, on ne leur conservera que les quatre bourgeons terminaux, attendu que les autres placés plus bas, nuiraient aux bourgeons des pieds voisins. Le reste se fera comme pour la forme précédente.

CORDON VERTICAL (CHARMEUX) A COURSONS OPPOSÉS (*fig.* 235 et 240).

Les deux formes précédentes à coursons alternes peuvent parfaitement être obtenues avec des coursons opposés. Le mode décrit pour l'obtention du T de la vigne en cordon horizontal (Charmeux) est en tout applicable à celle-ci ; il ne diffère qu'en ce que, chaque année, on taille à un œil au-dessus de chaque paire de coursons (D, *fig.* 231) et aussi en ce que ces coursons ne sont établis que tous les deux fils de

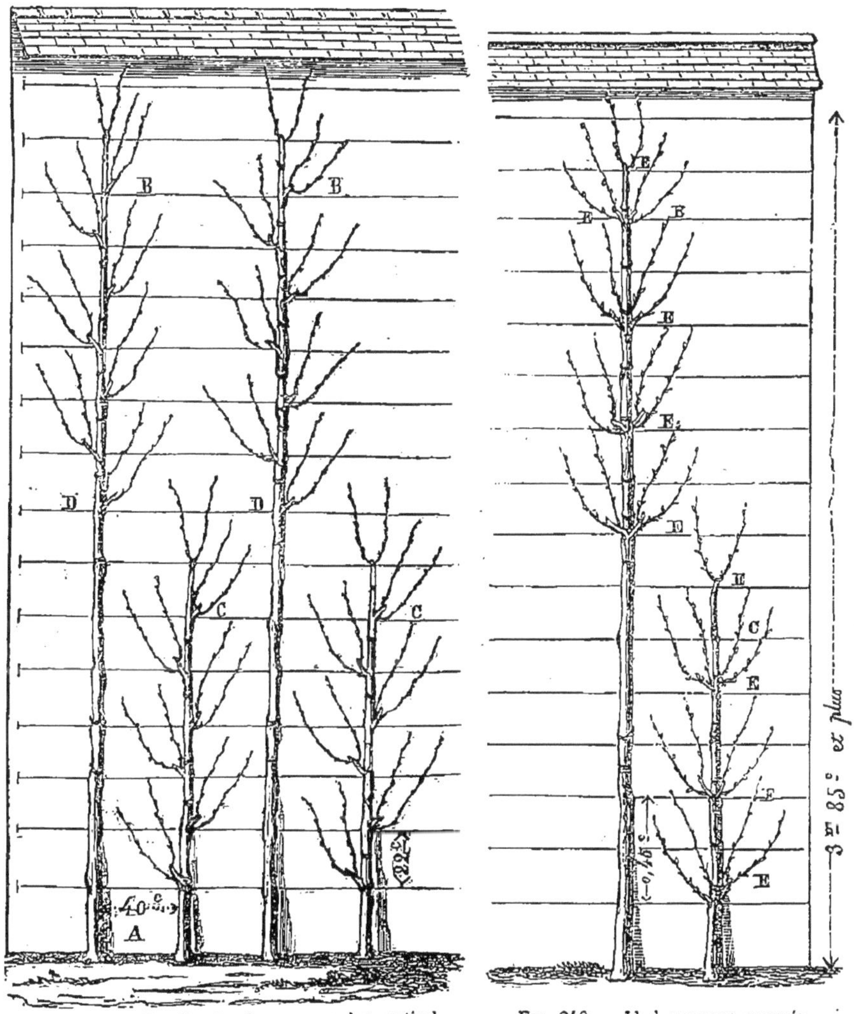

Fig. 239. — Espalier de vignes en cordon vertical (Charmeux) à coursons alternes.

Fig. 240. — Id. à coursons opposés.

fer (C, *fig.* 235 et E, *fig.* 240), c'est-à-dire de 44 à 50 centimètres, afin d'éviter la confusion. Cela n'empêchera pas d'avoir, par cette combinaison autant de coursons qu'avec les formes précédentes.

Cette méthode n'a pas seulement l'avantage d'être plus régulière à l'œil que celle à coursons alternes, mais elle présente aussi à chaque paire de coursons un arrêt à la sève du pied de la vigne, par la formation d'un nœud ou genou (A, *fig.* 241) ce qui est un grand avantage, attendu que la sève de la vigne

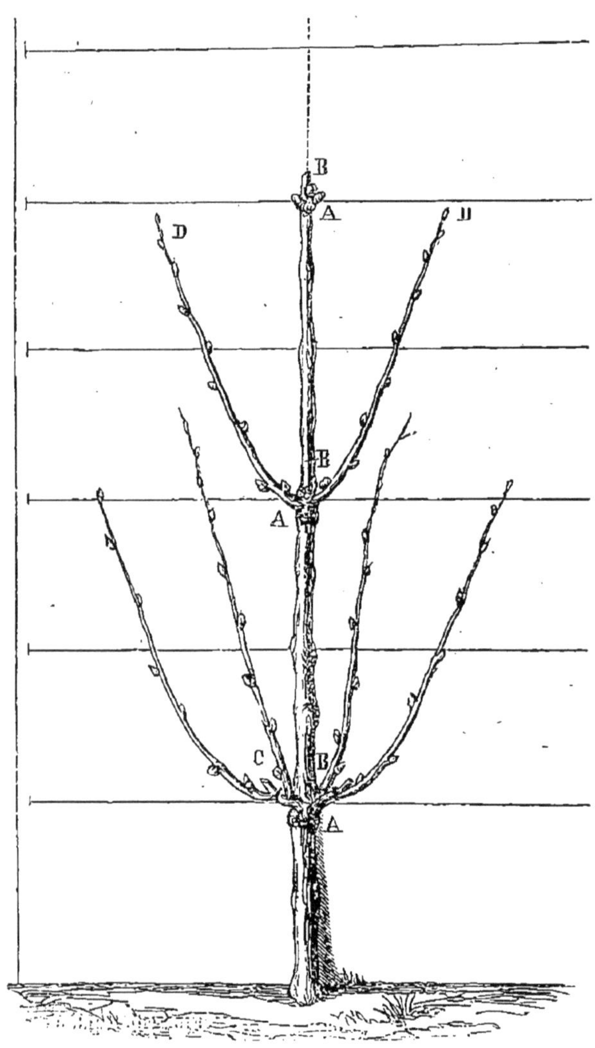

FIG. 241. — Modèle de cordon vertical à coursons opposés.

a le grave défaut de s'emporter trop vite sur les coursons du sommet d'un cordon vertical alterne, en abandonnant les coursons placés à la base.

Le courson opposé remédiant à cet inconvénient, et malgré

qu'il est moins rapportatif dans sa jeunesse, nous le recommandons spécialement aux amateurs qui tiennent à une production de longue durée et à un coursonnage régulièrement établi.

CORDON OBLIQUE (FORNEY).

Comme nous l'avons dit, cette forme trouve son heureuse application sur de très-petits murs, hauts à peine de 1 mètre 50 cent. à 1 mètre 80 cent., sur les murs en pente où d'autres formes sont très-difficiles et dans les climats mieux favorisés

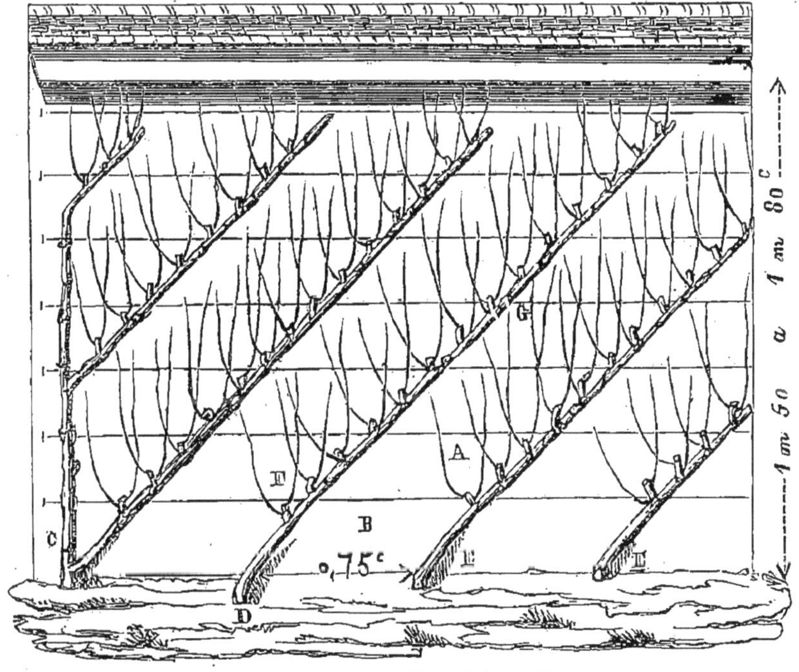

Fig. 242. — Vigne en cordons obliques (Forney).

que le nôtre pour la maturation des raisins, sur de petits contre-espaliers de même hauteur. Les pieds doivent être plantés à 75 cent. (B) : le premier dans l'angle de l'espalier (C), le dernier en deçà, à la même distance de l'extrémité du mur que sa hauteur même, et les deux autres (E) pour garnir le vide de la base de l'espalier afin de permettre d'incliner les cordons à angle de 45 degrés sur ce vide.

La manière d'élever et de conduire cette forme est très-simple. L'année de la plantation, on taille à deux yeux, comme pour les formes précédentes; l'année suivante, on recommence cette même opération à deux yeux sur le plus fort des deux sarments, en supprimant le plus faible, et on n'établit la taille définitive qu'au troisième printemps. Elle ne diffère du cordon vertical alterne qu'en ce que les coursons ne sont établis que d'un côté, c'est-à-dire en-dessus; que chaque année, afin de profiter de la sève, on en obtient deux coursons latéraux distancés entre eux de 12 à 15 centimètres (F), mais seulement jusqu'à ce que le cordon ait atteint la moitié de sa longueur (G). Au-delà de cette limite, il devient urgent de n'obtenir chaque année qu'un seul courson, pour éviter l'entraînement de la sève à l'extrémité, aux dépens de la base.

Il est bien évident que si on forme annuellement un ou deux coursons, il faut que la taille soit pratiquée sur un œil plus haut, mais placé au-dessous pour prolonger le cordon, comme cela a lieu pour le cordon horizontal Charmeux (A, *fig.* 229).

Il arrive très-souvent que la disposition des yeux n'est pas toujours comme nous l'exigeons, c'est-à-dire les uns au-dessus des autres et le terminal au-dessous; dans ce cas, une légère torsion imprimée au sarment de prolongement devient utile et même nécessaire puisqu'elle agit encore au profit des coursons latéraux, en gênant l'action de la sève ascendante.

Lorsque la vigne a atteint la hauteur qu'on lui avait réservée, on ne doit pas l'incliner davantage pour allonger chaque cordon, comme cela a lieu pour les autres espèces fruitières; au contraire, il faut refouler la sève par un raccourcissement qui varie du tiers à la moitié de la longueur de chaque cordon et selon la constitution forte ou faible que possèdent les coursons inférieurs du pied. Ce rajeunissement aura lieu sur un œil apparent de la charpente, ou, mieux encore, sur l'œil d'un jeune sarment soudé en approche herbacée sur la charpente même, à l'endroit du recépage projeté et fait l'été qui précède cette opération, représentée par la greffe en approche herbacée du pêcher (*fig.* 45).

Le traitement annuel des coursons fruitiers sera le même que pour toute autre forme.

CORDON BISANNUEL D'ESPALIER (SYS. DELAVILLE).

Comme nous l'avons dit plus haut, cette forme est utile pour garnir promptement de fruits un mur qui a moins de 3 mètres

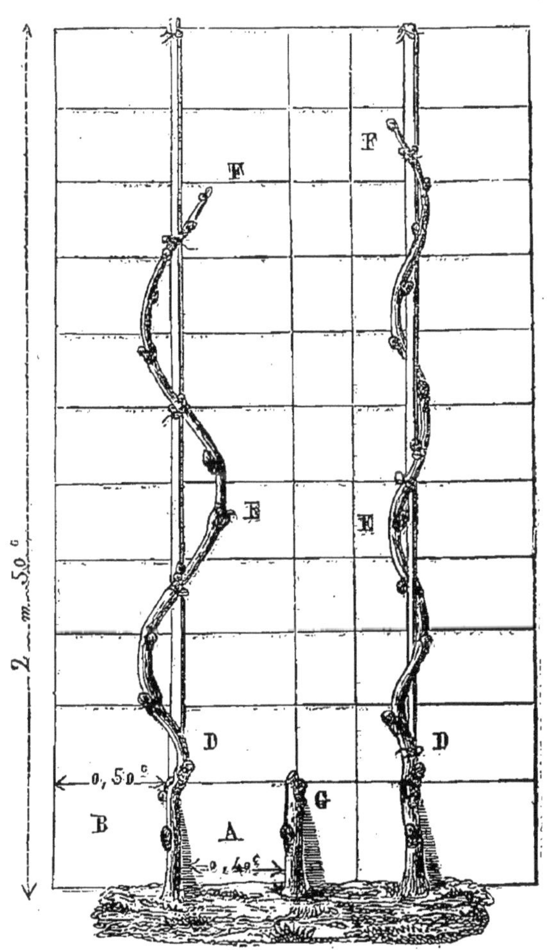

FIG. 243 -- Vigne en cordon bisannuel (Delaville) après la taille d'hiver.

de hauteur ; elle facilite encore la conservation du raisin à l'état frais pendant tout l'hiver, puisqu'une seule bouteille suffit pour 25 au 30 grappes que porte le pied (A, *fig*. 244).

Par cette forme, on utilise avec profit la sève généreuse d'une vigne en espalier. On en obtient aussi des fruits d'espèces rebelles à la production, avec la taille courte des formes

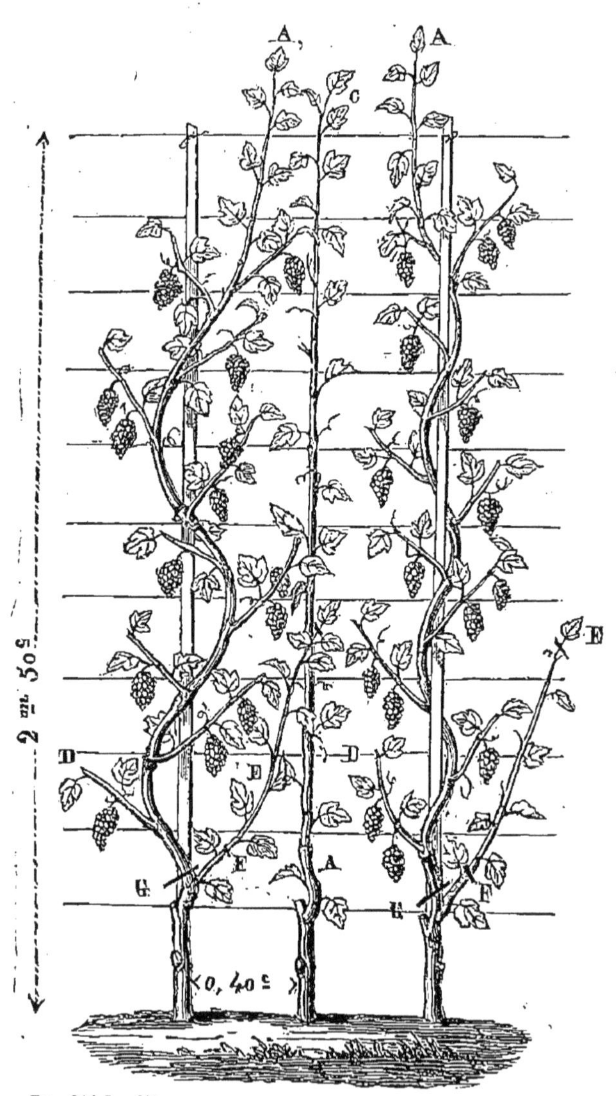

Fig. 244. — Vigne en cordon bisannuel (Delaville) à la fin d'été.

précédentes, sans avoir à craindre l'épuisement des vignes, puisque chaque pied se repose tous les deux ans.

La plantation se fait à 40 cent. de distance près du mur (A, *fig.* 243) le pied de chaque extrémité à 50 cent. des angles de l'espalier (B).

Les soins des deux premières années seront les mêmes que pour les autres formes; mais, le deuxième printemps qui suit celui de la plantation, la taille sera faite au-dessus de deux yeux sur le plus vigoureux sarment qu'on aura conservé (A, *fig.* 236). Au moment de l'ébourgeonnage (A, B, *fig.* 230) on conservera seulement deux bourgeons vigoureux sur chacun des pieds, sur les jeunes vignes, mais cinq environ sur les vignes adultes, le plus faible sera pincé au-dessus de 35 à 40 cent. (G) et le plus fort palissé continuellement jusqu'à ce qu'il atteigne le larmier (A, *fig.* 244).

Les soins d'été se borneront à pincer d'œil en œil tous les sous-yeux (D, *fig.* 230) pour amuser la sève et éviter le départ des yeux principaux nés dans l'aiselle de chaque feuille et qui doivent produire la récolte de l'année suivante.

Au troisième printemps, c'est-à-dire la première année de produit, la taille consistera à couper au-dessus des deux yeux formés de la base, le plus fort des deux sarments (B, *fig.* 244) en taillant à deux yeux fruitiers le plus faible, qui avait été pincé à 35 cent. l'été précédent (F, *fig.* 230). Les pieds du nombre impair (D, *fig.* 243) ne seront pas taillés, attendu que, ce même été, ils garniront de raisins toute la surface de l'espalier (A, A, *fig.* 244). Le sécateur supprimera simplement chaque sous-œil près de l'œil principal (E, *fig*, 232) et coupera aussi à deux yeux le sarment placé près du pied, c'est-à-dire celui qui a été pincé pendant l'été précédent, à 35 ou 40 cent. (G, *fig.* 230).

Leurs longs sarments seront palissés en serpentins plus ou moins sinueux (E, *fig.* 243), mais de manière à ce que l'œil terminal soit toujours de 50 centimètres plus bas que le larmier (F) afin de permettre son développement, et aussi la formation contournée du sarment avec la longueur supplémentaire poussée l'été dernier jusqu'à la hauteur totale du mur (C, *fig.* 244).

Il est facile de comprendre la valeur du serpentin imprimé au sarment en ce qu'il est un obstacle continuel à l'ascension de la sève et pour lors favorable au développement régulier de tous les bourgeons fruitiers depuis la base jusqu'à l'extrémité du long sarment. Une torsion des tissus sera imprimée dans la longueur d'un mérithalle à hauteur d'un mètre du sol (E, *fig.* 243).

Dans le palissage, on réservera la largeur nécessaire entre chacun des serpentins pour y fixer verticalement le bourgeon de chacun des pieds voisins (*fig.* 244).

Les soins d'été de ces pieds fructifères se résumeront par le pincement de tous les bourgeons fruitiers, à une feuille au-dessus des deux grappes, à mesure de l'élongation de chacun d'eux, et sitôt l'apparition des raisins (D, *fig.* 244), et le bourgeon (E) à 1 mètre. Leur palissage aura lieu au moment du pincement des plus faibles, afin de bien répartir la sève, puis viendra le pincement à une feuille, puis, de feuille en feuille, des faux bourgeons ou sous-yeux, nés sur chacun des bourgeons, excepté le terminal qui, au lieu d'être supprimé, sera pincé de feuille en feuille (D, *fig.* 230).

Le palissage définitif et les soins aux Raisins termineront ces travaux, en attendant les premiers jours de novembre, époque de la récolte. On coupera alors chaque pied chargé de fruits (G, *fig.* 244) près d'un beau sarment placé à 35 cent. du sol (E). L'hiver suivant, ce dernier sera taillé à deux yeux (F), et plus haut, pour fournir de nouveau un sarment vigoureux pendant la récolte des pieds voisins. Les pieds coupés (G) et chargés de fruits pour la conservation seront traités comme nous le verrons plus loin. Il ne faut pas oublier que chaque année de recépage, la coupe remontera d'un mérithalle sur les pieds chargés de fruits, afin que la longueur du sarment diminue comme la sève des pieds, au fur et à mesure de leur nombre d'années.

On conservera les sarments latéraux qui constitueront autant de coursons fruitiers à la base de chacun d'eux. Enfin, comme aux autres formes, lorsque la vigne sera vieille et épuisée, un recépage total au-dessus du sol rajeunira complètement l'espalier, surtout si on rapporte 20 centimètres de terre neuve qu'on mettra en pente près des treilles, après avoir décortiqué la base enterrée des jeunes sarments.

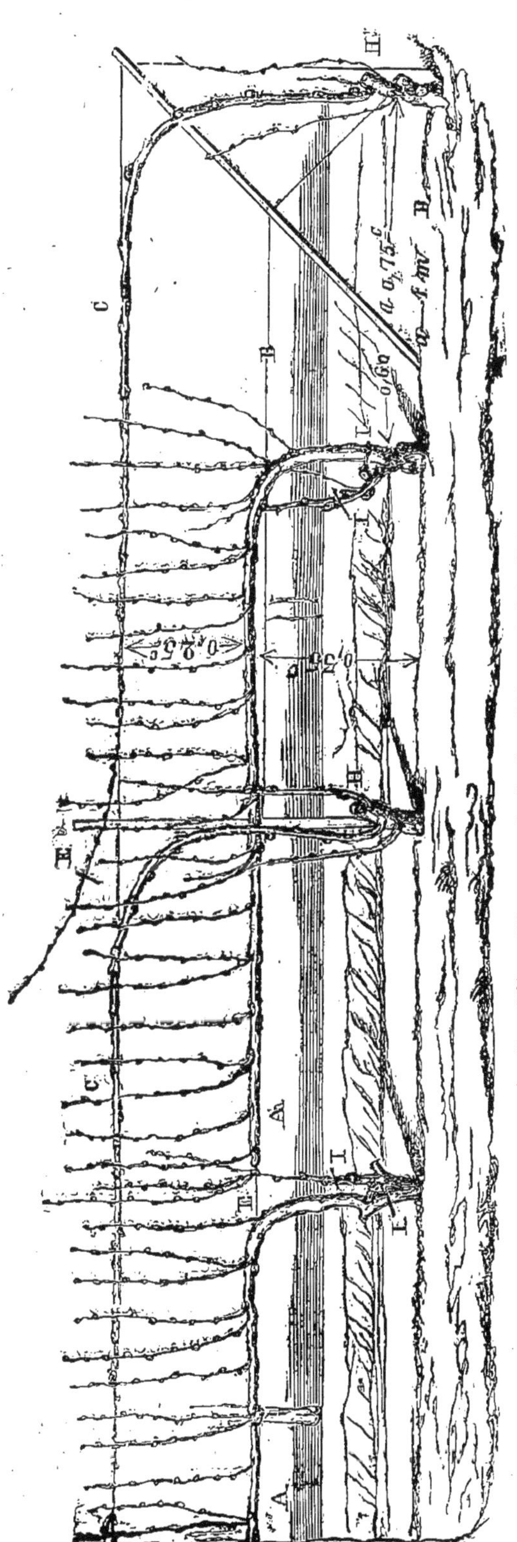

Fig. 245. — Vigne en cordon horizontal bisannuel (Delaville).

CORDON HORIZONTAL BISANNUEL (DELAVILLE).

Nous avons déjà dit, à la description des formes, l'avantage que l'arboriculteur et le viticulteur pouvaient retirer de cette nouvelle disposition, l'un pour le raisin de table et l'autre pour le raisin de cuve, puisqu'aujourd'hui on recherche la production prompte et certaine et que l'exportation facilite de plus en plus l'enlèvement immédiat des raisins de treille et des vins.

Si le procédé de M. le docteur Guyot a ouvert une ère nouvelle à la culture des vignobles par sa taille à long bois, nous avons toujours regretté, preuve en main, qu'un pied de vigne ne pouvait fournir abondamment du fruit et du bois sans épuiser ses forces et que c'était courir promptement à sa décrépitude que de vouloir l'y contraindre.

Si nous examinons en effet, les arbres fruitiers au moment où ils sont chargés de fruits, nous les voyons en même temps pauvres de végétation et de boutons fruitiers pour l'année suivante. La forme bisannuelle horizontale (*fig.* 245) remédie à ce grave inconvénient en ce qu'un pied produit le bois (C) tandis que son voisin donne les fruits (A).

APPLICATION DE CETTE MÉTHODE AU JARDIN FRUITIER.

Disons de suite aux propriétaires que, s'ils possèdent assez de murs bien exposés pour leurs Pêchers, leurs Poiriers d'hiver à espèces délicates et pour *tous leurs raisins de table*, il leur est inutile d'avoir recours à cette forme ; mais, comme beaucoup d'entre eux n'ont pas toujours de bons espaliers à leur disposition, ils profiteront utilement de ce système qui laissera une plus grande partie d'espaliers aux autres fruits, et, à 1 mètre ou 1 mètre 30 centimètres du mur Sud, Sud-Est et même Sud-Ouest, ils pourront posséder une partie de leurs raisins de table, en choisissant les variétés mûrissant dans la contrée qu'ils habitent, variétés décrites à la fin de ce volume.

La plantation s'effectuera sur une seule ligne, les pieds à distance de 50 à 60 et même 75 centimètres (D) portés par deux fils de fer, laissant entre eux 25 centimètres ; le premier a 35 centimètres du sol (A, B) par le même système que les cordons de Pommiers.

La taille et les soins de chaque année seront les mêmes que pour la forme bisannuelle d'espalier, sauf qu'au lieu de palisser verticalement et en serpentin les bourgeons principaux, ils seront palissés horizontalement, le premier sur le fil second (C) et pincé à 1 mètre ou 1 mètre 50 centimètres de longueur (E) selon la distance de plantation.

Cette forme étant élevée et les sarments ayant acquis la force de fructifier, on laissera alternativement un sarment sur deux dans toute sa longueur, en les débarrassant par la taille de leurs sous-yeux, comme à la forme précédente et en les palissant à l'aide de petits osiers sur le fil le plus rapproché du sol (A, B) jusqu'à 10 centimètres en deçà du pied voisin (F). Celui-ci aidera à garnir le fil de raisins d'un bout à l'autre de la vigne, tandis que les sarments des pieds intermédiaires (C) seront taillés cette première année par la même combinaison que ceux d'espaliers.

En été, les bourgeons fruitiers des sarments conservés seront pincés assez longs pour être palissés sur le fil second, comme on le fait habituellement aux autres formes. La taille des pieds qui auront fructifié se fera toujours l'hiver qui suivra la récolte.

Par cette disposition, les abris du docteur Guyot, tels que paillassons sans fin et sulfatés au cuivre, seront très-utiles contre la coulure, les pluies froides d'Octobre, les premiers froids du printemps et hâteront en même temps la maturité des raisins, en les plaçant obliquement en avant, au-dessus ou en arrière, selon les besoins.

APPLICATION DE CETTE MÊME MÉTHODE AU VIGNOBLE.

Avec cette forme, les échalas devront quitter définitivement le vignoble. Si M. le docteur Guyot en conservait encore par son procédé perfectionné, on les supprimerait totalement par cette nouvelle disposition de la vigne, puisque le bourgeon du pied destiné à la production de l'année suivante sera palissé chaque année, à mesure de son élongation, sur le deuxième fil qui en même temps servira aux bourgeons fruitiers qui toujours prennent naissance sur le sarment fixé au fil inférieur.

La distance de plantation sur les lignes sera la même à peu près que celles précitées, mais surtout en se rendant compte de la vigueur des variétés, etc. ; mais la disposition aura lieu en plein carré, en plein coteau, où les rangs seront orientés pour recevoir la plus grande dose de chaleur possible.

La distance des lignes entre elles sera d'un mètre ; ce rapprochement n'est pas à craindre, puisque la hauteur des cordons n'est que de 60 centimètres, ne portant alors aucun ombrage aux lignes voisines.

Lorsque, par leur âge, les vignes acquièrent une certaine hauteur de souche, dominant alors la hauteur du fil inférieur, il deviendra utile de les incliner, afin de permettre le palissage du sarment chargé de produire et qui diminue d'autant plus de longueur que la vigne sera plus âgée.

TAILLE DES COURSONS FRUITIERS.

Cette taille des coursons fruitiers ne s'applique en rien aux méthodes bisannuelles citées plus haut, mais bien aux formes précédentes, cordons horizontaux, verticaux et obliques, dont les charpentes sont garnies de coursons tous les 15, 25 ou 50 centimètres (*fig.* 229, 234, 235, 240, 242).

Avant de décrire la taille, nous devons fixer l'époque préférable pour ce genre d'opération. Les uns la veulent à la sortie de l'hiver, les autres sitôt la chute des feuilles. A cette dernière époque, la taille n'est utile qu'autant qu'on agit sur des pieds pauvres de sève, ne produisant alors que de faibles sarments, ou dans des sols pauvres et chauds où il faut conserver le peu de sève des pieds pour les parties utiles. Au contraire, si cette taille précoce est faite sur des vignes vigoureuses, dans un sol généreux et froid, comme dans le nord de la France, l'Est ou l'Ouest où le raisin n'arrive à maturité que sous l'influence d'une bonne culture, d'une bonne exposition, l'effet sera pitoyable, non pour la végétation qui deviendra encore plus abondante, mais pour la maturité, le coloris, la qualité, la conservation des raisins qui seront autant d'échecs que cette taille intempestive fera subir.

Nous préférons la taille de février, et mieux encore celle de mars pour les contrées froides ou humides. Il nous est arrivé de tailler, dès la chute des feuilles, des vignes vigoureuses, à maturité précoce et qui pleuraient au printemps comme si elles venaient d'être taillées, tandis qu'au contraire de très faibles espèces à maturité précoce, quoique ayant été soumises à la taille tardive, ne pleuraient nullement.

Nous considérons cette eau de la vigne comme un écoulement d'une sève aqueuse contenue dans les tissus des vignes vigoureuses poussant tard, à l'automne, et reproduite par le végétal au moment de l'ascension de la sève au printemps.

Ce qui vient à l'appui de notre appréciation, c'est que pendant l'hiver de 1855, en Décembre 1871, et en hiver 1879-1880, par des gelées intenses, de vieilles vignes de *Frankenthal, Muscat blanc tardif*, ont été gelées à côté des *Madeleine noire et blanche*, *Chasselas hâtif* et autres espèces précoces qui n'avaient pas souffert. Cela tient à ce que ces dernières avaient un bois sain, dépourvu d'humidité intérieure, tandis que les premières, gorgées d'eau, ont été détruites par le déchirement des tissus occasionné par la congélation de l'eau amassée dans l'aubier.

L'époque de la taille sera donc choisie selon les besoins, mais pour les pays septentrionaux, il vaut mieux la faire tard que trop tôt.

Les sarments fruitiers de première année nés directement sur la charpente (A, *fig.* 246) seront taillés selon qu'on aura affaire à des variétés fertiles, précoces ou tardives. Les variétés précoces et généreuses, comme la *Madeleine*, le *Chasselas*, etc. seront taillées à deux yeux (B) : le terminal qu'on nomme œil à fruit et le second l'œil de remplacement. Le premier œil du bas sera séparé du vieux bois par un étroit mérithalle pour obtenir l'année suivante un solide sarment de remplacement. Les variétés moins productives et à maturité plus tardive, comme le *Frankenthal*, le *Muscat*, etc. seront taillées à trois yeux (C). La coupe au sécateur sera faite en biseau très court incliné du côté opposé à l'œil terminal, en laissant au-dessus de l'œil un onglet de 5 à 8 millimètres (F, *fig.* 238).

Par cette taille à deux ou trois yeux, l'œil de remplacement ne reçoit jamais, à cause de sa position inférieure près du vieux bois, autant de sève que celui ou ceux au-dessus, quoiqu'il en ait cependant besoin plus que tout autre, puisque l'avenir du courson et des récoltes futures en dépend.

Il est cependant très facile de faire la taille à son profit :

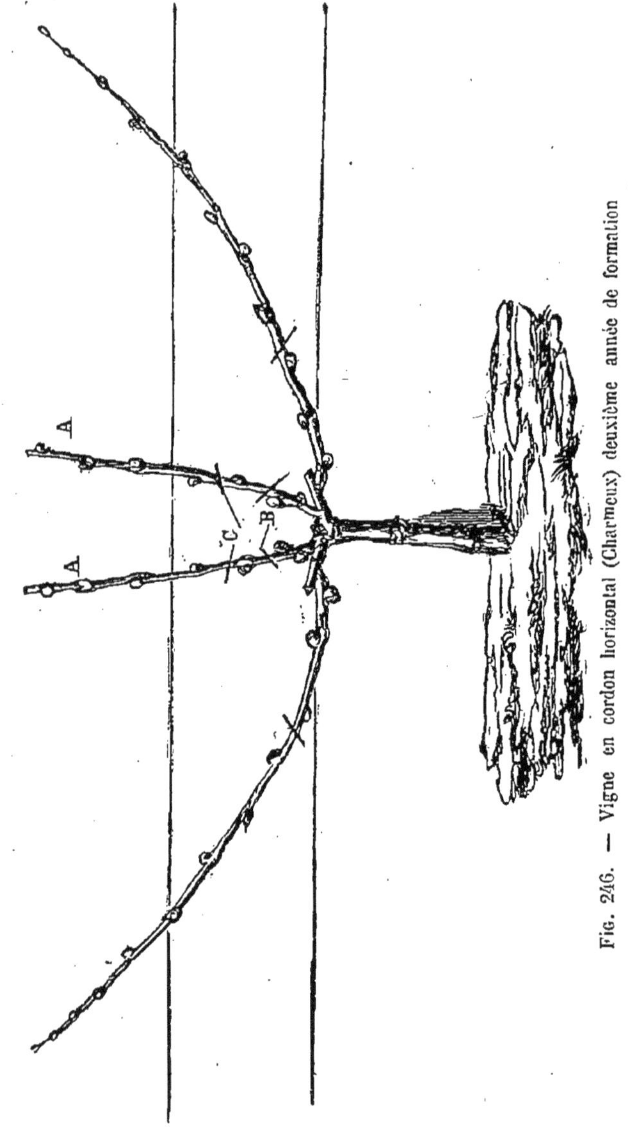

Fig. 246. — Vigne en cordon horizontal (Charmeux) deuxième année de formation

pour cela, il suffit d'entamer au sécateur le tiers du diamètre du courson, en plaçant la lame au milieu du mérithalle, du côté de l'œil inférieur (C, *fig.* 238) et d'appuyer légèrement le crochet pour que cette coupe se fasse instantanément, ce qui formera un cran au-dessus de l'œil qu'on veut protéger.

Un an plus tard, nous retrouvons ce même courson porteur de deux beaux sarments : le terminal ayant fructifié et celui de remplacement (D).

La taille de seconde année consistera seulement à supprimer radicalement le sarment terminal, c'est-à-dire celui qui aura produit (F), et à tailler, sur celui de remplacement, comme il vient d'être dit pour le courson de première année.

Nous n'aurions plus rien à ajouter à la taille des coursons, s'ils acquéraient chaque année leur vigueur normale ; mais

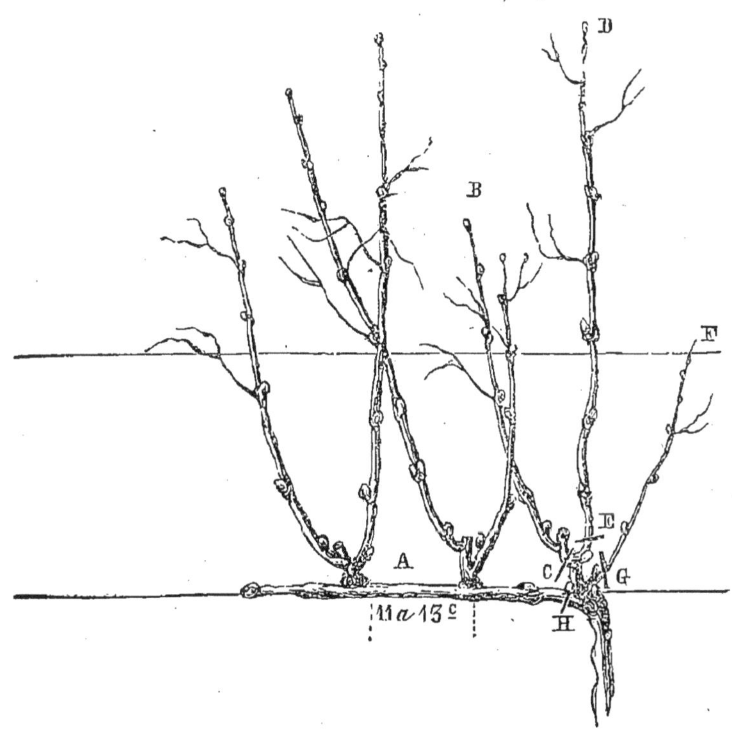

FIG. 247. — Partie de Vigne en cordon horizontal pour la taille fruitière.

comme il arrive quelquefois que, par une faute quelconque ou par une déviation de sève, le sarment de remplacement n'a qu'une force relativement trop faible pour produire le bourgeon fruitier et le bourgeon destiné à le remplacer (A et B), nous conseillerons, dans l'espoir de la production, d'asseoir la taille fruitière au-dessous de l'œil second (G) en détruisant l'œil latéral (H) du sarment terminal, et de tailler le sarment de remplacement également à un seul œil (I), destiné à remplacer, après la récolte le vieux courson fruitier ; mais il sera de toute nécessité de ne pas oublier le cran au sécateur au-dessus du sarment inférieur (B) comme on le voit en (C).

La même combinaison est souvent utile sur de vieilles vignes, pour obliger la sève à donner naissance à des sarments nouveaux, placés à la base de vieilles têtes de saule endurcies et négligées de longue date ; dans ce cas on supprimera le sarment fruitier (B) en (C, *fig.* 247) ; on taillera le sarment D en E, ainsi que le sarment F en G, mais avec l'entaille (H).

SOUFRAGE DES VIGNES.

Une maladie des vignes, malheureusement trop connue aujourd'hui, est attribuée avec raison à la présence d'un champignon microscopique nommé *oïdium tuckeri.* Il se développe sous l'in-

FIG. 248. — Bourgeon, feuille et grappe de vigne envahis par l'oïdium.

fluence des premières chaleurs de l'été et fait d'autant plus de ravages que les vignes sont vigoureuses et à maturité tardive : ce qui ne veut pas dire toutefois qu'il épargne les autres variétés.

Sa présence se reconnaît par l'aspect triste des feuilles et des jeunes bourgeons qui sont envahis par des filaments blanchâtres recouvrant toute la surface, par une odeur de moisi qui se répand dans l'atmosphère, et par les grains fendus, ouverts et décomposés (A).

Ce n'est que par la raison qu'il faut connaître l'ennemi qu'on a à combattre que nous donnons ces renseignements, car on ne doit jamais attendre l'apparition de ce fléau pour employer le moyen curatif ; il vaut mieux prévenir le mal chaque année, puisque nous possédons à bas prix le meilleur agent, le soufre, le seul qui soit efficace et pratique.

Il ne faut pas croire non plus que la vigne ne sera plus malade, pour le seul motif d'économiser quelques kilog. de fleur de soufre qui favoriseront le coloris du raisin, sa maturité et celle du jeune sarment.

Pour employer la fleur de soufre, le meilleur instrument est

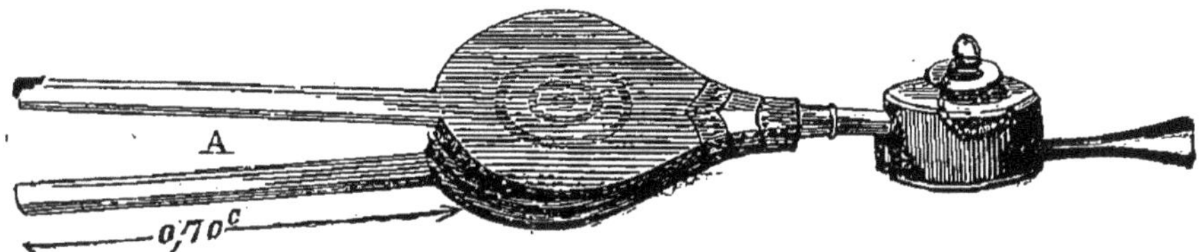

Fig. 249. — Soufflet ventilateur pour la fleur de soufre.

le soufflet ventilateur (*fig.* 249), qui, sans engorgement et n'importe à quelle hauteur, le projette uniformément ; il est maintenant, sous toutes sortes de systèmes, trop connu pour que nous ayons à le décrire. On s'en sert avec beaucoup plus de facilité si les manches ont 60 à 70 centimètres de longueur (A), parce qu'ainsi, dans beaucoup de cas, l'échelle est inutile pour opérer sur des murs élevés, ce qui, en outre, préserve encore les yeux de l'ophthalmie, toujours causée par la poussière du soufre, lorsqu'on opère de trop près.

Le moment le plus favorable au soufrage est le matin, lorsque la rosée d'une belle nuit n'est pas encore évaporée. La première opération se fait dès l'apparition des grappes, en projetant le soufre jusque dans les anfractuosités du mur, afin de soustraire le soufre aux pluies battantes d'orage qui n'auront aucun pouvoir sous les chaperons, sous les larmiers.

La répétition du soufrage n'a pas de moment déterminé ; on doit s'attacher principalement à ce qu'il y ait du soufre en contact avec l'espalier et avec les parties herbacées de la vigne.

L'action de cet agent énergique sera toujours plus efficace si on choisit un beau temps clair, calme et fixe et surtout si le soleil frappe directement sur les treilles après l'opération.

Le dernier soufrage devra être fait une dizaine de jours avant que les fruits parvenus à maturité, soient devenus transparents.

Si, par quelque négligence, l'oïdium se déclarait spontanément, il ne faudrait pas hésiter un seul instant et, au lieu d'opérer le matin à la rosée, il faudrait soufrer amplement en plein midi, afin de profiter de l'action solaire qui dégagerait instantanément le gaz sulfureux et détruirait jusqu'au dernier filament le champignon dévastateur.

Nous pouvons dire ici que quiconque a ses vignes malades, l'a bien voulu.

ÉBOURGEONNEMENT.

L'ébourgeonnement consiste à supprimer avec les doigts les bourgeons inutiles (C, *fig.* 251) lorsqu'ils n'ont encore que 15 à 18 c. de longueur, c'est-à-dire dès l'apparition de toutes les grappes, ou de la première vrille. On conserve les bourgeons nécessaires au prolongement des charpentes, ceux destinés à devenir fruitiers et ceux de remplacement. Les premiers seront choisis selon la forme de l'arbre : pour la forme en cordon horizontale et oblique Forney, ce sera le bourgeon terminal regardant le sol (B, *fig.* 250) ; pour la forme en cordon vertical alterne, ce sera le bourgeon né près de la coupe faite l'hiver précédent (A, *fig.* 236); pour la forme en cordon vertical opposé, il devra prendre naissance au centre d'une paire de bourgeons destinés au coursonnage de cette forme (B, *fig.* 241) ; dans les deux formes de cordon bisannuel, on conservera le bourgeon le plus vigoureux, né sur le sarment de l'année précédente, sans s'occuper de sa position; jamais sur la souche, à moins de restauration.

Sur les coursons fruitiers, nous conserverons le bourgeon le plus rapproché de la charpente, comme bourgeon de *remplacement* pour la taille de l'hiver suivant (A, *fig.* 251); mais le plus possible né sur sarment de l'année précédente, ce qui n'était pas toujours facile sur de vieilles coursonnes.

Un nouveau procédé très heureux dans ses résultats, consiste, lors de l'ébourgeonnage du printemps, à conserver à la

FIG. 250. — Bourgeons terminaux de Vigne ; résultat de la taille de prolongement sur cordon horizontal.

base de cette vieille coursonne, en sus des deux sarments placés plus haut, un des nombreux petits bourgeons qu'on supprime habituellement à l'ébourgeonnage, de le tailler à cette époque au-dessus du *premier œil* de la base. Cet œil se constituera ce même été; il donnera un magnifique sarment de remplacement l'année suivante, et des fruits l'année subséquente, tout en restaurant la vieille coursonne précitée comme on le voit en (A, de la *fig*. 232).

Nous prendrons le plus vigoureux, si nous avons le choix, mais il faut toujours qu'il soit placé, suivant la forme adoptée, regardant le ciel : c'est-à-dire au-dessus du cordon pour l'horizontal Charmeux (A) et oblique Forney, et latéralement aux distances de chaque fil sur le cordon vertical à coursons alternes (E, *fig*. 236 et B, 237). Dans le cordon à coursons opposés, au contraire le bourgeon de *remplacement* sera choisi en face, son parallèle de l'autre côté et le plus rapproché de la tige, mais

Fig. 251. — Vieux courson fruitier de Vigne à l'ébourgeonnage.

sans avoir égard aux grappes, quelle que soit la forme adoptée (B, C, *fig*. 241).

Quant au choix du bourgeon fruitier, il sera basé sur la récolte présente, sans regarder ni à sa force, ni à la place qu'il occupe, mais bien à deux belles grappes, si c'est possible (B, *fig*. 251). Dans l'embarras du choix, le plus faible sera préféré.

N'oublions jamais non plus qu'avec ou sans fruit, on doit conserver *deux bourgeons à chaque courson*, en faveur de l'équilibre entre eux et les soumettre au pincement, comme nous le verrons plus loin.

ÉVRILLAGE.

Evriller, c'est supprimer avec les ongles tout près des bourgeons ou des grappes ces vrilles ou crochets herbacés dont se sert naturellement la vigne pour grimper à une grande hauteur (D, *fig.* 251) lorsqu'elle est livrée à elle-même, mais qui sont très nuisibles dans les vignes cultivées, où elles sont souvent la cause de la rupture de bourgeons essentiels à la forme ou au coursonnage, si on ne prend pas soin de les supprimer dès leur apparition.

PINCEMENT.

Le pincement de la vigne est une opération des plus urgentes, et cependant généralement mal comprise et mal exécutée; aussi la dénudation de la base des coursons fruitiers et celle des charpentes en sont-elles toujours la conséquence !

Nul travail n'est pourtant plus facile : il s'agit simplement de favoriser tout bourgeon destiné à la conservation du fruit près de la charpente qui doit elle-même répartir uniformément sa sève sur chacun des organes utiles à la production.

Partant de ce principe unique, nous pincerons les bourgeons de prolongement à la longueur de 1 mètre 30 à 1 mètre 50 cent. (I, *fig.* 230 et C, *fig.* 250), lorsqu'ils seront fournis par les cordons horizontaux, verticaux, alternes et obliques Forney ainsi que les bourgeons anticipés de prolongement obtenus après le premier pincement des cordons verticaux à coursons opposés (E, *fig.* 231). La longueur ne diffère seulement que sur les formes bisannuelles dont, pour celles en espalier, le pincement se fera à la hauteur du mur (C, *fig.* 244) et à la distance d'un pied à l'autre alternés sur les cordons bisannuels horizontaux (E, *fig.* 245).

Quant au pincement des bourgeons fruitiers et de remplacement nés sur les coursons ou destinés à les établir, il sera basé sur le résultat qu'on peut obtenir : le fruit étant un tire-sève pour lui-même, le premier pincement du bourgeon *qui le porte* sera à une ou deux feuilles au-dessus de la grappe, ou des deux premières de la base (C, *fig.* 237), mais on n'en conservera jamais trois ; et à 30 cenimètres si ce même bourgeon n'avait pas de fruit.

Il est bien entendu que ce pincement si court n'aura lieu qu'autant qu'on agira sur les bourgeons fruitiers ou réputés tels, destinés alors à être supprimés l'hiver suivant, car le pincement au-dessus de 50 *centimètres* sera toujours pratiqué sur les bourgeons de *remplacement* nés à la base des coursons ou sur la charpente (D, *fig.* 237, D, *fig.* 250 et C, *fig.* 229) attendu qu'ils ont besoin de beaucoup de feuilles pour acquérir une meilleure constitution ; aussi ne les pincerons-nous qu'une dizaine de jours après les premiers, qui seront palissés le jour du pincement de ceux-ci.

TRAITEMENT DU SOUS-ŒIL OU FAUX BOURGEON.

Le sous-œil est ce bourgeon axillaire qui prend toujours naissance à la base de l'œil, et de la feuille de tous les bourgeons un peu vigoureux (D, *fig.* 230, E, *fig.* 250, C, *fig.* 232). Nous avons indiqué leur mode de pincement sur les bourgeons principaux des vignes bisannuelles : c'est de pincer d'œil en œil, comme aux figures précitées. Nous agirons de même sur ceux des bourgeons de prolongement des autres formes (D, *fig.* 250 et 230) ; en (D) de cette dernière où on voit ce faux bourgeon pincé à un œil afin d'éviter le développement anticipé de l'œil principal placé à sa base, et en (D, *fig* .232) ; les *bourgeons fruitiers* et *de remplacement*, aujourd'hui *tous sont conservés* et pincés d'œil en œil afin de fournir davantage de feuilles aux ceps, utiles à l'amélioration de la sève, au développement des grappes et des grains tout en procurant plus d'ombre aux raisins pendant leur formation.

PALISSAGE EN VERT.

Le palissage en vert est un puissant auxiliaire pour l'équilibre de la sève et la maturité du raisin ; il n'y a pas d'époque précise pour le pratiquer, la végétation seule de chaque bourgeon la détermine.

Sa première apparition a lieu sur les bourgeons de prolongement des charpentes qui sont palissés selon la position que réclame la forme, excepté pour les cordons horizontalement placés, où ils ne sont abaissés que graduellement jusqu'à ce qu'ils soient assez ligneux pour ne plus se rompre à leur naissance.

Le palissage des bourgeons fruitiers et de remplacement demande toute l'attention de l'arboriculteur, il doit savoir conduire la sève à son gré ; mais en général. Il faut palisser les bourgeons fruitiers au moment du pincement de ceux de remplacement qui soutirent d'autant plus la sève à leur profit que les fruitiers sont appliqués à la muraille, tandis qu'ils restent eux-mêmes plus longtemps en liberté. Cependant, une quinzaine de jours plus tard, on les palissera également pour fortifier leurs yeux inférieurs et pour favoriser le développement et la maturité des raisins, et surtout aussi afin de faire profiter quelques bourgeons faibles qui resteront en liberté pendant une grande partie de l'été.

La position des bourgeons dépend de la forme adoptée des vignes ; il seront palissés verticalement sur les cordons horizontaux près des murs ou isolés (C, *fig.* 229), et en V ouvert sur les cordons obliques Forney (F, *fig.* 242), la bisannuelle d'espalier (*fig.* 244), mais obliquement le long des cordons verticaux (D, *fig.* 241, A, B, *fig.* 237). Ils seront fixés au jonc ou à la loque, mais on n'en réunira jamais deux dans le même lien, les feuilles trop rapprochées seraient gênées dans leurs fonctions.

FÉCONDATION DES RAISINS.

Le phénomène indispensable à la formation du raisin est incontestablement la fécondation, qui n'est possible qu'autant que la floraison s'opère sous l'influence du beau temps et non par des pluies froides et de brusques changements de température qui seuls sont cause du manque de récolte. Cependant l'arboriculteur et le vigneron ne sont-ils pas souvent les auteurs insouciants de ce désastre, puisque le premier pourrait facilement utiliser ses auvents ou tablettes qui abriteraient, au printemps, ses autres arbres fruitiers (A, *fig.* 195 et 196), en employant le même moyen pour ses vignes au moment de la floraison, et le second n'aurait qu'à déployer sur les cordons horizontaux bisannuels (*fig.* 245) les paillassons sans fin du docteur Guyot. Dans ce dernier cas, les paillassons seraient portés, d'un côté par le fil de fer placé au-dessus du cordon fruitier, et de l'autre obliquement appuyés sur un petit ados de terre amassé exprès à la binette entre les deux lignes de cordons, mais toujours du côté de l'ouest, afin de préserver les fleurs des pluies froides qui habituellement viennent de ce côté.

Il est facile de connaître le moment où ces abris doivent être disposés, c'est lorsque les premières fleurs vont s'épanouir. Les abris seront retirés aussitôt la défloraison et la formation des ovaires.

INCISION ANNULAIRE.

Cette opération est utilisée en vue de faire grossir les grains et de hâter d'une dizaine de jours leur maturité ; elle est peu ou pas utile au vignoble où elle nuit à la qualité du vin et a peu d'action contre la coulure qui d'ailleurs est facilement évitée par l'emploi des auvents dont nous venons de parler.

Elle reste donc la propriété des amateurs de beaux et bons

raisins de table qui doivent la pratiquer sitôt la complète défloraison (A, *fig.* 253) sur les sarments portant les plus belles grappes. L'annellation sera faite un peu au-dessous de la grappe inférieure, s'il y en a deux (A) et une huitaine de jours après au-dessous de la grappe supérieure.

L'outil par excellence est l'inciseur-annulaire (*Gourguechon*) (*fig.* 252), chez M. Têtevuide, coutelier rue Saint-Sauveur à Beauvais. Outre qu'il est le plus facile à employer, il ne peut entammer que l'épiderme, même par une main peu initiée. La plaie n'est que de 1 millimètre 1/2 de largeur, alors très promptement recouverte. Cet excellent petit outil, récompensé aux expositions, ne s'engorge jamais, l'écorce étant chassée par celle de l'anneau suivant. Avec lui on opère sans discontinuer.

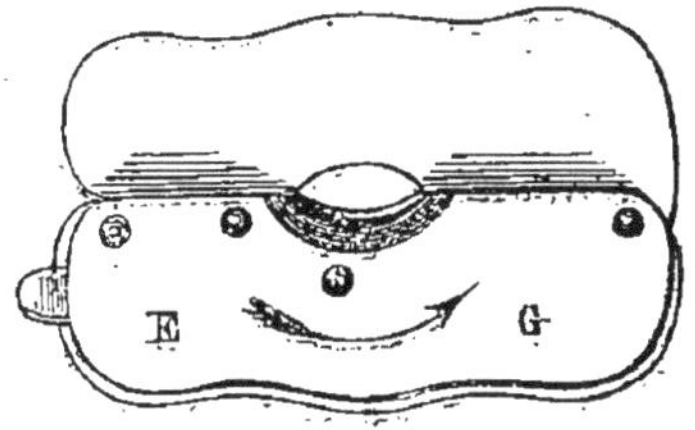

FIG. 252. — Inciseur-Annulaire. (Sys. Gourguechon).

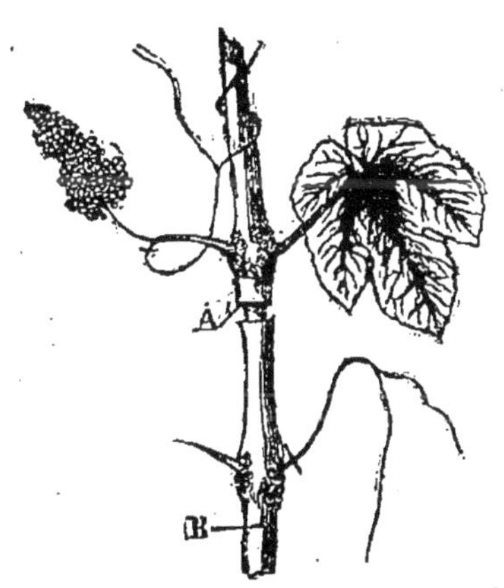

FIG. 253. — Incision annulaire du raisin de table, au moment de l'opération.

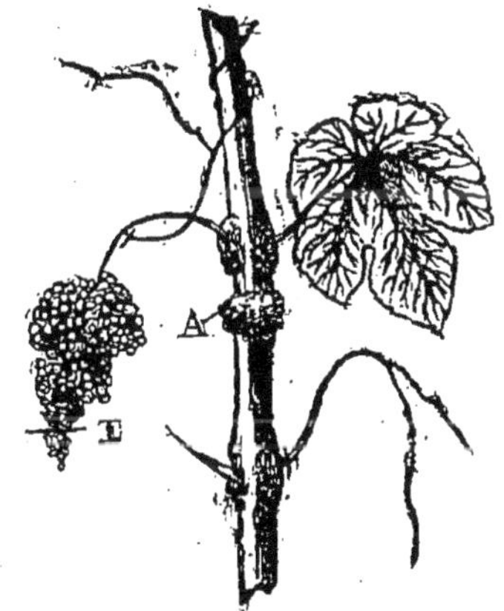

FIG. 254. — Même incision, quinze jours après l'opération A.

Pour que le résultat de cette opération soit parfait, il faut que l'anneau soit recouvert sous dix jours d'un bourrelet de cambium (A, *fig.* 254), ce qui n'aurait pas lieu si on pratiquait trop tard : le raisin s'endurcirait et ne prendrait plus aucun développement.

CISELLEMENT.

De tous les soins apportés aux grappes, aucun n'est aussi nécessaire que l'éclaircie des grains, et cependant elle ne se fait encore régulièrement que dans les pays renommés pour leur bonne culture, c'est-à-dire à Thomery, à Montreuil, Conflans-Sainte-Honorine et autres où les raisins font la fortune des horticulteurs de ces belles contrées. Pour s'excuser, les amateurs de province, tout en admirant à l'envi les splendides chasselas de Fontainebleau exposés aux vitrines des marchands de comestibles de Paris, attribuent au climat et au sol ce qui n'est dû qu'à la main de l'homme, ou pour être plus juste, nous devrions dire à la main des dames qui seules s'occupent de ces soins délicats. On se sert de ciseaux de 12 cent, de longueur

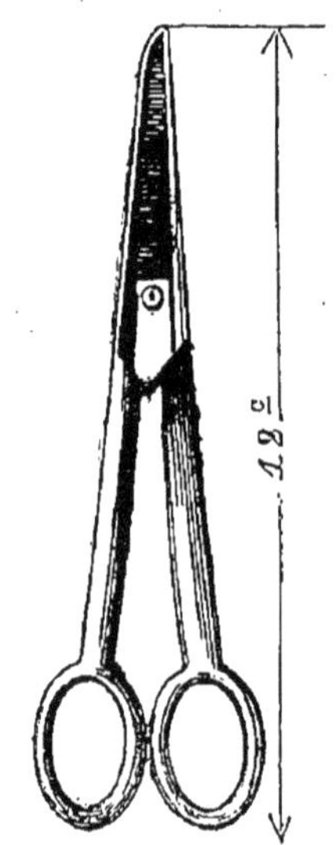

Fig. 255. — Ciseau émoussé (Charmeux) pour le ciselage des raisins.

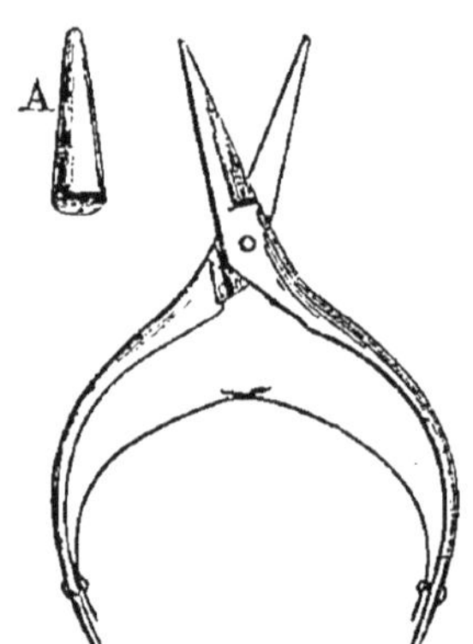

Fig. 256. — Ciseleur-sécateur A, étui fermeture.

environ, à lames courtes, étroites et émoussées, avec les manches plus longs, pour éviter le contact des doigts sur les grains qu'ils défloreraient, mais que les ciseleuses évitent facilement en retournant la grappe avec l'autre main qui ne touche qu'au pédicelle. Un nouveau ciseau nommé *Ciseleur-sécateur* (*fig*. 256) est de beaucoup préférable à l'ancien (*fig*. 255) par *son fini*, *son bon marché* et la facilité de s'en servir ; il fera faire un grand pas au ciselage des raisins.

La quantité des grains à supprimer dépend de la grosseur des grappes ; mais, en règle genérale, aucun grain ne doit toucher l'autre lors de sa complète maturité ; aussi retire-t-on ceux qui sont placés dans l'intérieur, ceux qui sont trop serrés,

FIG. 257. — Accessoires utiles aux ciseleuses (sys. Thomery).

ou ceux incomplètement formés que nous nommons parasites, et enfin on coupe de deux ou trois centimètres l'extrémité des longues grappes (E, *fig*, 254). Cette partie n'acquiert jamais la grosseur ni le coloris des autres mieux favorisées par la sève.

Ce travail se fait dès que les grains ont acquis la grosseur d'un très petit pois, même seulement d'un grain de plomb.

A Thomery, on se sert de plusieurs accessoires utiles aux

ciseleuses et justement recommandés par M. Rose Charmeux. Uu chariot à roulettes, de 1 mètre de hauteur (A, *fig.* 257), avec un plancher à sa partie supérieure (B), permet de se tenir debout pour atteindre le haut de l'espalier ; sa largeur est de 50 cent. environ, et sa longueur de 1 mètre ; une échelle de meunier (C) est adaptée à l'un des bouts pour qu'on puisse y monter sans efforts.

Un second appareil, servant à garantir de l'ardeur du soleil, est une sorte de paravent en toile blanche (D) tendue à l'aide de clous sur un cadre en bois blanc, long de 3 mètres et large de 1 mètre 20 cent. à 1 mètre 50 cent. qu'on place à volonté à distance du mur, comme le serait une échelle munie à son extrémité supérieure de deux chevilles arcs-boutants (E).

De petits bancs mobiles en bois blanc (F), pour que les ciseleuses puissent s'asseoir, terminent le mobilier nécessaire au cisellement du raisin qui acquerra ainsi de la grosseur, du coloris, et pourra être conservé fort longtemps, si l'on prend aussi les soins indiqués au chapitre suivant.

DERNIER PALISSAGE, EFFEUILLAISON GRADUÉE, ASPERSION EN FAVEUR DU COLORIS.

Si, dans le cours de la végétation, le palissage n'a été fait que graduellement sur les bourgeons vigoureux et sur les bourgeons fruitiers, en laissant les faibles en liberté, il n'en est pas de même à l'approche de la maturité des raisins. On doit alors, au contraire, s'efforcer de faciliter l'accès des rayons solaires par un dernier palissage, suivi d'une première effeuillaison, aussitôt que les grains prendront une certaine transparence, selon la variété qui leur est propre.

Cette opération consiste à couper à la serpette les feuilles au-dessus du pétiole, dans *l'intérieur des ceps et près du mur*, et à recommencer une dizaine de jours après, en coupant celles qui sont trop serrées, mais en laissant toujours les grandes, que nous nommons feuilles parasol, éloignées de l'espalier.

Elles garantissent ainsi les grappes des rayons directs du soleil qui ne doit frapper les grains que par réflexion.

Les grappes de la moitié supérieure de l'espalier seront moins effeuillées que celles de la partie inférieure, par la raison que les premières étant plus saines que celles du bas, elles doivent servir à la conservation d'hiver qui sera d'autant meilleure que les grains auront été moins exposés à l'action du soleil. Cela ne veut pas dire toutefois qu'ils ne doivent pas être transparents.

L'aspersion se fait ensuite, à l'aide de la pompe à main, et à l'heure où le soleil frappe le plus fort sur les treilles. L'eau limpide, projetée en forme de rosée, a pour but d'attendrir les grains et de les rendre plus aptes à s'emparer du calorique qui les colore, leur procure la qualité et la fermeté croquante de la peau. L'eau nettoie en même temps les grappes des déchets restés de la fleur de soufre.

INSECTES ET ANIMAUX NUISIBLES. ENSACHEMENT DES GRAPPES.

Dans nos régions, les vignes de treilles ayant peu d'insectes réellement redoutables avant la maturité du raisin, nous passerons rapidement sur ce chapitre. Cependant, lorsqu'elles entrent en végétation, un très petit coléoptère nommé *altelabe* ou *urbec*, et ne travaillant que la nuit, coupe les jeunes bourgeons à l'état naissant et même les jeunes grappes. Il est facile de lui faire la chasse au moment de son travail avec une lumière qui permet de le découvrir lorsqu'il est en pleine activité ; si on est assez adroit pour avancer près de lui à pas légers et secouer brusquement les ceps, il tombera très facilement sur une feuille de papier étendue sur le sol et on n'aura plus qu'à l'écraser.

Lorsque la maturité commence, beaucoup d'ennemis se disputent leur part de butin : ce sont d'abord les mulots et les lérots. Pour les premiers, nous enfonçons dans le sol, au pied des murs, des pots vernissés à l'intérieur, et dans lesquels nous aurons versé 10 à 15 centimètres d'eau additionnée de sulfate de fer pour désinfecter, à moins que nous ne préférions satisfaire leur appétit par quelques pâtes phosphorées placées sous de petites planches au pied des murs.

Quant aux lérots ou petits loirs, nous préparons, comme à Thomery, des œufs durs coupés en deux, et empoisonnés par de la poudre de noix vomique ou des morceaux *d'omelettes* ou *d'œufs* brouillés, mélangés à de la strychnine qui aussi peut être introduite dans un morceau de fromage de gruyère, de la grosseur et la forme d'un bouchon ; on emploie la strychnine à raison de 33 centigrammes, ce sel est peu soluble à l'humidité, alors d'un emploi facile. Nous placerons ces appâts sous les chaperons au-dessus du dernier cordon de vigne à la muraille, pour ne pas empoisonner les animaux domestiques. Il y a encore la chasse qui ne sera pas la moins efficace contre eux, en suivant ce que nous avons conseillé au chapitre du Pêcher.

Les moineaux font aussi des dégâts dans les vignes ; mais il vaut mieux les empêcher que de détruire ces oiseaux utiles pour la destruction des insectes. Le sac à raisin, décrit plus loin, remplit parfaitement ce but.

Les guêpes et les frêlons sont, de tous, les ennemis les plus redoutables de la vigne.

Nous emploierons contre eux les fioles, qui servent pendant l'hiver à la conservation des raisins à rafles fraîches, ainsi que les bouteilles à large goulot qui habituellement servent aux confiseurs. Nous les suspendrons en assez grand nombre, dans les treilles, après les avoir remplies d'eau miellée, sucrée, vineuse, etc.

L'ennemi étant tenace et nombreux, nous conseillerons encore l'emploi d'un nouvel appareil, le gobe-mouches, de récente invention, qui les engloutit par milliers.

Cet appareil en verre a une forme hexagone (*fig.* 258) ; il est surmonté d'un goulot à bouchon en verre globuleux (A) par lequel on introduit l'appât qui n'est autre chose que quelque viande corrompue, des fruits bien mûrs, etc. ; trois tubes en fer blanc, à large orifice extérieur (B), plus étroits (C) à l'intérieur du vase, permettant aux mouches de s'y introduire, sans pouvoir jamais s'en échapper ; elles y voltigent jusqu'à leur mort qui est d'autant plus prompte qu'elles ne tardent pas à tomber exténuées en voulant se sauver. Leurs cadavres, en se décomposant très-vite, ont la propriété de servir d'appât aux gloutonnes qui se hâtent de satisfaire l'appétit de cet indispensable appareil qui sera placé à l'ombre, près de l'espalier.

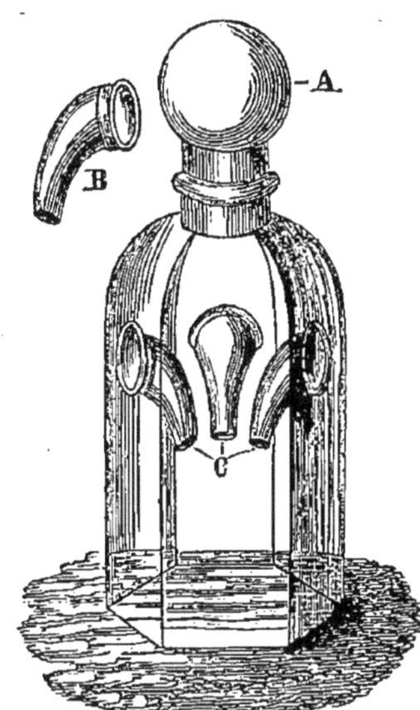

FIG. 258. — Gobe-mouches hexagone en verre.

Si on découvre quelques guêpiers, il faudra, comme à Thomery, les asphyxier à l'aide d'une mêche soufrée, qu'on introduira tout allumée dans leur retranchement ; ou, ce qui arrivera au même but, on inondera la place en submergeant leur tranchée et en réduisant en boue les mouches et le refuge à l'aide d'un échalas. Un autre moyen aussi simple qu'efficace est de couvrir le soir, le guêpier, d'une *cloche de jardin*, hermétiquement fermée, après avoir placé au-dessous et à côté du trou, un vase d'eau de savon qui servira le lendemain matin de tombeau aux guêpes ; exténuées de fatigue, elles ne pourront plus sortir de la cloche et tomberont pour ne plus se relever.

Le complément de notre mobilier de guerre contre les mouches et les oiseaux est notre indispensable et redoutable sac à raisin. Avec lui, nous sommes complètement à l'abri des déprédations de la gent ailée ; mais il faut rejeter le sac en crin, trop cher et dont le tissu est trop serré. A plus forte raison, rejetterons-nous le sac en papier, économique il est vrai, et avec lequel on n'a pas à redouter les coups de soleil sur les grappes ! Il est bien regrettable de voir des personnes s'en servir, comme si elles préféraient le raisin vert au chasselas doré.

Les toiles de jardin ont l'inconvénient de couvrir entièrement l'espalier et d'empêcher la réverbération sur les grappes; nous n'emploierons donc que les sacs en toile inaltérable (système Bachelier, *fig*. 259). Leur tissu clair, leur excessif bon marché, leur longue durée et la facilité qu'on a de pouvoir les raccommoder, s'ils viennent à être percés par quelques frêlons ou mulots, leur donnent la prééminence sur tout ce qui est connu, surtout s'ils sont munis d'un bouchon (A) de fermeture qui, par un mouvement de va-et-vient, ouvre et clot instantanément le sac à volonté.

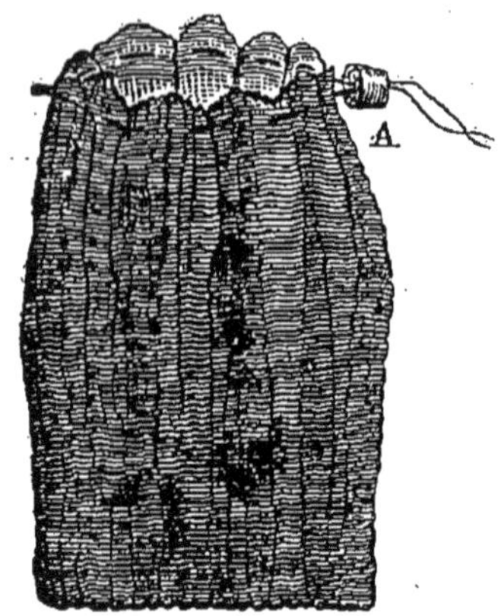

FIG. 259. — Sac en toile avec bouchon pour l'ensachement des grappes.

Le moment de l'ensachement est subordonné aux premiers dégâts des oiseaux et des mouches, et chaque quinzaine on doit retourner les grappes ensachées, afin que le soleil les colore de tous côtés.

ABRIS MOBILES CONTRE LES PLUIES D'AUTOMNE.

C'est à ce chapitre que commence déjà la conservation du raisin. Les aspersions, utiles au coloris des grains, doivent être supprimées vers la fin de septembre, attendu qu'à cette époque les raisins n'ont plus qu'à parfaire leur maturité ; aussi, nos précautions doivent-elles tendre à en assainir l'épiderme, à éviter les moindres pluies, si fréquentes à l'automne, car tout grain mouillé n'atteint même pas le mois de janvier comme conservation.

Dès les premiers jours d'octobre, les tablettes ou auvents (*fig*. 195 et 196) seront descendues du grenier et placées au-dessus des treilles qu'elles préserveront pendant tout le mois des pluies ou des quelques premières nuits froides qui attendriraient trop leurs grains.

Il arrive souvent dans cette saison et surtout en terrain bas que des paillassons dressés au pied des murs, dans les nuits froides de la deuxième quinzaine d'octobre, deviennent utiles contre quelques premières gelées qui, sans atteindre les treilles, attendrissent considérablement les grains.

On comprend donc qu'en cette saison il faut faire en sorte que les grappes soient saines, comme si elles étaient déjà à la fruiterie : la différence consiste en ce qu'on profite encore des quelques jours de soleil et qu'on gagne ainsi du temps dans la conservation.

LA MEILLEURE FRUITERIE AUX RAISINS.

Avant de décrire la cueillette et les modes employés pour la conservation des grappes, la fruiterie a besoin d'être bien comprise, ainsi que les accessoires qui la composent. Elle doit être de rigueur placée au premier étage d'une maison, isolée des autres fruitiers et séparée même du mur extérieur du bâtiment par un corridor large de 1 mètre faisant le tour du local construit en briques de champ. On emploie utilement ce corridor pour la conservation des pommes de terre de semence qu'on étend sur des tablettes à jour, où elles verdiront de toutes parts; les graines potagères et de fleurs y trouveront aussi leur place, ainsi que les ognons à fleurs de toutes sortes. Mais son but principal, eu égard aux raisins, c'est d'éloigner la fruiterie des brusques changements de température, en y plaçant un petit poêle mobile, système Choubersky, et qui servira, pendant les nuits de grand froid, à combattre les fortes gelées, sans avoir l'inconvénient de changer la température intérieure de la pièce, qui ne doit jamais descendre au-dessous de zéro, ni monter au-dessus de 6 à 8 degrés centigrades.

Nous conseillons, si cela se peut, de couper la fruiterie par une cloison en briques de champ, afin que les raisins frais soient dans une pièce et les raisins à rafle sèche dans l'autre. On ménage trois grandes ouvertures en face l'une de l'autre, dont deux portes à un ventail : l'une à l'entrée, s'ouvrant à battants dans le corridor, l'autre dans la cloison lui faisant face et donnant accès dans la pièce du fond, mais s'ouvrant à coulisses ; et au fond de cette deuxième pièce, un large guichet glissant dans le corridor qui entoure le local ; de plus, on place encore quatre autres guichets, larges de 50 centimètres, à coulisses également, dont deux dans chaque pièce et en croix avec les ouvertures principales, comme ceux décrits à la fruiterie mixte.

Ces guichets, ouverts en été, comme les portes, serviront à aérer la fruiterie. Ils seront aussi utiles pour faire ressuyer les raisins, pendant une dizaine de jours, après leur rentrée dans le local, mais ils seront ensuite fermés hermétiquement, et calfeutrés avec de la mousse sèche, afin de priver la pièce de la lumière et de l'air extérieur.

Les portes ne seront ouvertes que pour livrer passage et permettre tous les quinze jours une revue aux raisins, afin de retrancher et enlever les grains qui commenceraient à pourrir, ou pour choisir celui qu'on veut destiner à la consommation ou à la vente, mais toujours à l'aide d'une lampe et jamais de la lumière extérieure.

Si cette excellente combinaison spéciale aux raisins n'était pas possible à tous, on devrait s'arrêter au fruitier mixte (*fig.* 155), mais l'ameublement de l'intérieur ne doit pas varier qu'il soit dans une pièce unique ou dans deux.

Dans une pièce seule, le raisin à rafles sèches sera placé autour des cloisons (T) et le raisin frais au centre (U, *fig.* 155); dans deux pièces, au contraire, c'est la première qui reçoit le raisin sec ; aussi, doit-on la garnir de rangées de tiroirs, avec fond à jour (système Charmeux) (T, *fig.* 155 et A, *fig.* 260), distancés entre eux de 25 centimètres (X, *fig.* 155 et B, *fig.* 260) ; la première à 30 centimètres du sol (D) en avant et à 40 cent. en arrière (D). Leur largeur sera de 50 centimètres environ, leur hauteur de 10 centimètres, et leur profondeur de 1 mètre (A, *fig.* 260).

Si la largeur de la pièce le permet, on établira au milieu une rangée semblable à celle du tour, mais d'une double largeur et inclinée de 10 centimètres de chaque côté, de l'arrière en avant, comme on le voit à la figure 260, et s'ouvrant alors sur deux faces dans une petite allée faisant le tour. Chaque tiroir sera garni d'une couche légère de paille de seigle très sèche, très ferme et bien nettoyée, ou mieux de fougère récoltée depuis un an.

On comprend que ces tiroirs légers et portatifs sont très

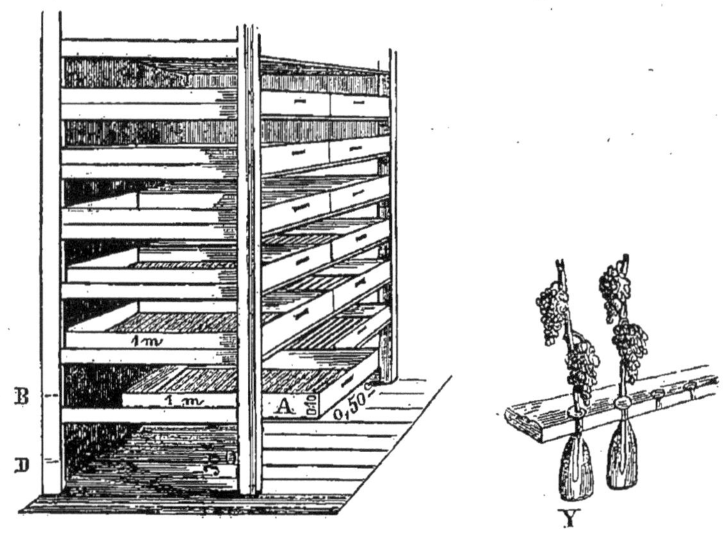

FIG. 260 et 261. — Etagère de tiroirs à coulisses pour les raisins à rafles sèches, et fioles à raisins à rafles fraîches.

commodes, en ce qu'ils permettent l'épluchage des grains sans déranger les grappes, puisqu'on peut les porter près de la lumière.

La moindre place libre dans le local sera encore employée par des fils de fer galvanisés tendus dans toutes les directions, afin de suspendre le plus de grappes possible; elles seront renversées à l'aide d'S en fils de fer.

La deuxième pièce du fond de la fruiterie, ou le milieu de celle du premier étage (*fig.* 155) du fruitier mixte, sera affectée à la conservation du raisin à rafles fraîches supporté par des lignes d'étagères (A, *fig.* 262 et U, *fig.* 155) distancées entre elles de 1 mètre (D, *fig.* 155) et reliées au bas par une légère traverse placée sur le plancher (J) et clouée en haut sur les soliveaux de plafond; chaque potence ou support d'extrémité (B, *fig*. 262) aura d'épaisseur 3 centimètres environ et de largeur 14 centimètres, faisant face à la ligne de tablettes (E) reliées solidement à chacune d'elles (F). Elles seront larges de 15 centimètres et épaisses de 15 à 18 millimètres, et de chaque côté de fortes encoches seront pratiquées tous les 15 centimètres pour recevoir les fioles (H, *fig*. 262 et Y, *fig*. 261) remplies jusqu'au goulot d'eau limpide dans laquelle on a préalablement déposé une cuillerée à bouche de charbon de bois pulvérisé.

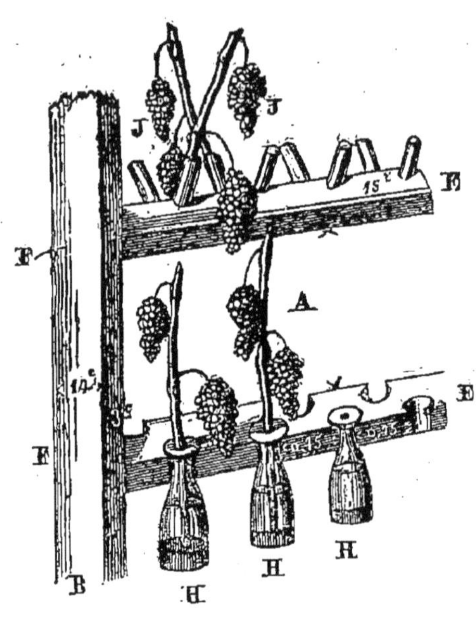

Fig. 262. — Étagère pour raisins à rafles fraîches H avec fioles, J avec cylindres.

Une autre méthode plus moderne consiste à employer des cylindres en fer blanc peints, à fond plat (E, *fig*. 262), d'une longueur d'un mètre environ et d'un diamètre de 5 à 6 cent., qu'on remplit d'eau avec une addition de charbon pulvérisé. Ces longs tuyaux sont garnis d'un double rang de tubes cylindriques longs de quelques centimètres et distancés entre eux de 15 centimètres environ, ce qui permet au sarment d'être plongé dans l'eau, en maintenant la grappe légèrement inclinée en dehors (J). Ces cylindres sont portés horizontalement par les tablettes dont il vient d'être question; de cette manière, les grappes penchent légèrement d'arrière en avant et peuvent être facilement visitées sans secousse ni dérangement.

RÉCOLTE DES RAISINS POUR LA CONSERVATION.

La cueille entre pour une bonne part aussi dans la conservation des raisins; on ne doit jamais oublier que le raisin récolté sur la moitié supérienre de l'espalier, à l'abri des auvents, se conservera beaucoup plus longtemps que celui qu'on récoltera près du sol. L'époque habituelle de la cueille est à peu près du 20 Octobre aux premiers jours de Novembre; elle varie selon l'état de la température chaque année et selon la localité qu'on habite; mais une remarque précieuse à connaître c'est de distinguer le moment où la maturité est complète; cueilli trop tôt, le raisin n'a pas toutes les qualités requises, cueilli trop tard, il risque d'être imprégné d'humidité atmosphérique et de pourrir au fruitier; c'est un tact que la pratique seule enseigne et que quelques échecs montrent mieux que tous les conseils qu'on peut donner. Il ne faut pas non plus être trop ambitieux; si du 15 au 30 Octobre, le raisin a acquis toutes ses qualités jointes à un beau coloris, on doit profiter de quelque beau jour pour cueillir le plus beau, c'est-à-dire celui qu'on destine à la conservation à l'état frais.

La cueillette a lieu lorsque le soleil ne donne plus sur le mur, parce qu'alors on distingue mieux son degré de maturité. Avec le sécateur on coupe le sarment chargé de deux belles grappes, au-dessus du point où on doit le tailler en hiver, mais encore assez long au-dessous de la grappe inférieure pour lui permettre de pénétrer jusqu'au fond de la fiole ou du cylindre rempli d'eau.

On aura soin d'arracher les feuilles et le pétiole à mesure de la coupe des sarments, qu'on déposera avec leurs fruits dans des paniers plats (*fig.* 153) et sur un seul rang, où ils seront transportés sur la tête jusqu'à la fruiterie. Chaque sarment aura immédiatement le pied introduit dans la fiole ou dans le tube des cylindres, mais de manière que les grappes soient penchées en avant. Les cordons bisannuels coupés à 20 centimètres du sol, comme nous l'avons dit, seront effeuillés immédiatement et palissés debout près de la muraille, avec la base dans une grande bouteille d'eau.

La deuxième et dernière récolte sera pour les grappes moyennes et petites qu'on destine à la conservation en sec, mais elle ne se fera jamais plus tard que dans les premiers jours de Novembre.

Les grappes seront coupées à la serpette à la naissance du pédicelle sur le sarment; les plus belles seront suspendues, renversées ou accrochées aux fils de fer à l'aide d'une S; les autres seront étendues dans les tiroirs susdits, en les couchant près à près sans se toucher, avec le soin d'écarter légèrement leur aileron, en les plaçant, pour distancer les grains entre eux.

A ce moment, toutes les issues d'aération de chaque pièce seront ouvertes pendant une dizaine de jours, afin que les courants d'air ressuient bien les grains. Une visite générale des grappes suivra ce laps de temps en permettant au ciseau de couper sans exception tout grain qui ne présenterait pas un épiderme sain. Les portes et les guichets seront ensuite hermétiquement fermés pour ne s'ouvrir qu'après le départ général du raisin.

EMBALLAGE DU RAISIN.

Le raisin peut être expédié à de très-grandes distances et être aussi frais à son arrivée qu'à son départ, en se servant, comme à Thomery, de très-petites boîtes plates en bois blanc. Il y en a de plusieurs grandeurs, selon la saison où on l'expédie; celles qui servent de Septembre à Janvier contiennent 1 kilog. 500 grammes environ, et plus tard 500 grammes seulement.

Les petites boîtes ont 23 à 25 centimètres de longueur, sur 18 centimètres de largeur et 5 centimètres de profondeur; l'épaisseur du bois n'est que de 5 à 7 millimètres; on dépose une feuille de papier blanc sur le fond et on place les grappes l'une près de l'autre, pour que le plus beau côté posé sur cette feuille soit le côté apparent au déballage; une même feuille de papier doit être placée sur le raisin, avant de fixer le petit couvercle, qui sera cloué à l'aide de six petites pointes.

Toutes ces boîtes se placent facilement dans une grande caisse pour l'expédition.

Quant aux raisins de deuxième choix, nous préférons l'emballage de Montreuil qui consiste à placer deux ou trois kilogrammes de chasselas monté en pyramide sur un panier d'osier, de forme ovale, rempli de regain de prairie. On enveloppe la pyramide avec une grande feuille de papier blanc, pour préserver les grains du contact d'une toile d'emballage nommée *banne*, qui serre très fortement le rebord du panier et toute la pyramide, et d'autant plus solidement qu'elle est croisée et fixée à l'aide de grosses épingles faites exprès, avec le soin toutefois que la banne se croisera du côté le plus beau de la pyramide, favorable alors à la vente, lors du déballage.

Dans cet état, le raisin peut encore franchir de grandes distances, sans plus se froisser qu'au fruitier.

RAJEUNISSEMENT DE LA VIGNE.

Nous terminerons l'exposé de ce qui concerne la culture de cet utile arbrisseau sarmenteux, en conseillant aux propriétaires de ne jamais conserver une vigne qui serait épuisée par l'âge, par une trop grande production ou par un appauvrissement du sol. Plusieurs moyens peuvent être facilement employés : pour des vignes qui n'ont que des têtes de saule ou des nodosités et dont la sève est impuissante à traverser de tels obstacles, il faut rajeunir les cordons en les coupant à la moitié de leur longueur. Cette opération se fait à la sortie de l'hiver, à l'aide d'une scie à main ; on rafraîchit la plaie avec la serpette et on la recouvre d'une légère couche de peinture, cela après que la plaie est ressuyée. Les coursons restants seront rapprochés le plus près possible de la charpente sur de jeunes productions.

A l'ébourgeonnage, on conservera un bourgeon de remplacement sur chaque extrémité tronquée, selon la forme du cordon, et on le pincera à 1 mètre 50 centimètres pour être traité l'hiver suivant, d'après la forme admise pour chaque pied, comme nous l'avons dit au chapitre de l'élevage des jeunes vignes.

Le deuxième moyen, plus radical encore, consiste à recéper à 10 centimètres du sol, en les laissant se développer, les plus vigoureux bourgeons, dont on pince le plus fort à 1 mètre 50 ou 2 mètres et les autres à 50 centimètres ; on couche le plus long l'hiver suivant dans une tranchée large de 1 mètre et à la profondeur des pieds mères qui resteront intacts, les plus faibles sarments seront totalement supprimés.

Avant de pratiquer le couchage, chaque sarment sera ébourré, décortiqué et soumis à une légère torsion sur toute sa partie enterrée où, dans la terre, il formera un serpentin sur une largeur de 50 centimètres, en ramenant l'extrémité près du mur, juste à la place qu'occupait le pied.

Comme nous l'avons vu au chapitre de la plantation, du terreau et une terre neuve recouvriront ce jeune sarment qui sera taillé de suite à la hauteur nécessaire à la première formation du cordon, si toutefois celui-ci ne dépasse pas 1 mètre, selon la forme qu'il occupe près de l'espalier. Un bon paillis de fumier recouvrira le sol de la costière pour maintenir la fraîcheur et améliorer le terrain de la nouvelle plantation. Là encore, une légère couche de carbonate de potasse des ménagères sera très vivifiante, sur le sol de la plantation avant d'étendre le paillis.

Quant aux jeunes sarments, ils seront en tous points traités comme ceux d'une nouvelle plantation à leur troisième année, mais on profitera de la grande abondance de sève pour établir vivement et solidement la forme adoptée.

GROSEILLIER. — ÉTABLISSEMENT DE SA CHARPENTE AU JARDIN FRUITIER ET AU VERGER.

1° *Au jardin.*

Cet arbuste peut être dirigé selon la destination de ses fruits et l'emplacement qu'on possède ; pour fruits de dessert, on le cultive sous forme verticale, oblique et horizontale, alors dans le jardin fruitier. Au verger, il doit être cultivé sous forme de vase simple.

Le cordon vertical (*fig.* 263) est placé habituellement près de petits murs, aux expositions froides ou tempérées, les groseilliers distancés de 20 centimètres (A). La première année, l'arbuste reste en liberté, afin de lui donner le temps d'acquérir d'abondantes racines; au deuxième printemps, il est soumis au

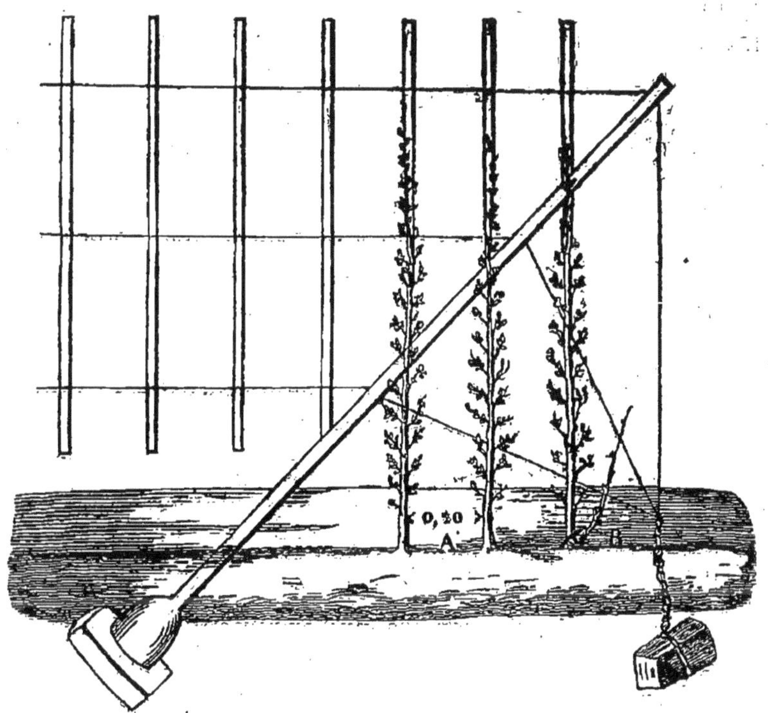

FIG. 263. — Petit espalier de Groseilliers en cordons verticaux.

recépage sur le rameau le plus rapproché du sol et qui est lui-même taillé sur un seul œil, pour fournir un bourgeon de prolongement vigoureux destiné à la formation de la charpente, à moins que, par l'effet du recépage, un bourgeon radical plus vigoureusement constitué prenne le dessus, ce dont il faudrait se hâter de profiter en recépant l'onglet jusqu'au-dessus de celui-ci qui serait palissé au fur et à mesure de son élongation, sur une baguette jusqu'à l'arrêt de la végétation.

Au troisième printemps, la serpette supprimera simplement le tiers supérieur de sa longueur totale au-dessus d'un œil placé en avant. Le palissage terminera le travail d'hiver en attendant le départ de la végétation, où on palissera le nouveau bourgeon destiné encore à prolonger la charpente; et cela d'année en année, jusqu'à ce que l'espalier soit complet. Il suffira alors d'exciter le départ d'un nouveau bourgeon bien placé vers la base de la charpente (B, *fig.* 263), qui remplacera totalement le groseillier lui-même l'hiver subséquent.

Il est facile d'obtenir ce résultat sur cet arbuste, en supprimant, l'été qui précède, tous les bourgeons au-dessus des fruits, afin d'aider la sève vers la base du pied. Cette manière d'opérer est toute naturelle, puisque le bois s'endurcit vers la cinquième ou la sixième année et ne donne, à partir de cette époque, que de petits fruits acerbes et sans saveur; aussi voit-on la sève gênée faire irruption vers le pied où plusieurs bourgeons ne tardent pas à sortir aux dépens du pied mère.

Le cordon oblique du groseillier dans le jardin fruitier rend aussi des services, pour de petits contre-espaliers doubles ou simples de 90 cent. à 1 mètre 50 cent. de hauteur, en longeant les allées; les pieds sont plantés à distance de 25 à 30 cent., avec la charpente inclinée vers le Sud ou l'Est, mais toujours relevée en hémicycle, malgré sa position à angle de 45 degrés.

Le mode de conduite diffère peu de celui du cordon vertical, si ce n'est que le rameau de prolongement est taillé chaque année plus long sur un œil en avant ou en dessous.

Le cordon horizontal unilatéral longe également les allées, comme celui du pommier sur paradis (*fig.* 141), mais tous les arbres sont inclinés du même côté (B, *fig* 64). Par sa nature, cet arbuste se plaît parfaitement à cette disposition et y vit beaucoup plus longtemps, principalement le groseillier épineux nommé maquereau qui, sous cette forme, fournit de plus gros fruits, plus faciles aussi à cueillir que s'ils étaient cultivés par toute autre méthode. Quant au mode de l'établir, il ne diffère du pommier en cordon que par le recépage un an après sa plantation, mais la taille de sa charpente est la même que pour les formes précédentes du groseillier et n'a pour but que de supprimer la partie mal constituée, si besoin en est. La non-taille vaut encore mieux si le bois est bien mûr et l'œil terminal bien formé; mais il ne faut pas oublier d'élever en hémicycle l'extrémité de chacun des cordons, et de redresser verticalement leur extrémité dès qu'ils auront atteint le pied voisin, comme pour le Pommier (F, *fig.* 141).

2° *Au verger.*

La forme du *vase simple,* cultivée au verger, est la plus naturelle pour le groseillier : l'obtention et la direction de sa charpente sont des plus faciles. Cet arbuste se plante à 1 mètre 50 centimètres sur le rang, entre les arbres fruitiers, les lignes distancées elles-mêmes de 2 mètres pour permettre la culture de fraisiers.

L'hiver qui suit celui de la plantation, il sera recépé au-dessus des trois rosettes placées sur la partie inférieure du jeune pied, environ à 20 centimètres du sol (A, *fig.* 264 et 265),

Fig. 264. — Jeune Groseillier pour vase, l'hiver qui suit sa plantation.

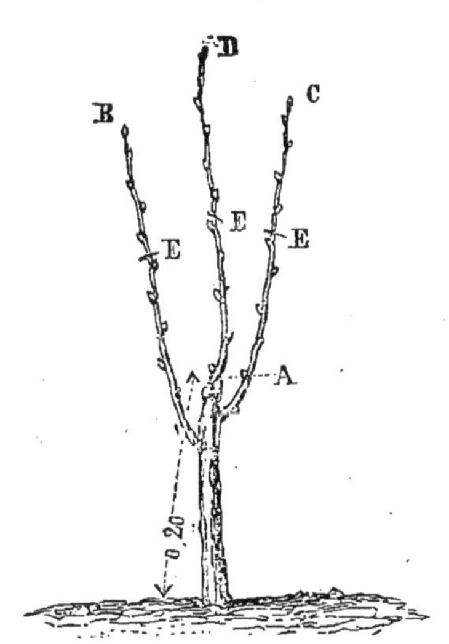

Fig. 265. — Jeune Groseillier en vase avec ses trois premières branches.

afin de conserver trois bourgeons alternes vers le même point au départ de la végétation pour l'établissement du vase (B, C, D, *fig.* 265). Ce même été, on veillera à leur équilibre par les moyens décrits plus haut, tout en ayant soin de les maintenir assez ouverts.

Au printemps suivant, chacune des jeunes charpentes sera taillée au-dessus de 20 à 25 centimètres (E, *fig.* 265) sur deux yeux latéralement placés et qui, à la végétation nouvelle, doubleront le nombre des charpentes du vase (A, *fig.* 266) en présentant entre elles le même équilibre que l'été précédent.

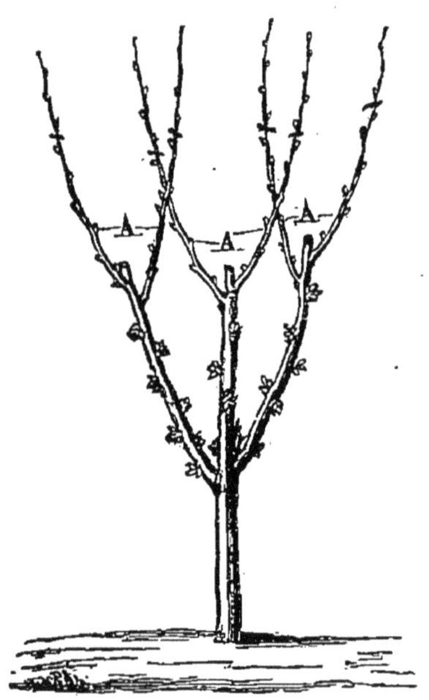

Fig. 266. — Groseillier vase de 3 ans, avec ramifications fruitières.

Quant aux bourgeons qui se développent latéralement à la jeune charpente, ils seront soumis au traitement de la mise à fruit, décrite au chapitre suivant.

Les mêmes soins seront donnés chaque année jusqu'à la complète formation du vase qui sera composé d'une douzaine de branches plus ou moins régulièrement réparties à la circonférence, sans cerceaux ni baguettes, mais qui permettront au soleil et à la lumière de pénétrer à l'intérieur.

Après cinq ou six années, et si la végétation se ralentit, on agira pour cette forme comme pour les cordons verticaux et obliques, afin de faciliter le départ d'un nouveau bourgeon du pied (B, *fig.* 263) qui sera conduit par les mêmes moyens que ceux que nous venons de décrire. Enfin, plus tard, à l'épuisement de ce nouveau vase, il sera pourvu au remplacement des Groseilliers, mais plus facilement encore qu'aux formes précédentes, à cause de l'espace des pieds entre eux qui permet la plantation de nouvelles lignes entre les anciennes, ne et la suppression des vieilles qu'autant que les nouvelles rapporteront déjà leurs produits.

TRAITEMENT DES RAMEAUX A FRUITS DU GROSEILLIER.

Au départ de la végétation, chaque année, il suffit de couper le bouquet terminal de feuilles de chacun des nouveaux bourgeons fruitiers placés latéralement au rameau terminal des charpentes, et de casser, dès qu'ils ont poussé de nouveau, à trois grandes feuilles au-dessus des yeux verticillés de la base (A, *fig.* 267). Si l'œil terminal tire-sève se développait en bourgeon an-

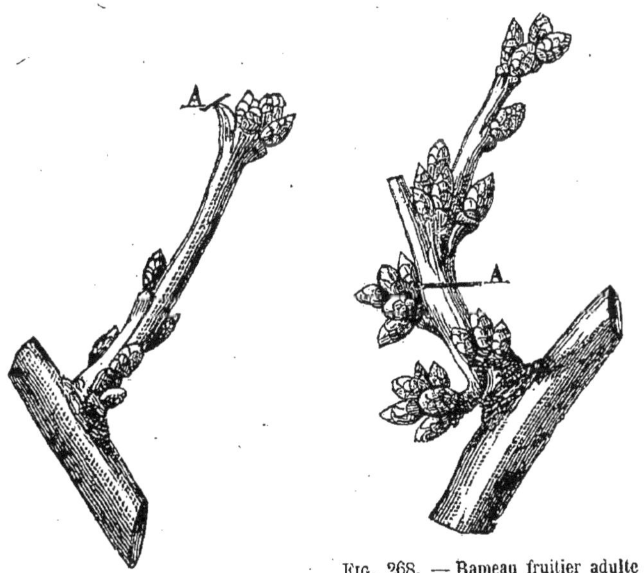

Fig. 267. — Rameau de Groseillier cassé à trois yeux alternes.

Fig. 268. — Rameau fruitier adulte à l'époque de la suppression du tire-sève.

ticipé, on le casserait à un œil au-dessus du premier cassement à l'approche de la maturité des fruits.

Sur les rameaux du Groseillier maquereau, cette opération se fait au sécateur pour éviter de se blesser.

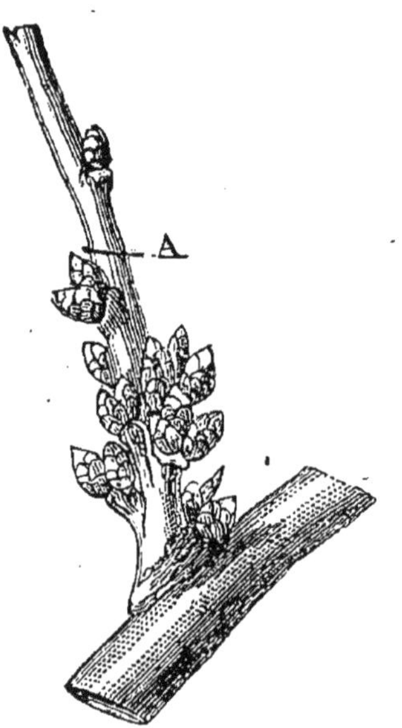

Fig. 269. — Jeune rameau fruitier de Groseillier avec agglomération de boutons fruitiers.

Fig. 270. — Rameau fruitier adulte à l'époque de la suppression du tire-sève.

Quant aux cassements d'hiver, ils se résument à tout retrancher au sécateur au-dessus des rosettes fruitières et des petits

Fig. 271. — Dard bifurqué de Groseillier.

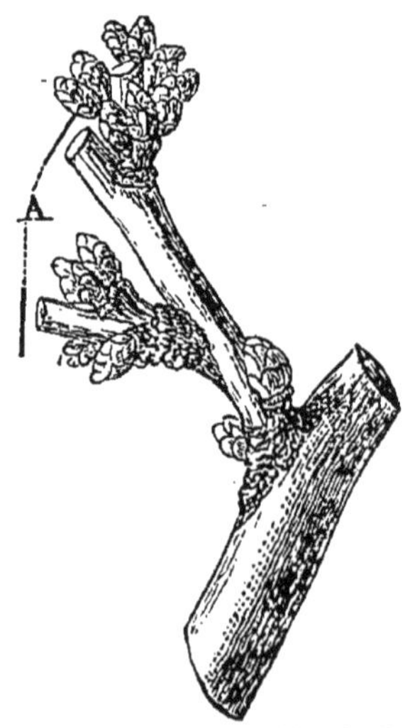

Fig. 272. — Rameau fruitier de Groseiller rapproché sur ses rosettes fruitières.

dards bifurqués, qu'on distingue parfaitement à l'agglomération de leurs yeux (A, *fig.* 268, 269, 270, 271, 272), sans chercher à les rapprocher près de la charpente, comme cela a lieu pour les autres arbres fruitiers.

Les figures précédentes montrent mieux que tous les conseils possibles les opérations sur diverses sortes de ramifications fruitières de cet arbuste, et donnent parfaitement raison au mode de rajeunissement du Groseillier par le recépage décrit plus haut, puisqu'on ne peut jamais espérer la sortie de nouveaux rameaux fruitiers sur la vieille charpente qui finit par s'endurcir, se dénuder et mourir.

CONSERVATION DES GROSEILLES SUR PIED.

La conservation des fruits est facile dans le jardin fruitier près de l'espalier où on place, sous le larmier, de petites tablettes mobiles en paille, dont la saillie est proportionnée à la hauteur du mur, soit 30 centimètres pour un espalier de 1 mètre 50 centimètres. Près du mur, on dresse de la paille assez claire pour intercepter l'action solaire ou l'humidité ; ou, ce qui est encore plus simple, on applique une toile de jardin sur les fruits.

Pour les fruits en contre-espalier, on dresse de chaque côté de légers paillassons et on obtient le même résultat. Enfin, pour les groseilliers en vase dans le verger, on les effeuille à l'intérieur, on les lie en faisceau, et on les enveloppe de paille ou de paillassons pour former un cône semblable à celui qui abrite les arbustes pendant l'hiver. On place ces abris au moment de la première maturité des Groseilles ; elles finissent d'acquérir doucement leurs qualités jusque bien avant dans l'automne.

INSECTES NUISIBLES AU GROSEILLIER.

Les jeunes bourgeons du Groseillier à grappes sont souvent attaqués par une sorte de puceron nommé *Aphis ribis*. On le détruit comme le puceron du Pêcher.

Le Groseillier maquereau a aussi et principalement un autre insecte qui dévore ses jeunes feuilles au point de laisser les fruits à nu, ce qui fait qu'ils ne tardent pas à s'endurcir et à tomber ; c'est la larve d'une mouche à scie, le *Tenthredo ribis*, qu'on voit même sur le Groseillier à grappes, sous le nom de *Tenthredo capræ*. On le détruit très facilement en saupoudrant le Groseillier de chaux vive qui s'attache aux larves grasses et d'un vert tendre transparent, comme cela a lieu sur les larves de la sangsue Limace du Poirier et du criocère de l'asperge.

FRAMBOISIER. — SA FORMATION AU JARDIN FRUITIER ET AU VERGER.

Au chapitre de la distribution du jardin fruitier, nous avons dit pour le framboisier que les variétés remontantes seules devaient y trouver place, comme fruits de dessert et cultivées par la méthode hollandaise modifiée (*fig*. 64). On le plante au centre d'une des plates-bandes, large de 2 mètres 80 cent. (A). Chaque pied doit être distancé de 1 mètre 50 cent. sur le rang (F), en établissant de chaque côté, à 25 cent. des allées, une ligne de cordons à 2 fils, le premier à 30 cent. du sol pour recevoir des groseilliers en cordons unilatéraux (B), ou de petits Pommiers de paradis, et le second à 30 centimètres au-dessus pour fixer les tiges fructifères des Framboisiers (C). On obtient ce résultat, quant à la plantation et aux soins de première année, en suivant le mode indiqué au chapitre précité.

Comme le bois du Framboisier est bisannuel, il suffit de conserver chaque printemps, quatre forts bourgeons radicaux (E) à chaque touffe, pour obtenir des fruits l'année suivante sur les variétés non remontantes, *destinées aux confiseurs*, et le même automne sur les variétés de deux saisons *dites perpétuelles*. Ces quatre rameaux seront taillés en février suivant sur une longueur de 1 mètre 30 cent. environ, palissés de manière qu'ils soient deux de chaque côté de la plate-bande, à une distance de 50 cent. entre eux sur le deuxième fil de fer (D).

Cette position inclinée des rameaux favorisera la sortie des yeux latéraux fruitiers sur tout leur parcours et procurera une

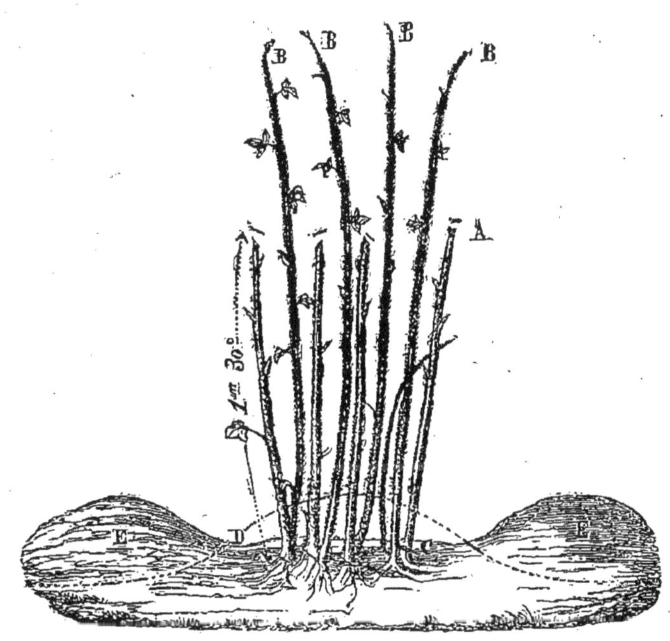

FIG. 273. — Cépée de Framboisier au verger.

abondante récolte. Les bourgeons radicaux de remplacement (B) partiront plus facilement; ils fructifieront à l'automne pour les variétés remontantes; on les palissera à leur tour sur les fils de fer pour remplacer les anciens qui seront coupés rez terre.

Au Verger, la culture du Framboisier est assimilée à celle du groseillier, et la distance est la même entre les lignes d'arbres fruitiers, afin de permettre encore la culture du fraisier.

Chaque touffe ou cépée (*fig.* 273) ne possédera annuellement que quatre ou cinq rameaux fruitiers qui seront taillés en février à 1 mètre ou 1 mètre 30 cent. (A), selon la vigueur des pieds en laissant développer au printemps le même nombre pour leur remplacement (B); chaque hiver, on rompra aussi à fleur du sol les anciens rameaux fruitiers desséchés (C).

Comme au jardin fruitier, on rechausse annuellement en mars par dessus une fumure de gadoue de ville, ou, à défaut, de vieux fumier de basse-cour. On fait ensuite un paillis de feuilles sur toute la surface, pour empêcher la ponte des hannetons et entretenir la fraîcheur du sol.

En (D), on aperçoit le buttage annuel formé avec la terre prise en (E), tandis qu'en novembre le contraire a lieu, puisqu'on déchausse chaque touffe jusqu'aux racines qui reçoivent une bonne fumure en remplacement de la terre qu'on dépose en ados autour de la touffe (E).

Sitôt que les framboisiers n'auront plus la force de produire chaque année des bourgeons aussi vigoureux qu'on pourrait l'espérer, selon leur variété, on pourvoeira à leur remplacement dans un nouveau sol en supprimant les anciens pour les remplacer par d'autres cultures.

INSECTES NUISIBLES AU FRAMBOISIER.

Peu d'insectes attaquent le framboisier, en dehors de la larve du hanneton que nous venons de citer et qu'il est facile d'éloigner par le paillis de feuilles. Cependant, il existe une sorte de chenille à anneau qui cause quelques dégâts ; aussi faut-il couper le fragment de branche qui est enserré par ces œufs formés en anneaux et les brûler.

Une sorte de ver attaque aussi les fruits, mais le plus souvent sur de mauvaises variétés ou sur des fruits provenant de pieds peu vigoureux et épuisés. Nous ne connaissons aucun moyen pratique de destruction que le remplacement de la variété ou le placement des pieds dans un sol plus généreux, ou encore par une addition d'engrais qui favoriserait leur végétation.

FIGUIER. — MODE DE VÉGÉTATION, FORMATION DE SA CHARPENTE.

Le figuier, de la famille des artocarpées qui croît spontanément dans le nord de l'Afrique, est cultivé avec profit depuis deux siècles à Argenteuil, près Paris, où il est assimilé aux vignobles sur une surface de 40 à 50 hectares et où annuellement, il produit environ 250,000 figues fraîches.

Dans le Midi, sa végétation est continuelle, mais, en deçà, les premiers froids font tomber les feuilles et les fruits encore verts. Son mode naturel de formation est une touffe de bourgeons nés sur une souche unique. Ils se lignifient, s'élèvent, deviennent rameaux et donnent naissance latéralement à d'autres qui s'affaiblissent d'autant plus vite que leur sommet prend de la force et se bifurque à l'infini.

D'autres bourgeons naissent alors de la souche, envahissent la charpente elle-même qui s'affaiblit de plus en plus à son tour, pour faire place à de nouveaux plus vigoureux encore. Dans cet état le Figuier vit indéfiniment.

Dans le Midi, on l'élève sur une tige unique en détruisant les bourgeons radicaux, mais elle s'épuise avec l'âge. Après un laps de temps de 12 à 18 ans, on recèpe les Figuiers, en ayant recours à un bourgeon gourmand, né directement au pied.

La tête élevée d'une tige unique laisse trop de prise à la chaleur qui dessèche le sol et les racines qui réclament cependant autant de fraîcheur que la tête demande de soleil ; c'est pourquoi, dans ce pays, la culture d'Argenteuil, dont il va être parlé, serait de beaucoup préférable à cause de la position inclinée des charpentes près du sol ; l'ombre des feuilles conserve la fraîcheur aux racines tout en exposant davantage les fruits à une dose de chaleur humide.

La fructification du Figuier a cela de particulier qu'elle s'établit sur tout le parcours des bourgeons l'année même de leur formation (A, *fig.* 274) et que les figues diminuent de volume à mesure qu'elles se rapprochent de leur extrémité ; celles de la base (A), constituent une très-belle récolte d'automne au sud de Paris; dans le Midi elles en sont la récolte principale. Celles du sommet seules (A), réussissent parfaitement à Argenteuil et dans nos régions septentrionales.

FIG. 274 — Mode de fructification du Figuier.

Si la Figue était un fruit proprement dit, la récolte serait impossible. Heureusement il n'en est pas ainsi : c'est une sorte de réceptacle persistant pouvant braver comme le Figuier lui-même le sommeil léthargique de l'hiver, si l'on prend la précaution de le garantir des grandes gelées. Au réveil de la végétation, ce fruit continuera à grossir et constituera ce que, dans nos régions, nous nommons figue-fleur, figue d'été, et qui sera d'autant meilleure qu'on ne lui aura pas donné le temps de former ses fruits, ses graines. On obtient ce résultat par un moyen trés-ingénieux et très-ancien qui consiste à déposer, le soir d'un beau temps, une goutte d'huile d'olive avec un tube de paille sur l'œil de la figue sitôt qu'il rougit, c'est-à-dire sitôt qu'il veut accomplir le phénomène de son épanouissement. Sa floraison contrariée par cette matière grasse ne se fait pas et les graines innombrables qui, en grossissant, forment le réceptacle, avortent. La figue ne présente plus alors ces graines dures et totalement formées par une maturité ordinaire. La maturité, en effet, s'effectue beaucoup plus vite, car cinq jours suffisent pour donner à la figue, en place de la couleur verte qu'elle avait, celle qui distingue chaque variété jointe à une maturité et une qualité qu'elle n'obtiendrait jamais sans ce procédé.

Le Figuier déjà si bizarre possède encore une partucularité sans exemple sur les autres arbres fruitiers, c'est qu'il est plus généreux et les figues beaucoup plus belles si les bourgeons qui es forment sont plus vigoureux. Le mode de fructification du

Figuier ayant beaucoup de rapport avec le Pêcher, nous soumettrons ses rameaux à quelques-unes des opérations de ce dernier. La culture sera, pour nos régions, toute naturelle et à la portée de tous ; elle sera rémunératrice en même temps que très-agréable.

Dans le chapitre sur la distribution du jardin fruitier, nous avons dit qu'au centre d'une plate-bande large de 3 mètres 20 centimètres, bordée de chaque côté par une ligne de Groseilliers obliques sur trois fils de fer, on plantait les figuiers sur un seul rang, mais distancés entre eux de 4 ou 5 mètres pour cépées doubles, c'est-à-dire s'inclinant des deux côtés, ou à 2 mètres 50 centimètres pour cépées simples, s'inclinant alors seulement d'un seul côté (*fig.* 67). Ce dernier mode est préférable pour éviter le froissement des feuilles et des fruits, plus applicable aussi sur un sol en pente où la cépée se trouve inclinée selon l'élévation du terrain, et plus facile à la formation d'un bassin autour du pied (A), devant servir aux amples arrosements pendant la sécheresse et faciliter le maintien de la fraîcheur du sol à l'aide d'un bon paillis. Ces soins seront les seuls que réclament les jeunes figuiers la première année de plantation, ainsi que la destruction des herbes, un binage et la préservation du froid, comme nous le verrons plus loin.

Les soins de deuxième année seront encore les mêmes, car nous préférons, non pas seulement une bonne reprise, mais surtout une grande vigueur, qu'ils acquerront ce deuxième été. Vers la deuxième quinzaine de mars du troisième printemps qui suit la plantation, et après avoir relevé les pieds de terre, ils seront recépés à l'aide du sécateur à une hauteur de 15 à 25 centimètres (B) de leurs racines, l'onglet détruit seulement après sa mort. Chaque touffe sera déchaussée légèrement sur un rayon de 30 centimètres et garnie de terreau léger qui aidera au développement des nouveaux jets.

Pour les cépées simples, l'ébourgeonnage conservera six bourgeons (*fig.* 275) et pour les cépées composées, douze, mais surtout sans bifurcation. Les soins d'été leur seront appliqués comme les années précédentes ; mais vers la mi-novembre, ils seront dépouillés de leurs feuilles, leurs branches seront liées en deux faisceaux (A, *fig.* 276) et couchées dans de petites tranchées creusées en V ouvert à partir du pied sur la largeur et la longueur des faisceaux eux-mêmes et aussi profondes que le permettra la naissance des rameaux sur la touffe (B. *fig.* 276).

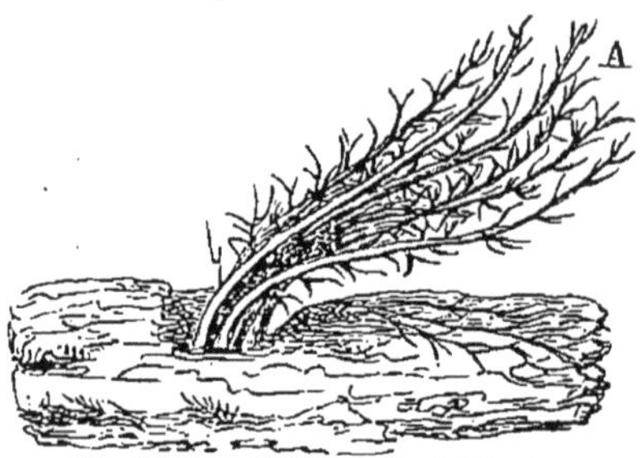

Fig. 275. — Cépée formée de Figuier.

La terre de la fosse sera remise au-dessus des branches et

Fig. 276. — Cépée de Figuier liée en deux faisceaux pour le couchage d'hiver.

assez épaisse pour former un ados de 30 centimètres qui, en

Fig. 277. — Cépée de Figuier couchée dans le sol à l'approche de l'hiver.

évitant la gelée, empêchera toute humidité du sol (A, *fig.* 277). Vers la mi-mars ou la fin du mois, les figuiers seront retirés du sol ; le terrain sera de nouveau formé en cuvette, mais avec un paillis qu'on n'étendra qu'au commencement de juin, et les branches seront inclinées obliquement vers le sol, comme cela aura lieu chaque année, afin de pouvoir les coucher dans la terre à l'approche des froids (*fig.* 277).

Ce quatrième été, les jeunes charpentes pousseront en liberté, mais on aura soin de veiller à ce que deux bourgeons latéraux se développent à fruit (*fig.* 278) le premier à 30 centimètres du sol (A) en supprimant ceux qui naîtraient en dessous, et le second alterné au-dessus de celui-ci (B). Cela, chaque année et à chaque couronne annuelle du prolongement de la charpente, afin de constituer une sorte d'arête fruitière un peu semblable à celle du Pêcher.

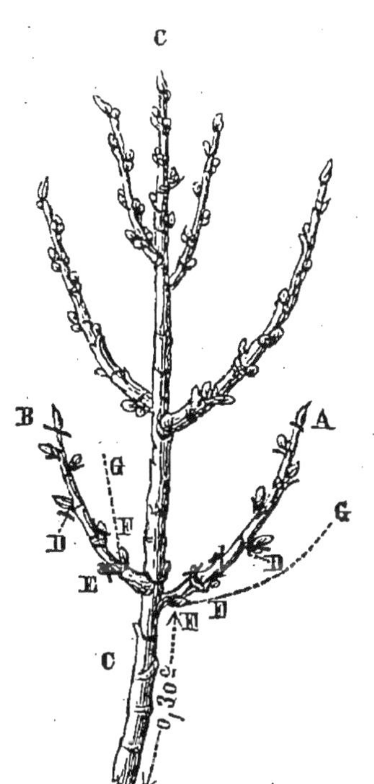

FIG. 278. — Jeune charpente de Figuier avec trois paires de ramifications fruitières.

En novembre suivant, l'effeuillaison, la destruction de quelques jeunes figues trop grosses pour se conserver l'hiver, la ligature en faisceaux de toutes les branches bien débarrassées de tout ce qui pourrait devenir une cause de pourriture et leur couchage seront les seuls soins à donner pendant cette quatrième année.

A la cinquième, après avoir relevé les branches du sol par un temps couvert, on commencera le traitement des rameaux à fruits en faveur de ceux de remplacement. Mais aucun raccourcissement annuel n'aura lieu sur les jeunes charpentes (C) jusqu'à ce que chacune d'elles ait atteint au moins 2 mètres de long.

TRAITEMENT DES RAMEAUX A FRUITS DU FIGUIER.

Dans nos régions, à la fin de mars ou au commencement d'avril, on doit retrancher l'œil terminal de chaque rameau fruitier né l'année précédente (A, B, *fig.* 278) quelle que soit la longueur du rameau, et une dizaine de jours après, casser ceux qui accompagnent les figues-fleurs (B, *fig.* 274); cette opération se fait avec les ongles. Les rameaux sans fruits subissent le même sort, pour ne conserver que le mieux constitué, le plus rapproché de la base (F, *fig.* 274 et 278) qui, à son tour, deviendra un bourgeon de remplacement l'année suivante (G, *fig.* 278 et F, *fig.* 274) et aura d'autant plus de force que la suppression de ceux placés au-dessus aura été faite plus régulièrement. D'après cela, il ne restera, chaque été, au-dessus du bourgeon de remplacement (F, *fig.* 274) qu'un unique tronçon ligneux chargé de fruits (B). On le coupe en C à la fin d'août, après la récolte des figues.

Dans le midi de la France, où la récolte d'automne est assurée, l'ébourgeonnage conserve deux bourgeons au lieu d'un à chaque rameau ; nous ne le représentons pas, puisque ce mode n'est pas applicable dans nos régions. Le bourgeon de la base reste toujours le bourgeon de remplacement, comme nous l'avons vu plus haut, mais celui de dessus devant fructifier l'automne de cette même année, sera pincé au-dessus de deux ou trois jeunes figues bien formées (A, *fig.* 274), afin de favoriser leur développement et d'aider la sève vers les bourgeons de remplacement.

La suppression du rameau fruitier d'automne sera faite sitôt la récolte terminée, mais au-dessus d'un petit onglet, comme pour la vigne, afin de ne pas fatiguer le rameau de remplacement.

Le Figuier ne réclame qu'une légère suppression de feuilles ; celles seulement qui, par leur frottement rude, augmenté par les grands vents, pourraient noircir les fruits, seront enlevées. La récolte des figues s'opère lorsqu'elles sont en pleine maturité, mais de préférence le matin à la rosée ; il est même urgent, dans les grandes sécheresses, d'asperger d'eau froide les feuilles, avec une pompe à main, la veille au soir de la cueille, après le coucher du soleil, ce qui rendra la figue meilleure et plus ferme ; un arrosoir d'eau au pied ne pourrait encore qu'aider au même but. Comme nous rejetons complètement la culture du figuier dans l'angle des murailles, nous ne donnerons à ce sujet aucun détail. Nous conseillerons de le détruire, à cause de son peu de produit, dû à l'étiolement des bourgeons. En plein air, cet arbuste est très fertile et presque robuste ; la culture que nous recommandons, celle d'Argenteuil, est donc la meilleure, en plantant surtout des variétés hâtives.

INSECTES NUISIBLES AU FIGUIER.

Un insecte redoutable dans le midi, moins à craindre chez nous, est le gros kermès (coccus ficus caricæ). Il s'applique sur les rameaux fruitiers de la charpente, comme un cloporte. Du mois d'août au mois de mai, il grossit et, à cette époque, sortent de dessous sa carapace des milliers d'insectes qui se répandent sur les jeunes bourgeons, sur les feuilles et sur les fruits. Ils sucent la sève de l'arbuste et l'épuisent ; on voit se flétrir et tomber les feuilles et les fruits, et la récolte de l'année, avec celle de l'année suivante, se trouve compromise.

On détruit cette vermine à deux époques différentes : la première avant l'hiver au moment de lier les rameaux en faisceaux, la deuxième au printemps après les avoir relevés du sol, par les procédés indiqués à la destruction du kermès du pêcher.

DIRECTION DE QUELQUES ARBRES FRUITIERS AU VERGER.

Le Poirier et le Pommier cultivés au verger ayant été décrits au chapitre de chacune de ces espèces, à la suite de leur culture au jardin fruitier, nous y renvoyons.

Les Cerisiers et Abricotiers demi-tiges, ainsi que nous l'avons vu également au chapitre de la création d'un verger, ont été plantés à la distance de 6 mètres environ. L'habillage des charpentes, l'année de la plantation avant la mise en place, était de couper à 1 mètre ou 1 mètre 30 cent. au-dessus de la greffe, les jeunes scions sortant de la pépinière, où ils avaient été greffés à 10 centimètres du sol.

Les soins de cette première année consistent à entretenir la végétation qui doit se répartir régulièrement sur les trois bourgeons terminaux qu'on destine à la formation de la tête évasée du jeune arbre, comme celle du pommier (*fig.* 145) ; aussi, coupera-t-on à trois yeux tous les bourgeons latéraux. On obligera ainsi la sève à fortifier les trois bourgeons du sommet qui seront taillés, le deuxième printemps, à 30 cent. de leur naissance sur deux yeux alternes (B, *fig.* 145). On doublera de cette façon la quantité de charpentes du vase qui seul constituera la tête du cerisier et de l'abricotier, puisque cette deuxième année, on supprimera totalement les ramifications tout près de la tige, en badigeonnant les plaies avec une couche de peinture.

Les soins d'été de cette seconde année consisteront à équilibrer régulièrement ces six nouvelles charpentes, à couper à deux feuilles les bourgeons anticipés qui pourraient s'y développer, et à trois feuilles les bourgeons nés sur les trois charpentes de première année.

On continuera donc chaque année les mêmes soins sur les charpentes qui seront doublées par la taille de 30 en 30 cent. jusqu'à ce que la tête soit régulièrement obtenue et plus ou moins volumineuse, selon la vigueur des sujets ou la variété à laquelle ils appartiennent.

Le nombre des charpentes peut varier de 25 à 60 branches qui ne seront soumises à aucune taille annuelle, ni encombrées de bifurcations, toujours la cause de nombreuses dénudations qu'on doit savoir éviter. Cela est d'autant plus nécessaire qu'avec cette méthode de direction, il est facile de soustraire le cerisier à la voracité des oiseaux, en le liant en faisceau et l'enveloppant d'une toile de jardin à l'approche de la maturité des fruits.

Lorsqu'ils s'épuisent ou que leurs charpentes se dénudent de rameaux fruitiers, on recèpe chacune d'elles à 50 centimètres de leur naissance, à la fin de Mai.

Le Prunier demi-tige, décrit pour le mode de plantation au chapitre de la création du verger, a dû être planté à la distance de 6 ou 8 mètres, selon la nature du sol.

La culture à laquelle nous le soumettons étant en tous points la même que celle du Cerisier et de l'Abricotier, nous y renvoyons. Il faudra éviter les récoltes intermittentes, qui lui sont très-préjudiciables, en secouant les branches les années de récolte trop abondante, lorsque les fruits sont bien noués, ou en coupant le trop de ces derniers; cette opération favorisera le développement des autres, leurs qualités, ainsi que la formation des boutons de l'année suivante.

LE COIGNASSIER.

Quoiqu'on puisse, par une bonne direction donnée aux branches charpentières et par le cassement à trois yeux des rameaux fruitiers, obtenir du coignassier de plus gros et de meilleurs fruits, en évitant aussi les récoltes intermittentes, nous ne conseillons pas sa culture au jardin fruitier, les soins ne pouvant être rémunérés par la valeur intrinsèque de ses produits qui ne sont jamais consommés crus.

C'est donc au verger, par une culture simple et des moins dispendieuses, qu'il deviendra un arbre avantageux; aussi sa place est-elle marquée à la suite des Pruniers que nous venons de citer. On le plantera en ligne à 4 ou 5 mètres de ces derniers, à même distance sur le rang et toujours en quinconce, mais avec la seule variété nommée *coing de Portugal*, la plus belle et aussi la meilleure, avec laquelle on fait des gelées et des pâtes de coing d'une exquise finesse.

Les jeunes sujets greffés rez terre seront, pendant quelques annés, dirigés en légers fuseaux comme le poirier de la (*fig.* 90), c'est-à-dire qu'on conservera autour de la tige tous les rameaux faibles qui ne dépasseront jamais 15 centimètres environ; alors ils seront soumis aux cassements en vert s'ils veulent dépasser cette longueur, attendu qu'ils ne sont utiles que pour fortifier la jeune tige jusqu'au moment où elle sera assez vigoureuse pour être tronquée à hauteur de 1 mètre 50 centimètres. Elle formera alors, comme le Cerisier, le Prunier et l'Abricotier, un vase arrondi qu'on équilibrera par la même combinaison, en attendant la suppression totale de ses ramifications qui aura lieu l'hiver suivant, si toutefois les trois branches du jeune vase sont vigoureuses.

Comme au Prunier, on continuera la formation de la tête pour que les jeunes charpentes soient sans autre bifurcation que les rameaux fruitiers et que chacune d'elles retombe gracieusement vers le sol où elles produiront alors un très-bel effet par l'aspect de leurs fruits.

Un autre soin non moins important pour le coignassier est aussi d'éviter le plus possible les récoltes intermittentes, attendu qu'il n'y a que les gros coings qu'on place avantageusement. Il faudra donc cueillir ou couper l'excès des jeunes fruits sitôt qu'ils seront bien formés, à l'aide du sécateur à long manche, pour éviter l'emploi d'une échelle double, en laissant les plus beaux sur une proportion de deux tiers aux trois quarts des ramifications fruitières.

La récolte des fruits s'opère du 10 au 20 octobre; on les met ressuyer dans un local qu'on laisse ouvert pendant une dizaine de jours, puis on les étend sur de la paille dans un endroit clos jusqu'à ce qu'ils soient bien jaunes, moment où ils pourront être employés, ou vendus pour l'exportation.

LE NÉFLIER.

Le néflier préfère nos climats septentrionaux et principalement les bois et les bosquets où il acquiert de belles dimensions et produit abondamment chaque année, surtout s'il est planté dans un sol bien sain.

Il se greffe sur aubépine blanche, de semis de préférence, quoiqu'il réussisse aussi très-bien sur l'azerolier, le poirier franc et le coignassier.

La culture et le mode dont on se sert pour élever le coignassier sont employés avec autant de succès pour le néflier, mais il faut toujours donner à sa tige sinueuse, le secours d'un tuteur.

La récolte se fait à la fin d'octobre ; on place les nèfles, comme les coings, sur de la paille où elles ne tardent pas à blettir, époque où on les livre à la consommation sans autres soins.

CHAPITRE VIII

ABRIS MOBILES DU JARDIN FRUITIER.

Les larmiers fixes placés en haut du mur d'espalier, et dont nous avons déjà parlé au commencement de ce volume, sont insuffisants pour prévenir l'effet des gelées printanières sur les arbres fruitiers, principalement sur les fruits à noyau qui fleurissent les premiers et dont la fécondation est souvent compromise par l'influence des brusques changements de température. La cloque du Pêcher (*fig.* 194) et la gomme qui en résultent souvent, sont très à craindre et même inévitables, même dans le Midi de la France, si les jeunes bourgeons sont exposés, dès leur naissance, aux pluies froides, au grésil, au givre, si fréquents dans cette saison.

La récolte des Poiriers sera compromise si les fleurs humides sont surprises par les gelées, ce qui arrive peu sur le bord des grandes routes où on récolte toujours plus de pommes à cidre que dans les champs, parce que cette humidité est immédiatement absorbée par la poussière projetée sur les fleurs et qui forme alors un abri.

Les poires à épiderme délicat, comme le *Doyenné d'hiver*, le *Saint-Germain*, le *Beurré d'Hardenpont*, etc., ne se tavèlent qu'au plein air ou à de mauvaises expositions. Elles sont, au contraire, très-saines et très-bonnes si elles sont récoltées à l'Est d'un bâtiment ou d'un espalier, ce qui aura encore lieu, quelle que soit l'exposition, si l'on emploie au-dessus de ces mêmes espèces, les abris mobiles qu'on placera avant la floraison, c'est-à-dire de Mars en fin de Mai. Ces abris sont nos auxiliaires indispensables et sont le plus sûr garant de nos récoltes futures et même de la vie des Pêcher.

Quelques personnes mal renseignées veulent cependant encore prétendre que les abris engendrent des milliers d'insectes, le puceron entres autres. Un simple mot suffira pour convaincre les plus incrédules : les abris n'étant placés que de Mars en Mai n'ont pas créé et mis au monde cette vermine qui, abritée sous l'écorce des arbres et dans les anfractuosités du mur, brave les plus grands froids de l'hiver et qui n'attend que les premiers rayons du soleil pour éclore, se multiplier et envahir les jeunes feuilles, les jeunes bourgeons, si notre insouciance les laisse agir.

(Pour la destruction, voir au chapitre du puceron du Pêcher).

Il faut donc des abris, l'expérience le confirme, les faits acquis le commandent; les (*fig.* 195, 196, 197, 198) montrent ceux qui seront près des espaliers. Pour les abris des arbres en plein air, c'est-à-dire ceux qui rendent les plus grands services, on doit se rappeler que le carré ou la plate-bande, placés entre des murs de refend, distancés de 10 mètres, ont 2 mètres 80 cent. de largeur, ce qui a permis au milieu l'établissement d'un contre-espalier double (*fig.* 59) d'une hauteur de 2 mètres 50 cent. avec chaperon en fil de fer (même figure). On sait également que, de chaque côté, à 30 centimètres des allées, règne une ligne de cordons de Pommiers à trois fils horizontaux; nous devons abriter ces arbres par la même couverture en toile que celle qui est près des espaliers (E, *fig.* 195). Pour y parvenir, on n'aura qu'à faire coudre quatre largeurs de 1 mètre de cette même toile, et la déplier sur le chaperon du contre-espalier (B, *fig.* 59) en l'attachant sur des cordeaux tendus solidement à des tuteurs placés à 1 mètre 30 centimètres, longeant de chaque côté la bordure des allées. La toile ne devra pas être fixée à ses extrémités dans la crainte des grands vents. Comme aux espaliers (*fig.* 195), elle garantira les fleurs des gelées printannières et les fruits délicats de la tavelure.

C'est tout ce que nous conseillons relativement à l'emploi des abris mobiles. Nous laissons à chacun le soin de discerner l'emploi des abris suivant la forme de ses arbres fruitiers; les paillassons étant les plus employés, nous recommandons seulement de ne les placer que le soir et de les retirer le matin.

Pour le verger, nous employons deux moyens pour atténuer l'effet des gelées printanières sur les fleurs. Le premier consiste à faire de grand matin, lorsqu'il est survenu une gelée blanche, et avant l'action du soleil, une fumigation avec du foin mouillé déposé sur la flamme d'un feu qu'on agite au-dessus des branches en fleurs. Le deuxième moyen est l'aspersion d'eau de puits, avec une pompe à main, afin de faire dégeler les fleurs juste avant l'action brûlante des rayons du soleil levant.

On conseille un troisième moyen que nous ne décrirons qu'après avoir reconnu son efficacité.

SULFATAGE DES BOIS ET PAILLASSONS SERVANT AU JARDIN FRUITIER.

De toutes les économies possibles dans un jardin, la conservation des bois doit être placée en première ligne et surtout celle des bois blancs qui tout en coûtant moins cher que d'autres, sont plus souples, beaucoup plus légers, et s'imprègnent mieux que les bois durs. Les tablettes, tuteurs, baguettes, échelles doubles et simples, brouettes, échalas, étiquettes, panier à palisser, etc., devront donc être immergés dans une dissolution de sulfate de cuivre, dans des vases proportionnés à la longueur des bois. La proportion est de 3 à 4 kilogrammes par hectolitre d'eau.

Les bois devront avoir été préalablement séchés au four, surtout ceux à tissu serré et gorgé d'eau. On les laissera immerger un temps proportionné à la dureté : 24 heures pour bois blanc même 48, et plus pour bois dur.

On emploie pour le sulfatage, un tonneau placé debout et une auge en sapin (*fig.* 280), de longueur variable, mais habituellement de 1 mètre 50 cent. (A); la profondeur doit être de 32 à 35 cent. (B), la largeur de 50 cent. (C), à l'ouverture et 30 cent. (D), au fond. L'auge est portée par deux tasseaux de chêne de 60 cent. de longueur et de 15 cent. de hauteur (E).

Ces tasseaux servent à maintenir l'auge éloignée du sol, une poignée (F), à chaque extrémité, complète cet appareil. Le tonneau sert à opérer la dissolution du sulfate de cuivre dans les proportions voulues, et l'auge, à l'immersion.

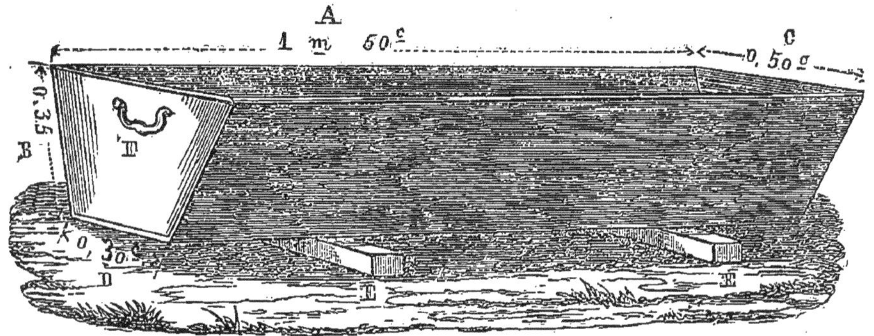

FIG. 279. — Auge en sapin pour le sulfatage des bois, etc.

On peut sulfater les bois en coupant les tuteurs, baguettes, en pleine végétation et en les plongeant par le pied dans la dissolution. L'aspiration des feuilles opère l'ascension du liquide dans ces bois : il suffit alors de quelques heures pour l'opération. Les feuilles elles-mêmes deviendront livides et comme brûlées.

Les paillassons et tablettes en paille doivent aussi recevoir l'immersion dans l'auge, mais avec une dose de sel de cuivre plus faible, qu'on peut évaluer au plus à 2 kilog. par hectolitre d'eau ; la paille qui s'imprègne facilement ne restera submergée que de 12 à 18 heures environ ; on fera sécher sous des hangars.

Le sulfate de cuivre ou couperose bleue revient à peu près à 1 franc le kilog.

LES MEILLEURES ÉTIQUETTES POUR LES ARBRES FRUITIERS.

Le perfectionnement apporté aux étiquettes et surtout la modicité de leur prix (7 centimes pièce en gros, et 10 centimes en détail) est un service rendu à l'arboriculture et à la pomologie.

Nous devons dire ici que c'est un fabricant des environs de Beauvais, M. Decagny, à Ponchon, par Noailles (Oise) qui a su donner l'élégance, le fini et la grandeur nécessaire à nos anciennes étiquettes en terre cuite, fabriquées de longue date à Tours; elles sont en faïence, de forme ovale, d'un beau blanc où le nom apparaît en noir même à une grande distance, ainsi que la date de la maturité du fruit (*fig.* 280). La longueur

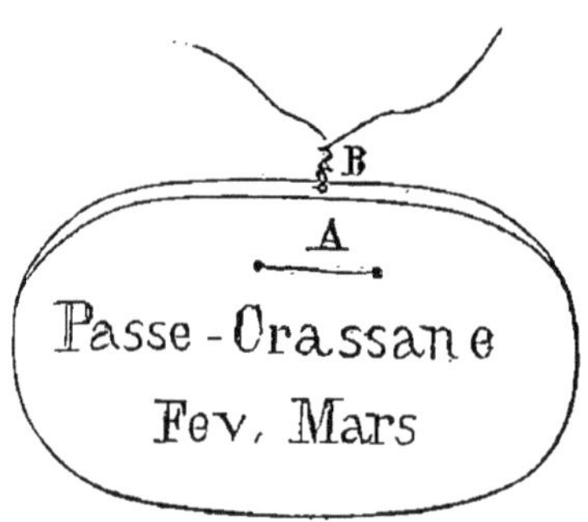

FIG. 280. — Étiquette en faïence (Decagny).

de chaque étiquette est de 8 à 9 centimètres sur 4 centimètres de large à peu près; deux petits trous sont percés presque en haut de sa largeur (A) pour servir à la fixer au mur, au contre-espalier ou au cordon, à l'aide de très petit fil de fer galvanisé (B).

C'est un guide sûr non pas seulement pour faciliter au propriétaire ou au jardinier la connaissance des espèces qu'il possède, mais aussi pour cueillir à point les fruits en la saison où ils doivent mûrir. Leur utilité au fruitier est de premier ordre pour apprendre à discerner l'époque précise où on doit saisir les fruits pour la vente ou pour la consommation.

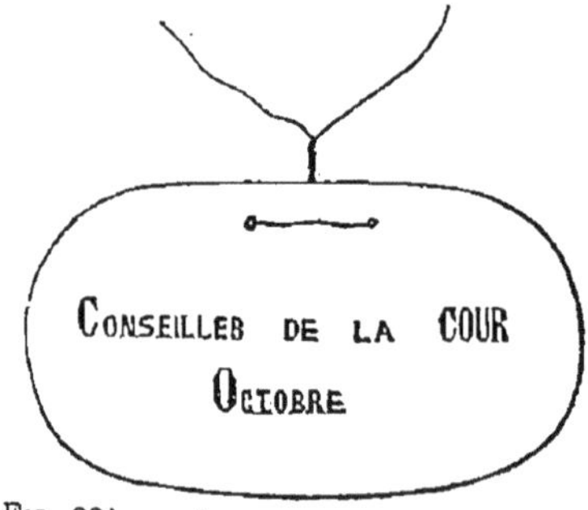

FIG. 281. — Étiquette en zinc (Oudaille).

Un autre système destiné à venir en aide au premier mode d'étiquetage, et surtout pour les fruits de collection qui ne peuvent être reproduits sur faïence, à cause du peu de spécimens représentant chaque variété, et dont la cuisson deviendrait onéreuse pour le fabricant, est l'étiquette en zinc de même dimension que la précédente (*fig.* 281) et qu'on peut faire soi-même avec de l'encre à base de platine. C'est une dissolution de bichlorure de platine au dixième ; elle est due à Bœttger, chimiste anglais, sa préparation, aux soins de M. Oudaille, pharmacien à Beauvais, qui la livre au prix de *un franc* la bouteille, avec l'instruction. L'emploi, du reste, en est facile : il suffit de dégraisser préalablement l'étiquette à l'aide du papier de verre, d'y écrire le nom en gros caractères et de laver immédiatement. On peut ainsi écrire deux cents étiquettes.

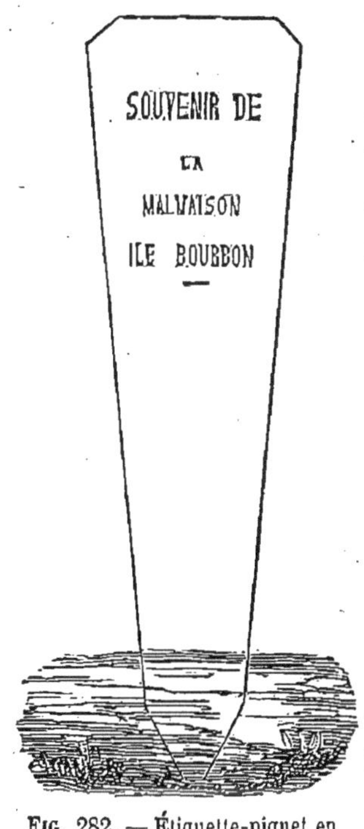

FIG. 282. — Étiquette-piquet en zinc.

Cette étiquette, aussi économique que celle en faïence, moins visible de loin et moins élégante, est également d'une durée indéfinie et aussi indispensable que la première. Elle devient même indispensable pour l'étiquetage des plants de pépinière, des fraisiers, des plantes et arbrisseaux d'ornement, et surtout des rosiers francs de pied (*fig.* 282) où la forme est modifiée.

ENTRETIEN DU SOL AU JARDIN FRUITIER ET AU VERGER.

Les opérations qui sont indiquées dans cet ouvrage seraient impuissantes si le sol du jardin fruitier et du verger n'avait pas, comme les arbres eux-mêmes, son contingent indispensable de culture annuelle dont il a besoin pour soutenir l'abondance de ses récoltes et la vigueur des arbres fruitiers.

Les façons, paillis, amendements, fumures, engrais, sont donc des agents utiles, lorsqu'on les emploie sagement et avec connaissance; c'est dans ce but que nous nous efforcerons, autant que l'expérience de 35 années nous l'a démontré, d'en donner l'application la plus judicieuse.

Par façon annuelle du sol, nous entendons les binages pratiqués *à la surface même du terrain*, pour le rendre perméable et favoriser le développement du chevelu, pour conserver sa fraîcheur malgré les sécheresses de l'été, et permettre à l'arbre de puiser plus facilement sa nourriture.

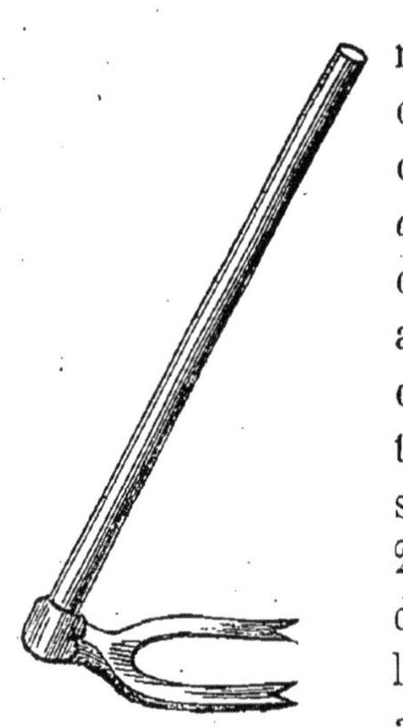

Fig. 283. — Crochet-bident pour le béquillage des costières.

La première façon se fait du 10 au 15 mai, après la cessation des gelées blanches et l'enlèvement des abris; on profite alors du lendemain d'une petite pluie pour *crocheter* le terrain qui est parcouru ou qui est à la veille de l'être, par les racines des arbres. Cette façon se fait à l'aide d'un crochet bident (*fig.* 283), d'une fourche trident ou simplement d'une serfouette si le sol est facile, mais jamais plus profond que 2 à 3 centimètres, dans la crainte d'endommager le chevelu qui est le seul et l'unique appareil favorable à la vie des arbres et surtout à la fructification (pour nous, chevelu *veut dire* fruit). Aussi nos soins tendent toujours à l'appeler à la surface du sol plutôt que de l'en éloigner, comme font certaines personnes qui, plusieurs fois chaque année, avec une forte bêche, entament le terrain où vit tant bien que mal un malheureux arbre fruitier qui, pour nourriture, reçoit, à 30 cent. de profondeur, quelques longues pailles humectées d'un peu d'urine et qui doivent nourrir carottes, betteraves, choux, etc., en dépit même de l'agonie de l'arbre; aussi meurt-il avant l'âge, accablé par les maladies, les insectes, la chlorose, sans avoir peut-être jamais donné un fruit.

Nous disions que le sol devait n'être que simplement crocheté;

il ne faudrait aussi le diviser que grossièrement avec une fourche, afin d'éviter un trop prompt tassement.

Le paillis du sol suivra immédiatement l'opération qui précède ; il consiste à recouvrir la surface crochetée d'une épaisseur de quelques centimètres de tout ce qu'on a sous la main : fauchaison de pelouses, herbes de marais, feuilles de bois ramassées et mises en tas l'hiver, et étendues sur le terrain avant la ponte des hannetons, afin d'éviter les dégâts que causent les vers blancs, en obligeant la femelle à aller ailleurs perforer le terrain pour y déposer ses œufs ; les vieux fumiers de couches et de leurs réchauds, ainsi que ceux des meules à champignons, conviennent particulièrement pour les terrains froids, à cause de leur couleur noire, aspirant la chaleur tout en empêchant le sol d'être battu par les pluies.

Dans les terrains secs, chauds et arides, au contraire, les paillis de long fumier blanc, qui ne contiennent aucune graine, sont préférables en ce qu'ils repoussent mieux les rayons solaires et entretiennent alors la fraîcheur du sol.

Sur les racines des vignes d'espaliers et cordons, nous recommandons instamment comme paillis une couche mince de terreau pur de feuilles et à défaut de fraisil de coke, de charbon de terre, etc., enfin de tout ce qui, par sa couleur noire, pourra échauffer le sol et hâter l'aoûtement des bourgeons, pour lors, la maturité et le coloris des raisins.

Les personnes qui habitent les pays où on corroie les cuirs doivent profiter du tan et l'utiliser comme paillis, après l'avoir employé une année dans les allées du jardin, où son mérite est incontestable. Par lui, les allées sont toujours exemptes d'herbes, toujours douces aux pieds : dans les costières, sur le sol des arbres, le travail est facile, le pied toujours sain, le sol moins battu, l'herbe devient impossible et les racines des arbres s'y développent parfaitement, aidées de la fraîcheur que conserve le terrain sous sa couverture bienfaisante. Son emploi a toujours prouvé son efficacité, dans les diverses natures du sol où nous l'avons fait appliquer.

Dans les pays sillonnés de grandes rivières, le gravier même est une utile ressource pour pailler les arbres fruitiers; il aide au développement d'un innombrable chevelu.

Une légère couche de marne fine sur les terres silicieuses, où vivent les racines des arbres à fruits à noyau, principalement le Cerisier, forme encore un excellent paillis, à cause de sa couleur blanche, contre l'ardeur du soleil.

Enfin, et ce qu'il faut préférer à toutes choses, ce sont les balayures de ville, elles contiennent toutes les matières fertilisantes les plus riches pour la nourriture de tous les arbres fruitiers et le développement des fruits.

Montreuil-aux-Pêches, dont la réputation était européenne, devait aussi un peu sa fortune à cet engrais, à cet amendement, à ce paillis qui, à lui seul, suffit à tout.

On comprend bien que, si l'emploi de la boue de ville était possible partout, et qu'on pût chaque année en étendre une petite couche sur les racines, les conseils sur les autres engrais deviendraient inutiles, facile à faire aujourd'hui à cause des nombreuses voies ferrées qui sillonnent le pays de toutes parts. En première ligne, on doit placer le fumier de basse-cour et les matières grasses à décomposition lente, le fumier frais sortant des écuries, des étables, qui ne peut être employé qu'après sa fermentation, que l'on provoque par la mise en tas pendant quinze jours ou trois semaines, remué à la fourche une ou deux fois et arrosé au besoin. On le place sur le sol une dizaine de jours après, comme il a été dit pour le paillis, mais plus épais, car il joue deux rôles l'année de son emploi. Selon le besoin, cet engrais sera renouvelé tous les deux ou trois ans, en choisissant chaque sorte de fumier selon la nature du terrain : le fumier de vaches, de porcs pour les terres brûlantes, et le fumier chaud de cheval, de moutons, etc., pour les sols froids et argileux.

Le fumier se décomposant assez promptement, et les arbres ayant besoin continuellement de nourriture, on cherchera à se procurer des débris de bourre de laine, que les fabricants de tissus cèdent volontiers à 3 fr. 75 c. les 100 kilog., et qui, comme les boues de ville, servent de fumure et de paillis et leur sont peut-être même encore préférables. Les os concassés, râpures de cornes, crins, etc., qu'on trouve facilement dans les endroits où l'industrie emploie ces matières, seront d'une ressource d'autant plus économique qu'on ne les renouvellera que tous les quatre ou cinq ans. Il suffit de les étendre sur le sol, dès le mois de mai, mais sous le paillis.

Les arrosements à l'engrais liquide deviennent très utiles sur le sol des arbres fruitiers pendant la végétation, surtout les années de récolte abondante et de grandes sécheresses, principalement dans les terrains secs, maigres de longue date, sur les arbres souffrants et chlorosés. Ils doivent être répartis avec discernement, employés le soir d'une petite pluie, ou après avoir arrosé le terrain.

Les principaux engrais liquides faciles à se procurer, puisqu'on les a souvent sous la main, sont : le purin ou jus de fumier qui, s'il est pur, sera employé en y ajoutant son volume d'eau ; mais comme bien souvent, on le puise sous les fumiers en fosse où il est déjà mélangé à une certaine quantité d'eau de pluies ou d'égoûts, il pourra être employé dans cet état.

Les matières fécales et les urines peuvent, avec les eaux grasses de vaisselle, former un engrais actif, en les mélangeant à cinq fois leur volume d'eau.

Le sang des abattoirs également mélangé à six fois son volume d'eau est encore très énergique et d'une longue durée.

La gélatine ou colle-forte est un excellent engrais à 1 kilog. dans 10 litres d'eau ; mais, dissoute la veille, et chauffée le lendemain, auquel on ajoute encore autant d'eau ; l'arrosement sous le paillis, à raison de 5 litres par mètre superficiel.

Le guano, qui malheureusement est toujours falsifié, est aussi un engrais très actif ; il faut le mélanger à vingt fois son volume d'eau, ou à sec, par un temps humide, à raison de 3 kilog. par are. 1 litre pèse 880 grammes. On ne doit pas oublier dans la préparation et l'emploi de toutes ces substances, le sulfate de fer ou couperose verte, sel désinfectant et stimulant favorable à la végétation, à la vitalité des feuilles, à leurs fonctions : la dose employée est relative à chaque sorte d'engrais, mais on peut l'évaluer approximativement à 2 kilog. par hectolitre de liquide dans les engrais infects, matières fécales, sang des abattoirs, etc., et à moindre dose dans les purins. Les substances désinfectantes sont les poussières de charbon à 5 kilog. pour *mille kilog.* de matières fécales. Les terreaux secs de fumier à 25 kilog.; le plâtre à 25 kilog. également sont désinfectants.

L'emploi de ces engrais doit être fait le soir d'un temps humide et sur un sol recouvert de paillis, mais jamais à nu et encore moins sur un sol mal nivelé et sec.

Les soins d'été consistent à bassiner les feuilles et les fruits qui, dans les sécheresses, souffrent de l'ardeur tropicale du soleil et des nuits sans rosée ; chaque soir, une aspersion d'eau fraîche avec une pompe à main, vivifiera les parties herbacées de l'arbre et aidera au volume et à la qualité des fruits.

De la fin d'août à celle de septembre, un crochetage semblable à celui du mois de mai sera donné au terrain en mélangeant le paillis en parties consommé à la surface, ce qui permettra aux premières pluies bienfaisantes d'automne d'aider au développement des fruits d'hiver.

Enfin, et pour terminer, nous dirons que les amendements ne doivent jamais être négligés; les meilleurs sont ceux qui fournissent au sol une des parties que réclame la nature de chacune des espèces fruitières, qui souvent manque le plus au terrain où il est planté; ainsi, une couche légère d'argile étendue sur la surface des costières, des carrés, au moment de la chute des feuilles, conviendra particulièrement aux arbres à pépins, s'ils sont plantés surtout dans un sol où domine le calcaire ou le sable; les espèces à noyau seront richement amendées par une même épaisseur de dégazonnement provenant d'un tas mis préalablement par couches alternatives de chaux vive, remuées plusieurs fois vers la fin de l'été.

Une couche de marne et de gravier déposée sur l'espace que parcourent les racines des vignes, produira d'excellents raisins et activera la santé des cépages.

LISTE

DES

PRINCIPALES ESPÈCES ET VARIÉTÉS FRUITIÈRES

NOMS ET VARIÉTÉS	MATURITÉ ET OBSERVATIONS

PÊCHES A DUVET.

Le Pêcher greffé, principalement sur amandier.

ABRICOTÉE (syn. PÊCHE ABRICOT)	(Fin d'Août et Septembre), petite, arrondie. Duvet jaune très coloré, pulpe très jaune, goût d'abricot. Fruit à marmelade, très utile, parce que, dans nos régions, les abricots manquent souvent. Très fertile.
AMSDEM OU PÊCHE DE JUIN. .	(Fin de juin et commencement de juillet), moyenne, bonne.
BELLE BAUSSE.	(Mi-Septembre), grosse, plus haute que large. Duvet blanc pourpré, foncé au soleil, fond vert jaunâtre.
BELLE DE VITRY.	(Commencement et mi-Septembre), grosse, ronde, plus haute d'un côté. Duvet long, coloré au soleil, sur fond verdâtre.
BELLE IMPÉRIALE	(Mi-Septembre et deuxième quinzaine), grosse et très grosse, régulièrement arrondie. Duveteuse, colorée du côté du soleil.
BONLEZ	(Fin de Septembre), grosse et très grosse, régulièrement arrondie. Duvet fin, abondant, jaune verdâtre, marbrée au soleil.
BONOUVRIER	(Fin de Septembre), grosse et assez grosse, plus large que haute. Duveteuse, jaune verdâtre, colorée au soleil.

NOMS ET VARIÉTÉS	MATURITÉ ET OBSERVATIONS
BOURDINE	(Fin de Septembre-Octobre), grosse et très grosse, plus haute que large, un côté plus haut que l'autre. Duvet abondant, épiderme vert jaunâtre, rouge, marbré au soleil.
GALANDE (syn. NOIRE DE MONTREUIL).	(Première quinzaine de Septembre), très grosse, plus large que haute. Duvet fin, épiderme très coloré.
GROSSE ADMIRABLE JAUNE. .	(Fin de Septembre, octobre), très grosse, arrondie. Duvet jaune sur le pourtour du fruit, épiderme faiblement coloré, pulpe jaune abricot.
GROSSE MIGNONNE HATIVE. .	(Mi-Août), grosse, aplatie et mamelonnée au sommet. Duveteuse et colorée.
GROSSE MIGNONNE ORDINAIRE.	(Fin d'Août-Septembre), ronde, moins grosse que la précédente. Duveteuse, colorée, plus jaune que la précédente.
MADELEINE DE COURSON. . .	(Mi-Sept., variable), assez grosse, allongée au sommet, aplatie près du pédicelle. Duvet fin et abondant, coloré. L'arbre est sujet au blanc.
MALTE (syn. BELLE DE PARIS).	(Mi-Septembre, variable), moyenne, arrondie. Duvet fin, jaune, coloris faible, transparent excellente.
NAIN AUBINEL.	Pyramidal, pour cultiver en pot, et petits murs d'appuis, à l'*Est et au Sud*.
REINE DES VERGERS	(Mi-Septembre et 2e quinzaine), grosse, plus haute que large. Duvet épais, verdâtre; pouvant voyager.
PRÉCOCE DE RIVERS	(Fin de Juillet), moyenne, bonne. Avec la pêche *Amsden*, ces deux nouveaux gains constituent une saison hâtive à laquelle nous n'étions pas habitués par nos vieilles variétés
PUCELLE DE MALINES. . . .	(Commencement de Septembre), audessus de la moyenne, excellente ; bien fertile.
SULHAMSTEAD	(Fin d'Août), grosse et très grosse, très bonne, très colorée, chair abricot.
BARINGTON	(Commencemt de Septembre), grosse, plus haute que large. Duvet très fin, fruit très coloré, pulpe excellente.

NOMS ET VARIÉTÉS	MATURITÉ ET OBSERVATIONS
WILLERMOZ.	L'arbre, très fertile, est très rustique, n'a pas même perdu un bouton, un œil, en hiver 1879-1880. (Août-Septembre), qu'il ne faut pas confondre avec précoce de Crawford, très gros, à chair jaune, bonne.

BRUGNONNIER (Pêche Lisse)

BRUGNON MUSQUÉ (syn. VIOLETTE MUSQUÉE).	(Mi-Septembre (variable), moyen, rond, lisse, vert jaunâtre à l'ombre, très coloré au soleil.
B. NEWINGTON EARLY . . .	(Fin d'Août), fruit gros et très gros, coloris foncé, très bon.
B. BLANC	(Fin d'Août), arbre peu vigoureux, très fertile, bon.
B. DOWTON.	(Fin d'Août), fruit assez gros, arrondi, couleur foncée, très bon.
B. ANANAS	(Août-Septembre). Le meilleur de tous jusqu'à ce jour, *exquis*. Fruit gros, arrondi, très coloré ; l'épiderme transparent, jaunâtre, laisse voir *une pulpe* fine, de couleur abricot, très juteuse, très sucrée, rehaussée d'un parfum des plus riches, se détachant du noyau, sauf quelques lambeaux, qui comme le contour sont très colorés.

ABRICOTIERS.

Tiges ou nains, mais pour espalier, dans les cours, basses-cours, près des bâtiments, en plein air, dans les jardins de ville ou abrités par des bâtiments.

ABRICOT PÊCHE	(Fin d'Août), gros, le seul que nous recommandions. Sur Prunier.

NOMS ET VARIÉTÉS	MATURITÉ ET OBSERVATIONS

CERISIERS POUR LE JARDIN FRUITIER.

ANGLAISE HATIVE	(Commencement de Juin, se conservant jusqu'à la fin d'Août). En espalier à toute exposition, mieux au Sud comme fruit précoce, au Nord pour fruit de fin d'été, et en contre-espalier sous forme palmette candélabre à branche verticale (on évitera le cordon horizontal).
IMPÉRATRICE EUGÉNIE. . . .	(Fin de Mai et commencement de Juin). Mêmes renseignements qu'à l'Anglaise hâtive.
ROYALE (syn. ANGLAISE TARDIVE)	(Juillet). Très beau fruit d'espalier au Midi, et en plein air.

CERISIERS POUR LE VERGER.

(TIGES, MIEUX DEMI-TIGES).

Les variétés ci-dessus, puis :

BIGARREAU ELTON	(Juillet). D'un beau rose clair, très bon fruit.
— ESPEREN	(Juillet). Beau et bon fruit.
— GROS COEURET	(Juillet). Variété très connue.
MONTMORENCY COURTE-QUEUE	(Mi-Juillet). Pour conserve à l'eau-de-vie.
DUCHESRE DE PALLUAU (syn. LEMERCIER).	(Fin de Juin).
BELLE DE CHOISY	(Courant de Juin). Très bon.
IMPÉRIALE DOUBLE MARMOTTE	(Mi-Juillet). Fruit un peu lobé, très bonne.
MONTMORENCY ORDINAIRE . .	(Juillet). A confiture.
REINE HORTENSE.	(Juillet, courant d'Août). Ne peut sentir la taille, excellente, très belle.
SYLVA DE PALLUAU	(Courant de Juillet).
ROYALE GRIOTTE.	(Fin de Juillet, Août).

NOMS ET VARIÉTÉS	MATURITÉ ET OBSERVATIONS

PRUNIERS POUR LE JARDIN FRUITIER.

(Avec des formes dont les branches sont toujours relevées); le prunier abhorre le cordon horizontal. L'espalier au Sud et à l'Ouest lui convient très-bien. De préférence dans les vieux jardins.

DE COE'S GOLDEN DROP . . .	(Courant d'Octobre). Doit être mangée excessivement mûre.
REINE CLAUDE VERTE ORDINAIRE	(Août). Elle gagne beaucoup à l'espalier.
— TRANSPARENTE (syn. DIAPHANE.	(Septembre). Belle et bonne.

PRUNIERS POUR LE VERGER.

(L'arbre par excellence pour le verger, en tiges, *demi-tiges de préférence.* Toutes les variétés s'y comportent parfaitement).

Les espèces précédentes, auxquelles nous ajouterons:

ANGELINA BURDETT.	(Septembre). Violette, délicieuse.
CORSE'S NOTA BENE.	(Août). Excellente.
JEFFERSON	(Courant de Septembre).
KIRKES.	(Septembre). Violette, grosse, très bonne.
REINE CLAUDE VIOLETTE . .	(Septembre). La laisser bien mûrir.
D'AUTOMNE DE SCHAMAL. . .	(Septembre). La plus grosse que nous connaissions, en forme de poire, couleur violet clair.
DE MONSIEUR	(Août - Septembre). Violette, ovale, grosse.
MIRABELLE (GROSSE ET PETITE)	(Fin d'Août). Pour compotes et confitures.
REINE CLAUDE DE BAVAI . .	(Septembre-Octobre). La laisser faner sur l'arbre ou la faire mûrir au fruitier.

NOMS ET VARIÉTÉS	MATURITÉ ET OBSERVATIONS
DE COE'S A FRUITS VIOLETS .	(Fin de Septembre-Octobre). Doit être mangée très mûre.
BLEUE DE BELGIQUE	(Août).
MONSIEUR JAUNE.	(Mi-Août).
REINE VICTORIA.	(Août - Septembre). Rose violacé carmin.
EARLY FAVOURITE (syn. HATIVE DE RIVERS).	(Fin de Juillet). Petite, bleuâtre, précoce.

POMMIERS POUR L'ESPALIER.

(Excepté à l'Ouest, où les pommes reçoivent des coups de soleil, et au Nord où le puceron lanigère s'établit à l'aise sur les Pommiers. Sur Paradis pour petites formes horizontales au pied des murs ; sur Doucin pour palmettes à trois ou quatre séries).

API ÉTOILÉ	Sont de petits bijoux pour les desserts. A l'espalier, elles trouvent tout ce qu'il faut pour plaire.
— NOIR	
— ROSE.	
CALVILLE BLANC.	La pomme par excellence pour l'espalier. Elle est de vente, de longue garde, délicieuse et d'ornement, très fertile, mais délicate à l'air ; elle réclame une toile de Mars en Mai, dans les terrains humides.
TRANSPARENTE DE CRONCELS.	(Juillet). Le plus beau des très gros fruits, très bon gain, de MM. Baltet frères.
MÉNAGÈRE	(Automne). Très grosse. Ces deux fruits ornementeront l'espalier et les desserts.

NOMS ET VARIÉTÉS	MATURITÉ ET OBSERVATIONS

POMMIERS POUR CORDONS HORIZONTAUX.

(Sur Paradis de préférence, le Doucin pour les mauvais sols. Toutes les variétés de pommes se plaisent sous cette forme, mais les suivantes sont préférables). — A celles ci-dessus, on ajoutera :

BALDWIN.	(Décembre-Mai).
BEEDFORTSHIRE FOUNDLING .	(Automne et courant d'hiver).
BOSTON RUSSET	(Janvier). Très grosse.
DORÉE DE TOURNAY	(Avril-Mai). Très bonne.
ADAM'S PEARMAIN	(Décembre-Février). Très bonne.
BOEDIKER GOLD REINETTE . .	(Septembre-Octobre).
TRANSPARENTE DE CRONCELS.	(Juillet). La plus grosse, très bonne.
CALVILLE DE MAUXION . . .	(Janvier-Mai). Très-grosse.
— DES FEMMES	(Mars à Juillet). Très-grosse.
GRAND ALEXANDRE	(Novembre-Janvier).
GRAVENSTEIN	(Septembre).
HEREFORDSHIRE PEARMAIN . .	(Novembre-Mars).
LINCOLN'S PIPPIN	(Hiver).
MÉNAGÈRE	(Automne). Une des plus grosses.
NEWTON PIPPIN	(Jusqu'en Avril)
PIPPIN GRIS DE PARKER. . .	(Décembre-Mars).
REINE DES REINETTES	(Courant d'hiver).
REINETTE DE CAUX	(Hiver et printemps).
— DORÉE	(Hiver).
— DU CANADA	(Hiver).
— GRISE DU CANADA. . . .	(Hiver).
RIBSTON PIPPIN	(Décembre-Février).

POMMIERS POUR LE VERGER.

(Sur Doucin demi-tige : le seul sujet et la seule hauteur que nous recommandions, les fruits étant meilleurs, plus gros que sur franc et l'arbre venant moins chancreux pour nos espèces à couteau. Le peu de hauteur est utile, attendu que l'arbre une fois formé n'est jamais taillé, mais il ne faut pas laisser de confusion). — A celles du chapitre précédent, on ajoutera :

COURT PENDU	(Hiver).
DE CHATAIGNIER.	(Fin d'hiver).
DOUX D'ARGENT	(Courant d'hiver).

NOMS ET VARIÉTÉS	MATURITÉ ET OBSERVATIONS
FENOUILLET ANISÉ	(Fin d'hiver).
— LE GROS	(Fin d'hiver).
ORANGE DE COX	(Hiver).
PIGEON ROUGE D'HIVER . . .	(Hiver).
RAMBOUR D'ÉTÉ	
— D'HIVER.	
REINETTE FRANCHE.	(Hiver).
— GRISE HAUTE BONTÉ. . .	(Hiver).
— (OU ROYALE) D'ANGLETERRE	(Décembre-Mars).

POMMIERS POUR HAUTES TIGES.

AU VERGER ET A L'HERBAGE.

Contrairement au chapitre précédent, les arbres auront des tiges de 2 *mètres 30 centimètres*, afin que comme à l'herbage, ils ne redoutent pas la dent des bestiaux. Leurs tiges pourront même être garanties d'une armure en fer ; un lit de gros cailloux (silex) pourra être placé au pied, sur un rayon de 60 centimètres et de 25 centimètres de hauteur. Le pied du pommier sera tenu plus fraîchement par cette couverture de cailloux qui ne permettra pas au bétail, même après l'armure enlevée, leur frottement à la tige.
(Toutes les variétés du chapitre précédent pourront être employées).

CALVILLE DE MAUXION . . .	(Janvier-Mai). Excellent fruit, celui qui a le plus d'analogie avec le calville blanc. Il en est un diminutif. Ses moyens fruits tiennent bien à l'arbre.
P. DE SALÉ	(Hiver et fin d'hiver). Excellent fruit de verger. Il est un diminutif de la reinette du Canada, c'est un fruit précieux pour l'exportation. Dans l'Oise, surtout dans le Bauvaisis, il est culitvé avec raison en plaine, sur une grande échelle. Il mérite d'être répandu partout.
P. DE CAVE	(Hiver et fin d'hiver). Ce fruit de ménage très coloré, est un diminutif de la pomme de châtaignier. Beau fruit de marché, très répandu aussi dans le Beauvaisis, et avec raison.

NOMS ET VARIÉTÉS	MATURITÉ ET OBSERVATIONS

VIGNES. — RAISINS DE TABLE.

(Pour espaliers à la plus chaude exposition et en cordon bisannuel horizontal en avant de murs chauds).

NOMS ET VARIÉTÉS	MATURITÉ ET OBSERVATIONS
CHASSELAS NOIR HATIF DE MARSEILLE	(Août). Excellent, très précoce.
— BLANC DE FLORENCE . .	(Fin d'Août). Précoce et excellent.
— DE FONTAINEBLEAU . . .	(Fin d'Août, commencement de Septembre.
— NAPOLÉON	(Fin de Septembre-Octobre). Aux murs très chauds. Les grappes seront incisées et ciselées.
— ROSE DE FALLOUX . . .	(Septembre).
— ROSE ROYAL	(Fin d'Août). Excellent.
— VIBERT	(Août). Doit, partout et bien supérieurement, remplacer le Chasselas gros coulard.
— VIOLET	(Courant de Septembre).
FRANKENTHAL	(Fin de Septembre-Octobre). Avec incision annulaire et le ciselage, comme le *Chasselas Napoléon*.
MADELEINE NOIRE	(Mi-Août).
MUSCAT NOIR DU JURA . . .	(Septembre).
PRÉCOCE DE KIENSHEIM . .	(Fin d'Août).
— MUSQUÉ DE SAUMUR . . .	(Mi-Août). Précoce et excellent.
MADELEINE ANGEVINE	(Mi-Août). Grains oblongs, se colorant aussi bien que le Chasselas de Fontainebleau, les grains sont lâches, croquants, délicieux; il devra être de beaucoup préféré aux Madeleines ; très fertile.
BLANC PRÉCOCE DE MALINGRE.	(Août). Excessivement fertile, ayant beaucoup de rapport avec le précédent. Le Vignoble du *Nord*, *Nord-Est* et *Nord-Ouest*, devraient s'en emparer pour leurs vins, avec lui ils ne seraient pas si aigres qu'avec leurs fruits qui n'arrivent pas à maturité.
CHASSELAS CHARLERIE . . .	(Fin d'Août et commencement de Septembre. On pourra dire de lui :

NOMS ET VARIÉTÉS	MATURITÉ ET OBSERVATIONS
	C'est *le plus gros, le plus doré, le meilleurs des Chasselas connus.* Ces gros grains qui se forment bien, à la fécondation, constituent une très belle grappe et sans le secours des ciseleuses. Cette haute nouveauté sera très vite répandue. Elle a été obtenue par M. Jules Charlerie, château de Maunaie, commune de Guédeniau, par Beaugé (Maine-et-Loire). Je suis un de ceux qui ont suivi ses phases de perfectionnement depuis 20 années. Il devra perpétuer la mémoire de ce dévoué amateur.
LONG NOIR D'ESPAGNE . . .	(Septembre). Oblong, violet foncé, il devra être incisé et ciselé.
NOIR DU DOUBS	(Fin de Septembre). Gros, très bon.

POIRIERS POUR ESPALIER

(Cette série de variétés réclame impérieusement la bonne exposition. Les fruits y acquièrent la qualité qui les distingue ou le coloris dont ils ont besoin pour se parer, ce qui ne veut pas dire qu'une grande partie des poires d'hiver ne s'y plairaient pas aussi bien ; mais comme elles produisent beaucoup et de bons fruits en plein air, nous aimons mieux réserver les murs pour les fruits qui ne peuvent réussir autre part).

BELLE ANGEVINE.	(Mai-Juin). Enorme fruit d'ornement par excellence. L'espalier lui procure la parure dont il a besoin : *le coloris*. Il veut être surtout greffé sur coignassier, sous petites formes, et en sur greffe. Les étrangers paient très-cher les très gros fruits, aussi grefferons-nous ses boutons sur de vieux arbres vigoureux.
BERGAMOTTE CRASSANE . . .	(Novembre-Décembre). En février même si la cueillette est faite à point. Sur coignassier.

NOMS ET VARIÉTÉS	MATURITÉ ET OBSERVATIONS
BEURRÉ CLAIRGEAU	(Novembre). Qui se colore beaucoup. Petite forme, sur franc.
— DE LUÇON.	(Décembre-Février). Gagne beaucoup en qualité près d'un mur, sur franc ; ses hautes qualités ne sont réelles que sur vieil arbre.
— D'HARDENPONT (EX-D'ARENBERG)	(Novembre-Janvier). Sur coignassier de préférence.
— GRIS OU DORÉ	(Octobre). Le Beurré superfin lui est supérieur et moins délicat.
BON CHRÉTIEN D'HIVER . . .	(Mars-Mai). Meilleur en compote que cru ; vilain arbre, s. c.
DOYENNÉ BLANC	(Octobre). Poire trop délicate, l'Urbaniste est préférable.
— D'HIVER.	(Décembre-Avril). Précieux arbre pour obliques et verticaux, qui ne produit bien que près d'un mur bien exposé, avec un bon larmier et abrité au printemps. Sur franc, alors et de préférence avec moyennes et grandes formes.
— GRIS	(Octobre-Novembre). (Comme le Doyenné blanc).
ORPHELINE D'ENGHIEN . . .	(Novembre-Décembre).
PASSE-COLMAR.	(Novembre-Janvier). Délicat, mais qu'il faut conserver ; sur franc, il fait un grand et très bel arbre.
SAINT-GERMAIN D'HIVER. . .	(Novembre-Mars). Sur coignassier, de préférence et en grande forme.
VAN-MARUM.	(Fin de Septembre-Octobre). Sur franc. La qualité gagne à l'espalier, sans faire diminuer la grosseur de ce beau fruit d'ornement dont l'arbre n'est pas vigoureux, en U double, ou autre petite forme verticale.
VAN-MONS (L. L.)	(Novembre). Bon fruit qui se fend à l'air et à l'espalier, ce qui ne l'empêche pas d'être de première qualité, sur franc ; petite forme.

NOMS ET VARIÉTÉS	MATURITÉ ET OBSERVATIONS

POIRIERS POUR VERGER.

La demi-tige lui est préférable. Sur tiges, là où sont les bestiaux, on l'élève sous forme conique sans taille, après être formé. Les variétés suivantes sont celles qui résistent le mieux au vent, ou qu'on emploie en compotes, ou qui gagnent en produits et en qualité. Beaucoup d'autres variétés pourraient être ajoutées aux suivantes, surtout pour pyramide demi-tige de la (fig. 135). Seules, celles d'espalier s'y refusent totalement.

BEURRÉ CAPIAUMONT	(Octobre). Haute tige.
— D'AMANLIS.	(Septembre). Demi-tige et tige.
— D'ANGLETERRE	(Septembre). Haute tige.
— DIEL	(Novembre-Décembre). Demi-tige.
DORÉ DE BILBAO.	(Septembre). Demi-tige sur franc.
BEURRÉ MILLET	(Décembre). Exquis sur franc.
BÉZI DES VÉTÉRANS	(Janvier-Avril). A compote.
BON CHRÉTIEN RANS	(Janvier-Mars). Sur franc ; précieux au verger, fertile et très bon, pour haute-tige.
BONNE DE MALINES.	(Novembre-Janvier). Exquis sur franc.
CATILLAC.	(Janvier-Mai). A compote, demi-tige sur franc.
CITRON DES CARMES	(Fin de Juillet). (Syn. Madeleine).
CURÉ	(Novembre-Janvier). A compote, demi-tige sur coignassier et haute tige sur franc.
COLMAR DES INVALIDES syn.	(Mars-Mai). Compote.
— VAN-MONS.	Sur franc.
DOYENNÉ DE JUILLET	(Avril-Mai). Couteau, mais mieux compote, haute tige sur coignassier.
DUVERGNIES.	(Septembre-Octobre). Demi-tige s. f.
GRASLIN	(Octobre-Novembre). Demi-tige s. f.
LOUISE BONNE D'AVRANCHES .	(Septembre - Octobre). Sur franc, tige.
MARTIN SEC	(Décembre - Janvier). Compote, tige s. c.
MESSIRE JEAN.	(Novembre). Ménagère, tige s. c.
ROUSSELET DE REIMS. . . .	(Septembre). Tige s. f.
ROUX CARCAS	(Août). Peau épaisse, précieuse pour l'exportation. Tige s. f.
THÉODORE VAN-MON	(Octobre). Tige s. f.

NOMS ET VARIÉTÉS	MATURITÉ ET OBSERVATIONS
OLIVIER DE SERRES	(Février-Mars). Demi-tige, haute tige sur franc, ce fruit précieux est très résistant aux plus grands vents.
COURTE QUEUE D'HIVER. . .	(Mars-Avril). id. id.
SUZETTE DE BAVAI.	(Janvier-Mars). Demi-tige s. c. et tige s. f.
BRUNE GASSELIN.	(Septembre-Octobre). S. f. tige.
CASTELLINE.	(Octobre-Novembre). S. f., tige.
JACQUES MOLLET.	(Novembre-Décembre). S. f., tige.
LOUISE BONNE SANNIER . . .	(Décembre-Février). Demi-tige s. c.
MARIE JALAIS.	(Octobre-Décembre). Tige s. f.
PRÉSIDENT DELACOUR. . . .	(Octobre-Novembre). Tige s. f.
PROFESSEUR DELAVILLE. . .	(Novembre-Décembre). Demi-tige s. c. tige s. f. Ces deux fruits sont exquis pour le verger et le jardin fruitier.

POIRIER, LES MEILLEURES VARIÉTÉS.

POUR FORME OBLIQUE, GORDONS VERTICAUX, EN U SIMPLE ET U DOUBLE.

Celles qui n'ont aucune remarque peuvent aller en plein air. Pour ces formes excellentes, il faut choisir le plus possible des arbres, excepté pour les U, de deux ans sans taille, formant alors de petits fuseaux garnis de dards fruitiers depuis la base jusqu'au sommet, en variétés fertiles, bien entendu. S. f. de préférence. La nature du sol peut modifier ce renseignement.

AMIRAL CÉCILE	(Décembre). Excepté le Nord. s. f.
BERGAMOTTE D'ÉTÉ.	(Août-Septembre). Même au Nord. s. f.
BEURRÉ BACHELIER.	(Octobre-Décembre). S. f.
— BALTET PÈRE	(Octobre-Novembre). Recommandé, s. c.
— CLAIRGEAU	(Novembre). Espalier de préférence, excepté au Nord. s. f.
— D'ALBRET	(Septembre-Octobre). S. c.
— D'APREMONT	(Octobre-Novembre). Sur franc.
— DE CHIN	(Hiver). Excepté le Nord, s. f.
— DE GHELIN	(Octobre). s. f.
— DE L'ASSOMPTION	(Août). Au Nord ou à l'air. s. f.
— DE NAGHIN	(Mars). Sur franc.

NOMS ET VARIÉTÉS	MATURITÉ ET OBSERVATIONS
— DIEL	(Novembre-Décembre). S. c. et s. f.
— GIFFARD	(Août). Au Nord ou à l'air, s. c.
— PERRAULT	(Hiver). Excepté le Nord, s. f.
— SIX	(Novembre-Décembre). S. f.
BEURRÉ SUPERFIN	(Septembre-Octobre). Au Nord ou à l'air, s. c.
BON CHRÉTIEN WILLIAM	(Sept.). Au Nord ou à l'air, s. f., s. c.
BONNE DE MALINES	(Novembre-Janvier). Excepté le Nord, s. f.
— D'EZÉE	(Septembre-Octobre). S. f.
BOUTOC	(Août-Septembre). Même au Nord, s. f.
CLAPP'S FAVOURITE	(Septembre). S. c.
DÉLICES DE LOWENJOUL	(Octobre). Sur franc.
DOCTEUR PIGEAU	(Octobre-Novembre). S. c., s. f.
DOYENNÉ BOISNARD	(Novembre-Décembre). S. f.
— D'ALENÇON	(Janvier-Avril). Excepté au Nord, s. f.
— DE JUILLET	Au Nord ou à l'air, s. f.
— DE MÉRODE	(Septembre-Octobre). Au Nord ou à l'air, s. f.
— D'HIVER	(Décembre-Avril). Espalier, excepté le Nord, s. f. ou s. c. selon les sols.
DUCHESSE D'ANGOULÊME	(Octobre-Décembre). S. f. ou s. c. selon les sols.
ÉMILE D'HEYST	(Octobre). Même au Nord, s. c.
ÉPARGNE	(Courant d'Août). Au Nord ou à l'air, s. c.
ÉPINE DUMAS	(Novembre-Décembre). S. c.
FONDANTE DE CHARNEUX	(Septembre-Octobre). S. f.
— DU PANISEL	(Novembre-Décembre). S. c. et s. f.
GÉNÉRAL TOTTLEBEN	(Septembre-Octobre). Excepté le mur Nord, s. c., bon dans le Nord de la France. Beau.
GRASLIN	(Octobre-Novembre). S. c.
HÉLÈNE GRÉGOIRE	(Septembre-Octobre). Même au Nord, s. f.
JALOUSIE DE FONTENAY	(Septembre). Même au Nord, s. c. et s. f.
LOUISE BONNE D'AVRANCHES	(Septembre-Octobre). Au Nord ou à l'air, s. c. et s. f. selon les sols.
MADAME TREYVE	(Fin d'Août-Septembre. Même au Nord, s. f. et s. c. en bon terrain.
MARIE GUISSE	(Mars-Avril), s. c.
— LOUISE DELCOURT	(Septembre-Octobre). Sur franc, au Nord ou à l'air.

NOMS ET VARIÉTÉS	MATURITÉ ET OBSERVATIONS
NAPOLÉON	(Novembre). Même au Nord, s. c. et s. f.
NEC PLUS MEURIS	(Novembre-Décembre), s. c.
OLIVIER DE SERRES	(Février-Mars). Excepté le Nord, s. f., ne pousse pas sur s. c.
ORPHELINE D'ENGHIEN . . .	(Novembre-Décembre). Espalier, excepté le Nord, s. c.
PASSE-CRASSANE.	(Fin de Janvier-Mars). Partout, excepté le Nord, s. f. seulement.
PRINCE NAPOLÉON	(Mars-Avril). Excepté le Nord, s. f.
POIRE LEBRUN.	(Septembre-Octobre). Sans pépins ; excepté le Nord, s. c.
ROYALE VENDÉE.	(Fin de Mars). S. c. et s. f.
SAINT-GERMAIN D'HIVER. . .	(Novembre-Mars). Espalier, excepté le Nord, s. c.
SEIGNEUR ESPEREN.	(Septembre-Octobre). Au Nord ou à l'air, s. f. de préférence.
SÉNATEUR WAÏSSE	(Août-Septembre). Même au Nord, s. c.
SOEUR GRÉGOIRE.	(Novembre-Janvier). S. f. et s. c.
SOUVENIR DE DUBREUIL PÈRE.	(Décembre-Février). S. f. et s. c.
— DU CONGRÈS	(Fin d'Août-Septembre). Au Nord ou à l'air, s. c. et s. f.
SUCRÉE DE MONTLUÇON . . .	(Octobre-Novembre). S. c.
THOMPSON	(Octobre-Novembre). Sur franc, même au Nord.
VAN-MARUM.	(Septembre-Octobre). Sur franc, très gros.
VAN-MONS (L. L.)	(Novembre). Sur franc.
ZÉPHIRIN GRÉGOIRE.	(Décembre-Février). Excepté le Nord, s. c.

NOMS ET VARIÉTÉS	MATURITÉ ET OBSERVATIONS

POIRIERS

QUI RÉCLAMENT LES GRANDES FORMES DE PRÉFÉRENCE, EN ESPALIER OU EN CONTRE-ESPALIER.

(Nous entendons parler des palmettes ou autres formes analogues; nous ne conseillons les formes pyramidales qu'en demi-tiges élevées; naturellement avec des variétés qui résistent à tous vents. Pour palmettes, disons-nous, ce sont les variétés suivantes, sans exclure cependant les précédentes; mais celles qui suivent répondent mieux).

NOMS ET VARIÉTÉS	MATURITÉ ET OBSERVATIONS
BERGAMOTTE CRASSANE . . .	(Novembre-Décembre). S. c.
— ESPEREN	(Février-Mai). S. c. pour espalier en sol froid.
BEURRÉ D'AMANLIS.	(Septembre). Même au Nord, s. c.
— D'HARDENPONT	(Novembre - Janvier). A l'espalier, s. c.
— DIEL	(Novembre-Janvier). En contre-espalier, s. c. et s. f.
— HARDY	(Septembre). Même au Nord. S. c.
DOYENNÉ D'ALENÇON	(Janvier-Mars). S. c., excepté au Nord.
— D'HIVER.	(Décembre-Avril). Sur franc en sol léger et profond. En espalier seulement.
— DU COMICE.	(Novembre). Même au Nord, s. c.
DUCHESSE D'ANGOULÊME. . .	(Octobre-Novembre). Sur franc. Le fruit est meilleur en plein air.
FIGUE D'ALENÇON	(Novembre-Janvier). S. f., excepté le Nord.
FONDANTE DES BOIS	(Septembre). S. c., se colore au soleil.
FORTUNÉE BOISSELOT	(Avril-Mai). En plein air et à l'espalier, excepté le Nord. Sur franc.
JOSÉPHINE DE MALINES . . .	(Janvier-Mars). S. c. et s. f.; l'espalier lui est favorable.
LOUISE BONNE D'AVRANCHES .	(Septembre-Octobre). Sur franc. Même au Nord.
NEC PLUS MEURIS	(Novembre-Décembre). S. c.
NOUVEAU POITEAU	(Octobre-Novembre). S. c.
NOUVELLE FULVIE	(Janvier-Février). S. f. et s. c., excepté le Nord.

NOMS ET VARIÉTÉS	MATURITÉ ET OBSERVATIONS
PASSE-COLMAR.	(Novembre-Janvier). Espalier pour sol froid, s. f. ou s. c.
SAINT-GERMAIN	(Janvier-Mars). S. c., espalier à bonne exposition.
SOLDAT LABOUREUR	(Octobre-Novembre). S. c.
TRIOMPHE DE JODOIGNE . . .	(Novembre-Janvier). S. c., gros fruit, commun le plus souvent.
URBANISTE	(Septembre-Octobre). S. c.
WILLIAMS	(Commencement de Septembre). Sur franc, même au Nord.

LISTE SUPPLÉMENTAIRE

D'EXCELLENTES POIRES ADMISES DEPUIS HUIT ANS

PAR LA SOCIÉTÉ D'HORTICULTURE DE BEAUVAIS, APRÈS ÉTUDES À SON JARDIN D'EXPÉRIENCES.

NOTA : Ces fruits se plaisent au plein air.

ALEXANDRE DELAHERCHE . .	(Fin d'Octobre). Gain nouveau de Sannier de Rouen, s. f. s. c., dédié au savant secrétaire des Expositions de la Société de Beauvais.
AMÉLIE LECLERC.	(Octobre). S. f., s. c.
ARCHIDUC CHARLES (syn. Délices d'Hardenpont Belge).	(Novembre-Décembre). S. f.
BALTET PÈRE	(Octobre-Novembre). Gros. S. c. (de MM. Baltet de Troyes).
BARONNE LEROY.	(Novembre). S. c. (Boisbunel de Rouen).
BELLE DE BOLBEC	(Octobre-Novembre). S. c., s. f.
BELLE FLEURUSIENNE. . . .	(Novembre-Janvier). S. f.
BELLE ROUENNAISE.	(Septembre-Octobre) S. f. (Boisbunel).
BERGAMOTTE D'ÉTÉ.	(Août) (vieux fruit). S. f.
BERGAMOTTE HERTRICH . . .	(Hiver). Excellent s. fr., verger.
— SANNIER	(Février-Mai). Gain Sannier. S. f.
BLANCHE SANNIER	(Octobre-Novembre). S. f. gain Sannier.

NOMS ET VARIÉTÉS	MATURITÉ ET OBSERVATIONS
BEURRÉ AMANDÉ.	(Novembre). S. f. gain Sannier.
— DORÉ DE BILBAO	(Septembre). S. f., s. c.
— DUBUISSON.	(Janvier-Février). S. f.
— DUMONT.	(Octobre-Novembre). S. f.
— HENRI COURCELLE. . . .	(Janv.-Mai). S.f., gain Sannier. Dédié au Président de la Société de Rouen.
— LEBRUN.	(Octobre). Le plus souvent sans pépin, s. c. de préférence.
— DE NIVELLES.	(Novembre-Janvier). S. c. s. f.
— OUDINOT.	(Septembre-Octobre). S. f. fruit de verger.
— SPAE.	(Octobre). S. f.
— VAN-GERT.	(Octobre-Novembre). S. f.
BON CHRÉTIEN LORMIER. . .	(Janvier-Février). S. f. gain Sannier.
— PRÉVOST. . .	(Décembre-Février). Gain Colette de Rouen, s. f., s. c.
BONNESERRE DE SAINT-DENIS.	(Janvier-Mars). S. f., s. c.
BOUVIER BOURMESTRE . . .	(Octobre-Novembre). S. f.
BRUNE GASSELIN.	(Septembre-Octobre). S. f., fruit de verger.
BRANDIWINE	(Commencement de Septembre). S. f.
CASTELLINE.	(Octobre-Nov.). S. f., fruit de verger.
COURTE QUEUE D'HIVER. . .	(Mars-Avril). S. f. s. c., gain de Boisbunel, au verger et sous toute forme.
DOYENNÉ FLON AINÉ	(Décembre). S. c., s. f.
— MEYNIER	(Octobre-Nov.). Gain Sannier, s. f.
DOCTEUR BÉNIT	(Décembre-Janvier). S. f., fruits de verger.
— BOURGEOIS.	(Novembre). S. f., gain Sannier, dédié au savant secrétaire, chargé de l'apiculture de la Société de Beauvais, actuellement vice-président.
— JULES GUYOT.	(Mi-Août). S. f., s. c.
DOCTEUR PIGEAU.	(Novembre-Décembre). S. c.
FONDANTE DES EMMURÉES . .	(Mi-Septembre). S. f., gain Sannier.
HENRI GRÉGOIRE.	(Février). S. f., s. c.
JACQUES MOLLET.	(Novembre-Décembre). S. f., fruit de verger.
JULES D'AIROLES (HUTIN) . .	(Décembre-Mars). S. f., s. c.
KING EDWARD.	(Octobre). *Très grosse*, s. c., petite forme.
LÉGER (D'ONS-EN-BRAY). . .	(Fin d'Octobre). S. f., gain Sannier, dédié au bienfaiteur vice-présid. de la sect. d'horticulture d'Ons-en-Bray.

NOMS ET VARIÉTÉS	MATURITÉ ET OBSERVATIONS
LIEUTENANT POITEVIN. . . .	(Janvier-Mai). *Très grosse*, cassante, à compote, s. c., s. f.
LOUISE BONNE SANNIER. . .	(Décembre à Février). S. c., s. f., au verger et sous toutes formes (gain Sannier).
MADAME ANTOINE LORMIER. .	(Novembre). S. f., gain Sannier.
— GRÉGOIRE	(Novembre). S. c., s. f.
— HUTIN.	(Janvier-Mars). S. f., s. c., chair saumonée.
— SANNIER.	(Octobre). S. f., gain Sannier.
MARGUERITE MARILLAT . . .	(Août). Excellent.
MARIE JALAIS	(Octobre-Décembre). S. f., fruit de verger.
— BÉNOIST.	(Janvier-Mars). S. f., s. c.
ONONDAGA (syn. SWANS ORANGE)	(Octobre). S. f., s. c.
PRÉSIDENT BARABÉ.	(Janvier-Mars). S. f., gain Sannier, dédié au maire de la ville de Rouen, ancien président de la Société de Rouen.
PROFESSEUR BEAUCANTIN . .	(Novembre-Décembre). S. f., gain Sannier, dédié à l'ancien directeur du Jardin des plantes et des Jardins publics de Rouen.
PRÉSIDENT DELACOUR. . . .	(Octobre-Novembre). S. f., fruit de verger, gain Sannier, dédié au président de la Société d'horticulture de Beauvais, aussi savant que modeste, actuellement président honoraire.
PROFESSEUR DELAVILLE. . .	(Novembre-Décembre). S. f., s. c., pour le verger comme pour toutes formes, gain Sannier. Très bon fruit.
PRÉSIDENT MAS	(Novembre-Janvier). S. c., s. f.
ROBERT TRÉEL	(Décembre-Février). S. f.
SECRÉTAIRE RODIN	(Novembre-Décembre). S. f., gain Sannier, qui l'a dédié au savant secrétaire archiviste de la Société d'horticulture de Beauvais.
SOUVENIR DE L'ABBÉ LEFÈVRE.	(Novembre-Décembre). S. f., gain Sannier.
— DE LA MARE AU TROU. .	(Novembre-Décembre). S. f., gain Sannier, fruit de verger.
— DE MADAME CHARLES . .	(Décembre-Janvier). S. f.

NOMS ET VARIÉTÉS	MATURITÉ ET OBSERVATIONS
— DE SANNIER PÈRE. . . .	(Octobre). S. f., gain Sannier.
— DU VÉNERABLE DE LA SALLE	(Octobre-Novembre). S. f., gain Sannier.
TRÉSORIER LESACHER. . . .	A feu l'excellent trésorier central de la Société d'horticulture de Beauvais.
TYSON	(Août). S. f.
VICE-PRÉSIDENT DECAYE. . .	(Septembre-Octobre). S. f., s. c., gain Sannier, dédié à l'un des dévoués et savants vice-présidents de la Société d'horticulture de Beauvais, actuellement président.
— D'ELBÉE.	(Janvier). S. f., s. c., gain Sannier, dédié à l'un des dévoués et savants vice-présidents de la Société d'horticulture de Beauvais.
ZÉPHIRIN LOUIS (syn. NOUVEAU ZÉPHIRIN).	(Décembre-Février). S. f., fruit de verger.

Les POIRIERS, NOUVEAUTÉS SUIVANTES, gains inédits de M. Sannier, pépiniériste à Rouen, rue Morris, 1, seront mises au commerce dans quelques années. La Société de Beauvais a reconnu la haute valeur de ces nouveautés.

SECRÉTAIRE MARESCHAL. . .	Dédié au savant secrétaire des sections cantonales de la Société de Beauvais.
PRÉSIDENT DE MEAUPOU. . .	Dédié au dévoué et savant président de la section d'horticulture de Noailles, dépendant de la Société d'horticulture de Beauvais.
— SENENTE	(Novembre-Décembre). Dédié au dévoué président, fondateur de la section d'horticulture de Grandvilliers, dépendante de la Société d'horticulture de Beauvais.

NOMS ET VARIÉTÉS	MATURITÉ ET OBSERVATIONS

FIGUIERS.

Trois variétés se recommandent pour nos climats :

FIGUE VIOLETTE DE LA FRETTE, grosse.
— BLANQUETTE, jaune verdâtre, petite.
— DE VERSAILLES, jaune verdâtre (syn. d'Argenteuil, syn. Madeleine.

GROSEILLIERS A GRAPPES.

HOLLANDAISE, ROUGE.
HOLLANDAISE, BLANCHE.
LA VERSAILLAISE, GROSSE ROUGE.
GROSSE BLANCHE TRANSPARENTE.

GROSEILLIERS MAQUEREAUX.

VARIÉTÉS ANGLAISES A GROS FRUITS BLANCS, JAUNES, ROUGES, VERTS.

CASSIS NOIR ROYAL DE NAPLES.

COMMUN A FRUIT NOIR.

NOMS ET VARIÉTÉS	MATURITÉ ET OBSERVATIONS

FRAMBOISIERS.

BELLE DE FONTENAY	Fin d'été et automne.
HORNET	Non remontante pour confitures et sirops.
SURPASSE MERVEILLE JAUNE .	Des quatre saisons.
MERVEILLE ROUGE	Des quatre saisons.

COIGNASSIERS à gros fruits de Portugal.

NÉFLIER de Hollande, à gros fruits.

TABLE ALPHABÉTIQUE

A

B

C

D

E

M

N

O

P

R

S

T

V

Y

TABLE DES MATIÈRES

CHAPITRE III

CHAPITRE IV

CHAPITRE V

CHAPITRE VI

CHAPITRE VII

CHAPITRE VIII

TABLE DES FIGURES

Imp. A. DERENNE, Mayenne. — Paris, boulevard Saint-Michel, 52.

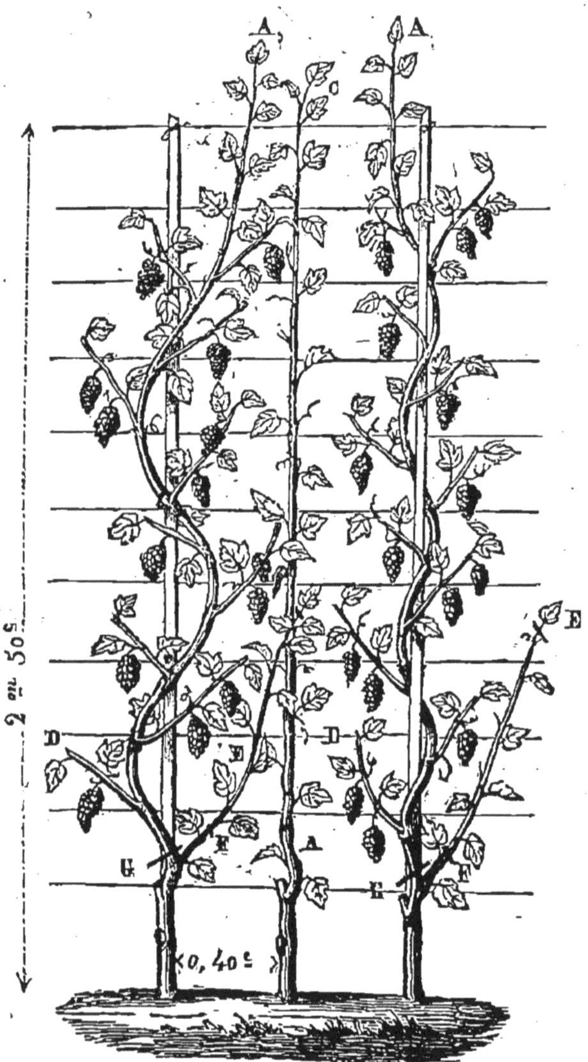

Fig. 244. — Vigne en cordon bisannuel (Delaville) à la fin d'été.

Imprimerie A. DERENNE, Mayenne. — Paris, boulevard Saint-Michel, 52.

www.ingramcontent.com/pod-product-compliance
Ingram Content Group UK Ltd.
Pitfield, Milton Keynes, MK11 3LW, UK
UKHW020256230726
13925UKWH00001B/85